现代蔬菜生产技术

XIANDAI SHUCAI SHENGCHAN JISHU

高俊杰　刘中良　主编

中国科学技术出版社

·北　京·

图书在版编目（CIP）数据

现代蔬菜生产技术 / 高俊杰，刘中良主编 . —北京：中国科学技术出版社，2021.12（2023.10 重印）

ISBN 978-7-5046-9038-8

I.①现… II.①高… ②刘… III.①蔬菜园艺 IV.① S63

中国版本图书馆 CIP 数据核字（2021）第 071967 号

策划编辑	王双双
责任编辑	王绍昱　王双双
装帧设计	中文天地
责任校对	焦　宁
责任印制	马宇晨

出　版	中国科学技术出版社
发　行	中国科学技术出版社有限公司发行部
地　址	北京市海淀区中关村南大街16号
邮　编	100081
发行电话	010-62173865
传　真	010-62173081
网　址	http://www.cspbooks.com.cn

开　本	889mm×1194mm　1/32
字　数	360千字
印　张	14.25
版　次	2021年12月第1版
印　次	2023年10月第3次印刷
印　刷	河北鑫兆源印刷有限公司
书　号	ISBN 978-7-5046-9038-8 / S·777
定　价	48.00元

（凡购买本社图书，如有缺页、倒页、脱页者，本社发行部负责调换）

本书编委会

主　编

高俊杰　刘中良

编委（按姓氏拼音为序）

班甜甜	薄天岳	部建雯	曹克友	常国军	陈海凤
陈建福	陈金翠	陈　昆	陈乐梅	陈淑君	陈新娟
陈　震	程　鸿	程　琳	崔　鹏	丁茁萁	董灵迪
杜凤珍	杜敏霞	樊继德	傅鸿妃	高海娜	高俊杰
高璐阳	高明霞	高庆生	高钰锋	高　越	高　云
谷端银	郭元元	郭子卿	韩亚楠	韩宇睿	何道根
胡代文	黄　科	黄文娟	黄玉波	黄欲晓	惠麦侠
姜　伟	蒋永涛	焦圣群	匡　晶	李汉美	李　华
李青云	李　涛	李吾强	李晓慧	李兴盛	李　燕
李　颖	廉　勇	廖志强	刘　芬	刘海衡	刘会芳
刘慧明	刘　嘉	刘　磊	刘丽红	刘明霞	刘　念
刘　伟	刘艳芝	刘屹湘	刘　勇	刘赵帆	刘正位

刘中良	陆景伟	罗燕华	吕发生	吕　红	马　超
马彦霞	马韬韬	马志虎	南怀林	牛国保	牛瑞生
庞强强	齐连芬	秦　健	秦　楠	邱广伟	邵登魁
师建华	石东风	石萍萍	史卫东	史小强	宋立晓
宋　锐	宋秀丽	宋云鹏	孙春青	孙　亮	孙西苹
孙宪芝	孙信成	孙振军	邰　翔	谭远宝	汪琳丽
王丹丹	王东歧	王　方	王恒明	王　健	王　君
王克雄	王梦馨	王盛男	王向东	王小武	王小英
王　岩	王玉书	王　召	王　政	王志鹏	魏　猛
温毅华	文　锴	闻小霞	吴翠霞	吴军琴	武晓亮
吴艺飞	吴珍珍	肖　靖	徐翠容	徐小万	许静杨
许庆芬	薛国萍	薛丽静	薛正帅	闫伟强	严继勇
杨　静	杨　鹏	杨声澈	杨晓峰	杨光龙	杨亚辉
姚　芳	殷　辉	尹　红	于翠香	于德才	袁经相
袁凌云	袁晓伟	袁永胜	岳永贵	曾爱松	张爱红
张爱萍	张东萍	张国芹	张会曦	张慧君	张　雷
张丽丽	张明科	张　萍	张　谦	张庆银	张瑞芳
张文明	张文倩	张小贝	张晓娟	张永奎	赵大芹
赵丽丽	赵晓军	赵云霞	钟开勤	周　波	周建波
周　军	周　秦	周晓波	朱德彬	朱凤娟	朱红芳
朱红莲	朱　磊	朱　璞	朱玉英	郑以宏	庄秋丽

宗洪霞　邹春雷　邹照贝

本书编写单位

（以汉语拼音为序）

安徽农业大学园艺学院

安康市农业科学研究院

白城市农业科学院

北京市农林科学院植物保护环境保护研究所

常德市农林科学研究院

长沙市农业科学研究院

赤峰市农牧科学研究院

重庆市农业科学院

重庆市三峡农业科学院

重庆市渝东南农业科学院

滁州职业技术学院

楚雄彝族自治州农业科学院

佛山市农业科学研究所

福州市蔬菜科学研究所

甘肃省农业科学院蔬菜研究所

赣州市农业科学研究所

广东省农业科学院蔬菜研究所

广西壮族自治区农业科学院蔬菜研究所

贵州省园艺研究所

海南省农业科学院蔬菜研究所

汉中市农业科学研究所

杭州市农业科学研究院

河北农业大学园艺学院

河北省农林科学院经济作物研究所

河北省农林科学院植物保护研究所

河南农业大学园艺学院

菏泽市农业科学院

黑龙江省农业科学院克山分院

湖北省农业科学院经济作物研究所

湖南农业大学园艺学院

湖南省蔬菜研究所

淮北师范大学生命科学学院

黄山职业技术学院

吉林省农业科学院经济植物研究所

济宁市农业科学研究院

江苏丘陵地区镇江农业科学研究所（镇江市农业科学院）

江苏省农业科学院蔬菜研究所

江苏太湖地区农业科学研究所（苏州市农业科学院）

江苏徐淮地区徐州农业科学研究所（徐州市农业科学院）

金华市农业科学研究院

金正大生态工程集团股份有限公司

荆门（中国农谷）农业科学研究院

酒泉市农业科学研究院

丽水职业技术学院

辽宁省旱地农林研究所

辽宁省农业科学院蔬菜研究所

聊城市农业科学研究院

临沂市农业科学院

岭南师范学院

六安市农业科学研究院

六盘水市农业科学研究院

南昌市农业科学院

南充市农业科学院

内江市农业科学院

内蒙古自治区农牧业科学院蔬菜研究所

宁夏回族自治区农林科学院固原分院

宁夏回族自治区农林科学院种质资源研究所

农业农村部南京农业机械化研究所

攀枝花市农林科学研究院

平顶山市农业科学院

平凉市农业科学院

萍乡市蔬菜科学研究所

齐齐哈尔大学

齐齐哈尔市园艺研究所

钦州市农业科学研究所

青海大学农林科学院园艺研究所

山东农业大学园艺科学与工程学院

山东农业工程学院

山东省华盛农业股份有限公司

山东省农业技术推广总站

山东寿光蔬菜种业集团有限公司

山南市农业技术推广中心

山西省农业科学院经济作物研究所

山西省农业科学院植物保护研究所

商丘市农林科学院

上海市农业科学院设施园艺研究所

十堰市农业科学院

十堰市蔬菜科学研究所

石家庄市农林科学研究院

宿州市农业科学院

塔里木大学

台州市农业科学研究院

泰安市农业科学院（山东省农业科学院泰安分院）

唐山师范学院

天津科润农业科技股份有限公司蔬菜研究所

天津市农作物研究所

天津市植物保护研究所

乌兰察布市农牧业科学研究院

武汉市农业科学院

西安市农业科学研究所

西北农林科技大学水利与建筑工程学院

西北农林科技大学园艺学院

西藏自治区农牧科学院蔬菜研究所

西双版纳州农业科学研究所

新疆生产建设兵团第六师农业科学研究所

新疆维吾尔自治区农业科学院园艺作物研究所

新洋丰控股农业科技有限公司

延安市农业科学研究所

宜春市农业科学院

榆林市农业科学研究院

玉林市农业科学院

云南农业大学植物保护学院

漳州市农业科学研究所

漳州职业技术学院

浙江大学农业与生物技术学院

浙江省农业科学院蔬菜研究所

郑州市蔬菜研究所

中国农业大学资源与环境学院

中国农业科学院蔬菜花卉研究所

周口市经济作物技术推广站

周口市农业科学院

遵义职业技术学院

前言

中国是世界上最大的蔬菜生产国和消费国，蔬菜已经成为仅次于粮食的第二大作物。随着我国农村产业结构的调整和菜篮子工程的实施，蔬菜生产在新品种选育、栽培技术、栽培制度以及病虫害防治等方面得到蓬勃发展，蔬菜产业已经成为我国农业和农村经济的支柱产业。如何提高蔬菜综合效益和竞争力，也成为当前和今后一个时期我国蔬菜改革和发展的主要方向。

习近平总书记指出："重农固本是安民之基、治国之要。""菜篮子"始终是广大群众最关心的问题。要着眼于可持续发展，必须以提高农业质量效益和竞争力为目标，加快推进农业供给侧结构性改革，使老百姓的"菜篮子"更丰富，农民的"钱袋子"更鼓，农业更有魅力，农村更有活力。随着我国居民收入水平的提高，消费结构发生了巨大变化，在蔬菜产需基本平衡下，人们对蔬菜的消费已从数量型向质量型转变。因此，以质取胜无疑是蔬菜栽培行业再上新台阶的出路。

我国地域辽阔，各地蔬菜栽培种类繁多，栽培茬口、栽培方式、病虫害防治等生产技术各有不同。为系统总结我国区域蔬菜科学栽培技术及其在不同区域上的广泛应用，山东省现代农业产业技术体系蔬菜创新团队、泰安市农业科学研究院蔬菜团队组织全国各省市科研院校专家力量，紧紧围绕蔬菜新旧功能转换的趋势，在充分吸收国内外蔬菜栽培研究成果的基础上，瞄准我国区域蔬菜生产过程中的突出问题，对各区域主栽蔬菜生产技术进行凝练，编写了此书，旨在不断提高蔬菜的标准化栽培技术水平，转变农业发展导向，为科技扶贫及乡村振兴提供有力科技支撑，助力蔬菜产业高速度增产和高质量发展。

本书内容涵盖华东、华北、华南、华中、西北、西南和东北 7 个地区的 100 余项主栽蔬菜生产技术，对各蔬菜种类生产中的品种选择、播种育苗、田间管理及病虫害防治等进行了详细介绍，内容浅显易懂、科学实用，可作为广大基层农技人员及生产者的指导用书，亦可供农林院校相关专业师生、农业科研单位研究人员阅读参考。建议读者在阅读本书的基础上，结合当地实际情况、气候特点等进行蔬菜生产，凡是机械性照搬本书造成的损失，作者恕不负责。由于作者较多，各章节之间的内容、写作风格存在一些差异。此外，由于作者水平有限，书中难免存在不当之处，恳请各位专家和读者批评指正。

作　者

目 录

第一篇

华东地区
蔬菜栽培

第一章

山东蔬菜栽培

一、鲁东地区露地芋头栽培技术

（一）品种选择

选用食味好，丰产，芋母占单产的比例低，子芋、孙芋个大、形圆，适合出口加工的优良品种，如 8520、科王 1 号、鲁芋 1 号等。

（二）地块选择

地块宜选土层深厚、结构良好、养分充足、排灌良好的中性到微酸性壤土或沙壤土，忌碱性土质地块。前茬以甘薯、花生等茬口为宜，忌种植禾本科作物的地块，同时忌连作。

（三）整地施肥

芋头是需肥较多的作物，叶片和球茎生长期对养分需求量大，可采取冬前或早春深耕土壤 40～50 厘米，结合深翻每亩（1 亩 ≈ 667 平方米）施优质农家肥 4 000～5 000 千克、硫酸钾 30 千克、过磷酸钙 30～40 千克；也可按每 50 千克芋头需纯氮 0.5～0.6 千克、五氧化二磷 0.4～0.42 千克、氧化钾 0.8～0.84 千克施好基肥。

（四）播　种

1. 种芋处理

（1）选种　从无病害母株上选择头肥大、柄中长、顶芽充实、无病虫斑、单重 30～50 克的子芋作种芋，每亩用种芋量一般为 150～200 千克。

（2）**催芽** 播种前 15 天，需对种芋进行催芽处理。棚、炕内贮藏芋头可不用晒种而直接催芽；窖藏芋头必须晒种 4～5 天以后催芽。保持温度在 18～25℃，温度过高易产生气生根。排种厚度以二层芋头为宜，覆土厚 2 厘米左右，一般 7～10 天即可生芽，露出新芽即可。播种时将无芽的芋头剔除。

2. 播种时期、密度 在 3 月下旬至 4 月上旬，当 5 厘米地温稳定在 12℃以上时，可以覆膜播种。覆盖方式有两种：一是等行距单行覆盖，行距 70～80 厘米，株距 30 厘米，垄高 10 厘米；二是双行起垄覆盖，大行距 60 厘米，小行距 30 厘米，株距 30 厘米，垄高 10 厘米。在 4 月下旬至 5 月上旬，当 5 厘米地温稳定在 15℃以上时，可以露地播种。密度要依品种、水肥、土壤条件而定，一般 2 500～3 000 株 / 亩。

（五）田间管理

1. 打孔引苗 覆膜栽培需要打孔引苗。出苗前将垄顶压一层薄细土，幼苗可自行破膜出土。部分不能破膜出土的幼苗，要及时打孔，引出真叶，避免烤伤幼芽。同时在芽苗周围用泥封孔，起到防风、保水、保肥、保温的作用。

2. 浇水施肥 芋头为喜湿作物，耐涝怕旱。出苗前，应使土壤底墒充足，忌浇水；发棵期和球茎生长期应保持土壤湿润；生长后期，芋头对土壤湿度的要求有所降低。在 7 月中旬芋头生长量大时，要结合培土进行追肥。高产田每亩追碳酸氢铵、磷酸二铵各 35 千克左右，忌施尿素。浇水时间宜在早晚，尤其高温季节要避免中午浇水，采收前 20 天应控制浇水。

3. 中耕培土 苗期要多锄深锄，促根下扎，覆膜田只需将行与行之间的草拔除即可。7 月中旬要进行中耕培土，中耕培土能抑制子芋、孙芋顶芽萌发和分蘖叶片抽生，使芋充分膨大，并促生大量不定根，以防芋头长出地面成为"青头郎"。一般中耕培土 2～3 次，在芋苗 4～5 片真叶时浅中耕 1 次，并适当向芋苗根部培土；

15～20 天后再浅中耕培土 1 次；当芋苗 7～8 片真叶时结合追施结芋膨大肥，培成厚度为 15 厘米的小高垄，培土时要把萌发抽生的侧芽埋入土中，以减少养分消耗，利于子芋、孙芋膨大。

（六）病虫害防治

芋头的主要病虫害有芋软腐病、芋疫病、污斑病、斜纹夜蛾、地下害虫等。

1. 农业防治 实行合理轮作，从无病株上采留种芋，尽量减少叶面机械损伤，注意排灌水，防止土壤过干和过湿，并保持通风透气，减少病虫害发生。

2. 化学防治 病害软腐病可用 30% 氧氯化铜悬浮剂 600 倍液，隔 5～7 天喷 1 次，连续 2～3 次。疫病可用 64% 噁霜·锰锌可湿性粉剂 500 倍液，或 25% 嘧菌酯悬浮剂 600 倍液，或 50% 烯酰吗啉可湿性粉剂 1 500 倍液，隔 7～10 天喷 1 次，连续 2～3 次。污斑病可用 75% 百菌清可湿性粉剂 600 倍液，或 70% 甲基硫菌灵可湿性粉剂 600～800 倍液，或 10% 苯醚甲环唑水分散粒剂 2 000 倍液，7～10 天喷 1 次，连续 2～3 次。虫害斜纹夜蛾可以用 35% 氯虫苯甲酰胺水分散粒剂 2 500 倍液或 1.3% 阿维菌素乳油 3 000 倍液于傍晚前喷杀。防治地下害虫可用 60% 吡虫啉悬浮种衣剂拌种，也可以用 40% 辛硫磷乳油拌豆粕作毒饵撒在种球根部。

（七）采 收

当 5 厘米地温下降到 12℃时，即可收获，一般在霜降前后。收获时勿伤芋头，整株收刨，晾晒 1～2 天后，于贮藏窖、坑或棚内存放。温度稳定在 10～15℃，温度高于 25℃则易引起烂芋。

二、鲁南地区马铃薯二膜栽培技术

（一）品种选择

选用休眠期短、结薯早、块茎膨大快、适应性强等高产优质高抗的脱毒良种，如荷兰系列。种薯薯块应具有本品种特性、表面光滑、无病斑和无损伤等。

（二）地块选择

地块宜选择地势高、平坦、土质疏松、土层深厚肥沃、排灌良好的微酸性沙壤土或壤土，不宜选择涝湿地、沙性大地块，更不宜选择黏重和盐碱地块。前茬以豆科、禾本科等茬口为宜，忌种植茄科和十字花科蔬菜的地块。

（三）整地施肥

前茬作物收获后，适时进行深翻整地。可以采取伏天或秋季深耕，深耕以不浅于25厘米为宜。整地要求土地平整、土质细碎、土层上虚下实、无坷垃。

马铃薯在生长过程中形成大量的茎叶和块茎，需要的营养物质较多，因此足量且平衡施肥对马铃薯增产增收起着至关重要的作用。结合整地每亩一次性施入优质农家肥3 000～5 000千克、尿素15～25千克、硫酸钾30～40千克、磷酸二铵15～20千克、过磷酸钙50千克；也可以施商品有机肥100千克、复合肥（$N:P_2O_5:K_2O=17:10:18$）150～200千克；还可以施商品有机肥100千克、复合肥（$N:P_2O_5:K_2O=17:10:18$）150千克、硅钙肥20千克。

（四）播　种

1. 种薯处理

（1）**困种、晒种和催芽**　播种前，需对种薯进行困种、晒种、切块等处理。播前1～2个月，种薯堆放于通风、散射光线充足的种库或大棚里进行困种。困种后播前15天，需将种薯置于15～20℃温度条件下催芽，注意种薯堆放不宜太厚，2～3层即可，催芽过程中注意时常翻动，随时剔除病、伤、畸形等薯块。播前2～4天、芽长1～2厘米时晒种，促壮芽。

（2）**整薯或切块处理**　马铃薯播种可以采取整薯进行播种，且整薯比切块种薯增产效果明显。一般脱毒种薯用20～25克/

块，常规种薯用 30～50 克/块。

切块应充分考虑顶端优势，小薯块从薯顶纵切成两块；大薯块宜从尾部开始，按芽眼排列顺序呈螺旋状向顶部斜切，最后将顶部一切为二，注意保持每个薯块 1～2 个芽眼。及时剔除病薯、烂薯。切薯时一般用 75% 酒精或 0.5% 高锰酸钾水溶液进行切刀消毒。切好的薯块放在通风弱光处晾晒 2～4 天，待伤口干燥愈合后即可播种。切记播不完的薯块不要堆放或者用编织袋袋装，应摊放。

切好并已晾干切面的种块，需喷药灭菌，可选用 58% 甲霜灵·锰锌可湿性粉剂、70% 代森锰锌可湿性粉剂、75% 百菌清可湿性粉剂，兑水配成 100 倍液喷雾，边喷边翻动，每 150 千克种块喷药液 2～3 千克。也可以每 100 千克种薯用异菌脲 50 毫升＋吡虫啉 20 毫升拌种，或用丙森锌 100 克＋吡虫啉 20 毫升药剂拌种，连续晒 3～5 天，晾干后切块催芽。于 15～18℃环境下催芽，当芽长达到 1～2 厘米时进行散光绿化处理，随后播种。

2. 适时播种

（1）播种时期、密度　二膜栽培模式（地膜＋小/中/大拱棚）：1 月下旬至 2 月中旬播种，垄距 75～80 厘米，行距 15～20 厘米，株距 20～25 厘米，双行起垄栽培。

（2）膜上覆土　膜上覆土最佳时期为马铃薯顶芽距离地表 2 厘米时，覆土厚 2～4 厘米。如果地温高或为简化后期管理可盖膜后直接覆土，注意覆土应细碎均匀地撒于垄面。此外，开沟、施肥、施药、浇水、播种、覆土、喷除草剂、覆膜及铺设滴灌带可以使用播种一体机来完成。

（五）田间管理

1. 肥水管理　苗期一般不追肥浇水，若底墒不足可滴水一次，滴水量以少为宜，以免降低地温。在现蕾期前后结合灌水追肥，随水施高钾水溶肥 5～8 千克/亩。进入开花和结薯期，根据长势叶面喷施 0.3% 磷酸二氢钾和 0.5% 尿素的水溶液，每隔 7

天喷 1 次，共喷 2 次，促进植株生长和块茎膨大。收获前 10 天停止浇水。

2. 温度管理　马铃薯喜欢冷凉的环境。温度保持在白天 20～26℃、夜晚 12～14℃。块茎的膨大要求较低的气温，以 12～14℃最适宜，最适宜的土温是 17～20℃，达 25℃时块茎生长受阻。应根据棚内温度决定通风口的大小和通风时间的长短。

（六）病虫害防治

马铃薯虫害主要有蚜虫、瓢虫、地老虎、蛴螬、金针虫和蝼蛄等，病害有疫病、疮痂病、病毒病、环腐病和黑胫病等。

1. 病害防治　马铃薯疫病分为早疫病和晚疫病，应采取预防为主、防控结合的原则，一旦发现早疫病或晚疫病感染，及时喷施 70% 代森锰锌可湿性粉剂 700～900 倍液，或 58% 甲霜灵・锰锌可湿性粉剂 800～1 000 倍液，或 25% 甲霜灵可湿性粉剂 1 000 倍液，每 7～10 天喷 1 次，连喷 2～3 次，可有效控制病害发展。病毒病主要由蚜虫和接触引起，可结合防治蚜虫防治病毒病，发生时也可喷施 32% 核苷・溴・吗啉胍水剂 1 000～1 500 倍液，或 20% 盐酸吗啉胍・乙酸铜可湿性粉剂 500 倍液防治。马铃薯疮痂病、环腐病、黑胫病和青枯病等防治，应注意种薯切块时切刀的消毒，发现病薯及时剔除。疮痂病可采取土壤施硫黄的措施，维持土壤中 pH 值在 5～5.5，也可喷施 65% 代森锰锌可湿性粉剂 800～1 000 倍液，每 7 天喷 1 次，连续 2～3 次。环腐病防治可喷施 2% 春雷霉素可湿性粉剂 600 倍液，或 77% 氢氧化铜可湿性微粒粉剂 600 倍液。

2. 虫害防治　地上虫害蚜虫可采用 10% 吡虫啉可湿性粉剂 2 000～3 000 倍液，或 10% 氯氰菊酯乳油 2 000～5 000 倍液，或 20% 氰戊菊酯乳油 2 000～3 000 倍液，或 50% 抗蚜威可湿性粉剂 1 500～2 000 倍液防治。每隔 7 天喷施 1 次，连续 2～3 次。马铃薯瓢虫可采用 20% 杀灭菊酯乳油或 2.5% 溴氰菊酯乳油或 20% 氰戊菊酯乳油 2 000～3 000 倍液防治。地老虎、蛴螬、蝼蛄、金针虫，可随整地开沟，每亩施 5% 辛硫磷颗粒剂 3～5 千克预防；生长期发生时，用 75% 辛硫磷乳油 1 000～1 500 倍液灌根。

（七）采　收

植株大部分叶片枯黄时收获。收获前 2～3 天除去地膜，割掉地上部茎叶，以减少块茎感病。剔除伤薯、病烂薯和畸形薯等，按整薯大小分级装袋出售或入库贮藏。

三、鲁南地区大蒜套种辣椒高效栽培技术

（一）品种选择

根据栽培条件和市场需求选择品种。一是色素辣椒：赛金塔、益都红、济宁红，做订单农业；二是单生朝天椒：艳椒 425、艳椒 465、泰辣 816、泰辣 819，辣味浓、价格高，需要分次采收；三是簇生朝天椒：满山红、天问二号、天问五号、高辣天宇等，主要做干制品。

（二）地块选择

辣椒根系弱、入土浅、生长期长、结果多，因此应选择地势高、肥力足、土壤疏松的地块，并做好沟畦，使沟沟相通，短灌短排。

（三）整地施肥

大蒜套种辣椒栽培的两作物共生期有 30 天左右，无法整地，故基肥与前茬作物大蒜共施，即 1 次基肥、两茬利用，要在前茬大蒜播种前施入土壤。每亩施腐熟的优质圈肥 3 000～5 000 千克、N 16.82～22.3 千克、P_2O_5 10.7～12.95 千克、K_2O 11.9～13.2 千克、硫酸锌 1.5 千克、硫酸亚铁 2 千克，充分混合，撒在地面，抢墒耕翻，耕深 25 厘米以上，耙平耙细，上松下实，无明暗坷垃，然后做畦。

（四）育　苗

育苗时间一般在 2 月下旬，采用小拱棚育苗。播前先晒种

2～3天，以提高种子的发芽势，使出苗快而整齐。播种方法：最好采用干籽播种，先把苗床洇足水，待水渗下后，将种子掺细土分3遍撒匀，然后覆1厘米厚的过筛土，盖上地膜，扣小拱棚。出苗前苗床温度应保持在白天25～30℃、晚上15～18℃。待有50%幼苗出土后，可于下午4时将地膜除去，以便幼苗生长。苗出齐后注意放风，上午9时后可揭开苗床两头，用支撑物撑起；下午3时前盖好风口，控制好温湿度，防止出现高腿苗。定植前10～15天，应逐渐加大通风量以炼苗，避免徒长，力求定植时茎粗、叶大、根多。

（五）定 植

定植应于10厘米地温稳定在15℃左右时及早进行，一般在4月20日前后。定植方法：最好种蒜时采取高畦栽培，用小型定植器把辣椒定植在高畦上。定植密度：色素辣椒、分次采收朝天椒，株型较大，每隔4行蒜定植1行辣椒，株行距76厘米×25厘米，单株定植，3 500株/亩左右；一次性采收朝天椒，株型紧凑，适于密植，每隔3行蒜定植1行辣椒，株行距57厘米×25厘米，可每穴双株，8 000～10 000株/亩。定植后3～5天应及时查看苗长势情况，发现有缺苗、死苗、病苗等应及时补栽或替换，确保苗全、苗匀、苗壮，打好丰产基础。

（六）田间管理

1. 肥水管理 辣椒喜温、喜水、喜肥，但高温易得病、水满易死棵、肥多易烧根点，所以，在整个生育期的不同阶段应有不同的管理要求。

前期，地温低，根系弱，应大促小控，尽量少浇水，以利增温，促根返苗。大蒜收获后，要及时浇促棵保苗水，并随水冲施尿素8～10千克。中前期，气温逐渐升高，降水量逐渐增多，病虫害陆续发生，应促棵攻果，力争在高温雨季到来前封垄。封垄前要进行施肥，每亩追施三元复合肥15～30千克，并中耕培土，做到雨季雨水随下随排。中后期，高温多雨，会抑制辣椒根系的正常生长，并诱发病毒病，应保根保棵。此期如遇旱情，应浇在旱期头，而不能浇在旱期尾，使土壤始终保持湿润。后期，气温逐渐转凉，昼夜温差加大，是辣椒的第二次开花结果高峰，应加强肥水管理。可视天气和长势，结合浇水追施高钾复合肥20～30千克/亩。

2. 中耕培土 由于浇水施肥及降雨等因素，造成土壤板结，定植后的辣椒幼苗基部接近土表处容易发生腐烂现象，应及时进行中耕。中耕一般结合田间除草进行。

加工型鲜用的辣椒一般植株高大，结果较多，要进行培土以防辣椒倒伏。在封垄之前，结合中耕逐步进行培土，一般中耕1次培1次，田间形成垄沟。辣椒生长在垄上，使根系随之下移，不仅可以防止植株倒伏，还可以增强辣椒的抗旱能力。

3. 摘心整枝 整枝可以促进辣椒果实生长发育，提高其产量和品质。簇生朝天椒的产量主要集中在侧枝上，主茎上产量仅占10%～20%，而侧枝上的产量却占80%～90%。因此，主茎长到9～14片叶且部分叶腋间发生侧芽时，应尽早打掉顶心，利于去除顶端优势，促进侧枝发育，提高产量。注意打顶后结合浇水追施尿素5～10千克/亩。

（七）病虫害防治

大蒜套种辣椒的病害主要有疫病、炭疽病、病毒病、细菌性病害等，虫害主要有烟青虫、棉铃虫、茶黄螨、蚜虫等。

1. 病害防治 防控朝天椒多数真菌性病害发生，可于发病前或发病初期采用70%多菌灵可湿性粉剂1 000～1 500倍液，或50%嘧菌酯可湿性粉剂800倍液，或70%丙森锌可湿性粉剂600～800倍液均匀喷洒，交替轮换用药预防。此外，疫病可用68.75%氟菌·霜霉威悬浮剂25毫升兑水15千克于病害发生初期喷雾防治。炭疽病可用75%肟菌·戊唑醇可湿性粉剂5克兑水15千克喷雾防治，并能兼治其他病害。病毒病可用吗啉胍、菌毒清或中生菌素等药剂加杀虫剂一并喷雾防治。细菌性软腐病可用 77% 氢氧化铜可湿性粉剂 500 倍液等喷防。

2. 虫害防治　防治虫害应结合当地植保部门发布的病虫预报坚持控卵、控低龄幼虫（若虫），捕杀成虫的原则及早防控各类害虫。防治棉铃虫、甜菜夜蛾、烟青虫等鳞翅目害虫可用 20% 氯虫苯甲酰胺悬浮剂 20～30 毫升或 50% 虫螨腈乳油 20 克兑水 30 千克均匀喷洒防治。防治蚜虫、烟粉虱、飞虱等刺吸式口器害虫，可用 70% 噻虫嗪可湿性粉剂 5 克或 70% 吡虫啉可湿性粉剂 5 克兑水 15 千克均匀喷洒防治。

（八）采　收

色素辣椒、分次采收朝天椒，待果实充分成熟、全部变红后即可采收，整个生育期一般采收 3～4 次，秋分前后拔除植株。一次性采收朝天椒，当红椒占全株总数 90% 时，拔下整株遮阳晾晒，至八成干时摘下辣椒，分级、晾晒、待售。

四、鲁南苏北地区大蒜种植技术

（一）品种选择

选用高产、优质、商品性好、抗病虫、抗逆性强的品种。种植时可根据需要选择蒜薹粗大或是以生产鳞茎为主的品种。当前主要栽培的品种有蒲棵、糙蒜、高脚子、徐州白蒜、鲁蒜系列、济南大青秕、大名蒜种等。品种选定后要注意提纯复壮，可采用异地换种、气生鳞茎等繁殖、组织脱毒以及改善栽培条件（在种子田繁育）等措施，使选择的品种逐步得到改良。

（二）地块选择

大蒜的环境适应能力较强，对于土壤具有较强的适应性，但大蒜根系较浅，吸肥和吸水能力较差，在具体种植中，以富含有机质、疏松透气、排水良好的肥沃壤土或沙壤土最好，土壤 pH 值为 6 左右。要求地势较高、平坦，地下水位较低。前茬作物以玉米、小麦、豆类最好。

（三）整地施肥

种植地块在前茬作物收获后及时旋耕灭前茬。因大蒜根系为弦线状须根，根系较脆弱，生活力差，80%～90%的根系分布在15～20厘米深耕层内，而蒜头又生在地下，所以对土壤条件要求较严格。施肥应遵循有机肥为主、化肥为辅，基肥为主、追肥为辅的施肥原则。整地时结合耕翻每亩施入充分腐熟的有机肥4000～5000千克，腐殖酸类有机肥或饼肥100千克，磷肥、钾肥各50千克，磷酸二铵15千克。并配合施用少量锌、硼等微量元素。

为了更好地科学施肥，建议测土配方施肥。一是重施有机肥（3～5千克/亩）；二是科学配比氮、磷、钾化肥（钾肥以硫酸钾为主）；三是一定要配施微肥（钙、锌等）；四是一定要补施一定数量的菌肥；五是种肥要栽完后施用，防止烧根；六是追肥要根据大蒜的生长情况和生产量来确定，以冲施肥为主。

整地施肥之后浅耕耙平，做好畦，如遇干旱应进行灌溉。

（四）播 种

1. 种子处理 选用蒜头硬实、个头大、瓣形整齐、顶芽饱满、底平皮厚、无创伤霉斑、色白新鲜的蒜头作为种蒜。留种用的大蒜，经过晾晒，秸秆干后，选择头大、瓣大、瓣齐，具有代表性的蒜头带秸贮藏房内。临播前，再次精选，凡因贮藏不善而霉烂、虫蛀、沤根的蒜头要清除，随后掰瓣分级。一般分为大、中、小三级，先播一级种子（百瓣重500克左右），再播二级种子（百瓣重400克左右），原则上不播三级种子。为促进苗齐苗壮可进行药剂拌种：用2.5%吡虫啉可湿性粉剂和50%多菌灵可湿性粉剂各100克并兑水5千克，可拌种50千克，药液喷淋蒜种并搅拌均匀后装入网袋阴干待播。如能选用脱毒大蒜种更好。

2. 播种时期 在鲁南苏北地区，大蒜的最佳播期：常规露地栽培为9月下旬至10月上中旬，地膜覆盖栽培为10月上旬至10月下旬。保证做到冬前5叶1心，根系发达，高抗寒害和冻害。特别是翌年春天，蒜苗返青快，长势强，为大蒜的高产打下基础。具体的播种时间应主要视当年进入播种季节期间的气温而定，若气温偏高不下，应适当推迟播种时间；若气温偏低，与节气相符时，则按传统时间播种即可。

3. 播种方法　做畦方法要根据种植方式而定。常规露地栽培的畦宽根据水源而定。采用机灌时，因水源充足，可适当加宽畦面。地膜覆盖栽培，根据地膜宽度做畦，畦面耙细搂平，有利播种。播种后要把地膜封严，以提高盖膜质量。

4. 播种密度　播种密度根据栽培管理条件、生产水平而定。种植条件好的地块每亩可栽3万～3.5万株，种植条件差的地块应控制在每亩3万株以下。

（五）田间管理

1. 越冬期管理　大蒜越冬期管理的主要任务是使已播种的大蒜正常萌发出苗，幼苗生长健壮，安全越冬。播种后分别喷施1～2次防治葱蝇的农药，浇2～3次出苗水。出齐苗后，施1次清淡人粪尿作提苗肥，酌情进行划锄松土促进幼苗生长。小雪以后，浇1次越冬水，划锄松土保持水分。覆盖一些麦秆，保温保墒，安全越冬。地膜蒜播种后需喷施1次防治葱蝇的农药，其间应特别注意保护地膜完好，浇2次水，第一次为出苗水，第二次为越冬水，都必须浇透。

2. 返青期管理　惊蛰前，气温上升，蒜苗返青生长，可喷1次植物抗寒剂。春分前后，视天气情况，起去盖草，扶好畦埂，每亩追土杂肥3 000千克、钾肥或磷酸二铵15千克，开沟施入地下，接着浇水，并酌情划锄松土消灭杂草。地膜蒜浇水、拔草即可。

3. 蒜薹生长期管理　若前期未追肥或缺肥时，可每亩追施磷酸二铵或钾肥15千克。此后各生育阶段，分次浇水保持田间的湿润状态，划锄松土，拔除杂草。3月下旬至4月初，开始喷药防治葱蝇和蚜虫，每隔7～10天喷1次，连喷2次。从4月下旬开始喷药防治大蒜叶枯病、灰霉病等,每隔 10 天左右喷 1 次,提薹前喷药 2 次以上,效果良好。地膜蒜应在清明以后,待温度稳定后,除去地膜和杂草,并每亩追施钾肥 20 千克,浇 1 次透水。蒜薹采收前 3～4 天停止浇水。

4. 蒜头膨大期管理 大蒜提薹以后,去除了顶端优势,植株营养器官的生长趋向衰退阶段,蒜头生长进入膨大盛期。先浇水 1 次,喷洒叶面肥或 0.05% 钼酸铵和 0.02% 硫酸锌混合液,尽量延长叶片功能和根系寿命;至收获前浇水 2～3 次,保持地面湿润状态,满足大蒜后期对水分的需要,同时喷施 1 次防病药物,巩固防治大蒜病害效果、确保大蒜丰收。收获前 5～7 天停止浇水。

(六)病虫害防治

大蒜常发生的病害有大蒜茎腐病、锈病、紫斑病、白腐病、叶枯病、灰霉病、病毒病等,虫害有根蛆、根螨、蚜虫、地蛆和蓟马等。

1. 病害防治 播种前进行药剂拌种可有效防治大蒜白腐病、干腐病、红根腐病、细菌性软腐病,延缓叶枯病的发生。大蒜返青快速生长期,使用化学药剂防治白腐病等病害。大蒜生长后期选用高效、低毒、低残留的农药,防治叶枯病、紫斑病、病毒病等病害的发生。同时注意施药的安全间隔期。

2. 虫害防治 地下害虫防治方法为土壤处理,即用 40% 辛硫磷乳油 500 毫升 +1.8% 阿维菌素乳油 100～150 毫升,兑水 2 千克,再拌细土 50 千克后撒施或顺播种沟撒施。在大蒜苗 3～4 叶期施用一定量的阿维菌素乳油或使用菊酯类农药进行虫害防治,可及时有效地消灭初期虫害,达到控制虫害发生的目的。蒜薹收获后是根蛆高发期,可结合浇水冲施 50% 辛硫磷乳油 1 千克或 48% 毒死蜱乳油 0.5 千克防治。

(七)采 收

大蒜收获分为蒜薹收获和蒜头收获两部分。蒜薹为高档细菜,应及时采收,既能增加蒜薹的收入,又可因采薹后改善养分运输方向，进一步促进蒜头膨大。

1. 采收蒜薹　采收标准如下：一是蒜薹弯钩呈大秤钩形，苞上下应有4～5厘米长，呈水平状态（称甩薹）；二是苞明显膨大，颜色由绿转黄，进而变白（称白苞）；三是蒜薹近叶鞘上有4～6厘米长变成微黄色（称甩黄）。收获时一般应选在晴天中午及午后，此时植株有些萎蔫，叶鞘与蒜薹容易分离。提薹时应注意保护蒜叶，特别要保护好旗叶，防止叶片提起或折断，影响蒜头膨大生长。

2. 采收蒜头　蒜头收获应根据大蒜生长的成熟度来决定。收获过早，蒜头不饱满，贮藏后易干瘪；收获过晚，易使蒜头变黑开裂，失去商品价值。适期收获的依据：大蒜植株的基部叶片大都干枯，上部叶片开始褪色，之后从叶尖向叶身逐渐呈现干枯，植株处于柔软状态，如把蒜秸在基部用力向一边压倒地面后，表现不脆，而且有韧性，则为成熟的标志。收获时应轻拔轻放，不磕不碰，以免蒜头受伤，降低商品价值及贮藏性。

蒜头采收前5天停止浇水。蒜头收获后，应就地或找空地排放晾晒，只晒茎叶不晒蒜头，使茎叶和根系中的养分回流到蒜头。翻动2～3次，蒜秸基本干后再捆把，适时贮藏留种。有条件的地方可在收获后立即采取削须平头、除泥去土、避雨防霉、离地通风存放等措施，不仅可提高产出率，还可提高品级，夺取高效益。

五、鲁西南地区露地辣椒膜下滴灌高效栽培技术

（一）品种选择

选用中熟、抗寒耐热、生长期较长、丰产性好、抗病性强的品种，如中椒6号、湘椒12号、湘辣7号等。

（二）地块选择

地块宜选择地势平坦、耕性良好、土壤肥沃、排灌方便的沙壤土，不宜在盐碱、酸化和低洼地上栽培。辣椒忌涝，水分管理上

掌握少量多次的原则，保持土壤湿润，雨季时则要注意田间排水。

（三）整地施肥

前茬作物收获后，适时进行深翻整地。深翻以不浅于 25 厘米为宜，整地要求土地平整、土质细碎、土层上虚下实、无坷垃。

辣椒生长周期长，所以要施足基肥，后期可结合膜下滴灌设施少量多次追肥即可。基肥一般以腐熟的农家肥为主，每亩施入腐熟农家肥 4 500～5 500 千克，配合施三元复合肥 50 千克左右。

（四）育　苗

1. 催芽　将种子在阳光下晒 2～3 天，杀除病菌，然后在 30～35℃水中浸种 6～8 小时，并用纱布包好于 25～30℃条件下催芽。每天用温水湿润纱布 1 次，保持纱布湿润。种子大部分露白时即可播种。

2. 播种　育苗营养土可以按下面的方法配制：取大田土过筛，和腐熟农家肥、珍珠岩按照 6∶3∶1 的比例混合均匀，每立方米土加拌 500 克微生物杀菌剂，可以很好地预防苗期的多种病害。

苗床的选择要在背风、光照充足的地方。播种前，先要在苗床上浇足水，等到水全部渗入之后才可播种。播种方法一般以撒播为主，撒播时要全面均匀地撒在苗床上，促进齐苗。撒播后在上面覆盖一层厚 1.5 厘米左右的营养土，再覆一层地膜。提高苗床的保温保湿能力，促进种子发芽，提高出苗率。

3. 苗床管理　在播种后要控制好温度，白天的温度保持在 25℃左右，昼夜温差控制在 10℃以内。当有 50% 以上的种子出苗时去掉地膜，如果中午温度过高，要做好通风降温工作，防止温度过高出现烧苗现象。同时控制好水分，可适当喷水，不宜过多。然后在幼苗出齐、子叶展平后要适当疏苗，保留健壮幼苗，提高幼苗的生长空间。最后在定植前 7 天进行炼苗工作，使幼苗适应外部环境，提高定植成活率。

（五）定　植

在 4 月下旬至 5 月上旬，地温稳定在 15～17℃时定植。定植选在晴天上午进行，定植方式采用宽窄行间隔定植、双行单株错位定植方法，定植密度为株距50厘米，宽行距150厘米，窄行距50厘米。此方法可提高光能利用率，适当提高辣椒种植密度。

（六）田间管理

定植后在两窄行之间铺设滴灌带，然后加盖黑色地膜，不仅能够提高地温，还可以防止杂草生长。定植后第三天，利用滴灌带浇水缓苗，之后根据土壤湿润情况，不定期进行浇水。

辣椒开始坐果后，进行追肥。追肥的肥料品种一般选择含腐殖酸水溶肥料，每亩随滴灌带施用5～8千克，施肥后继续滴水20分钟。之后每采收1次辣椒，施肥1次。追肥时要注意补充钙、镁、硼等中微量元素。

（七）病虫害防治

辣椒常见的病害主要有猝倒病、疫病、立枯病、灰霉病、叶枯病、炭疽病等，辣椒常见的虫害主要有蛴螬、地蚕、蚜虫、钻心虫、青虫等。

1. 病害防治 病害可选用多粘类芽孢杆菌、新植霉素、武夷菌素等抗生素类农药或者甲基硫菌灵、百菌清可湿性粉剂等化学农药交替防治，每隔7天防治1次，连喷2～3次，即可达到防治效果。

2. 虫害防治 虫害可选用苏云金杆菌、阿维菌素、苦参碱等生物杀虫剂或者20%氰戊菊酯、90%敌百虫稀释后进行防治，喷施部位为叶背、嫩茎、花蕾和幼果，每10天喷1次，连喷2～3次。坚持做到预防早治，将病虫害控制在初发期，减少危害，降低损失。

（八）采 收

辣椒开花后60天果实成熟，分批采摘。采果时不应带果柄，以免刺伤别的果实。为避免鲜果烂果和裂果，宜在转色期或半熟期采收。露地辣椒采收期可持续至10月上旬，霜降前应一次采收结束。

六、鲁西南地区芦笋优质高效栽培技术

（一）品种选择

选用优质、抗病、丰产性能好的品种，如鲁芦笋 1 号、玛丽华盛顿 500W、加州 873 等。

（二）地块选择

栽培地块要求远离工业污染区，最好是土质肥沃、排灌方便、地下水位低、具有良好保肥蓄水能力的壤土或沙壤土。

（三）育　苗

1. 苗床准备　每亩苗床施 5 000 千克优质土杂肥作基肥，深翻 40 厘米，然后整平筑畦。

2. 浸种催芽　将种子用 50% 多菌灵可湿性粉剂 300 倍液浸泡 12 小时，再放入 30～35℃ 的温水中浸泡 36 小时，然后置于 25～30℃ 的条件下催芽 2～3 天，每天用清水淘洗 2 遍，待 10% 的种子胚根露白时即可播种。

3. 播种　适宜播种期在每年的谷雨至芒种或立秋前后，播前将育苗畦灌足底水，水渗下后按株行距各 10 厘米划线，将催芽的种子单粒点播在方格中央，然后覆细土厚 2～3 厘米，盖上草席或薄膜即可。

4. 基质穴盘育苗　选用 72 孔穴苗盘和商品基质，将基质倒入苗盘拍实，喷透水，用压穴板压出种子穴，将催芽的种子单粒点播在种子穴内，然后覆蛭石厚 2～3 厘米，盖上地膜即可。

5. 苗期管理　苗床开始出苗时，揭去覆盖物，并及时拔除杂草，防治蚜虫。出口芦笋严禁使用各类除草剂，应人工锄草松土。注意既不要碰伤芦笋的地上茎叶，也不要铲土过深切断芦笋的地下根茎。

（四）定　植

定植时期为当年秋冬时期或翌年春分至清明。定植地块要求深翻整地，施足底肥，每亩施优质土杂肥5 000千克和三元复合肥50千克。起苗时按大、中、小分级，分别定植。定植规格按行距1.8米，株距0.3米，栽植密度以1 200株/亩为宜，定植深度为10～15厘米，覆土厚度为3～5厘米。

（五）田间管理

1. 定植当年　定植后1个月内要及时查苗补栽，浇水缓苗，加强中耕除草，分次培土，每次培土厚度为4～5厘米，直至地下茎埋在畦面下12～15厘米。同时注意肥水管理，根据降水情况，保持土壤见干见湿，依据秧苗长势，分2次追肥，每次每亩追三元复合肥20千克。为提高土地利用效率，芦笋定植后第一年，可与白菜、萝卜、花生、大豆等矮秆作物间作。早春解冻后应及时清除芦笋地的残枝落叶，拔除越冬母茎，对芦笋田病害较重地块进行土壤消毒。清园后及时划锄松土，培土做垄，垄高25～30厘米。为减少空心笋的比例，培垄后可覆盖地膜提高土温，做到盖膜采笋，当20厘米地温超过23℃时揭去地膜。采笋工作结束后，立即撤垄施肥，促使嫩茎形成植株并旺盛生长。

2. 定植第二年及以后采笋年

（1）**科学施肥**　3月结合垄间耕翻、培土（分次进行）施好催芽肥，每亩施土杂肥2 000千克、芦笋专用肥50千克。6月上中旬施好壮笋肥（接力肥），每亩施尿素15千克，可延长采笋期，提高中后期采笋量。8月上中旬采笋结束后，要重施秋发肥，每亩施土杂肥3 000千克、芦笋专用肥100千克，促芦笋健壮秋发，为第二年优质高产积累营养。

（2）**留母茎采笋**　定植后第二年的新芦笋田块，只宜采收绿芦笋。一般4月上中旬长出的幼茎，作为母茎留在田间不采收。进入盛产期的芦笋田块，5月上中旬前长出的嫩茎可全部采收。采收白芦笋的田块一般于5月上中旬开始留母茎，每株留1～2根，可连续采收至8月上中旬。

（3）**适时摘心防倒伏**　当植株高达100厘米左右时应适时

摘心，有利于集中营养，促地下根茎生长。有条件的地方可拉铁丝，确保植株不倒伏。

（六）病虫害防治

依据"预防为主、综合防治"的方针，采用生物防治和化学防治相结合的方法防治病虫害，同时加强病虫害预测预报，将病虫害消灭在始发期。

1. 病害防治　芦笋病害主要有茎枯病、枯萎病、褐斑病、锈病等，可采用生物农药4%嘧啶核苷类抗生素（农抗120）水剂200倍液灌根，还可以通过改善通气条件、田间降温、清理田园、集中烧毁病残枝叶、增施有机肥和磷钾肥、适当控制氮肥用量等农业手段综合防治。

2. 虫害防治　芦笋虫害主要有小地老虎、蝼蛄、蛴螬、蚜虫等，主要使用1.8%阿维菌素乳油等无公害农药防治。

（七）采　收

采收白芦笋在早晨8点之前或傍晚进行，盛收期早晚各采1次。方法是：先轻扒垄土，使笋尖露出3～5厘米，将笋刀斜插入，在茎基部2～3厘米处将嫩茎切断拔出，然后将扒开的土回填压实，采下的嫩茎需遮光保湿。采收绿芦笋不需培土，嫩茎长至18～22厘米时在其基部1～2厘米处割下即可。

随着嫩茎的采收，贮藏养分不断消耗。当嫩茎越来越细、硬度变大、畸形笋增多、产量下降时，应立即停止采收。芦笋停采后必须有100天左右的生长期才能使下一年获得高产。成龄期芦笋适宜采收期为70～80天。

七、鲁中地区拱棚西瓜栽培技术

（一）品种选择

选择耐低温、抗病、低温下坐果性能好、品质优、产量高、耐裂、耐贮运的综合性状好的早熟品种，如甜如蜜、真优美、红玉等。

（二）培育壮苗

1. 栽培时间　12 月上旬至下旬，西瓜开始育苗；2 月上旬至 3 月上旬定植。

2. 浸种催芽　用 28～30℃温水浸泡 6 小时后捞出沥干，用干净湿纱布分层包裹，放置于 28～30℃的温度条件下催芽，经 24 小时后，待 60%～80% 种子露白时播种。

3. 苗床管理　出苗前白天温度 28～30℃，夜间 15～18℃，一般 3～5 天后出苗。幼苗出土 50% 时揭去地膜，适当调光通风降低温湿度，避免烧苗或徒长。出苗后白天温度 25℃，夜间 14～16℃。破心后白天温度 25～28℃，夜间 15～16℃。

4. 嫁接育苗技术　西瓜连年重茬，造成枯萎病病害严重，必须通过嫁接培育壮苗。嫁接砧木主要有西瓜类、南瓜类、葫芦类等。嫁接砧木的选择要综合考虑抗病性、亲和性、共生性及对西瓜品质的影响。嫁接方法主要采用插接、劈接和靠接三种。

（1）插接（劈接）法　插接、劈接主要用于有籽西瓜。在育苗棚内提前 5～7 天播种砧木，待砧木苗大部分拱土时，再在盆或箱子内用细沙播种西瓜（预先浸种催芽），放在棚内。砧木第一片真叶出现，接穗 2 片子叶展开时即可插接（劈接）。

（2）靠接法　靠接法适用于下胚轴粗壮的无籽西瓜。西瓜早播 4～5 天，砧木苗子叶平展时，选取大小适宜的砧木与接穗，先去掉砧木生长点，进行嫁接。嫁接后将砧木与接穗连根一起栽植于营养钵中，接口处应距土面约 3 厘米。7～10 天成活后，切断接穗下胚轴。10～15 天后去掉嫁接夹。

（三）整地施肥

冬闲拱棚应在冬前深耕 25 厘米，进行冻垡使土壤疏松。将一半底肥撒施于地面，翻入土中，整平地面后开沟集中施肥和做畦。

拱棚的做畦方式为平畦或小高垄，以南北向为佳。行距 1.6～1.7 米，垄沟宽 60 厘米，垄背宽 1～1.1 米，垄高 10～15 厘米。

垄沟内分层施肥，肥土混合后踏实。然后顺定植行开浅沟，浇水造墒，适当晾墒后平整畦面，使垄背呈中间稍高的龟背形。覆膜提温，膜宽80厘米以上，垄距也可为3米左右，一垄双行。

底肥的种类和数量：一般每亩施优质圈肥5000千克或腐熟鸡粪1000～2000千克，过磷酸钙50千克，硫酸钾15～20千克，腐熟饼肥100千克。50%的有机肥耕翻时撒施，其余50%有机肥和磷、钾、饼肥施入丰产沟内。

（四）定　植

当棚内10厘米土壤温度稳定在13℃以上，最低气温5℃以上时即可定植。一般拱棚栽培于2月上旬至3月上旬定植。

根据品种不同及市场需求，每亩定植550～800株。栽后适当浇水，喷施除草剂，覆地膜。然后清扫畦面，插拱膜成小棚。全部工作结束后，扣严拱棚提温。

（五）田间管理

1. 温度管理　早春气温低而不稳定，定植后应采取保温增肥措施。定植后5～7天，要注意提高地温，保持温度在18℃以上促进缓苗。若白天温度高于35℃，则应设法遮光降温。

缓苗后可开始通风，以调节棚内温度，一般白天不高于32℃，夜间不低于15℃，此期间可通过开闭天窗来控制棚温。当瓜蔓长30厘米左右时，可撤去小拱棚。拱棚西瓜盛花期，应保持光照充足和较高夜温。外温超过18℃时，应加大通风，天窗和两侧同时通风，保持白天温度不高于30℃，防止过高的昼夜温差和过高的昼温。西瓜进入膨瓜期和成熟期，高昼温和日温差过大会导致果实肉质变劣，品质下降。

2. 湿度管理　拱棚内空气湿度相对较高，在采用地膜覆盖的条件下，可明显降低空气湿度。一般在西瓜生长前期空气湿度较低，但在植株蔓叶封行后，由于蒸腾量大，灌水量也增加，棚内空气湿度增高。白天空气相对湿度一般在60%～70%，夜间达80%～90%。为降低棚内空气湿度，减少病害，可采取晴暖白天适当晚关棚、加大空气流通等措施。生长中后期，以保持空气相对湿度在 60%～70% 为宜。

3. 肥水管理 追肥一般每亩用硫酸钾型复合肥 75 千克，第一次在伸蔓时追肥 20 千克，第二次在幼瓜鸡蛋大时追肥 40 千克。果实定个后，为防止早衰，可喷施 0.3% 磷酸二氢钾 1～2 次，如果基肥充足，也可不再追肥。

拱棚瓜因多层覆盖，浇水量不宜过大。一般在缓苗后，如地不干，可以不浇水；若过干时，可顺沟浇 1 次透水。在伸蔓期，可浇 2 次水，水量适中即可。幼瓜长到鸡蛋大小后，进入膨瓜期，可每 3～4 天浇 1 次水，促进幼瓜膨大。采收前 5～7 天停止浇水，促进糖分转化，提高品质。

4. 光照及气体成分的调节

（1）增加采光量 西瓜要求较强的光照强度。选用透光性好的无滴膜，保持膜面洁净。要严格整枝、及时打杈和打顶，使架顶叶片距棚顶薄膜 30～40 厘米，防止行间、顶部和侧面郁闭。

（2）棚内气体调节 由于拱棚内施肥量大，温度高，而拱棚密闭，常造成氨气、亚硫酸等有害气体积累，使植株受害。要采取通风换气的方法，保持棚内空气新鲜。拱棚密闭期间，为提高棚内二氧化碳浓度，可进行二氧化碳施肥。

5. 整枝 拱棚密植条件下，要实行较严格的整枝。当伸蔓后，主蔓长 30～50 厘米时，侧蔓也已明显伸出。当侧蔓长到 20 厘米左右时，从中选留一壮健侧蔓，其余全部去掉，以后主、侧蔓上长出的侧蔓及时摘除。在坐瓜节位上边再留 10～15 片叶即可打顶。整枝工作主要在瓜坐住以前进行，在去侧蔓的同时，要摘除卷须。

6. 人工授粉 根据棚内西瓜的开花习性，应在上午 8—9 时进行授粉。阴天雄花散粉晚，可适当延后。为防止阴雨天雄花散粉晚，可在前一天下午将次日能开放的雄花取回，放在室内干燥温暖条件下，使其次日上午按时开花散粉，再用此花给雌花授粉。应从第二雌花开始授粉，以便留瓜。

（六）病虫害防治

根据西瓜发病规律，按照"预防为主、综合防治"的方针，提早预防。西瓜的病害主要有猝倒病、立枯病、枯萎病、白粉病和炭疽病等。猝倒病和立枯病，可用多菌灵和绿亨一号进行苗床消毒。枯萎病，可用 15% 西瓜重茬剂一号 300～350 倍液灌根。每次每公顷用 7.5 千克，在定植后 3～4 片真叶时用药，防治效果较好。白粉病和炭疽病，可用百菌清、甲基硫菌灵和三唑酮（粉锈宁）等药交替使用，防治效果较好。

（七）采收、选留二茬瓜

西瓜收获期的确定既要考虑西瓜的成熟度和口感，又要考虑拱棚西瓜属于反季节栽培，还要考虑市场价格，抢占市场先机，而且收获后的保存运输也是考虑的因素。通过瓜农多年的生产实践经验，一般在授粉后的 30 天左右，根据当地的天气状况和西瓜长势确定合适的采摘时间。

留瓜一般选第二、第三雌花坐瓜，以达到高产优质的目的。

八、鲁中及鲁东地区露地大葱生产技术

（一）茬口安排

主要有秋播和春播两种方式，以秋播为主。秋播 9 月中下旬播种，幼苗越冬，翌年 6 月中下旬至 7 月上旬定植，9—10 月收获，秧苗可于 5 月上旬至 6 月下旬小葱上市。

（二）品种选择

应选择抗逆性好、抗病性强、适于本地栽培的品种，如章丘大梧桐、寿光八叶齐、莱芜鸡腿葱、鲁葱杂 1 号等品种。

（三）育　苗

1. 浸种　用 55℃温水或 0.1% 高锰酸钾溶液浸种 15～20 分钟，搅动消毒，除去秕籽和杂质，将种子清洗干净并晾干表皮后

待用。

2. 苗床准备　育苗床宜建在 3 年内未种植过葱蒜类蔬菜的地块。选择地势平坦、土壤疏松、有机质丰富、灌溉方便的壤土地块作苗床，苗床宽 1～1.2 米，长度依地块和育苗量而定。每亩施腐熟农家肥料 4 000～6 000 千克、磷酸二铵 10～15 千克、硫酸钾 15～20 千克。各种肥料要与床土充分混匀。

3. 播种　畦内浇透水，水渗后将种子均匀撒播畦内。每亩苗床需撒播葱种 1.25～1.5 千克，再覆盖 1.5～2.5 厘米厚的细土。

4. 苗期管理　冬前中耕除草，越冬前幼苗真叶控制在 3 片以内。春天平均气温 13℃时浇返青水，使土壤相对湿度保持在 80% 以上，并结合灌水每亩施硫酸铵 10 千克。定植前 1～2 天进行灌水，便于起苗。

（四）整地、定植

1. 整地施肥　定植前，整平耙细后开沟，沟距 70～75 厘米，宽 25 厘米，深 20 厘米。有条件的可进行土壤养分测定，根据测定结果确定施肥量，施用肥料以有机肥为主，配合施用无机肥料。无条件进行土壤养分测定的，按每亩沟施优质腐熟农家肥 3 000～4 000 千克、过磷酸钙 20～40 千克作底肥。

2. 定植　定植前剔除杂苗后，将葱苗分级，按大中小苗分开定植，便于日后管理。沟内浇水，排葱苗，水渗后覆土，株距 5～7 厘米，每亩栽 18 000～20 000 株。

（五）田间管理

定植 7 天后浇水。以后每次追肥培土后浇水，收获前 15 天停止浇水。生长旺盛期追肥 2 次，每亩追施饼肥 300 千克、尿素 15 千克或磷酸二氢钾 15 千克。施肥与培土灌水同时进行，最后 1 次追肥必须在收获前 30 天进行。

（六）病虫害防治

1. 农业防治　采取选用抗病品种，严格种子处理、合理密植，与非葱类作物实行 2～3 年的轮作换茬，及时排水，增施磷、钾肥，清洁田园，清除杂草残株，减少虫源等农业措施。

2. 物理防治 用糖、醋、水、敌百虫晶体按 3∶3∶10∶0.5 的比例配成溶液，装入直径为 20～30 厘米的盆中并放到田间，每亩放 3 盆，可诱杀葱蝇等害虫。应随时添加溶液，保持盆不干。安装杀虫灯，诱杀夜蛾类害虫。

3. 生物防治 利用天敌、苦参碱、苦楝素等植物源农药防治病虫害。

4. 化学防治 紫斑病及霜霉病可用 75% 百菌清可湿性粉剂 600 倍液喷雾防治。葱蓟马可用 50% 辛硫磷乳油 2 000 倍液喷雾防治。斑潜蝇可用 2.5% 溴氰菊酯乳油 2 500 倍液喷雾防治。根蛆可用 80% 敌百虫可溶性粉剂 50 克，兑水稀释 1 000 倍液灌根防治。

（七）采 收

11 月中旬收获，防止机械损伤；收获后应及时晾晒、销售。

九、鲁中地区露地秋季萝卜栽培技术

（一）品种选择

选用生长速度快、适宜密植、肉质品色好、商品率与一致性高、适应性强等高产、优质、抗逆性强的萝卜良种，如盛青一号、潍县青、城阳青等。

（二）地块选择

地块宜选择土质疏松、土层深厚、肥沃、保水保肥的沙壤土或壤土，不宜选择涝湿地、沙性大的地块，更不宜选择黏重和盐碱地块。前茬以瓜类、茄果类、豆类为宜，同时尽量避免与十字花科蔬菜连作。

（三）整地施肥

前茬作物收获后，适时进行深翻整地，深耕以不浅于 25 厘米为宜。整地要求土地平整、土质细碎。

萝卜在生长过程中需要的营养物质较多，因此足量且平衡施肥对萝卜增产增收起着至关重要的作用。结合整地每亩一次性施入优质农家肥3 000～5 000千克、过磷酸钙25千克、高钾复合肥40千克。耕入土中利用机械起垄栽培。为了保证萝卜的品质，可以增加农家肥和有机肥的使用量，减少复合肥的使用。施用农家肥与有机肥时要充分腐熟，以免影响幼苗生根，致使肉质根分叉和腐烂，影响萝卜的产量和品质。

（四）播 种

秋季栽培一般在8月下旬至9月初。采用点播的，点播时每穴播种2～3粒，一般采用宽垄双行栽培，株距一般在17～20厘米；采用机械播种或者缠绳播种的，一般单粒播种，株距同上。播种后盖土厚约2厘米，播种过浅，土壤易干，出苗后易倒伏，根形不直；播种过深，影响出苗速度与健壮。播种时的浇水方法，可以先浇水再播种后覆土，也可以先播种再盖土后浇水。前者底水足，上面土松，幼苗易出土；后者土壤易板结，需在出苗前经常浇水，保持湿润。浇水方便有条件的应采用滴灌。

（五）田间管理

1. 间苗 萝卜出土后生长迅速，应及时间苗，原则上应早间苗、分次间苗、晚定苗。早间苗，苗小，拔苗时不会损伤留下的苗；晚定苗可减轻病虫害造成的缺棵现象。栽培中一般间苗2～3次。在真叶展开时进行第一次间苗，拔除弱苗、畸形苗、杂株。在2～3片叶时进行第二次间苗。大破肚时每穴留健壮苗1株，即为定苗。单粒播种时可以省去间苗的用工投入，大面积播种时建议单粒播种。

2. 水分管理 前期促进叶片和吸收根的健壮生长，为后期肉质根膨大奠定物质基础。肉质根膨大期应保证有充足的养分供应，促进肉质根膨大。不同生长期对水分的要求也不同。发芽期水分充足能保证发芽迅速，出苗整齐；幼苗期应减少水分供给，使根系向土层深处发展；叶部生长盛期要适量浇水，保证叶片的发育；肉质根膨大期，要供水充足，防止忽干忽湿，该时期水分供应不足极易导致萝卜糠心与须根严重。一般每隔 10 天左右浇水 1 次。

3. 中耕除草　萝卜播种出苗后，应根据情况进行中耕除草。封行后一般不再进行中耕。

（六）病虫害防治

萝卜病害主要有黑腐病、病毒病等，虫害主要有蚜虫、菜青虫、小菜蛾等。

1. 病害防治　病毒病发病后出现花叶，叶片皱缩，畸形，植株矮小，根部发育不良，造成减产严重。该病由蚜虫传播，高温干旱利于传播。可以采用以下方式预防：早防治蚜虫，高温干旱加强水肥管理，适期播种。黑腐病，感病后根部维管束变黑，肉质根内部腐烂。防治上应及时防治菜青虫等害虫；空心糠心预防要做到平衡供水，时涝时旱易出现空心糠心，在栽培时注意平衡供水，当土壤相对湿度低于 60% 时，要适时浇水。科学使用硼肥能减少萝卜空心糠心。每亩结合整地用硼砂 1 千克或者结合打药喷施硼肥。施用多效唑可控制植株生长过旺，调节植株体内光合产物分配和转运的功效。在萝卜生长期每亩可用 15% 多效唑可湿性粉剂 15 克，加水 50 千克后喷洒，用药 1 次即可。

2. 虫害防治　蚜虫可采用 10% 吡虫啉可湿性粉剂 1 000～2 000 倍液防治，每隔 7 天喷施 1 次，连续 2～3 次。菜青虫防治应在 1～3 龄时施药，低龄幼虫发生初期可喷洒苏云金杆菌乳剂 800～1 000 倍液；也可以用 90% 敌百虫晶体 1 000～1 500 倍液，或 20% 杀灭菌酯乳油 3 000 倍液，或 2.5% 溴氰菊酯乳油 3 000～4 000 倍液等喷雾防治。小菜蛾防治可在卵孵盛期至幼虫 2 龄期，用 2.5% 多杀霉素悬浮剂 1 000～1 500 倍液或 5% 氟啶脲乳油 1 000～2 000 倍液喷雾；在幼虫 2～3 龄期，可以用 35% 阿维·辛硫磷乳油 2 000 倍液或 10% 虫螨腈悬浮剂 1 500～3 000 倍液等喷雾防治。

（七）采　收

一般以肉质根充分肥大后为采收适期。收获过早，产量低；收获过晚，易遭受冻害或萝卜过大而不好销售。要求在冻害发生前采收完毕。收获后剔除小萝卜、损伤的萝卜等，按大小分级装袋出售或入库贮藏。

十、鲁中地区温室春季贝贝南瓜栽培技术

（一）品种选择

选用坐果能力强、肉质品色好、口感香甜干面、商品率与一致性高、适应性强等高产优质贝贝南瓜良种，如金栗一号、贝贝一号等。

（二）地块选择

地块宜选择土质疏松、土层深厚、有机质肥沃、保水保肥的沙壤土或壤土，不宜选择涝湿地、沙性大、黏重和盐碱地块，应选择前茬没有种植过葫芦科作物的地块进行种植。

（三）育　苗

1. 浸种　贝贝南瓜种子常使用60℃温水浸种10～15分钟，水温自然冷却继续浸种12小时，目的是软化种皮、充分吸水，浸种后用清水清洗并沥干水分，放置在30℃左右的环境中，待有一半以上的种子露白后即可播种。

2. 播种　早春贝贝南瓜播种一般在1月中旬至2月中上旬，通常使用50孔育苗穴盘，育苗基质可按草炭：珍珠岩为1∶1的比例进行配制。育苗基质配好后装入穴盘，压出1.5厘米深的孔，将催芽后的种子平放在穴孔中盖上厚1～1.5厘米的基质，浇水以穴盘底部出水孔开始渗出水为宜。将播种后的穴盘放入育种畦内，并盖上拱膜保温。

3. 苗期管理　贝贝南瓜出苗后，应控制温湿度，白天温度在28℃为宜，为防徒长夜间不再盖拱膜。浇水应选择在晴天上

午，并注意蚜虫和斑潜蝇的防治。待苗出齐后应喷施速溶肥，之后做到浇水就施肥，以达到提苗壮苗的目的。

（四）定　植

定植前每亩施入腐熟有机肥 1 000 千克，再深耕土地，将有机肥与土壤充分混合。为提高贝贝南瓜产品质量及每亩产量，建议吊蔓栽培，双行、单行定植均可，每亩种植 500～600 株为宜，株行距 1 米×1.3 米。种植畦起好后每亩再施入 500 千克有机肥为基肥（有条件的每亩可以多施入 300 千克草木灰）。早春种植应铺地膜来控草并提高地温。早春气温低特别是夜间温度低，为防治冻害并促进植株生长，需要在拱棚内吊二膜，畦面插拱架盖膜。

贝贝南瓜幼苗长到 1 叶 1 心时便可定植，选择晴天定植，定植后浇透定植水，并注意保温，防冻害。定植后 4～5 天根据墒情及时浇缓苗水。

（五）田间管理

吊蔓种植的贝贝南瓜通常采用双蔓整枝，定植成活后植株长到 4 叶 1 心时摘心，选留粗壮、长势相当的 2 条子蔓作为结瓜蔓，多余子蔓、孙蔓及时摘除。当瓜蔓长到 50～60 厘米时喷施增瓜灵，连喷 4 天，一天一遍，以便集中采收提高产量。当瓜蔓长到 80 厘米时即可吊蔓，吊蔓后要及时盘头并摘除孙蔓。每蔓可留 5～6 个瓜，瓜坐齐后，瓜上留 4～5 片叶打头，及时浇水保墒，但后期也要控水保证南瓜品质。

（六）病虫害防治

南瓜病害主要有白粉病、病毒病等，虫害主要有蚜虫、斑潜蝇、白粉虱等。

1. 病害防治　白粉病主要危害贝贝南瓜叶片和茎，发病适温为 20～25℃，高温高湿及高温干旱都易引发白粉病。防治上主要以预防为主，定期喷施氟菌·肟菌酯，或己唑醇；同时摘除底部老叶，增强通风透光。花叶病毒病主要危害贝贝南瓜的叶片，严重时也使果实畸形，并严重影响品质。病毒病主要通过刺吸式口器的昆虫传播，预防病毒病就要做好蚜虫及白粉虱的防治，同时避免高温干旱，做到及时通风、及时灌溉。

2. 虫害防治　蚜虫可采用10%吡虫啉可湿性粉剂1 000～2 000倍液，每隔7天喷施1次，连续2～3次。斑潜蝇用灭蝇胺防治。白粉虱可使用噻嗪酮防治若虫，同时加一些触杀性强的农药如啶虫脒、吡虫啉来防治成虫。

（七）采　收

贝贝南瓜一般在开花后40天左右采收。成熟的南瓜果柄膨大，瓜皮上的毛自然脱落，单瓜重量在300～500克。采收后在阴凉干燥通风环境下可保存2个月以上。

十一、鲁西北地区温室秋冬黄瓜栽培技术

（一）品种选择

选择具有耐低温、耐弱光、抗病性强、雌花节位低、瓜码密、产量高等特性的品种，如津优358、博美999、德瑞特351等。

（二）地块选择

地块宜选择地势高、平坦、土质疏松、土层深厚肥沃、排灌良好的沙壤土或壤土，不宜选择涝湿地、沙性大地块，更不宜选择黏重和盐碱地块。

（三）播种及育苗

播种一般分为直播和育苗移栽两种方式，生产中多采用嫁接育苗。直播播期一般在立秋前后，每穴播种2粒，株距35～40厘米，播后种子覆土厚1.5厘米。常用嫁接方式有插接、靠接，多采用插接方法。砧木一般选用白籽南瓜，在7月中下旬开始播种育苗。

1. 浸种催芽　选取饱满的黄瓜种子，用50～55℃温水浸种。南瓜种子偏大、种皮厚，需用70℃热水烫种，边烫边搅拌，后将洗净的种子用干净的湿布包好，在25～30℃条件下进行

催芽。

2. 播种 选用通气性、渗水性好、富含有机质的材料，如蛭石与草炭按1：1的比例混合，每立方米施入50%多菌灵粉剂80～100克、过磷酸钾1千克、硫酸钾0.25千克、尿素0.25千克即可；不宜装得过满，把催芽后的种子放入穴内，每穴1粒，盖上基质后浇透水，用多菌灵和杀虫剂最后喷淋一遍，起到杀菌、杀虫作用。

黄瓜、南瓜种子露白后播于营养钵中（芽眼朝下），覆土一扁指厚（黄瓜播后覆土厚1～1.5厘米，南瓜覆土厚2厘米）。一般3～4天出苗。

3. 嫁接 插接一般是先播种南瓜，南瓜刚开始露真叶时开始播种黄瓜，黄瓜两片子叶完全展开时为最佳嫁接时期。先取砧木苗，去掉其生长点，用嫁接针从砧木子叶基部的一侧，向胚轴中下方斜插，插入砧木内的长度一般控制在0.5～0.7厘米。接穗下胚轴上的斜切面长为0.5～0.7厘米。从砧木中拔出嫁接针，将接穗的斜切面向下插入砧木切口中，使两者切口密切结合。

4. 嫁接苗期管理 嫁接后白天温度保持在25～30℃，夜间保持在18～20℃，空气相对湿度在95%以上，全天遮光。3天后逐渐降低温湿度，白天温度控制在22～26℃，空气相对湿度降低至70%～80%，并逐渐增加光照；4～5天后上午10时至下午3时遮光；6～7天后全天见光。定植前7～10天，可降温至15～20℃。

苗长到第二片或者第三片真叶展开时，可以适当喷施增瓜灵或乙烯利，以增加小瓜的数量。

（四）定 植

定植前每亩施充分腐熟的鸡粪或牛粪8～10立方米，磷酸二铵50千克，硫酸钾25～40千克或者三元复合肥100千克。5年以上老棚可以加施中微量元素肥料50千克。肥料撒施撒匀后旋耕2次或深翻。

用 40% 毒·辛或毒死蜱乳油 1 千克 / 亩随水浇灌防治地下害虫。将地平整后做畦。按垄高 15～20 厘米，大、小行距 70 厘米、50 厘米起垄，株距 25～30 厘米定植。

直播苗出齐后喷一遍噁霉灵或甲霜·噁霉灵或霜霉威（普力克）预防猝倒病。隔 3 天左右再喷 1 次，主要是喷淋茎干基部。嫁接苗长到 3 叶 1 心时即可定植，可用相关药剂进行蘸根，预防根系病害。定植时滴灌浇水一定要浇透。

（五）田间管理

1. 肥水管理　播种时浇透水，一般到根瓜坐住不再运用肥水，直到第一个瓜长到 20 厘米左右时浇第一次水，可随水冲施硫酸钾型复合肥 15～20 千克 / 亩。近年来黄瓜生长前期气温偏高，且高温时间长，给黄瓜生长带来不利影响，所以建议前期多浇 2～3 次水，目的是降低棚温和地温，且要普浇 1 次，即大、小垄普遍浇 1 次。根瓜坐住以后，每隔 7～10 天用滴灌进行 1 次施肥浇水，可冲施高钾高氮的硫酸钾型复合肥。随着坐瓜数量的增多，每亩施肥量可增加至 20 千克。

2. 温光管理　白天温度 25～27℃，夜间温度 14～16℃。随着天气的渐渐变冷，光照时间缩短，光照强度降低，温度保持在白天 23～26℃，夜间 10～14℃。当连阴天来临时，要适时增光和补光，用白炽灯、补光灯等进行人工补光，改善棚内光照条件。

3. 植株调整　瓜秧长到 70～80 厘米时，根据长势可以用叶绿素或甲哌鎓轻控一下长势，防止狂长。同时第七节或第八节以下的瓜应摘掉、打掉主蔓多余的瓜杈。随着主蔓瓜的减少，主蔓会长出部分回头瓜或部分分叉。根据瓜的长势，决定它们的去留。留杈瓜时要保留 1 个瓜、2 片叶子，然后把杈子尖掐掉即可。

秋冬黄瓜容易徒长，当植株长到 6～7 片叶时要进行吊蔓，砧木萌发后侧枝要摘除。进入结瓜前期要摘除卷须，进入结瓜后期应落蔓，落蔓后每株保留 18～20 片绿色功能叶，其余下部老叶、病叶、黄化叶要去掉，以改善植株下部的通风透光条件，减少养分消耗及各种病害的发生。

（六）病虫害防治

黄瓜病害主要有白粉病、霜霉病、灰霉病、疫病等，虫害有蚜虫、斑潜蝇、白粉虱等。

1. 病害防治　白粉病可用 10% 苯醚甲环唑水分散粒剂 1 000～1 200 倍液。霜霉病可用 68% 精甲霜·锰锌水分散粒剂 800 倍液或 25% 嘧菌酯悬浮剂 2 000 倍液喷雾防治。灰霉病可用 10% 苯醚甲环唑水分散粒剂 1 000～1 500 倍液或 65% 甲霉灵可湿性粉剂 600 倍液喷雾防治。疫病可用 68% 精甲霜·锰锌水分散粒剂 800 倍液或 64% 噁霜·锰锌可湿性粉剂 600 倍液喷雾防治。

2. 虫害防治　蚜虫、白粉虱等防治可在温室所有通风口设置 40 目或者 60 目防虫网，室内悬挂黄色粘虫板诱杀。也可用 25% 噻虫嗪水分散粒剂 5 000～6 000 倍液或 10% 吡虫啉可湿性粉剂 1 000～2 000 倍液喷施防治，注意叶背面均匀喷施。

（七）采　收

合理采瓜是调整植株营养生长与生殖生长的重要技术措施。根瓜尽量早采收，以防坠秧。结瓜初期 2～3 天采收 1 次，结瓜盛期 1～2 天采收 1 次，并适时疏花疏果。

第二章
江苏蔬菜栽培

一、江苏结球甘蓝栽培模式和栽培技术

（一）种植模式

江苏甘蓝种植模式包括露地种植模式（越冬、春季、早夏、秋季）、大棚种植模式（春季极早熟、深冬）、小拱棚和地膜种植模式（春季早熟）。

（二）品种选择

1. 露地种植模式

（1）**越冬模式** 品种主要有两种类型：一种是牛心类型，为耐寒、耐抽薹的春丰、探春、春秋秀美等冬春品种。另一种是扁球类型，为耐寒、耐裂球的冬胜、瑞甘系列冬甘蓝品种。

（2）**春季模式** 选择有一定耐寒性和耐抽薹性的品种，如铁头4号、日本品种绿球3号等。

（3）**早夏模式** 多为耐热扁球型，如H60、耐热60等。

（4）**秋季模式** 绝大多数品种秋季生长良好，品种选择主要取决于供应的市场需要。

2. 大棚种植模式

（1）**春季极早熟模式** 品种要耐抽薹、耐寒、生长速度快。牛心类型有探春、春秋秀美、早春二月、春兰等。扁球类型有春喜、中甘56和日本品种美味早生等。

（2）**深冬模式** 主要是耐抽薹、耐寒的品种。牛心品种如探春、春丰、争春，进口品种如茶玛等。

3. 小拱棚和地膜种植模式 春季早熟模式选择耐寒、耐抽薹品种，如春秋秀美、春兰等。

（三）地块选择

选择前茬没有种过甘蓝类蔬菜、土壤肥沃、向阳、排水方便的田块。深耕20厘米左右，整平整细。施足农家肥或有机肥或三元复合肥，雨水多的苏南、苏中地区采用高垄（畦）起垄做畦方式。大棚种植模式除施足基肥、耕翻、按照1.5米左右宽度做畦，有条件的可铺喷灌带，再覆盖透明地膜。

（四）播种育苗

1. 露地种植模式

（1）**越冬模式** 一般采用基质穴盘点播、土床条播或撒播等育苗方式。在苏中及以南地区牛心类型在9月下旬至10月上旬播种，扁球类型在8月中下旬播种。

（2）**春季模式** 小拱棚冷床育苗在12月下旬播种，大棚内在1月上中旬播种，电热线辅助加温的在1月下旬播种。

（3）**早夏模式** 3月下旬至4月上旬在棚室中播种。

（4）**秋季模式** 6月下旬至8月上旬均可播种，多在设施内进行。农户自育苗一般在大棚内进行，棚架上覆盖顶膜和遮阳网，起到防雨、降温、防暴晒作用。苗期应防高温烧苗、窜苗。

2. 大棚种植模式

（1）**春季极早熟模式** 苏北地区小拱棚育苗播种期在11月5—25日，大棚育苗在11月下旬至12月上旬播种。一般采用三膜覆盖保温，在最冷季节，晚间还需用草帘覆盖小拱棚。苗龄60天左右。在定植前15～20天可分苗移栽，有利壮苗和定植后成活。苏中、苏南地区在棚室内于11月下旬至12月下旬播种。

（2）**深冬模式** 9月上中旬棚内播种。注意降温，防止高温烧苗。

3. 小拱棚和地膜种植模式 春季早熟模式一般在 1 月上中旬播种。

（五）定 植

1. 露地种植模式

（1）**越冬模式** 牛心类型于 11 月上中旬定植，扁球类型在 9 月中下旬定植。根据株型大小，牛心类型株行距 35 厘米×40 厘米左右，扁球类型株行距 45 厘米×50 厘米左右。

（2）**春季模式** 一般在 2 月下旬至 3 月上中旬定植。苏南地区有地膜覆盖的可提早到 2 月中旬定植。

（3）**早夏模式** 苗龄 25 天左右，4 月下旬至 5 月上旬定植，株行距 40 厘米×50 厘米左右。

（4）**秋季模式** 苗龄 25～30 天，带土定植、阴天或晴天下午 4 时后定植均有利于活棵。有条件的地方，定植后至成活前覆盖遮阳网，有助于尽早成活。定植密度依植株大小而定，早熟的 4 000 株左右，晚熟的 3 000 株左右。定植后浇足定根水，每天傍晚浇水至成活。值得注意的是，暴雨后的暴晒极易引发根部病害而死苗，及时排水并喷药预防极为重要。11 月前严防虫害暴发，及时防控。

2. 大棚种植模式

（1）**春季极早熟种植模式** 苏北地区在 1 月定植，苏中及以南地区于 1 月中旬至 2 月中旬定植。

（2）**深冬模式** 10 月上中旬定植，株行距 40 厘米×50 厘米左右。

3. 小拱棚和地膜种植模式 春季早熟模式，苗龄 40～45 天，2 月中下旬至 3 月上旬定植。定植前 1 周要低温炼苗。株行距依株型大小而定，一般为（35～40）厘米×50 厘米。

（六）田间管理

1. 露地种植模式

（1）**越冬模式** 牛心甘蓝冬季肥水以控为主，防止苗体过大春化而引起抽薹。扁球类型则在秋季供应较为充足的肥水，要有一定的生长量。开春后需要大肥大水，促进生长。后期气温较高，需防治菜青虫和夜蛾类害虫。

（2）**春季模式**　定植成活后即大肥大水，采收前控肥水，防裂球，后期防病虫害。

（3）**早夏模式**　封行前要及时松土除草，中后期主要是对黑腐病、细菌性软腐病、菌核病、黑斑病等病害，以及菜青虫、甜菜夜蛾、斜纹夜蛾等虫害的防治。

（4）**秋季模式**　活棵后10天蹲苗，封行前松土除草，进入莲座叶快速生长期后大肥大水，11月前防虫害。

2. 大棚种植模式

（1）**春季极早熟模式**　定植后一次性浇足定根水，闭棚至成活。整个生长阶段以升温、保温为主，忌中午大量冷水浇苗。棚内气温高于28℃时需要揭膜通风降温。苏中及苏南地区还要注意高湿引起的各种病害。

（2）**深冬模式**　前期防干旱和虫害，后期防冻保温。

3. 小拱棚和地膜种植模式　春季早熟模式，定植前期保温增温，后期及时降温。夜间土温稳定在15℃以上，或白天最高气温在25℃以上时要及时揭膜。成活后，大肥大水，以速效性氮肥为主。

（七）病虫害防治

重点防治甘蓝黑腐病、细菌性软腐病、菌核病、黑斑病等病害，以及菜青虫、甜菜夜蛾、斜纹夜蛾等虫害。

1. 病害防治　细菌性软腐病可用90%新植霉素可溶性粉剂4 000倍液，或50%代森铵水剂800倍液，或30%碱式硫酸铜悬浮剂400倍液喷雾防治。黑腐病用14%络氨铜水剂350～600倍液或60%琥·乙膦铝可湿性粉剂600倍液喷防。菌核病用40%菌核净可湿性粉剂800～1 200倍液，或50%异菌脲可湿性粉剂1 000倍液，或50%腐霉利可湿性粉剂1 000～1 500倍液等喷防。黑斑病用36%甲基硫菌灵悬浮剂400～500倍液或10%苯醚甲环唑水分散粒剂1 000～1 500倍液喷防。

2. 虫害防治 菜青虫用40%氰戊·杀螟松乳油2 000～3 000倍液，或10%氯氰菊酯乳油2 000～3 000倍液，或2.5%高效氯氟氰菊酯乳油4 000～5 000倍液喷杀，每10～15天喷1次，连喷2～3次。夜蛾类害虫用40%氰戊菊酯乳油5 000～6 000倍液，或2.5%联苯菊酯乳油2 500～3 000倍液，或5%氟啶脲乳油2 000～3 000倍液，还可用苏云金杆菌乳剂喷杀。

（八）采 收

1. 露地种植模式

（1）**越冬模式** 牛心类型在4月下旬至5月上旬采收，扁球类型在12月至翌年4月初采收。

（2）**春季模式** 根据品种熟性不同，采收期为4月下旬至5月中下旬。

（3）**早夏模式** 采收期为5月下旬至6月上旬。

（4）**秋季模式** 因播种期和熟性不同，10—12月均可采收。

2. 大棚种植模式

（1）**春季极早熟模式** 一般在3月下旬至4月中旬采收。

（2）**深冬模式** 一般在1月前后采收。

3. 小拱棚和地膜种植模式 春季早熟模式一般在4月中旬开始采收。

二、苏北地区芦蒿栽培技术

（一）品种选择

芦蒿在温度达15℃时开始萌芽生长，在25～30℃时生长最适宜，平均日照时间要求7小时以上。春季选用适合低温栽培的白蒿品种，产量高、纤维含量低。夏末和秋初选用适合25～28℃条件下栽培的昆明蒿品种。冬季选用能耐低温、适合温棚栽培的青蒿品种。

（二）地块选择

芦蒿适宜土壤疏松、肥沃，排灌两便的地块。

（三）种植环境与模式

苏北地区芦蒿产地处于西部重黏土地区，保肥保水强，光照充足，具有典型的海洋性气候特点，早春温度回升缓慢和潮湿的空气有利于芦蒿嫩化栽培，形成了以日光温室芦蒿—番茄为主的高效种植模式，以及露地芦蒿与毛豆、丝瓜、番茄、扁豆、蛇瓜、小西瓜、黄瓜、苦瓜等轮作模式。

（四）整地施肥

芦蒿扦插前，要求整好地、施足肥。每亩撒施优质有机肥1 000 千克，耕耙深度为 20～27 厘米。加深耕耙深度，增加土壤孔隙度，有利于芦蒿根系发育。第一次耕耙晒垡熟化 15～20 天后，每亩施优质复合肥 30 千克，旋耕耙碎混合，达到土粒细、地面平。整地施肥结束后，按宽 4.6～4.8 米南北方向开沟做畦，等待芦蒿扦插。

（五）扦　插

选择粗细均匀的芦蒿秆，去掉枝叶，摆放齐整，按照 15～18 厘米长度切成小段，不同节段分开。扦插时间与密度根据芦蒿品种而定。昆明蒿扦插时间一般为 7 月中旬，株行距 10～13 厘米，5 000 穴 / 亩，每穴 2～3 株。青蒿扦插时间为 10 月上旬，株行距 13～17 厘米，1 万～1.2 万穴 / 亩，每穴 2 株。白蒿密度与青蒿相似。扦插方法有直播和斜插两种，深度为 5～7 厘米。

（六）田间管理

1. 浇水除草　芦蒿扦插后及时浇水与除草，促进成活。浇水要透。

2. 查苗补缺　扦插活棵后，及时查苗。若有死苗、缺苗，迅速补插，防止缺苗断行，再追施尿素 10 千克 / 亩。

3. 收获期管理

（1）老茎残叶处理　在生产食用茎叶前，昆明蒿于 8 月初、青蒿于 11 月初、白蒿于 2 月割去老茎。作业时用快刀沿地面水平切割，秸秆、残叶和其他杂物离田，保持地块干净，准备生产食用茎叶。

（2）**拱棚建造规格** 冬季芦蒿生产需要建造拱棚，拱棚规格一般为宽 4～4.2 米、高 1.6 米，棚内加内膜。

（3）**肥水管理** 为了减少人为践踏，造成土壤板结不利出苗，一般冬季芦蒿先建棚、施肥、浇水，再覆盖棚膜，保证生长期有充足的肥料和水分供应。在冬天夜间气温低于 −4℃时，水分不宜过多。

4. 保温处理 在冬季生产遇到特别寒冷天气时，需要在拱棚上覆盖草帘进行防寒保温。草帘在每天上午 9 时左右揭开，下午 4 时左右覆盖。棚内芦蒿要及时覆盖内膜，以保温保湿保鲜，内膜以中膜为好。

（七）病虫害防治

芦蒿秧苗生长期一般无病害。虫害主要是蚜虫，可用 350 克 / 升吡虫啉悬浮剂 1 克 / 亩防治。

（八）采 收

采收的标准：一是鲜嫩；二是产量高。要求全茎嫩，上部茎节手弹便断，下部可用手轻易折断，纤维含量低。嫩茎高度一般在 25 厘米以上。用快刀采收，去掉老叶，仅留顶部三叶，整理后先按刀切部位对齐，再按短茎长度切齐，装袋上市。后期可采收 2～3 茬，在收获过程中即可进行种蒿扦插。

三、苏北地区牛蒡栽培技术

（一）品种选择

选择高产、播期长、耐寒、耐抽薹、商品性好的品种，生产中常用品种有柳川理想、东北理想和渡边早生等。柳川理想属中晚熟品种，是越冬牛蒡生产的主栽品种，具有产量高、适宜播期长、耐寒、耐抽薹、长势旺、商品性好等特点。东北理想是春秋兼用品种，条型大、表皮光滑，易加工，适宜加工出口。渡边早生是春播早熟品种，具有肉质根膨大快、品质佳等特点。

（二）地块选择

牛蒡主要产品为地下肉质根，土壤环境对产品影响较大，因此对土壤要求严格。应选择地势平坦、排灌良好、土质疏松、深厚肥沃、沙性大的地块，以黄河故道冲击形成的沙壤土最佳，忌牛蒡、山药重茬地块。

（三）整地施肥

前茬作物收获后，适时进行深翻整地，每亩施农家肥3 000～5 000千克，复合肥（N–P–K：15–12–15）70～80千克，底肥要足，有条件可选择缓释肥或控释肥，施肥后深翻。

用专业开沟机开沟，行距70～80厘米，疏松土深100～120厘米，开沟后自然形成种植垄，垄上开浅沟，以便点播或条播。

（四）催芽播种

1. 浸种催芽 人工播种，播种前，打开种子外包装，将种子置于太阳下晒1～2天，用30℃温水浸种24小时捞出即可播种，也可催芽后播种，催芽温度20～25℃，80%种子露白即可播种。

机械播种，可将种子按照预定的株距线化处理，播种前用温水浸种18～24小时。

2. 播种 苏北地区牛蒡以秋季播种为主，春季播种为辅，秋季播种时间以10月上中旬最佳，春季以5厘米土层土温5℃以上即可播种，一般以3月中下旬为宜，播种后及时覆膜增温保墒。播种密度为行距70～80厘米，株距8～10厘米，深度2～3厘米，播后及时覆土，保墒，喷除草剂。

（五）田间管理

1. 定苗 牛蒡播种后一般8～10天出苗，定苗可在出苗后2周进行。条播的按株距8～10厘米定苗，点播的每穴留苗1株。

2. 保温降温 秋季牛蒡播种出苗后，于 10 月底至 11 月初扣小拱棚，以便苗子安全越冬。拱宽 40 厘米，高 40 厘米。

翌年 3 月上旬，根据牛蒡叶片长势或气温情况，及时撤拱棚，防止植株长势强，导致叶片触到棚膜或棚内温度高而烫伤叶片。揭膜时，为防治闪苗，可采用前期破膜不揭膜的方法，逐步加大通风量，待幼苗逐渐适应外界环境后再揭膜。

3. 肥水管理 3 月下旬，牛蒡进入快速生长期，为肉质根膨大储存营养，结合浇水每亩追施复合肥 20 千克。4～5 月为肉质根快速膨大期，继续追施复合肥 20 千克/亩。牛蒡怕水淹，雨季来临前，及时清沟，开挖田内排水沟，做到排水畅通，防止水淹塌沟，造成烂根或减产。

（六）病虫害防治

牛蒡病虫害较少，病害主要有白粉病和黑斑病，害虫主要有蚜虫、红蜘蛛、地老虎、蛴螬和蝼蛄等。

1. 病害防治 白粉病发病初期可用 30% 氟菌唑可湿性粉剂 4 000 倍液或 40% 氟硅唑乳油 8 000 倍液喷雾防治。黑斑病发病初期可用 14% 络氨铜水剂 300 倍液或 77% 氢氧化铜可湿性微粒粉剂 500 倍液喷雾防治。

2. 虫害防治 地上害虫蚜虫可用 10% 吡虫啉可湿性粉剂 2 000～3 000 倍液，或 50% 抗蚜威可湿性粉剂 3 000 倍液，或 2.5% 溴氰菊酯乳油 3 000 倍液喷雾防治。地上害虫红蜘蛛可用 15% 哒螨灵乳油 1 500 倍液或 5% 氟虫脲乳油 1 000～2 000 倍液喷施防治。地下害虫主要是地老虎、蛴螬和蝼蛄等，可用 50% 辛硫磷毒土，或 90% 敌百虫毒饵，或 3% 米尔土壤处理剂撒施防治。

（七）采 收

秋播牛蒡采收期较长，在播种后翌年的 5 月中下旬至 7 月均可采收，春播牛蒡 9—10 月采收。过早采收，影响产量；过迟采收，肉质根老化、空心，影响品质。采收时先割去茎叶，留 20 厘米左右的叶柄，然后沿牛蒡沟的一侧挖 30 厘米左右深，使牛蒡肉质根上端露出，用手握住根茎向上均匀用力拔出根部，去掉泥土。根据不同市场收购需求，按标准分级出售。

四、苏南地区厚皮甜瓜地膜全覆盖栽培技术

（一）品种选择

选择具有抗病、土壤适应能力强、优质高产等特性的品种，如佳蜜脆、瑞月等。

（二）整地消毒

选用连续 3 年以上没有种植过瓜类作物的土地，施足底肥，底肥以腐熟的农家肥为主，每亩混合施入 20～30 千克的复合肥（$N:P_2O_5:K_2O=17:17:17$），深耕 20 厘米。起垄。垄面宽 150 厘米，沟宽 50 厘米，垄高 15～20 厘米。以 6 米钢架大棚为例，离棚边 1 米处各开沟 1 条，棚中间开沟 1 条，沟内铺设滴灌带。地势较高的大棚也可不起垄，将土地深翻后，在棚内开沟直接定植。整个大棚用黑地膜全部覆盖。整地应在甜瓜育苗之前完成，地膜覆盖完成后将大棚密闭，高温闷棚 20～30 天（依据天气情况，棚内白天温度超过 42℃，保持 20 天以上）。栽培前对大棚内土壤再进行 1 次杀菌和消毒，可采用 25% 百菌清 1 克、锯末 8 克混匀，点燃熏烟对温室大棚进行消毒，或者直接使用百菌清熏蒸剂进行消毒。

（三）育　苗

1. 浸种催芽　将种子在阳光下暴晒 3～4 小时，晒种后用 70% 甲基硫菌灵可湿性粉剂或 50% 多菌灵可湿性粉剂 500～600 倍液浸种灭菌 15 分钟，灭菌后用清水冲洗 2～3 次，然后用 10%～15% 磷酸三钠溶液浸种 30 分钟以钝化病毒。种子消毒后用 55～60℃热水浸种 30 分钟，再于 30℃温水中浸泡 8 小时。浸种结束后将种子放置在培养箱中催芽，保持温度在 28～32℃，一般经 12～24 小时即可萌芽。当 80% 左右的种子露白时即可播种。

2. 播种　采用 50～72 孔的穴盘或营养钵进行育苗。将育苗盘或者营养钵装好育苗基质，浇足浇透底水，每孔放 1 粒萌发种子，将种子平放于穴盘内，覆土厚 1～1.5 厘米，每 100 千克覆土添加 50% 多菌灵可湿性粉剂 500 克，充分拌匀。播种后的穴盘上要覆盖一层地膜达到保温保湿的作用，幼苗出土后及时除去地膜，以防徒长形成高脚苗。

3. 苗床管理　出苗前苗床温度控制在 30～35℃，在此温度下，种子出苗快且整齐；出苗后，在真叶出现之前苗床温度控制在 20℃左右，此温度可有效防止幼苗徒长形成高脚苗，并有促进壮苗的效果。真叶出现后，苗床温度控制在 25～30℃，白天气温保持在 30℃，有利于促进幼苗根系的生长；苗床空气相对湿度白天控制在 50%～60%，夜间控制在 65%～70%。

4. 炼苗　在幼苗移栽前 7 天左右可进行必要的炼苗。通风时先小后大，定植前 2 天将内拱棚塑料薄膜全部揭去，进行适温锻炼。苗龄达到 25～28 天或者真叶在 4 片及以下时，在天气适宜时即可进行定植。

（四）定　植

甜瓜定植宜在晴天下午进行，因为晴天下午地温较高，但日照强度下降且蒸发量小，此条件利于甜瓜缓苗。若采用地爬栽培方式，一般 7 米跨度的大棚可定植 3 行，株距为 45～50 厘米。采用不起垄栽培方式，可直接在滴灌带一旁定植，每亩定植 650～750 株。定植结束后，浇透底水并架设小拱棚用于保温。定植后 5 天将大棚紧闭，小拱棚只在中午拱棚内温度超过 35℃时掀开一边透气。清明节过后，当最低温度稳定在 15℃左右时，撤掉小拱棚，进入正常管理。

（五）田间管理

1. 整枝　地爬式栽培，一般采用双蔓整枝，在甜瓜长至 5 片真叶时打顶，留 3～4 片真叶，选择 2 个健壮子蔓（主要以 3～4 节的子蔓为主，1～2 节的子蔓一般生长不健壮且开花较迟）留蔓，将子蔓上其余的腋芽（孙蔓）、雄花等全部摘除，待子蔓长至 8 片叶片时将前面 1～4 片叶片腋芽全部摘除。早熟栽培可从子蔓第四节开始（4～8 节均可）留 2～4 个孙蔓坐果，中晚熟栽培可从 6～7 节后（6～10 节）留 2～4 个孙蔓进行坐果。果实鸡蛋大小时开始定瓜，选取果形匀称、表面无损伤、长势健壮的幼瓜 2～3 个，整枝方式与留瓜数量依据品种及栽培技术而定。另外，一些地区在第二孙蔓就进行留瓜，对于一些早熟类型且瓜型小的品种来说也有很好的效果。

采用植物生长调节剂氯吡脲坐瓜，按照 0.1% 氯吡脲 10 毫升兑水 1 千克稀释，现用现配，选择当天要开放或已开放的雌花，在瓜的正面和反面各喷 1 次，不能重复或者只喷一面，否则容易出现畸形瓜。坐果时，瓜前留 1～2 片叶摘心，子蔓在 15 叶处摘心。一般每株留 2～3 个瓜，整株需留 45 片以上功能叶片。甜瓜整枝一定要在晴天进行，而且整枝一定要尽早，否则侧枝会吸收大量营养进而影响坐果。当幼瓜长至鸡蛋大时开始疏果，大果型的品种每条子蔓留瓜 1 个，小果型的品种留瓜 2 个。

2. 肥水管理 整个生育期保持土壤相对湿度不低于 48%。原则是：幼苗期水要少、伸蔓期和开花期水要够（可浇水 1～2 次，每次水量不宜过大，可用发酵后的稀粪水配合施肥，效果明显）、果实膨大期水要足（水量不可过大，过大易引起病害，同样用发酵后的稀粪水配合施肥，此期间可同时进行浇水施肥 1～2 次）、成熟期不要浇水（收获前 10 天至收获，严禁浇水以防裂瓜）。

（六）病虫害防治

大棚甜瓜病虫害的防治原则为以预防为主，主要在未发生病害之前进行用药，加强田间管理，从而创造不利于植株、果实等发病的条件。甜瓜苗 1 叶 1 心时，喷施吡虫啉以预防蚜虫，也可混合使用 50% 多菌灵可湿性粉剂 500～600 倍液或 64% 噁霜·锰锌可湿性粉剂 500 倍液以防猝倒病等。每 10 天喷施吡虫啉和杀菌剂 1 次，共防治 2 次。噁霜·锰锌的使用一定要注意喷雾均匀，不要重复喷药，更不可产生药液沉淀，以防烧心（生长点坏死）。该方法可有效预防苗期猝倒病、疫病、立枯病等病害的发生。

立枯病和猝倒病属于土传病害，在育苗前 15～30 天对育苗基质进行消毒，可用 70% 噁霉灵可溶性粉剂 3 000 倍液喷洒育苗基质并充分拌匀堆沤，用量为每立方米育苗基质使用 70% 噁霉灵可溶性粉剂 5～8 克。灰霉病可采用 64% 噁霜·锰锌可湿性粉剂 500 倍液喷雾预防，7～10 天防治 1 次。蔓枯病预防可施用充分腐熟的有机肥，并注意氮、磷、钾肥的合理搭配。播前对种子消毒，用 70℃ 热水烫种 10 分钟，水的体积是种子体积的 3 倍，烫种时要不停地搅拌以使种子受热均匀。发病初期用 50% 甲基硫菌灵可湿性粉剂 500 倍液，或 38% 噁霜·菌酯水剂 800～1 000 倍液，或 25% 多菌灵磺酸盐可湿性粉剂 800 倍液，或 70% 百菌清可湿性粉剂 600 倍液，或 56% 嘧菌酯·百菌清水剂 800 倍液，或 30% 噁霉灵水剂 600～800 倍液灌根。

细菌性果腐病、细菌性果斑病、细菌性叶斑病的预防：留瓜后要进行 1 次细菌性病害的防治，并配合钙肥的使用，同时注意田间通风，保持生长环境湿度低和通风良好是预防此病的关键。当甜瓜果实长至鸡蛋大小时，一定要注意低温和阴雨天气条件，此时空气相对湿度如果超过 80%，在地面 80 厘米以下的空间内会有大量的细菌性病原体，易发生细菌性果腐病，该病发病速度快，能严重影响果实的外观品质。预防此病可用 90% 新植霉素可溶性粉剂 4 000 倍液进行喷雾防治。喷施后，配合使用 77% 氢氧化铜可湿性微粒粉剂 500 倍液或 47% 春雷·王铜可湿性粉剂 800 倍液，再进行 1 次喷雾。病害高发地区，每 7 天预防 1 次，连续防治 2～3 次，收获前 4 天停止用药。

生理性病害裂瓜的主要原因有土壤及空气湿度的剧烈变化、缺钙、氮肥使用过量、品种缺陷、激素使用时间不合理、采瓜时间不合理等。因此预防甜瓜裂瓜应做到以下几点：一是品种选用，针对地方种植及消费习惯，尽量选择一些适合种植的耐裂品种；二是在生育期内科学合理地喷施钙肥，对于酸性土壤，可采取根外喷施钙肥的方法；三是加强水分管理，尤其是防止坐瓜后灌水过多，在采收前7～10天禁止灌水；四是减少氮肥施用量；五是果实膨大期，注意植物激素的合理使用。

（七）采 收

甜瓜成熟的特征是：瓜皮鲜艳、花纹清晰且充分显示其品种固有色泽，对于网纹品种则网纹硬化突出；果柄处茸毛脱落，果脐附近开始发软；果蒂处产生离层，瓜蒂开始自然脱落；开始散发出该品种所特有的香味；用指弹瓜面会发出空浊音。

根据所栽培的甜瓜品种生育期判断采收时间，一般在八成熟时即可大面积采收。在结瓜位叶片焦枯三分之一时采收，以满足外调瓜的需求。在结瓜位叶片焦枯三分之二时采收，可满足当地市场需求。采收时间尽量安排在晴天的下午3时以后。

五、苏南地区苋菜栽培技术

（一）品种选择

3月播种选择耐低温速生品种，如苏苋1号；8月下旬至9月播种选择迟抽穗速生品种，如苏苋2号；4—8月播种常规品种即可，如南京红苋、苏州米苋。

（二）地块选择

选择疏松肥沃、排灌方便、地下水位较低、杂草较少地块，要求近2年及以上没有种植过苋属作物，或者将连作土壤进行无害化处理。无害化处理的具体方法是高温季节利用换茬间隙进行深耕翻土晒垡，用喷雾器喷施2%～5%酒精，每亩喷施量为45千克左右，选择透光性较好的地膜覆盖，尽量营造密闭环境，夏天处理7天以上，低温或者非连续晴好天气可以适当增加地膜覆盖天数。

（三）整地施肥

基肥以有机肥为主，不施或少施化肥。每亩均匀撒施优质商品有机肥 1 000～1 500 千克，或加施三元复合肥 10 千克。施肥后耕翻耙匀，土壤要求细碎平整，畦面宽 1.2～1.5 米，沟宽 0.3米、深 0.25 米。

（四）播　种

宜选隔年收获的种子，与细沙、细土混匀后撒播。3—9 月大棚内直接播种，浇水后地膜覆盖或遮阳网浮面覆盖畦面；4 月下旬至 5 月下旬也可露地直接播种后地膜覆盖或遮阳网浮面覆盖畦面。

夏秋每亩播种量为 0.5～1 千克；初春及深秋播种量为 1～1.5 千克。

（五）田间管理

1. 温度管理　大棚内种植最适温度白天保持在 23～27℃，夜晚在 15℃以上。大棚内春播浇透水后覆盖地膜增温保湿，待出苗后去掉地膜；大棚内夏播后在大棚上加盖遮阳网、大棚下部和门用防虫网覆盖，做好大棚通风降温工作；露地春季及夏季播种后，可以使用遮阳网或无纺布直接浮面覆盖然后浇透水，利于出苗前降温保湿。

2. 肥水管理　肥料选择优质叶菜专用叶面肥（用量根据使用说明）。当幼苗长至 2～3 片真叶时进行第一次追肥，10～12天后进行第二次追肥，春苋菜间苗上市后进行第三次追肥，以后每采收 1 次均进行 1 次追肥。浇水采用喷灌方式。春苋菜播种后到出苗保持田间湿润（土壤相对湿度 70% 左右），出苗后要控制田间湿度，干干湿湿。夏秋苋菜播种后保持土壤湿润，生长中后期适当控制田间湿度。

（六）病虫害防治

苋菜主要病害有褐斑病、炭疽病、白锈病、病毒病，主要虫害有侧多食跗线螨、朱砂叶螨、蚜虫、菜青虫、蝗虫等。

1. 病害防治　褐斑病、炭疽病可用 25% 多菌灵可湿性粉剂 400 倍液或 36% 甲基硫菌灵悬浮剂 500 倍液喷雾防治，安全间隔期为 7 天。白锈病用 58% 甲霜灵·锰锌可湿性粉剂 500 倍液或 25% 三唑酮（粉锈宁）可湿性粉剂 1 000 倍液喷雾防治，安全间隔期为 7～10 天。病毒病用 1.5% 烷醇·硫酸铜（植病灵）乳剂 1 000 倍液喷雾防治，安全间隔期为 10 天。

2. 虫害防治　虫害侧多食跗线螨、朱砂叶螨可用 1.8% 阿维菌素乳油 2 000～3 000 倍喷雾防治，也可用 10% 炔螨特＋3% 唑螨酯水乳剂 1 000～1 450 倍液喷雾防治，安全间隔期为 14 天。菜青虫用 0.3% 苦参碱水剂 1 000 倍液或 0.3% 印楝素乳油 800～1 000 倍液喷雾防治，安全间隔期为 10～14 天。蚜虫用 50% 抗蚜威水分散粒剂 2 000 倍液喷雾防治，安全间隔期为 10 天。蝗虫用 10% 吡虫啉可湿性粉剂 2 000 倍液喷雾防治，安全间隔期为 7 天。

（七）采　收

春苋菜一般在播种后 35～45 天、株高 10 厘米以上时，以挑收间拔方式进行第一次采收，留苗比例在 50% 左右；15～20 天后以刈割上部茎叶方式第二次采收，留基部 2～3 厘米；待侧枝萌芽长高至 15 厘米进行第三次采收。也可在播种 45 天后、株高 15 厘米以上时一次性整株采收。夏秋苋菜在播种后 15～25 天、株高 15 厘米以上时一次性采收。采收应在农药安全间隔期外进行。

第三章

安徽蔬菜栽培

一、江淮地区露地乌菜栽培技术

（一）品种选择

根据栽培季节，选用抗病、优质、丰产、抗逆性强及耐抽薹的品种，如安徽乌菜、瓢儿菜、上海乌塌棵等。

（二）地块选择

应选择地势平坦、排灌方便、耕层深厚、疏松肥沃、中性或微酸性的沙壤土、壤土或轻黏壤土地块。

（三）整地施肥

在中等肥力条件下，结合整地每亩施优质商品有机肥 150～200 千克、尿素 10～15 千克、过磷酸钙 40～50 千克、硫酸钾 10～12 千克，深翻 25～30 厘米。

（四）播　种

江淮地区播种时间在 8 月上中旬至 10 月中旬。一般为直播。按行距 20 厘米开浅沟，沟深 2～3 厘米，浇足底水。采用条播方式，每隔 15～20 厘米播 2～3 粒种子，播后覆土厚 0.5～0.8 厘米，每亩种子用量约为 200 克。播种后，白天温度在 20～25℃时，5～6 天即可出苗。播种后 20 天可进行间苗，按株行距均为 20 厘米定苗。间苗后，每亩追施尿素 8～10 千克，及时浇水，定根，促进生长。也可采用育苗移栽的方法。

（五）田间管理

缓苗后保持土壤湿润。早期中耕 1～2 次，结合浇水追施尿素 1～2 次，每次每亩施用 10～15 千克。

（六）病虫害防治

乌菜抗病性强，适应性广，病虫害较少。病害有霜霉病和软腐病，虫害有白粉虱和蚜虫等。

1. 病害防治　霜霉病可选用 66.8% 丙森·缬霉威可湿性粉剂 600～800 倍液，或 50% 烯酰吗啉可湿性粉剂 1 500 倍液或 72% 霜脲·锰锌可湿性粉剂 600 倍液等喷雾，每隔 7～10 天喷 1 次，连续使用 2～3 次，收获前 14 天停止用药。软腐病选用 47% 春雷·王铜可湿性粉剂 800 倍液，或 53.8% 氢氧化铜干悬浮剂 1 000 倍液，或 5% 菌毒清水剂 300 倍液防治，每隔 7～10 天防治 1 次，交替防治 2～3 次。

2. 虫害防治　白粉虱和蚜虫可用 10% 吡虫啉可湿性粉剂 1 500 倍液或 3% 啶虫脒乳油 800 倍液喷雾防治。

（七）采　收

一般于 12 月中下旬开始进行采收，植株封行后及时间隔采收一半上市，不要连根拔起，以免土壤松动，影响其他植株根系后续生长。可用刀平齐地面切下，去除外叶、老叶。采收后及时追肥浇水，每亩追施尿素 5 千克，促进植株生长。根据市场行情，可陆续采收。

二、皖北地区萝卜栽培技术

（一）品种选择

皖北地区主要是秋冬种植，多以生食青萝卜为主，如宿州青、清爽、高滩弯腰青、包庄青萝卜、薛家青萝卜等品种。

（二）地块选择

萝卜根深叶茂，吸肥力强，需肥较多，应选择土壤深厚、肥沃、有良好灌排条件、3年内没有种植过十字花科的地块。

（三）整地施肥

前茬作物收获后，进行深翻整地。每亩施入充分腐熟的优质圈肥4 000～5 000千克或三元复合肥50千克作基肥，深翻30厘米左右，充分暴晒后，耙平整细做畦，多采用高畦双行种植，畦高15～20厘米，沟宽25～30厘米，畦宽50～60厘米。

（四）播　种

青萝卜的生长适宜温度范围为15～20℃，低于6℃停止生长，超过30℃生长严重受阻。青萝卜应适期播种，不可过早或过晚，播种过早，病毒病、霜霉病严重；播种过晚，后期温度降低不利于肉质根的膨大。播种期以8月15日至9月5日为宜。播前将种子晾晒2～3天，去除杂质和霉变的种子，采用穴播和条播，行距25～30厘米，播后覆盖细土，厚0.3～0.4厘米，保持畦面湿润。

（五）田间管理

1. 间苗、定苗　幼苗长至子叶充分展开时进行第一次间苗，苗间距3～4厘米；长至3～4片真叶时进行第二次间苗，苗间距10～12厘米；长至5～6片真叶时进行最后一次间苗，随后可定苗，苗间距15～20厘米。间苗时除去弱苗、病苗，并注意及时补苗。定植密度为7 500～8 000株/亩。

2. 肥水管理　在定苗后进行第一次追肥，每亩施硫酸钾型复合肥10～15千克；莲座期进行第二次追肥，每亩施三元复合肥10～15千克。肉质根生长盛期应追施三元复合肥，防止叶片早衰，促进肉质根生长。另外，在肉质根膨大期还应叶面喷0.1%硼肥水溶液，以促进其生长。

播种后若天气干旱，应立即浇水，使土壤相对湿度在80%以上。出苗期间，保持畦面土壤湿润，保证出苗整齐。叶片生长盛期需水量较大，保证水分供应，防止过干过湿，促进肉质根正常膨大。莲座后期应适当蹲苗。肉质根膨大期需水量增大，适当多浇水保持土壤湿润，防止萝卜空心和畸形。收获前1周停止浇水，在多雨季节，应注意及时排水。

3. 中耕除草 中耕掌握先深后浅、先近后远的原则，注意不要伤苗伤根。莲座后期封行后停止中耕。发现杂草，人工拔除，及时去掉枯黄老叶。

（六）病虫害防治

病害有病毒病、霜霉病等，虫害有蚜虫、菜青虫等。

1. 病害防治 病毒病发病初期可使用1.5%烷醇·硫酸铜乳剂500倍液或20%盐酸吗啉胍·乙酸铜可湿性粉剂500倍液，连喷2～3次。霜霉病用75%百菌清可湿性粉剂500倍液，或72%霜脲·锰锌可湿性粉剂600～800倍液，或69%烯酰·锰锌可湿性粉剂1000倍液等进行叶面喷施防治。

2. 虫害防治 蚜虫可用黄色粘虫板诱杀，当黄色粘虫板粘满时应及时更换，每亩悬挂30～40块，也可选用10%吡虫啉可湿性粉剂2000倍液喷雾防治。菜青虫药剂防治以幼虫3龄前防治为宜，使用2%阿维菌素乳油1000～1500倍液＋1%甲维盐乳油1000倍液，对菜青虫的防治可达95%以上。

（七）采 收

在萝卜肉质根充分膨大、大小定型、叶色转为淡黄色时即可采收，也可根据市场行情，分批收获供应市场。

三、皖北地区上海青栽培技术

（一）品种选择

栽培上海青需要根据不同季节选择合适的品种。夏季气温较高，可选择耐高温、抗虫、高产的种类，如京冠一号。春季和秋季温度相对较低，可选择耐低温、抗虫、高产的种类，如金桦王青梗菜。

（二）整地施肥

选择光照和通风良好、排水灌溉都很便利的地方种植，土壤应相对肥沃和松散，黏度不应太重。之后进行深耕，每亩施用2 500～3 000千克完全分解的优质有机肥料，依照宽1.5～2米做畦，设置排水沟，以方便之后的田间管理。

（三）播　种

在春季、夏季和秋季种植，通常采用撒播或条播的方法。播种前先浇水。按照30厘米距离起沟，将种子均匀地撒在沟中，覆细土，然后再覆盖一层草或塑料薄膜。

（四）田间管理

1. 间苗　当幼苗长出3片或4片真叶时就要开始间苗，以苗叶彼此相接近为宜，一般株间距为10～15厘米，有利植株生长，提高产量。

2. 肥水管理　上海青的生长期比较短，为保障高产，要进行多次施肥。施肥主要是复合肥、尿素和磷肥。在出苗完全后，以行距30厘米、间距20厘米进行定植。定植4天后开始追肥，每隔5天追施1次，每次施尿素15千克，全期追肥4次，浓度由淡至浓，逐步提高，收获前2周停止追施。

上海青对水分需要量较大，应每天早晚各浇1次水，3天左右上海青就会出苗。出苗后，每天浇1次水，以保持土壤湿润。定期划锄，以便于土壤与水分充分融合在一起，但也要注意不能造成土壤积水。降水量过多时要及时排水，以防积水过多而使植物出现烂根或引发病害。

（五）病虫害防治

上海青的主要病害有霜霉病、叶枯病、炭疽病、软腐病等，主要虫害有黄曲条跳甲、小菜蛾、斜纹夜蛾、菜青虫、蚜虫等。

1. 病害防治　霜霉病和叶枯病主要发生在高温多雨的夏季，可用25%甲霜·霜霉威可湿性粉剂1 500～2 000倍液喷雾防治，也可以使用波尔多液或多菌灵进行防治，视病情间隔5～7天喷1次。软腐病用77%氢氧化铜可湿性粉剂800倍液喷雾防治。炭疽病用50%多菌灵可湿性粉剂500倍液或28%丙环·咪鲜胺锰可湿性粉剂 1 000 倍液喷雾防治。

2. 虫害防治　蚜虫用 20% 氟啶虫胺腈悬浮剂 1 500 倍液进行喷杀。菜螟在幼虫吐丝结网前，用 90% 敌百虫晶体 800 倍液或 50% 对硫磷乳油 1 500～2 000 倍液，在早晨或傍晚幼虫取食时喷杀效果最佳。菜青虫可用 35% 氯虫苯甲酰胺水分散粒剂 4～6 克 / 亩或 10% 甲维盐·茚虫威悬浮剂 1 000～1 500 倍液进行防治。

（六）采　收

上海青的最佳收获时间是定植后约 30 天，长出 10～15 个叶片时就要及时采收，不能过早，更不能太晚，应把握好采收时间节点。收割前停止浇水，可以分批次进行。采收时，用收割刀从底座 1～2 叶处割下，每次都是采收大的、保留小的，这样可以继续采收，提高经济效益并充分利用土地资源。

四、皖北地区温室西瓜栽培技术

（一）品种选择

以产量高、早熟、品质优、抗病性强、商品性好的品种为宜，如 8424、京欣一号等。

（二）地块选择

选择 5 年内未种植过瓜类作物，地势较高，土壤松散柔软，土壤颗粒间隙相对较大，通气性良好，排水容易的田地。

（三）播种育苗

1. 晒种、选种　播种前，选择晴天晒种 2 天或 3 天，达到去霉灭菌的效果，并且提高西瓜种子的发芽率。选择晒种后并且外观饱满的种子。选种的方法则是通过种子是否浮于水面来进行判定，舍去漂浮于水面的种子。

2. 浸种催芽　浸种之前将种子揉搓洗净，然后用 55℃温水处理洗净后的种子，或用 10% 的磷酸氢二钠溶液浸泡种子，并保证时间为 20 分钟左右，达到消毒效果。将种子取出洗净，在温水中浸泡 6～8 小时，水温为 25～30℃。浸泡完成后再用透气性良好的湿纱布或湿毛巾包好，放在 28～30℃的环境下催芽。

3. 营养土配制　选择土地肥沃、数年未种过瓜类、茄果类作物的田园土 5 份、腐熟猪牛粪 3 份、堆粪 2 份混匀，每立方米土加入三元复合肥 2 千克或磷肥 2 千克。在育苗前 15～30 天，用 50%辛硫磷乳油 1 000 倍液喷洒营养土。

4. 播种　播前 1 天需浸透育苗穴盘，每穴 1 粒种子，覆厚为 1～1.5 厘米的过筛细土，之后盖地膜。

5. 苗床管理　白天温度 28～32℃，晚上温度 16～18℃。每日中午浇 1 次小水。西瓜幼芽出土后撤膜。

6. 嫁接　西瓜多采用嫁接育苗，砧木一般选择黑籽南瓜。砧木育苗播种管理同接穗，提前 3～5 天播种。嫁接多采用插接法，将 1 根竹签的尖端削成楔形，斜面角度为 30°～40°。将砧木的生长点去掉，用竹签从右侧子叶主脉向左侧斜插 1 厘米深，以竹签顶端触碰到食指、不划破表皮为宜。用刀片在接穗子叶下方 1 厘米处斜切 1 厘米左右长的斜面，将接穗插入孔中，砧木与接穗子叶呈"十"字形。

7. 嫁接后管理　紧闭小拱棚 4 天左右，白天温度 30℃左右，夜间温度不低于 18℃，空气相对湿度 95%。通风一般是在嫁接 3～4 天以后，待平均气温在白天 23℃左右、夜温 14℃左右，将拱棚撤去。

（四）定　植

1. 整地做畦　冬前深翻土地，每公顷施用农家肥 60～75 立方米、硫酸钾 225 千克、过磷酸钙 750～1 125 千克、尿素 300～450 千克，并且选用腐熟的农家肥作为底肥。三畦整地，中间畦宽度为 1 米左右，两边畦宽度为 2 米左右，用 48%氟乐灵乳油 1 500 毫升兑水 750 千克喷雾进行化学除草。

2. 适时定植　当幼苗有 3 片成型的叶片，而第四片叶片正在发育时，进行定植。移栽前浇水 1 次。两边畦中间各栽 1 行，行距 3 米，株距 30～35 厘米，种后浇透水，覆盖地膜。

（五）田间管理

1. 温度管理 定植后 10 日内不进行通风。缓苗后大棚气温达 30℃以上时，可稍稍放风，使白天气温控制在 25℃左右，夜间温度 20℃。当温度低于 15℃时，要加盖保温被。

2. 肥水管理 通常在西瓜团棵期进行第一次追肥，在西瓜膨大期进行第二次追肥。保持土壤见干见湿，最后一次灌水应在采收前 1 周。灌水过多或收获时灌水易导致裂瓜，而且果实含水量过高，使风味和品质下降。

3. 整枝打杈 大棚种植西瓜一般采取三蔓整枝，保留主蔓以及其他两个侧蔓。甩蔓以后要整理蔓，蔓生长到 60 厘米，进行整理枝叶，在第三节至第五节中留下两根强壮的侧蔓，再摘除多余侧蔓。整枝不在瓜坐稳以后进行，只剪去病弱枝、老病叶。当子蔓长到 80 厘米以上，引回藤蔓，蔓长不能超过 100 厘米。压蔓选择晴天下午进行。

4. 授粉、留瓜 人工辅助授粉时一般选择在晴天上午 8—11 时，阴天上午 9—11 时。摘掉已开放且有花粉散放的雄花，去掉花冠，将雄蕊接触雌蕊花柱 2～3 次，尽量让花粉多粘在雌蕊的柱头上，然后标出授粉日期。待幼小的西瓜长至鸡蛋大小时，开始进行留瓜，具体是从每株蔓上选 1 个果型较好、发育完善的幼瓜留下。

（六）病虫害防治

西瓜常见病害有猝倒病、白粉病、蔓枯病等，虫害有蚜虫、白粉虱等。

1. 病害防治 猝倒病用 72.2% 霜霉威水剂 1 200 倍液，或 25% 吡唑醚菌酯乳油 3 000～4 000 倍液＋70% 代森锰锌可湿性粉剂 600～800 倍液，或 30% 噁霉灵可湿性粉剂 800 倍液兑水喷雾，视病情间隔 5～7 天喷 1 次。也可采用以上药剂喷淋苗床，视病情隔7～10天喷1次。白粉病可采用40%氟硅唑乳油4 000倍液＋75%百菌清可湿性粉剂600倍液，或12.5%烯唑醇可湿性粉剂2 000～4 000倍液＋75%百菌清可湿性粉剂600倍液，或75%肟菌·戊唑醇水分散粒剂2 000～3 000倍液，兑水喷雾，视病情隔5～7天喷1次。枯萎病用32.5%苯甲·嘧菌酯悬浮剂1 000～2 000倍液，或22.5%啶氧菌酯悬浮剂1 300～1 700倍液，或35%氟菌·戊唑醇悬浮剂1 500～2 000倍液，或42.8%氟菌·肟菌脂悬浮剂2 000～3 500倍液，或60%唑醚·代森联水分散粒剂600～1 000倍液，兑水喷雾，视病情间隔7～10天防治1次。

2. 虫害防治 蚜虫、白粉虱防治：清除田间和周边的残枝、杂草等；挂银灰色薄膜条避蚜；安放50目防虫网；在棚室内悬挂黄色粘虫板诱杀；用5%吡虫啉乳油20～40毫升兑水30～40升喷雾。

（七）采 收

可根据天数推算，棚室早熟栽培的果实发育期气温较低，头茬瓜仍需35天以上，二茬瓜需28天左右，三茬瓜需25～28天。授粉坐果后挂牌标记是适时采收的重要依据。

五、皖东及皖中地区荸荠栽培技术

（一）品种选择

荸荠是通过匍匐茎繁殖的，选择安徽当地品种，如宣州大红袍。

（二）地块选择

最好选择在日照充足，表土疏松、底土比较坚实，耕层20厘米左右，水源充足，灌溉方便，水体洁净的水田种植。

（三）整地施肥

定植前，要将田块深耕15厘米左右，然后施入基肥。施肥的参照标准是：每亩施入腐熟的猪厩肥3 000千克、过磷酸钙30千克、氯化钾10～15千克、碳酸氢铵15千克，最后整细耙烂，

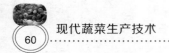
使田土成为泥糊状。

（四）育　苗

1. 催芽　一般在清明到谷雨期间育苗。育苗前先进行室内催芽，然后再在水田里进行排种和假植。室内催芽的方法是：在地面铺上厚10厘米左右的一层稻草，将种荸芽朝上排列在稻草上，叠放3～4层，再覆盖一层稻草，每天早晚各淋1次水。10～15天以后，当芽长到3～4厘米时，把幼苗移栽到育秧田中进行排种。

2. 秧田准备　育秧田要选择在排灌方便、肥沃疏松的地方。将秧田深耕、细耙、整平，四周要留有畦沟并筑好围埂。因为这一时期荸荠生长所需的营养主要来自荸荠球茎，秧田一般不需要施肥。

3. 排种育苗　将催好芽的球茎一个一个地排入秧池，并将球茎按入泥中1～2厘米，株行距为6厘米×6厘米，要求芽头向上、高低一致，田间保持水层1～2厘米。15～20天以后，苗高10厘米左右并有5～6根叶状茎时，即可进行假植。

4. 假植　荸荠假植就是把所育的小苗分开，扩大它的株行距，便于集中施肥和管理。假植的具体做法是：在排种后20～25天，将叶状茎长10～15厘米的球茎移植于荸荠秧田中，按株行距30厘米×40厘米栽入球茎。这样既有利于发根，又扩大了苗的营养面积。

这一时期的管理措施：荸荠移苗后的秧田最好保持2～3厘米的浅水层，这样可以提高土温，促进苗的生长。移苗后约15天，每亩施入三元复合肥20千克，注意要撒施，不能集中施在根的附近，以免烧伤幼苗根部。经30～40天后，当苗高35～40厘米、叶状茎粗0.5厘米以上，就可以起苗定植到大田。

（五）定　植

荸荠定植的时间可以安排在5月下旬至6月上旬。定植前将秧苗小心挖出，洗去泥土即可定植。荸荠定植的株行距以30厘米×50厘米左右为最好，每穴栽1株，每亩栽2 500～3 000株。栽植荸荠应该深浅适宜，以入土深5～7厘米为适宜。

（六）田间管理

1. 幼苗期　从活棵后到抽生分蘖、分株前这段时期称为幼苗期。荸荠是水生作物，幼苗期应该保持 3～5 厘米的浅水层。荸荠栽植后 10～15 天开始发棵，当荠秧老叶枯死时，结合拔草将茎秆发黄、种荠腐烂的种秧和杂草枯叶踏入田间，这样有利于种荠生长新根。这时可以追施 1 次尿素，一般每亩施尿素 10～15 千克，以促进荸荠提早分蘖分株。

2. 营养生长及生殖生长并进期　从分蘖、分株开始到球茎成熟前这段时期称为营养生长及生殖生长并进期。在分蘖期，荸荠行间进行耘田除草 2～3 次，结合除草进行第二次追肥，每亩追施尿素 5～10 千克，以促进结荠。从秋分到寒露，在球茎旺盛生长时期应该加深水层，使水层保持在 6～9 厘米的范围为好。

3. 球茎成熟期　在球茎成熟期即收获前 20 天左右应当停止灌水，使叶片转黄，逐渐干枯，准备采收。这一时期没有其他管理，只要防止牲畜危害即可。

（七）病虫害防治

荸荠常会发生荸荠秆枯病和荸荠白禾螟。针对荸荠秆枯病，可以用 50% 多菌灵可湿性粉剂 500～1 000 倍液 +70% 甲基硫菌灵可湿性粉剂 800 倍液喷雾防治。荸荠白禾螟的防治是用 98% 杀螟丹可溶性粉剂 100 克兑水 50 千克进行喷雾防治。

（八）采　收

荸荠球茎成熟后，地上部逐渐枯死，一般在元旦前后就可以采收。采收前 1 天放干田水，采收时边清理茎秆边用手扒掉上层 8～9 厘米深的泥土，然后将下层土扒出，用手仔细捏出球茎。

六、皖南地区大棚芦笋丰产高产栽培技术

（一）品种选择

根据种植地当地的气候环境和种植制度，选取优良品种，保

证产品适应力强和抗病能力优异，可选择美国加利福尼亚芦笋种子公司出产的产品——无性系双杂交一代绿白兼用芦笋品种。

（二）播种育苗

1. 浸种催芽　将芦笋种子置于清水中，筛选出瘪粒和病虫害粒，留下正常健康的种子；将筛选出来的正常健康的种子放置于 50% 多菌灵可湿性粉剂 300 倍液中浸种 12 小时左右后捞出；再将种子浸入 30℃ 左右的温水中放置 12 小时左右，并在放置期间每隔 6 小时换 1 次水；待种子在温水中因吸水而充分膨胀时，便可将种子捞出；将种子于 26℃ 左右的温室中静置，待种子根部露白时播种。

2. 播种　芦笋育苗需要选择疏松的沙壤土作为苗床，辅以鸡粪、磷肥、草木灰等，有机肥料和营养土的比例为 1∶4。营养钵的规格是直径 8 厘米以上、钵体高 10 厘米左右。平均每亩地需要设置 2 500 个营养钵。

每个营养钵中只放置 1 枚种子，3～4 个月之后，待幼苗长高到 30 厘米、长出 5 条茎之后即可以将幼苗定植。苗床播种育苗是最常见的一种育苗方式。营养钵育苗的成本较为高昂，所以农户比较倾向苗床播种育苗。苗床用土应该选用松软、透气的土壤或者沙壤土。

每亩苗床施肥量为 3 500 千克。整地做畦，畦宽 120 厘米以上，深度 20 厘米左右，长度可根据具体情况而定。播种密度为每平方米均匀播种 5 克种子。播前浇透水，等到水完全渗透土壤时，在土壤上制作长、宽都为 10 厘米的方格，在每个方格的正中央位置播下种子，并在其上覆一层厚 3 厘米左右的湿润土壤。为了保证幼苗的正常生长，在播种之后应该及时覆盖地膜和除虫。白天与夜晚应该对种子的生长温度进行恒温控制，白天 25～30℃，夜晚 15～20℃，等到幼苗长出 3 个茎叶之后定植。

（三）定　植

当幼苗达到 60～80 天，地上茎达到 2 根以上，高 20～30

厘米，有5个根以上就可移栽定植。按行距1.5米、窝距20～25厘米定植，亩植1800～2000株。

（四）田间管理

在定植后的25天内，要及时检查幼苗生长状况，进行查苗补苗；刚种植的幼苗对水分的需求比较大，所以要及时补水，保证幼苗有充足的水分可以吸收，同时在补水之后及时给幼苗覆盖一些细碎的土壤，保证幼苗不出现倒苗的现象；幼苗需要及时的施肥，分别在定植之后的20天和40天对幼苗进行追肥，两次追肥的用量有差别，第一次追肥需要每亩施尿素30千克和适量氮肥，第二次追肥需要每亩施尿素10千克和三元复合肥40千克。

（五）病虫害防治

大棚芦笋常见的病虫害有茎枯病、立枯病、褐斑病和夜蛾类害虫等。

1. 病害防治　立枯病可用75%百菌清可湿性粉剂800倍液，或50%灭菌丹可湿性粉剂800倍液喷雾防治。茎枯病、褐斑病均可用70%甲基硫菌灵可湿性粉剂800～1000倍液，或波尔多液（1：1：240），或50%代森铵水剂1000倍液，每7～10天喷1次，连喷2～3次。

2. 虫害防治　夜蛾类害虫可采用黑光灯或糖醋液诱杀。药剂防治：应在初龄幼虫未分散或未入土躲藏时喷药，成龄后抗药性很强，往往难以杀灭。一般来说，产卵高峰后4～5天喷药效果最佳。傍晚喷药比白天好，可选用的药剂有：90%敌百虫晶体1000倍液、5%氟啶脲乳油1000倍液。

七、皖西地区露地雪菜栽培技术

（一）品种选择

雪菜，学名雪里蕻，主要可分为板叶型、细叶型、花叶型三大类。雪菜多为冬季栽培，用于加工脱水蔬菜，宜选用耐寒性、抗病性较强的细叶型雪菜品种，如上海金丝芥、细叶九头芥等。种子应大小一致、无破损、无发芽。

（二）地块选择

宜选择地势高、平坦、土质疏松、土壤肥沃、排灌良好的沙壤土地，不宜选择涝湿地或黏土地。涝湿地种植的雪菜，软腐病发病严重；黏土地种植的雪菜，生长势弱。前茬以玉米、小麦、豆类、瓜类作物为宜，忌前茬为油菜、大白菜、乌塌菜等十字花科蔬菜。

（三）播种育苗

皖西地区露地栽培一般于8月中旬至9月上旬播种，如遇高温可适度晚播，以减轻病毒病的危害。土壤翻耕后，施腐熟有机肥及少量复合肥，有机肥提前用多菌灵、百菌清等拌匀，覆膜晒7～10天，减少病虫害。播种前1天浇足水，以100～150克/亩用种量均匀撒播，覆0.5厘米厚的细土或有机质，盖薄膜或遮阳网保持湿度。出苗前要注意及时浇水，以傍晚最佳，出苗后及时揭掉薄膜或遮阳网。出苗后可适度间苗，提高秧苗质量。播种后30天左右，待长出5片真叶时即可定植。

（四）定　植

1. 整地施肥　前茬作物收获后，可将秸秆留在田中，起到增强土壤肥力、疏松土质的作用。播种前7～10天进行深翻整地，以不浅于20厘米为宜，整地要求土地平整、土质细碎、土层上虚下实。结合整地每亩施腐熟有机肥1 000～1 500千克、过磷酸钙30千克。定畦时畦宽1.5米，开宽0.25米的田间套沟，地块封闭或周边地势较高时另开0.5米宽的外沟。

2. 适时定植　选晴天下午或阴天定植。移栽前1天苗床浇透水，便于起苗且保证根系带土。可采取沟栽或穴栽方式，每畦栽4行，株距25厘米。移栽定植后早晚浇水，提高秧苗存活率。

（五）田间管理

植株存活后，每亩施45%有机复合肥40千克或尿素10千克，并随雪菜生长增加施肥量，一般追肥 3～4 次，多施有机肥或有机复合肥能够减少雪菜的硝酸盐含量。施用化肥时切忌施用氯肥。除尿素，可施磷肥、钾肥等，增强雪菜口感，提升雪菜品质。采收前 20 天避免施肥，并减少浇水，防止采收时叶片过嫩，损伤较大。

（六）病虫害防治

雪菜虫害主要有蚜虫、跳甲、蜗牛和小菜蛾等，病害有病毒病、软腐病等。

1. 虫害防治　蚜虫防治可在田地四周悬挂黄色粘虫板诱杀，板上黏附害虫较多时及时更换，保证诱杀效果，有条件的可距地面 1.2～1.5 米安装频振式杀虫灯，每日天黑开灯、天亮关灯，保证杀虫效果。蚜虫较多时可用 70% 吡虫啉水分散粒剂喷雾防治。跳甲可喷洒 80% 敌敌畏乳剂 2 000 倍液或 90% 敌百虫晶体 1 000 倍液或 10% 溴氰虫酰胺可分散油悬浮剂防治。蜗牛可用四聚乙醛撒施诱杀。小菜蛾可用 5% 甲氨基阿维菌素苯甲酸盐可溶性粉剂喷雾防治。

2. 病害防治　病毒病主要通过蚜虫传播，防治关键在于防治蚜虫。发现病株后应及时拔除，减少病源，抑制传播；严重时可用 5% 菌毒清水剂 500 倍液，或 3.95% 三氮唑核苷·铜·锌水乳剂 600 倍液，或 1.5% 烷醇·硫酸铜乳剂 1 000 倍液，每周喷施 1 次，连续喷施 2～3 次。软腐病主要通过雪菜近地部分伤口侵染，因此应注意及时去除近地部分的坏叶及发病严重的植株。施药时也围绕近地部分喷施，发病初期可用 90% 新植霉素可湿性粉剂 4 000 倍液，或 77% 氢氧化铜可湿性粉剂 600 倍液，或 20% 噻菌酮可湿性粉剂 1 000～1 500 倍液进行防治，施药间隔 10 天左右，连续用药 2～3 次。注意不同类型农药交替使用，避免病菌出现抗药性。

（七）采　收

冬季雪菜生长期短，定植后 60 天左右即可采收。采收要求

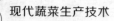
单株重0.5千克以上，菜长25厘米以上，菜不带病、不带虫。选择晴天采收，削平根茎，倒覆在畦面上，晾晒1～2小时，让其失去部分水分，然后去除黄叶进行捆扎，最后送往收购地点或储藏仓库。

第四章

上海蔬菜栽培

一、抱子甘蓝高效栽培技术

（一）品种选择

选择品质良好、产量高、抗逆性强的抱子甘蓝品种，如沪抱1号。

（二）育　苗

1. 播种　基质配比为草炭：珍珠岩＝3：1，每50千克基质中加入50%多菌灵可湿性粉剂200克，加水混匀，基质相对湿度约为70%。将拌湿的基质放入128孔穴盘中压实，待用。每穴播2粒种子，播种深度在0.5厘米左右，播后用干基质进行覆盖。然后给穴盘喷水，以表面基质刚刚湿润为宜。最后在基质上方盖一层黑色地膜保持基质湿度。

2. 苗期管理　抱子甘蓝出苗前应放置在育苗室中并保持黑暗，温度设定在26℃。出芽前应及时查看种子露白情况，以免因未撤掉黑色地膜导致幼苗徒长。当穴盘内种子80%露白后及时撤掉黑色地膜，此时育苗室内的温光条件设定为：每8小时25℃（黑暗），每16小时30℃（18 000勒）。浇水遵循见干见湿的原则，可以适量补充0.25%尿素溶液。壮苗标准：叶片6～8叶，苗龄30～40天，叶色深绿，叶片肥，根系发达，无病虫害。

（三）定　植

定植前 2～3 天，土壤相对湿度 60% 左右时，每亩选用 50% 乙草胺乳油 100～150 毫升兑水 500 千克，喷雾除草。每亩施优质有机肥 4 000～5 000 千克、过磷酸钙 50 千克、硫酸钾 20 千克作基肥，耕深 25～30 厘米并整平。定植行距 70 厘米，株距 45 厘米，浇定根水 1～2 次。

（四）田间管理

1. 前期（团棵期）管理　要求土壤相对湿度为 70%～80%，不足时补水，雨时不渍水。定植后 4～5 天施活棵肥，每亩浇施尿素 5～10 千克；20 天后施 1 次发棵肥，每亩结合浇水追施尿素 10 千克、三元复合肥 10 千克，促进植株营养生长，使其在进入结球期前外叶达 40 片左右。草活棵后中耕除草 1 次。

2. 后期（结球期）管理　要求土壤相对湿度为 40%～70%。芽球膨大期进行第三次追肥，结合浇水每亩穴施三元复合肥 15 千克；芽球初次采收时第四次追肥，结合浇水每亩穴施三元复合肥 15 千克。抱子甘蓝全生育期每亩追施氮肥 50 千克、磷肥 20 千克、钾肥 25 千克。依据杂草生长情况及时进行中耕除草。

（五）病虫害防治

以预防为主，综合防治。注意防治小菜蛾、菜青虫、蚜虫等以及霜霉病、软腐病、菌核病。

苗期主要发生的病害是猝倒病，可用 50% 多菌灵可湿性粉剂 500 倍液喷施。主要发生的虫害是菜青虫、蚜虫、小菜蛾。蚜虫的防治办法是用黄色粘虫板或 2.5% 溴氰菊酯乳油 2 000 倍液喷雾防治。小菜蛾、菜青虫可用 2% 阿维菌素乳油 2 000 倍液喷施。

生长期菌核病可用 40% 菌核净可湿性粉剂 1 500～2 000 倍液喷雾防治，间隔 10 天以上。软腐病用 77% 氢氧化铜可湿性粉剂 400～600 倍液喷雾防治，间隔 3 天以上。霜霉病用 75% 百菌清可湿性粉剂 500 倍液喷雾防治，间隔 7 天以上。生长期小菜蛾、菜青虫和蚜虫分别选用 1.8% 阿维菌素乳油 300 倍液、苏云金杆菌可湿性粉剂 1 000 倍液、50% 抗蚜威可湿性粉剂 2 000～3 000 倍液喷雾防治。

在使用时注意检查农药是否过期，过期农药应深埋处理，施用时严格按照农药安全使用操作规程操作。

（六）采　收

当芽球抱和紧实、蜡质发亮、单个芽球重 8～9 克时可采收。抱子甘蓝采收期较长。上海地区一般从 12 月开始采收，若肥水得当可连续采收到翌年 2 月底。自下而上进行多次采收，每株可采收芽球 40 个左右。在气温较高的季节，基部叶球常包心不紧易松散，此时可适当提前采收。采收时用小刀从芽球基部横切，去掉外叶即可。

二、上海青菜栽培技术

（一）品种选择

选用优质、高产、抗病等适应性强的品种，并根据不同季节选用不同的品种，以获得较高产量。夏季选择耐热、耐湿的品种，如新夏青、夏冬青、605、华王、夏王等；秋冬季选用耐寒性较强的品种，如新矮青、矮抗青、海青 2 号等；春季应选用耐寒、抽薹迟的品种，如艳春、艳绿、三月慢、四月慢和五月慢等。

（二）整地施肥

选择土壤肥沃，排灌方便、保水、保肥力强的土地，前茬未种植十字花科作物。施入充分腐熟的农家肥 1 000 千克/亩左右，进行机械翻耕，深度为 20～25 厘米，然后开沟做畦。露地栽培，做成畦宽 1.2 米，沟宽 30 厘米，沟深 25 厘米；每 15 米开一条腰沟，四周开围沟，沟深 30 厘米，沟宽 30 厘米，并人工清理沟系，确保排水通畅，平整畦面。保护地栽培，将 6 米 × 30 米的标准大棚做成三畦，畦宽 1.5 米，沟宽 30 厘米，沟深 25 厘米，并人工清理沟系，确保排水通畅，平整畦面。

（三）栽培茬口

春季栽培，于 2 月下旬至 4 月下旬，日平均气温 10℃以上时播种；夏季栽培，于 5 月上旬至 7 月下旬，日平均气温 16～30℃时播种；秋季栽培，于 8 月上旬至 8 月下旬，日平均气温 21～31℃时播种；冬季栽培，于 9 月上旬至翌年 1 月中旬，日平均气温 27～30℃时播种。当日平均气温低于 10℃左右时，在保护地播种才能出苗。

（四）播　种

青菜可以直播，也可以采用育苗移栽。

1. 直播　春夏季及冬季 11 月至翌年 1 月栽培以直播为主。直播采用撒播，播种后轻轻拍压，用二层遮阳网覆盖畦表面，夏季降温保湿、冬春季保温保湿。播种要疏密适当，使苗生长均匀。作鸡毛菜（播种后 18～25 天采收）生产，播种量较大，每亩用种量为 3.5～4.5 千克；作小青菜（单株重 0.1～0.2 千克时采收）生产，每亩用种量为 0.35～0.5 千克。

2. 育苗　秋季 9—10 月播种栽培，多采用育苗移栽。育苗时由于苗地面积小，便于精细管理，有利于培育壮苗。然后再移植到大田种植。育苗移栽可节省种子，每亩用种量为 50～100 克，且单株产量高，质量好。

（1）育苗苗床　苗床土地整理方式同整地施肥，用 6 齿耙拉平、平整畦面，土壤颗粒直径不超过 0.3 厘米。播种前一天苗床浇足水，播种时先再次平整畦面，然后均匀撒播，轻轻镇压，用二层遮阳网覆盖畦表面，保持畦面湿润，以利出苗。

（2）苗期管理　播种后 3～4 天，出苗率达到 60% 以上时，揭去遮阳网，同时拔除苗床杂草，如苗床较干需及时浇水。直播做小青菜栽培的，出苗 15 天左右间苗 1 次，留苗间距为 4～6 厘米；7～10 天后再间苗 1 次，留苗间距为 10～12 厘米。苗期合理施肥，在 3 叶期，根据幼苗生长情况，施肥 1 次，用量为尿素 3 千克 / 亩左右。冬季 11 月下旬至翌年 2 月需保护地栽培，苗期要加强保温，才能保证有较高的生长量。

（五）移栽、定植

1. 移栽时期 当幼苗叶片为 4～5 片叶，苗龄 35～50 天（10 月下旬至 11 月中旬播种的苗龄为 35～40 天，11 月下旬以后播种的苗龄为 40～50 天）时，进行移栽。移栽时，选择无病虫害、叶色鲜艳、根系发达、生长健壮的壮苗。种植密度为 18～20 厘米。2 月中旬至 3 月上旬幼苗从保护地移栽到露地前，需进行低温锻炼。

2. 定植 移栽时，在已平整好的畦面上，按行距×株距为（12～15）厘米×（15～18）厘米的间距种植。方法是：用小刀挖坑，把秧苗根埋入坑中，深度与根基相平，培实四周土壤。

（六）田间管理

青菜根系分布浅，耗水量多，因此整个生长期要求有充足的水分。移栽后浇定根水 1～2 次，促进幼苗成活。青菜生长期间应保持一定的土壤相对湿度（60%～70%）。天气较干旱时，及时浇水或灌水。灌水采用沟灌，水不能漫过畦面。遇上连续阴雨时，需及时排水，确保田间不积水。

青菜生长期短，以基肥为主。追肥在移栽成活后 3 天或直播地苗龄 15 天后开始施用，施肥量为尿素 3～5 千克 / 亩，每 15 天补充 1 次氮肥，每次施用尿素 5～7.5 千克 / 亩。收获前 15 天停止施肥。

移栽成活后结合中耕除草 1 次，以后视田间杂草生长情况再中耕除草 1 次。直播田块，可在杂草生长初期及时拔除，或用小刀挑除。

（七）病虫害防治

周年生长中，秋冬低温期间，病虫害发生较少，几乎可不施用化学农药。但夏季高温季节，病虫害发生较多，可在整地前清洁田园，清除前茬留下的残叶（株）和杂草；通过大水闷灌等方式进行土壤消毒；合理安排轮作等农事操作，尽量减少环境中的虫原和病原。

同时，采用防虫网覆盖栽培，于大棚两边使用防虫网；畦面上插置黄色粘虫板，减少害虫的危害，以提高青菜产品的质量和产量。如发现小菜蛾、菜青虫、甜菜夜蛾、蚜虫、跳甲等虫害和霜霉病，应及时防治。霜霉病用80%烯酰吗啉水分散粒剂30～40克/亩喷雾防治；蚜虫用10%氯噻啉可湿性粉剂15～20克/亩喷雾防治；小菜蛾用12%甲维·虫螨腈悬浮剂50～60毫升/亩或60克/升乙基多杀菌素悬浮剂20～40毫升/亩喷雾防治；黄条跳甲用28%杀虫环·啶虫脒可湿性粉剂70～100克/亩或15%哒螨灵乳油60～80毫升/亩喷雾防治；甜菜夜蛾用24%甲氧虫酰肼悬浮剂20～30毫升/亩或50克/升虱螨脲乳油50～60毫升/亩喷雾防治。以上药剂安全间隔期为7天。

（八）采收、包装

冬季、早春，青菜生长较慢，作鸡毛菜生产，播种后30～35天，当幼苗3～5片真叶时即可采收。采收方法：将幼苗连根拔起，用刀切去根部。

作小青菜生产，当青菜植株单株重达0.1～0.2千克或符合客户要求的标准时，可开始采收。采收方法：选择符合采收标准的植株，用刀在茎基部切起，并去掉老叶、黄叶，然后整齐地堆放在一起。

小青菜按规格要求，每3～4株为一束。用包扎带在距青菜叶柄基部5厘米处包扎，在每束青菜外叶上贴上商标，放入规格为50厘米×40厘米×18厘米纸箱中；也可不包扎，直接整齐地放入纸箱中。鸡毛菜直接整齐地放入纸箱中。最后用电子秤称重，每箱青菜净含量为5千克，纸箱外标明品名、产地、生产者、规格、株数、毛重、净重、采收日期等。

三、紫色生菜生产技术

（一）品种选择

选择抗病性强、生长较强健的品种，如红帆、罗莎等。

（二）生产季节安排

春季：2—3月播种，3—4月定植，4—5月收获，保护地育苗，侧边覆盖防虫网栽培。

春夏季：3—5月播种，4月至6月上旬定植，5月至7月上旬收获，保护地育苗，侧边覆盖防虫网栽培。

夏秋季：7月中下旬至9月播种，8月中下旬至10月定植，10月中下旬至11月收获，防雨棚遮阴育苗，侧边覆盖防虫网栽培。

（三）育苗

1. 播种期与播种量　根据品种特性、生产季节或产品加工生产时间，每亩用种量：穴盘育苗5～7克、床土育苗10～15克。

2. 催芽　在保温保湿条件下催芽，催芽适宜温度为20～25℃。预先浸种2～4小时，取出冲洗后用湿毛巾或纱布包裹，每天用清水冲洗1～2次，待30%～40%种子露白后播种。高温季节（气温超过30℃）应低温处理，打破种子休眠：浸种2～4小时后，置于6℃冰箱内处理48～72小时，待30%～40%种子露白后播种。

3. 床土育苗

（1）苗床及营养土　选保水保肥力强的壤土做苗床。苗床播前7～10天深翻晒垡，播前3～5天进行二次机械旋耕，床土应细碎平整。土壤颗粒直径小于0.3厘米。每10平方米苗床施优质腐熟有机肥50千克、过磷酸钙0.4～0.7千克，均匀撒施于土表后，翻入土中10～15厘米深处。每亩栽培面积需用苗床20～30平方米。

播种前2～3天，按园土∶砻糠灰＝6∶4的要求，每亩配制3立方米盖籽土，土粒直径不大于0.2厘米，拌匀，盖上农膜，备用。

（2）**播种方法**　播前苗床应浇足底水。播种时应将种子掺细土后均匀撒播，并覆薄层盖籽土盖没种子。播后浇透苗床，并用地膜、无纺布（冬春季）或遮阳网（夏秋季）覆盖苗床，出苗后及时除去覆盖物。

夏秋高温季节于遮阳棚中育苗；冬季于大棚、小环棚中育苗。

（3）**苗期管理**　出苗前适宜温度为 20～25℃。苗期适宜温度：白天 18～20℃，夜晚 8～10℃。于 1～2 片真叶时间苗 1～2 次，苗距 5 厘米左右。苗期床土应保持湿润，不宜过干或过湿。若苗弱、苗小、叶呈淡黄色，用 0.3% 尿素 ＋0.2% 磷酸二氢钾溶液叶面追肥 1 次。

4. 穴盘育苗

（1）**基质与穴盘**　育苗基质采用 1/10 有机肥 ＋1/2 泥炭 ＋ 1/5 珍珠岩 ＋1/5 蛭石（体积比）。若采取机械化精量播种，育苗基质采用 1/3 蛭石 ＋2/3 草炭（体积比）。夏秋季节育苗，选用 128 孔穴盘。秋冬季育苗，选用 200 孔穴盘。穴盘使用前用 2% 漂白粉溶液等浸泡 30 分钟，用清水漂洗干净。

（2）**播种**　播前整平苗床，平铺塑料薄膜将床土隔离。调节基质相对湿度在 40% 左右。将预湿好的基质装盘、压穴，播前半小时浇透水备用，以穴盘底部深处有水为宜。播种深 0.5 厘米，每孔播籽 1～2 粒，留 1 苗。播后上覆一薄层充分吸涨的蛭石（盖没即可），保持各格室清晰可见，并将穴盘摆放在育苗床架上或与土壤隔离平整的苗床上，喷洒少量水并覆透明地膜保湿。当 60% 种子拱出时及时除去覆盖物。若采用催芽室催芽，穴盘码放在搁板上，并经常向地面洒水或喷雾以增加空气湿度。当 60% 种子拱出时挪出。

（3）**苗期管理**　子叶平展时，开始浇营养液，每隔 5 天浇 1 次。营养液宜采用 1‰～2‰ 浓度的叶菜类专用肥料。苗期基质相对湿度控制在 60%～80%。温度管理要求同床土育苗。

（四）定　植

1. 整地做畦　整地前需清洁田园，并施足基肥。紫色生菜品种每亩施腐熟优质有机肥2 000千克，三元复合肥20～25千克。撒施后深翻整平，耕层的深度为15～20厘米。进行二次耕翻后做畦。

初夏、夏秋季栽培为小高畦，畦高25厘米。冬季或早春栽培为平畦，畦高15厘米，畦面应铺设透明地膜。春季栽培应铺设黑色地膜。畦宜狭长，畦宽80～90厘米（连沟），沟深25厘米。畦长20～30米，开一条横沟。四周开围沟，沟深30厘米，沟宽30厘米，确保排灌通畅。

2. 移栽　苗龄：春季栽培为45～55天，夏秋季栽培为30～35天，秋冬季栽培为40～45天。大小：冬季为6叶，其他季节为4～5叶。起苗前2天，喷保护性光谱性杀菌剂与杀虫剂1次。定植时剔除弱苗、病苗、超龄苗。带土定植，不定植隔夜苗。穴盘苗定植时，不宜定植过深，将基质全部埋没即可。梅花形定植。

应根据生产季节和栽培方式合理密植。紫色生菜品种定植密度为15 000～22 000株/亩，株行距为（10～15）厘米×20厘米。

（五）田间管理

1. 水分管理　定植时浇足水分，定植后浇缓苗水1～2次，活棵后要保持土壤湿润，干旱时灌半沟水抗旱。莲座期适当控制水分，封行后禁止畦面浇灌。后期要保持充足水分，每5～7天浇1次水，也可沟灌（以水分不浸过畦面为宜）。采收前5天控制浇水。

2. 中耕除草　莲座期封行前结合除草浅中耕1～2次。

3. 追肥　全生育期适时追肥2～3次，结合浇水进行。莲座期随水追施尿素10千克/亩；中期如长势弱，可追施磷酸二氢钾15～20千克/亩，或用商品有机液肥500倍液进行叶面喷施。

4. 温度管理　秋冬季大棚栽培，适宜棚温：白天幼苗期为15～20℃、生育期为18～20℃，夜温为12～15℃。生育期期间视气候变化情况采取适当的保温、通风、降温等措施进行管理。冬季采用大棚套小环棚栽培，晚上加盖草帘保温。低温时（-3～5℃），加盖无纺布防冻害。春季温度升高时，注意早晨及时通风。初夏栽培，温度超过30℃，顶模上覆盖遮阳网或采用遮阳帘遮阴降温。夏秋季栽培，定植活棵期间应用遮阳网遮阴降温。

（六）病虫害防治

苗期主要有猝倒病、霜霉病与蚜虫。田间主要加强对霜霉病、灰霉病、软腐病、蚜虫、菜青虫等病虫害的防治。

合理安排轮作，清洁田园，选用抗病品种，培育壮苗。霜霉病喷施72.2%霜霉威水剂600倍液或58%甲霜灵·锰锌可湿性粉剂800倍液防治。软腐病喷施70%甲基硫菌灵可湿性粉剂600倍液防治，每10天喷1次，严重时连喷2～3次。灰霉病喷施40%嘧霉胺悬浮剂800～1000倍液防治。

采用黄色粘虫板及频振式杀虫灯诱虫、杀虫，还可用防虫网防虫、银灰色地膜避蚜。植株上方25～30厘米处，悬挂40厘米×25厘米黄色粘虫板，每亩挂25～30块。当黄色粘虫板粘满害虫时及时更换。应用食蚜瘿蚊防治蚜虫。蚜虫和菜青虫可使用0.3%苦参碱水剂500～1000倍液或生物农药苏云金杆菌乳剂200～300倍液防治。

（七）采 收

紫色散叶品种长势较为整齐，当90%的植株达到采收标准时，开始采收。采收应及时，宜早不宜迟。应在无雨天采收，上午露水干后采收，雨后1～2天不得采收。夏季高温季节应于植株抽薹前适时及时采收。

用利刀沿外叶茎基部切下，剥去外部老叶，将内叶部分装入塑料周转箱。采收时应轻采轻放，装筐运输时应轻装轻卸。采收后在1小时内运抵加工厂。

符合采收标准的紫色散叶品种的高度、幅面、颜色适中，叶片较脆，成熟度较为一致，为 80%～90%；毛重 100～120 克，净重 60～100 克；外叶数量 2～3 片，内叶数量 11～13 片，最大叶片平均为 13 厘米×16 厘米。符合采收标准的紫色散叶品种长势整齐，大小一致，植株发育充分。

（八）采后处理

1. 预冷　紫色散叶品种生菜进厂后应尽快预冷。冷库预冷，要求库温为 1～2℃，使产品温度尽快降至 1～4℃，预冷 10～20 小时。真空预冷，要求在 25～30 分钟内达到 2～4℃。预冷程度以叶面没有水汽为标准。

2. 整理　清理干净外叶，削平根茎，剔除破损、抽薹以及有病虫害等明显不合格的植株。产品经整理后，需用干净抹布抹去外叶上的泥渍、杂质、水滴。每切完 10 棵根茎，刀具需用高锰酸钾 500 倍液消毒。分级包装。

第五章
浙江蔬菜栽培

一、浙东地区杭椒栽培技术

（一）品种选择

选用品质优良、条形好、结果早、适应性强的品种，如杭椒二号、杭椒 12、杭丰优秀、杭丰新秀等品种。

（二）地块选择

地块宜选择土层深厚肥沃、排灌方便、保水保肥性好的微酸性或中性土壤。以 3 年内未种过茄科作物或经水旱轮作、短期休耕的坡地或台地为佳。

（三）整地施肥

适时进行土地翻耕，打碎打细土壤，耙平土面，做成宽 120 厘米、高 20 厘米、沟宽 30 厘米的龟背形高畦。每亩施商品有机肥 1 000 千克、三元复合肥 40 千克作基肥。采用膜下铺设滴灌带，每畦 2 条，然后覆盖地膜并用土压好膜。

（四）育　苗

早春栽培，于 11 月下旬至 12 月中下旬播种；秋延后栽培，于 6 月下旬至 8 月上中旬播种；海拔 500～1 200 米的山地越夏栽培，于 3 月下旬至 4 月上旬播种。

1. 浸种催芽　为提高种子的发芽势和发芽率，采用温汤浸种。把种子放进 55～60℃的温水中，不断搅拌，保持 20 分钟左

右，自然冷却后再浸种 3～4 小时，种子捞出后沥干，在 28～
30℃的环境下催芽，70% 种子露白时即可播种。

2. 播　种

（1）**苗床准备**　大棚两边分别做宽约 2 米的苗床，中间留出
约 1 米宽的通道（包括中间沟 30 厘米），两边分别留出 0.5 米空
地（包括棚内两边边沟各 30 厘米）。冬春季温度较低，加铺电热
线保温，电热线间隔为 8～10 厘米，中间疏两边密，电热线所
有接头在苗床同一侧，苗床两端插小竹竿便于电热线来回。

（2）**播种方法**　选择长 54 厘米、宽 28 厘米的 50 孔或 72 孔
塑料穴盘。以育苗专用基质为佳。自配基质采用泥炭∶蛭石∶珍
珠岩＝3∶1∶1，每立方米基质加入复合肥 1 千克，搅拌均匀。

选择晴好天气，将装好基质的穴盘均匀洒透水，湿度以穴盘
下口滴水为宜。将露白的种子播于穴盘中，每穴 1 粒种子，然后
覆上厚 1 厘米左右基质，再喷适量的水，将穴盘码放在苗床上。
冬春季育苗需要扣上小拱棚，盖上塑料膜和无纺布。

（3）**苗期管理**　冬春季育苗，不仅要防冻保暖，还要通风透
光，应根据秧苗素质和天气情况灵活掌握，如果遇到连续阴雨或
雨雪天气需要对秧苗进行人工补光。还要注意肥水管理，选择晴
天中午浇水或施液体肥。定植前 1 周进行适当炼苗，增强秧苗抗
逆性。

夏季育苗，高温强光，需要降低苗床温度，中午光照强烈时
需要及时盖上遮阳网，防止高温灼伤。夏季温度高、蒸发量大，
浇水应在每天下午 4 时之后，用洒水喷头浇水以保持穴盘湿润，
同时可降低环境温度。不要在中午浇水，以防伤苗。

（五）定　植

选择晴好天气进行定植，一般采用双色地膜覆盖的栽培方
式，每亩定植 1 800～2 200 株。早春栽培，2 月下旬至 3 月中下
旬定植，单棚加小拱棚或露地小拱棚栽培。秋延后栽培，苗期约
为 1 个月，7 月下旬至 8 月上旬定植。海拔 500～1 200 米的山

地越夏栽培，5月下旬至6月上旬定植。定植后浇足定根水。

（六）田间管理

1. 肥水管理 生长前期，每亩追施10千克尿素，促进植株生长。进入采收期，一般每采1次果或者间隔10天左右追施1次复合肥。如遇高温暴雨天气，及时排水。雨后用0.1%磷酸二氢钾＋尿素混合液喷洒叶面。

2. 整枝搭架 辣椒缓苗后，根据生长情况，做好整枝打杈。第一个分杈以下侧枝全部去除，每次分杈两边各留一个主枝即可。适时在根部边上斜插高70厘米左右的杆子以固定植株。

（七）病虫害防治

苗期主要是猝倒病、立枯病，生长期以灰霉病、病毒病、疫病等病害为主；虫害主要有蚜虫、螨类、烟粉虱等。

1. 病害防治 猝倒病用30%多菌灵·福美双可湿性粉剂600倍液喷雾防治。立枯病用68%精甲霜·锰锌水分散颗粒剂800倍液喷雾防治。灰霉病用50%啶酰菌胺水分散粒剂2 000倍液喷雾防治。病毒病用20%盐酸吗啉胍·乙酸铜可湿性粉剂800倍液喷雾防治。疫病用23.4%双炔酰菌胺胶悬剂1 500倍液喷雾防治。

2. 虫害防治 蚜虫用3%啶虫脒微乳剂1 000倍液喷雾防治。螨类用43%联苯肼酯悬浮剂5 000～6 000倍液喷雾防治。烟粉虱用22%螺虫·噻虫啉胶悬剂1 500倍液喷雾防治。

（八）采 收

及时采收成熟商品果，采收宜在早晨进行，做到天天采或隔天采。根据当地消费和市场行情，采收可以分小果、中果、大果和红果。采收结束后，及时将田园中的残枝败叶、杂草以及农膜清理干净，进行无害化处理，保持田园清洁。

二、浙东地区杭茄栽培技术

（一）品种选择

选择早熟、高产、品质佳的杭茄品种，如杭茄系列、杭丰系列、浙茄系列。

（二）地块选择

选择排灌方便、土层深厚、富含有机质、保肥保水性好、pH 近中性、3 年内未种过茄科作物或经水旱轮作、短期休耕的坡地或台地。

（三）整地施肥

适时进行土地翻耕，打碎打细土壤，耙平土面，做成宽 120 厘米、高 20 厘米、沟宽 30 厘米的龟背形高畦。每亩施商品有机肥 1000 千克、三元复合肥 40 千克作基肥。采用膜下铺设滴灌带，每畦 2 条，然后覆盖地膜并用土压好膜。

（四）育　苗

海拔 200 米以下的早春栽培，于 11 月下旬至 12 月中下旬播种；海拔 200～400 米的山地春季露地栽培，于 1 月下旬至 2 月中旬播种；海拔 400 米以上的山地越夏露地栽培，于 3 月下旬至 4 月上旬播种。

1. 浸种催芽　为提高种子的发芽势和发芽率，采用温汤浸种。把种子放进 55～60℃的温水中，不断搅拌，保持 20 分钟左右，然后水温降至 30℃，再浸种 8～10 小时，捞出后搓洗种子，用湿纱布包裹，在 28～30℃的环境下催芽，70% 种子露白时即可播种。

2. 播　种

（1）苗床准备　大棚两边分别做宽约为 2 米的苗床，中间留出约 1 米宽的通道（包括中间沟 30 厘米），两边分别留出 0.5 米空地（包括棚内两边边沟各 30 厘米）。冬春季温度较低，加铺电热线保温，电热线间隔为 8～10 厘米，中间疏两边密，电热线所有接头在苗床同一侧，苗床两端插小竹竿便于电热线来回。

（2）**播种方法**　选择长 54 厘米、宽 28 厘米的 50 孔或 72 孔塑料穴盘。选择质地优良，营养全面，保肥水性好，无虫卵、病菌、杂草种子，pH 值为 6.5～7 的基质。以育苗专用基质为佳。自配基质采用泥炭∶蛭石∶珍珠岩＝3∶1∶1，每立方米基质加入三元复合肥 1 千克，搅拌均匀。

选择晴好天气，将装好基质的穴盘均匀洒透水，湿度以穴盘下口滴水为宜。将露白的种子播于穴盘中，每穴 1 粒种子，然后覆上厚 1 厘米左右的基质，再喷适量的水，将穴盘码放在苗床上。扣上小拱棚，盖上塑料膜和无纺布。

（3）**苗期管理**　茄子育苗期是寒冷高湿环境，不仅要防冻保暖，还要通风透光，应根据秧苗素质和天气情况灵活掌握，如果遇到连续阴雨或雨雪天气需要对秧苗进行人工补光。还要注意肥水管理，选择晴天中午浇水或施液体肥。定植前 1 周进行适当炼苗，增强秧苗抗逆性。

（五）定　植

选择晴好天气进行定植，一般采用双色地膜覆盖的栽培方式，每亩定植 1 500～2 000 株。海拔 200 米以下的早春栽培，2 月下旬至 3 月中下旬定植，单棚加小拱棚或露地小拱棚栽培。海拔 200～400 米的山地春季露地栽培，于 4 月中旬至 5 月上旬定植。海拔 400 米以上的山地越夏露地栽培，于 5 月下旬至 6 月上旬定植。定植后浇足定根水。

（六）田间管理

1. 肥水管理　定植后 1 周左右浇 1 次缓苗水。当门茄开花时控制水分，果实坐稳后浇 1 次水，其间进行第一次追肥，每亩施尿素 10 千克、硫酸钾 8～10 千克。以后每 7～10 天浇 1 次水，每半个月追 1 次肥，每亩施尿素 5 千克、高氮低磷高钾复合肥 10 千克。整个生育期用 0.2%～0.3% 硫酸钾和 0.1% 尿素混合液根外追肥 4～5 次。生长期保持土壤湿润，防止田间积水。

2. 植株管理　采用二杈整枝，门茄开花后抹除第一个分杈以下侧枝。对茄坐果后，在其上各选留 1 个枝条，抹除其余的侧枝。结合整枝，在主干 10 厘米外插高为 80 厘米左右的杆子，用于固定植株。每次果实采收，摘除老叶、黄叶、病叶以及过密枝叶。

（七）病虫害防治

苗期主要是猝倒病，生长期以黄萎病、青枯病、灰霉病、绵疫病和根结线虫等病害为主；虫害主要有蚜虫、斜纹夜蛾、螨类、蓟马等。

1. 病害防治　猝倒病采用 72% 霜脲·锰锌可湿性粉剂 600 倍液防治。黄萎病用 20% 络氨铜·锌水剂 600 倍液或 2% 丙烷脒水剂 1 000 倍液灌根。青枯病用 20% 噻菌铜悬浮剂 600 倍液或 3% 中生霉素可湿性粉剂 800 倍液灌根。灰霉病用 50% 啶酰菌胺水分散粒剂 1 500 倍液或 50% 腐霉利可湿性粉剂 2 000 倍液喷雾。绵疫病用 72% 霜脲·锰锌可湿性粉剂 600 倍液或 58% 甲霜灵·锰锌可湿性粉剂 800 倍液喷雾。根结线虫用 10% 噻唑膦颗粒剂 1～1.5 千克/亩穴施或 20 亿孢子/克蜡质芽孢杆菌可湿性粉剂 100～300 倍液灌根。

2. 虫害防治　蚜虫用 10% 吡虫啉可湿性粉剂 1 500 倍液或 20% 啶虫脒可溶性粉剂 800～1 000 倍液防治。斜纹夜蛾用 5% 氯虫苯甲酰胺悬浮剂 1 500 倍液或 2% 阿维菌素微乳剂 2 000 倍液在 1～2 龄低龄幼虫阶段喷雾。螨类用 11% 乙螨唑悬浮剂 2 500 倍液或 43% 联苯肼酯悬浮剂 5 000～6 000 倍液喷雾。蓟马用 25% 噻虫嗪水分散粒剂 1 000～2 000 倍液或 28% 杀虫环·啶虫脒可湿性粉剂 800～1 000 倍液喷雾。

（八）采　收

当茄眼不明显、果实达到自然商品成熟度时及时分批采收。采收宜在早晨进行，采收时应轻摘轻放。采后挑除病、虫、伤和着色不匀、弯曲的残次果，根据茄子大小、长短、色泽进行分级包装。采收结束后，及时将田园中的残枝败叶、杂草以及农膜清理干净，进行无害化处理，保持田园清洁。

三、浙东及浙南山区单季茭白高效栽培技术

（一）品种选择

山区单季茭白栽培宜选用早熟、丰产、抗病性强、商品性好的优良品种，如美人茭、金茭2号、余茭2号等，每亩产量可达2 000千克以上。

（二）地块选择

选择海拔500米以上，交通便利，土层深厚、带有一定黏性（黏土或黏壤土），保水保肥性强、光照和水源条件都好的地块，最好夏季能有凉爽的灌溉水源。

（三）育　苗

1. 种株选择　在茭白采收前3天，选出孕茭早、结茭多、茭白肥大油光白嫩、株型紧凑、无灰茭（老茎中间有棕灰色粉末的植株）、无雄茭（当年没有结茭的植株）、无病虫害的种株，做好标记，完成种茭初次筛选。挖墩前对种茭进行二次筛选。

2. 寄种育苗　选择向阳、排灌水方便的田块作寄种育苗田。提前做好田块除草、深翻、耙平工作，筑固整实田埂后灌水深2厘米左右。每年下霜之前半个月完成种株挖墩、寄种工作。割去种株地上部枯叶后，挖起茭墩，切除最下部的根系，保留地表向下1～2节的地下茎及其上面分蘖，按照行距50厘米、株距35厘米栽入寄种田。栽植宜浅不宜深，以茭墩不倒为准。寄种田以1～2厘米深薄水层或湿润状态越冬。翌年春季温度回升时，每亩寄种田撒施约10千克尿素，促进秧苗早发、培育壮苗。

（四）整地施肥

定植前15～20天，清除田块及四周的杂草，每亩撒施腐熟有机肥1 500千克、三元复合肥30千克、过磷酸钙50千克。及

时将肥料深翻（不浅于 25 厘米）耕入土中，然后耙平田块表面，筑固整实田埂后灌水深 2～3 厘米，做到定植前肥足、泥烂、田平。

（五）分株、定植

1. 分株　3 月下旬至 4 月上旬，当茭白田土温 10℃以上时，将萌发新芽的种茭连根挖出。按照 1 个老薹管带 3～5 个新分蘖苗为一小墩的标准，用快刀顺着分蘖方向纵劈分墩。分墩时尽量不要损伤幼苗及新根。为防止定植后茭苗倒伏，可剪去茭苗叶尖，使苗高控制在 25 厘米左右。

2. 定植　定植应遵循茭墩随挖、随分和随栽的原则。为更好地通风透光和方便走道管理，按照宽窄行间隔模式进行定植。宽行距 80 厘米、窄行距 50 厘米、株距 50 厘米。定植深度以新根不外露、老茎薹管刚好淹没土中为佳。

（六）田间管理

1. 水分管理　高山单季茭白水分管理遵循浅水移栽、深水孕茭、浅水采收、湿润越冬的原则。栽植前后，田块水位保持在 2～3 厘米，土壤升温快，防烂根、促发棵。当全田分蘖苗数充足后，水层加深至 10～15 厘米，控制无效分蘖，促进孕茭。进入 30℃以上高温期，水层加深至 15 厘米以上，但切记不能淹没茭白眼，最好用山区冷水源定期换水灌溉，降低土温，促进茭白肉茎膨大，提高产量和品质。进入采收期，将水位深度调到 4～5 厘米。采收结束后，茭田保持 1～2 厘米深浅水或湿润状态越冬。如遇暴雨，要及时排水，防止因水位过高而造成薹管伸长。

2. 养分管理　根据植株长势适时、适量施肥，长势旺少施肥，长势弱多施肥。茭苗定植 7 天左右施 1 次促苗肥，每亩约施碳酸氢铵 10 千克。茭苗定植 20 天左右进入分蘖期，每亩追施碳酸氢铵分蘖肥 25 千克。5 月下旬进入孕茭期，当 15% 的分蘖苗假茎开始膨大变扁时，追施孕茭肥，每亩施碳酸氢铵 30～40 千克、氯化钾 15～20 千克、硼肥 1～1.5 千克，促进肉质茎膨大。

注意肥料应施在距茭墩 10～15 厘米远的行内，尽量避免施在叶片上，以免产生肥害。

（七）病虫草害防治

1. 病害防治　高山茭白主要病害为锈病、胡麻斑病、纹枯病等。锈病用 20% 三唑酮乳油 1 500 倍液、10% 苯醚甲环唑水分散粒剂 750～1 000 倍液、12.5% 腈菌唑乳油 1 000～2 000 倍液等药剂防治。胡麻斑病用 50% 异菌脲可湿性粉剂 600 倍液、25% 丙环唑乳油 1 500 倍液等药剂防治。纹枯病用 5% 井岗霉素可湿性粉剂 1 000 倍液、50% 甲基硫菌灵可湿性粉剂 700～800 倍液等药剂防治，每隔 7 天左右喷施 1 次，连续防治 2～3 次即可控制。为了避免杀菌剂杀死促成茭白孕茭的黑粉菌，切记一定要在分蘖前做好各种病害的防治工作，孕茭期禁止使用杀菌剂。

2. 虫害防治　高山茭白主要虫害为蓟马、蚜虫、飞虱和二化螟，可用 25% 噻嗪酮可湿性粉剂 800～1 000 倍液、10% 吡虫啉可湿性粉剂 3 000 倍液、20% 呋虫胺悬浮剂 500～700 倍液、40% 氯虫·噻虫嗪水分散粒剂 3 000 倍液等药剂防治。

3. 草害防治　茭白定植成活后，及时耘田除草。定植到分蘖后期，每 15 天左右耘田除草 1 次，以无杂草、泥不过实、田土平整为佳。耘田过程中避免伤根，根基部的草用手拔除。

（八）采　收

7 月下旬开始陆续采收茭白，隔 3～4 天采收 1 次。以叶鞘内茭肉显著膨大、紧裹的叶鞘即将或刚刚裂开为最佳采收标准。采收过早，茭白肉质茎尚未充分膨大，降低产量；采收过迟，茭肉粗纤维增多，茭肉变硬，品质变差，商品性差。采收时，用锋利镰刀从茭白基部第二节处割断，切去薹管，留 40 厘米左右叶鞘，并根据产品商品性进行分级包装。现采现卖的茭白品质最佳。把带叶梢的茭白浸在冷清水中或储存在冷库中以延长贮存保鲜期。

四、浙南地区高山菜豆栽培技术

（一）品种选择

应选用优质、高产、耐热、抗病、商品性好、市场适销对路，并经当地试种成功的品种，如红花青荚、丽芸 2 号、浙芸 5 号等。

（二）地块选择

宜选择地势相对平坦，海拔 700～1 300 米的高山台地或坡地，朝向以东北坡至南坡为好，排灌方便，地下水位较低，土层疏松，pH 值为 5.5～6.5 的微酸性壤土或沙壤土。以 2～3 年内未种过豆类作物的田块为宜。

（三）整地施肥

深翻土壤后每亩施生石灰 50～100 千克。做成畦宽 0.7～0.8 米、沟宽 0.6～0.7 米、沟深 20 厘米的龟背形畦面，每亩沟施商品有机肥 800～1 000 千克、钙镁磷肥 30～50 千克、硼砂 2～3 千克。

（四）播　种

播种期一般在 5 月下旬至 6 月中旬。选用粒大、饱满、无虫蛀的种子。播前用 500 倍液的多菌灵浸种 30 分钟，晾干后播种。穴播，每畦 2 行，每行距离沟边 12 厘米左右，穴距 50～60 厘米，每穴 3～4 粒种子，播后盖土 1～2 厘米厚。若土壤干燥，播种前 1 天浇足底水。另外需培育 5%～10% 的后备苗用于补缺苗。每亩用种量为 1.5 千克左右。

（五）田间管理

1. 查苗、补苗、间苗　播种后 7～10 天进行查苗、补苗，同时做好间苗工作，一般每穴选留 2 株健壮苗。

2. 中耕、培土　出苗后至第一张真叶展开时，畦面进行浅松土，同时结合防治根腐病、猝倒病的发生。当幼苗长至 4～5

片叶时进行第一次中耕、培土。

3. 植株调整、搭架 当幼苗长至 2～3 片叶时，视植株长势，喷施 1 次营养叶面肥，以促进幼苗健壮生长。在甩蔓前应选用长约 2.5 米竹棒及时搭好"人"字架。搭架后及时按逆时针方向引蔓上架，同时在畦面铺草。在菜豆植株长满架时，进行打顶控势。在长势过旺时，进行适当疏叶，清除老叶、病叶。

4. 肥水管理 追肥掌握适施氮肥、多施磷钾肥、花前少施、开花结荚期重施及少量多次的施肥原则。在施足基肥的基础上，一般在苗期和抽蔓期各追肥 1 次，每亩可用腐熟人粪尿 600 千克或 0.3% 三元复合肥水溶液 15 千克进行浇施。在开花结荚期每隔7～10 天施 1 次肥，每次每亩施三元复合肥 15～20 千克。在两株中间（四株开两穴）开穴施入肥料，施后盖土，两株之间轮流开穴施肥。在菜豆盛产期要用氨基酸、0.2% 磷酸二氢钾、微肥等进行根外追肥。以土壤总体保持湿而不干为宜。苗期严格控制水分，开花前适当控制浇水，开花结荚后相应加大水分。

（六）再生栽培

1. 重施翻花肥 豆荚连续采收 20 天左右会出现一个生长停滞期，持续 7～10 天。此期开花数量会减少，是蔓生菜豆长季节栽培的又一关键时期，应重施翻花肥，每亩浇施配比浓度为0.5% 的三元复合肥 25～30 千克。

2. 水分管理 开花前适当控制浇水，开花结荚后相应加大水分，以土壤总体保持湿而不干为宜。

3. 摘除病叶、老叶 及时摘除中下部的老叶、病叶，促进基部侧蔓的形成、花柄和腋芽萌发及花芽的发育。

（七）病虫害防治

1. 病害防治 根腐病可优先选用中生菌素、宁南霉素等生物源农药进行防治，可选用春雷霉素等生物源农药对细菌性疫病进行防控和治疗，同时可选用苦参碱、苏云金杆菌等植物源和微生物源农药对害虫进行防控。与此同时，在苗期和生殖生长旺盛期选用寡糖·链蛋白等植物免疫激活蛋白类生物源农药，可起到抗病增产作用，同时减少化学农药的使用量和使用频率。

2. 虫害防治 利用害虫对颜色的趋性进行诱杀，田间悬挂黄色粘虫板、蓝色粘虫板防治蚜虫、白粉虱、斑潜蝇、棕榈蓟马等害虫。在豆荚螟、斜纹夜蛾等害虫高发期可在距地 1.5 米处每亩悬挂性诱捕器 6～8 个或糖醋液诱捕器 5～10 个，对豆荚螟、斜纹夜蛾、小地老虎等害虫进行专性诱杀。

（八）采 收

高山菜豆从开花到采收为 15～20 天。当豆粒略显、子粒微鼓前采收。及时分批采摘嫩荚，采摘时注意留住花柄，采摘在上午露水干后进行。初期每 2 天采摘 1 次，高温盛荚期每天采摘 1 次。

五、浙南地区露地秋冬季青花菜栽培技术

（一）品种选择

早熟可选用炎秀、台绿 6 号等品种，中晚熟可选用台绿 1 号、台绿 3 号、绿雄 90 等品种，晚熟可选用台绿 5 号、阳光等品种。

（二）育 苗

不同品种按照品种特性安排合适的播种期，在 7 月下旬至 9 月下旬播种，11 月中旬至翌年 3 月上旬收获。积极发挥区域优势，主要安排在 1—3 月收获。

1. 育苗方式

（1）土床育苗 选用地势高不易淹水，排灌方便，土壤肥沃，2 年内未种过十字花科蔬菜的田块作苗床。采用撒播育苗，每 15 克种子需苗床 10 平方米；要假植的，需苗床 40 平方米。在高地势的基础上，进一步深沟高畦，尽量增加苗床高度。播前 20 天翻耕晒土，干旱天气在播前要浇足底水。

（2）穴盘育苗 可选择 72 孔或 108 孔穴盘，基质可选用金

色 3 号或康成美农等不带根肿病病菌的商品基质。播种前准备好基质，基质加水和多菌灵（250 克 / 米^3）拌匀，湿度达到手握成团、松手即散的状态时即适宜。将准备好的基质倒入穴盘中，稍微压实，穴面用木板条从穴盘的一方刮向另一方，使每个孔穴中都装满基质，然后用工具压穴。用配套的负压式播种机取种后对准孔穴，每穴播 1 粒种子。播种后立即在苗床上摆盘，摆盘时注意穴盘平整，摆好的穴盘及时覆盖基质并用刮板刮平。全部播完后用遮阳网覆盖穴盘，然后浇水。第一次浇水需浇透，检查苗床每个角落的穴盘，确保都浇到水。

2. 苗期管理　播种后 2～3 天会陆续出苗，要及时去掉覆盖的遮阳网，以防苗徒长和伤苗。拱土阶段，应严格控制水分，一般不浇水，保持较低的湿度。一般出苗 3 天后浇水，苗期要注意预防猝倒病和立枯病的发生。要遵循不干不浇、浇则浇透的原则，阴雨天气可以延长浇水时间，水分过多易造成徒长。观察幼苗长势，及时补充肥料，一般在 3 叶期用 0.5% 的复合肥溶液浇施，移栽前可以用 1% 复合肥溶液。施肥后及时浇水，防治烧苗。

定植前要进行炼苗，对提高成活率、减少缓苗时间、提高定植后的抗逆性十分有利。炼苗包括断根、控制水分、适当光照。

遇台风可在毛竹片之间打好木桩，把尼龙薄膜集拢压在地边，两边用纤维绳将遮阳网或防虫网系牢在木桩上，并用固定在木桩上的尼龙绳横向压牢遮阳网。台风暴雨过后及时排水，并用适宜药剂防病 2～3 次。

3. 壮苗标准　穴盘育苗 4～5 片叶、土床育苗 5～7 片叶时就可移栽。秧苗要求植株粗壮，叶片厚、叶色绿，根系发达，无病虫害。

（三）整地、定植

1. 地块选择　地块宜选择地势高、平坦、土质疏松、土层深厚肥沃、排灌良好的微酸性或偏碱性的沙壤土或壤土，不宜选择易涝、排灌不便的地块，前茬以毛豆、早稻、南瓜和玉米等茬口为宜。

2. 整地施肥　一般在移栽前每亩用商品有机肥 100 千克、45% 三元复合肥 40 千克、硼砂 1 千克或大粒硼 2 包，撒施后深翻 30～35 厘米，做到深沟高畦，沟渠相通，畦宽 3 米（连沟），沟宽 0.3～0.4 米。

3. 合理密植　每畦种 5～6 行，株距 0.4～0.45 米（因品种、地力、花球大小要求而适当调整）。定植宜在下午 3 时后或阴天进行，大小苗分片定植。定植后 3～5 天连续浇定根水。

（四）田间管理

除施足基肥外，追肥分 3～5 次进行。第一次在定植后 10 天左右每亩施尿素 10 千克；第二次在第一次施肥后 15～20 天，每亩施尿素 10 千克、氯化钾或硫酸钾 10 千克；现蕾时每亩施 45% 三元复合肥 30 千克、尿素 10 千克、氯化钾 10 千克；用硼肥和钙肥进行根外追肥 2～3 次；在低温期积极采用高浓度叶面肥。要采收侧球的田丘，在顶球收获后，每亩施尿素 10～15 千克。

定植后 3～4 天每天浇 1 次水，成活后控制浇水，之后保持土壤见干见湿，遇干旱每 5～6 天浇 1 次水。大雨过后及时排水，防止田间积水。结球期保持土壤湿润。采收前 7 天控制浇水，减少花球含水量。

（五）病虫害防治

在不同时期注意监测黑腐病、软腐病、花球霜霉病、菌核病等病害，以及小菜蛾、菜青虫、甜菜夜蛾、斜纹夜蛾、菜螟、蚜虫等虫害。与水稻、瓜类、豆类等轮作；采用抗性品种；深沟高畦，沟渠相通，严防雨天积水；排水不良的田丘用 1.5 米窄畦；合理密植；肥水协调，实施植物健康管理，增强抗病性。积极开展夜蛾类人工灭虫工作。采用小菜蛾、甜菜夜蛾、斜纹夜蛾性诱剂，优先使用植物源农药、矿物源农药，尽量发挥天敌的作用。

发生病虫危害后，根据农业技术部门发布的病虫情报和提供的药方进行合理防治，尽量减少使用化学农药，严格遵守安全间隔期，确保农药残留指标符合目标市场要求。

（六）采　收

根据商家对规格的要求适时采收。用不锈钢刀具收割，用箩筐装运，严防损伤；注意保持产品清洁；采后及时交售，防止失水。

六、浙西地区大棚南瓜栽培技术

（一）品种选择

选用结瓜多、果实扁圆形或圆形、长蔓型印度南瓜品种，如金栗、华栗、甘栗、东升、贝贝等。

（二）地块选择

宜选择地势高燥、排灌方便、土层深厚、疏松、肥沃、不易旱、不易涝的壤土地块，并且不能重茬。前茬以豆科、禾本科等茬口为宜，避免与葫芦科、十字花科等蔬菜连作。

（三）整地施肥

前茬作物收获后，适时进行深翻整地。可以采取伏天或秋季深耕，深耕以不浅于 25 厘米为宜。整地要求土地平整、土质细碎、土层上虚下实、无坷垃。每亩施有机肥 1 500～2 000 千克、过磷酸钙 15 千克。进行全层施肥，翻耕整地，畦宽 3 米，浇足底墒，畦面中央覆 2 米宽的黑色地膜，待用。

（四）播　种

1. 育　苗

（1）**育苗设施**　根据季节不同选用温室、塑料棚、温床等育苗设施，夏秋季育苗应配有防虫、遮阳设施。有条件的可采用穴盘育苗和工厂化育苗，并对育苗设施进行消毒处理，创造适合秧苗生长发育的环境条件。

（2）**基质配制**　基质要求：pH 值 5.5～7.5，有机质含量 2.5%～

3%，有效磷含量 20～40 毫克 / 千克，速效钾含量 100～140 毫克 / 千克，碱解氮含量 120～150 毫克 / 千克。孔隙度约为 60%，土壤疏松，保肥保水性能良好。配制好的基质浇足水（以手抓起稍用力可以挤出水为宜）并均匀铺平于穴盘中，再用工具压出适合种子大小的穴孔，穴孔深 2～3 厘米。

2. 播种　将种子用 55℃的温水浸种 20 分钟，用清水冲净黏液后催芽，或者将种子放在 10% 磷酸三钠溶液中浸种 20 分钟，洗净后进行催芽（防治病毒病）。消毒后的种子浸泡 2～3 小时后捞出洗净，置于 30℃环境下催芽。

播种采用穴盘育苗，70% 种子露白后，每个穴孔播 1 粒，覆盖基质并摊平。每平方米苗床再用 50% 多菌灵可湿性粉剂 8 克，拌上细土均匀撒于床面上，防治猝倒病。冬春播种育苗，床面上覆盖地膜，夏秋播种育苗床面上覆盖遮阳网或稻草，70% 幼苗顶土时撤除床面覆盖物。

3. 苗期管理

（1）温度　夏秋育苗主要靠遮阳降温。冬春育苗的温度管理原则为：播种至出土，白天适宜温度 25～30℃，夜间适宜温度 16～18℃，最低夜温 15℃；出土至分苗，白天适宜温度 20～25℃，夜间适宜温度 14～16℃，最低夜温 12℃；炼苗，白天适宜温度 25～28℃，夜间适宜温度 14～16℃，最低夜温 13℃；定植前 5～7 天，白天适宜温度 20～23℃，夜间适宜温度 10～12℃，最低夜温 10℃。

（2）光照　冬春育苗采用反光幕或补光设施等增加光照；夏秋育苗要适当遮光降温。

（3）肥水　分苗时水要浇足，以后视育苗季节和墒情适当浇水。苗期以控水控肥为主。在秧苗 3～4 叶时，可结合苗情追施 0.3% 尿素。

（4）炼苗　冬春育苗，定植前 1 周，白天温度 20～23℃，夜间温度 10～12℃。夏秋育苗，逐渐撤去遮阳网，适当控制水分。

（五）定　植

定植时间为3月中下旬或当10厘米最低土温稳定在12℃后。单蔓整枝，株距40～50厘米，畦侧单行植，交互向相反方向引蔓。双蔓整枝，株距60厘米，畦中心单行植，每株留2蔓，每蔓各向相反方向引蔓。一般每亩定植500～600株。

（六）田间管理

1. 温光管理　缓苗期白天温度28～35℃，晚上不低于13℃。采用透光性好的耐候功能膜，保持膜面清洁，白天揭开保温覆盖物，日光温室后部张挂反光幕，尽量增加光照强度和时间。夏秋季节适当遮阳降温。

2. 湿度管理　根据南瓜不同生育阶段对湿度的要求和控制病害的需要，最佳空气相对湿度的调控指标是：缓苗期80%～90%，开花结瓜期70%～85%。生产上要通过地面覆盖、滴灌或暗灌、通风排湿、温度调控等措施将湿度控制在最佳范围。

3. 肥水管理　采用膜下滴灌，根据作物不同生长时期的需肥规律，以全水溶性液体肥为原料，根据营养液的电导率和pH值精确控制养分比例。定植后及时浇水，3～5天后浇缓苗水。春季不浇明水，土壤相对湿度保持在60%～70%，夏秋季保持在75%～85%。精准配制嘉美红利800～1000倍液，直接注入南瓜根系附近，每周1次，可有效均匀地被农作物吸收；生长旺盛期和结果期可以适当增加施用频率。

根据南瓜生育期特点及长势，按照平衡施肥要求施肥，适时追施氮肥和钾肥。同时，应有针对性地喷施微量元素肥料，在整个生育期中，钾>氮>磷>钙>镁>锌>硼。

4. 植株调整　当侧枝长到6厘米时及时摘除侧枝。主蔓6～10节始生雌花，其后隔数叶再生雌花，生长势弱的植株不必整枝，而生长过盛、侧枝发生多的可以整枝。在留足一定数目的瓜后，进行摘心，以促进瓜的发育。

5. 花芽分化调控　小型南瓜在定植后3～4片叶时，用浓度为 0.015% 的乙烯利进行喷施。正确使用乙烯利可以让南瓜具有矮化、早产、丰产、优质的特点。当植株成功坐果 6～8 个时，进行摘心，以促进瓜的生长发育。

（七）病虫害防治

主要病害有疫病、白粉病、病毒病等，虫害有蚜虫、蓟马、红蜘蛛和粉虱。

1. 病害防治 白粉病发病初期选用 15% 三唑酮可湿性粉剂 1 500 倍液或硫黄·多菌灵悬浮剂 500～600 倍液喷雾。疫病可选用 80% 三乙膦酸铝可湿性粉剂 400～800 倍液灌根或 200～400 倍液喷雾，也可以用 58% 甲霜灵·锰锌可湿性粉剂 500 倍液灌根，每株灌 250～300 毫升，每 7～10 天 1 次，连续用药 3～4 次。病毒病发病初期开始喷洒 20% 盐酸吗啉胍·乙酸铜可湿性粉剂 500 倍液，或 1.5% 烷醇·硫酸铜乳剂 1 000 倍液，或 NS–83 增抗剂 100 倍液，或 5% 菌毒清水剂 400 倍液，隔 10 天左右 1 次，连续防治 2～3 次。

2. 虫害防治 虫害可用 40% 氰戊菊酯乳油 6 000 倍液、2.5% 联苯菊酯乳油 3 000 倍液交替喷雾防治。

（八）采 收

早熟品种，雌花分化较多，坐果后 42 天左右成熟，可采收。小型南瓜通过使用乙烯利，能达到早产特点，坐果后 35～40 天可采收。

七、浙中地区拱棚苦瓜栽培技术

（一）品种选择

选用耐低温性好、生长势旺、连续坐果能力强、产量高等早熟或者中早熟品种，如早碧绿、翠妃、碧翠等。

（二）地块选择

宜选择有机质含量高、土质疏松、排灌良好的微酸性沙壤土或壤土地块，忌连作。

（三）整地施肥

前茬作物收获后，适时进行深翻整地。每亩施入完全腐熟的有机肥3 000～5 000千克、过磷酸钙60～80千克、硫酸钾10～15千克，肥料撒施均匀后深翻整畦。畦宽2～3米，畦中间做一浅沟，沟宽30～40厘米。

（四）育　苗

1. 基质准备　可采用国产或进口草炭与蛭石、珍珠岩按比例混合成的育苗基质，推荐比例3∶1∶1，混合均匀后喷水，使相对湿度达到60%，装入穴盘。夏季使用72孔穴盘，春季使用72孔或50孔穴盘。新穴盘可以直接使用，旧穴盘清洗干净后用高锰酸钾1 000倍液浸泡后晾干使用。

2. 种子处理　选取无病种子，进行破壳处理后温水浸种4小时。之后用干净湿润毛巾包裹并用塑料袋保湿，放置于恒温箱内30℃条件下催芽，露白种子播入穴盘内，后移入30℃催芽室内进行催芽，胚轴弯曲顶出基质后移出，再放入温室内进行正常养护。春季选择1月上旬进行催芽，夏季选择8月上旬进行催芽。

3. 苗期管理　温室温度控制：白天25～28℃，晚上15～20℃。管理过程中应注意控制湿度，及时进行通风换气，特别是浇水后及时进行降湿处理。一般春季上午10时后进行浇水，夏季在下午4时前完成浇水。中午阳光强烈或温度过高时，拉开遮阳网遮阴降温，冬季连续阴雨天及时补光。温度适宜的情况下，应给予种苗充足的光照。种苗发生徒长时可选择化学控制。

（五）炼苗与定植

春季定植于3月上中旬进行，夏季定植选择在8月下旬。定植前5天左右炼苗，炼苗过程中，保持一定的湿度，注意避雨、保温，光照太强时可适当遮阴，适时定植于设施大棚内。选晴天下午定植，早碧绿、翠妃等品种按株距1米、320株/亩左右进行定植；碧翠按株距1.5米、220株/亩左右进行定植。取穴盘苗时，轻挤穴盘底部孔的四周，然后手指轻夹苦瓜种苗的茎基部，取出种苗，进行定植。定植时应以栽苗深度与基质高度一致为宜，上面盖一层薄土，不得将覆土压实，以免伤根，嫁接苗嫁接口尽可能地远离土面。定植后一定要及时浇足定根水，若露出根部，可少量覆土。嫁接苗的浇水施肥应避免接触到嫁接口。

（六）田间管理

1. 搭架　苦瓜属于蔓生植物，生产过程中需要搭架引蔓。一般采用平棚架、拱棚架、"人"字架，平棚架与拱棚架较坚固、可覆网，便于茎蔓生长，促进多结瓜、结优瓜；"人"字架省工、省料，但影响产量和商品性，架高约 2.5 米，可用拉链布带等间隔 40 厘米左右平行绕线。

2. 整枝　苦瓜分枝能力较强，主蔓 1 米以下侧枝应全部摘除。上棚架后调整藤蔓距离和方向，促使藤蔓分布均匀，防止相互缠绕遮阴。在部分侧枝雌花后 2～3 节摘心，并适当摘除一些弱小侧枝，控制营养生长，促进坐果。旺盛生长期如侧枝过密，及时摘除植株下部的黄叶、老叶和病叶。

3. 肥水管理　定植成活后控制浇水，保持土壤湿润即可。开花结果期需水较多，每 7 天左右浇 1 次水，每次在摘瓜前进行，切忌缺水；追肥应在施足基肥的基础上，苗期轻施，重施开花肥、结果肥，注意氮、磷、钾的平衡。前期适度追肥以促其茎叶生长。每采收 2 次可追施 1 次肥，每亩追施复合肥 10 千克，结合喷施磷酸二氢钾进行叶面追肥。采用水肥机进行滴灌时可选用产品稳定水溶肥进行追肥。

（七）病虫害防治

苦瓜主要病害有白粉病、枯萎病，虫害有斜纹夜蛾、蚜虫、瓜实蝇。

1. 病害防治　白粉病发病前期用 22.4% 氟菌·肟菌酯悬浮剂 1 500 倍液或 25% 乙嘧酚悬浮剂 750 倍液等喷雾，每隔 7 天喷 1 次，连喷 2 次。枯萎病采用 250 克/升嘧菌酯悬浮剂 1 500 倍液，每隔 5～7 天用药 1 次，连用 2～3 次。

2. 虫害防治　斜纹夜蛾可选用 20% 氯虫苯甲酰胺悬浮剂 3 000 倍液喷雾防治，每隔 5～7 天用药 1 次，连用 2～3 次。蚜虫采用 10% 吡虫啉可湿性粉剂 3 000～4 000 倍液喷杀，每隔 5～7 天用药 1 次，连用 2 次。瓜实蝇防治，在成虫盛发期，于中午或傍晚喷施 21% 增效马·氰乳油 6 000 倍液或 2.5% 溴氰菊酯乳油 3 000 倍液，隔 3 天喷 1 次。

（八）采　收

开花到采收一般为 13～16 天。适时采收、及时追肥有利于苦瓜连续坐果。采收一般在上午清晨进行，瓜皮翠亮绿色、圆瘤饱满时便可采收。

第六章
江西蔬菜栽培

一、赣北地区露地水蕹菜栽培技术

（一）品种选择

赣北地区一般选用耐热、耐涝、抗病性强、纤维少、味浓、茎秆脆嫩粗壮、叶片小、品质好的早熟品种，如抚州水蕹、赣蕹3号等。

（二）地块选择

水蕹菜耐水、耐肥、耐高温，宜选择湿地水田、多水环境或灌溉方便的旱地种植，以土层深厚、肥沃、疏松的土壤最适宜。

（三）播种或育苗

1. 整地做畦　种植前每亩施腐熟厩肥3 000千克、钙镁磷肥75千克、复合肥50千克，撒于田中，深耕细耙。做宽1.2～1.3米、高20厘米的畦，整细压平，畦的边缘高出畦面2～3厘米，便于浇水时蓄水。

2. 播种　如用种子繁殖，保护地栽培一般在2月底至3月初催芽播种，露地栽培则在4月上中旬。采用点播或撒播，点播时每14厘米×14厘米点播1～2粒种子，撒播时每亩用种量为3千克左右。播种前畦面浇足底水，种子在温水中浸泡6小时，取出滤干，和细沙拌匀后撒播。播种后用厚约1厘米的细沙土覆盖，以不见种子为宜，再适量打湿畦面。

3. 育苗　如用无性繁殖，于 2 月底在温床里催芽育苗，此时注意保温防病。在催芽前对种藤进行消毒处理，一般用 50℃左右多菌灵 500 倍液 50℃左右浸泡 30 分钟，再放入温床中覆土，上加盖地膜，再加盖大棚，使其温度保持在 15℃以上。出芽后勤施水肥，促进生长。

（四）定　植

如用种子繁殖，在苗高 10～12 厘米时定植于大田，株行距 12～15 厘米。如用无性繁殖，待秧苗生长至 35 厘米时，将嫩梢向畦心两边分向定植，每隔 15～20 厘米扒一畦沟，将种藤平铺于畦沟内，埋深 2 厘米，露出嫩梢和叶片。如种藤过长，将种藤末端折向埋入土中，定植后浇水保持水分充足。

（五）田间管理

前期气温低，应少量浇水，一般是不见白不浇水，以提高地温，促进根系发展。后期气温高，生长快，需水量大，应每日浇水，且要浇透。排水时，畦沟内应留少量积水，改良地表空气，提高产量和品质。前期气温低，生长缓慢，应勤施肥料。随着气温的升高，生长加速，施肥量应逐渐加大，到生长高峰期，每采收 1 次应追施 1 次水肥，一般用 0.2% 的尿素或氯化钾水肥浇施。水蕹菜在生长过程中吸收钾肥量大，其氮、磷、钾吸收比例为 4：1：8，所以在水蕹菜栽培过程中需加大氮肥和钾肥的施入量，一般一个生长季钾肥的施入量不少于 50 千克 / 亩，氮肥不少于 40 千克 / 亩。

（六）病虫害防治

水蕹菜生产过程中的主要病害有白锈病、褐斑病、轮纹病和病毒病等，虫害主要有小菜蛾、斜纹夜蛾、蚜虫等。

1. 病害防治　白锈病、褐斑病这两种病害主要以卵孢子存留土壤中，少量附于种子上越冬。白锈病病菌主要侵染幼嫩组织。土壤中卵孢子多少是发病程度不一的主要因素，在防治上要特别注重清洁田园。在发病初期用 50% 甲基硫菌灵＋百菌清悬浮剂 800 倍液喷雾防治，每隔 7～10 天喷 1 次，连续喷 2～3 次。褐斑病、轮纹病发病初期用 50% 甲霜灵可湿性粉剂 2 000 倍液，或 60% 唑醚·代森联水分散粒剂 500 倍液，或 10% 苯醚甲环唑水分散粒剂喷雾，每 7～10 天 1 次，连续 2～3 次。病毒病主要通过防治虫害防治。

2. 虫害防治　防治小菜蛾、斜纹夜蛾、蚜虫，可选用 10% 吡虫啉可湿性粉剂 1 500 倍液或 5% 甲氨基阿维菌素苯甲酸盐微乳剂 2 000～3 000 倍液喷施。

（七）采　收

水蕹品种采收期长，一般从 5 月中下旬至 10 月底，在嫩茎长至 22～25 厘米时就可采收。每次采收应留 2～3 茎节，茎随手浅压入泥土中，以利其侧芽生长快速、粗壮。高温季节每 2～3 天采收 1 次，一般季节每 5～10 天采收 1 次。

（八）换苑复壮

经多次采收后，生长势力明显削弱，新萌生的梢芽纤细，叶片变小，产量低、品质差。此时要进行换苑复壮，更新根系，恢复生长势，使水蕹持续保持高产、高品质。换苑复壮时间一般在 7 月中旬，于畦两边每隔 10～20 厘米选留生长势强的嫩梢横向压条植入畦内土中，每节的叶片和顶芽露出土壤，同时将原来的老苑扯出并填平土，立即施肥水浇透畦面。每亩用尿素 10 千克＋氯化钾 5 千克，每 3 天 1 次。待畦面枝叶长满后，再浇施 50 千克的复合肥，翻苑后 15 天可上市。

二、赣南地区脚板薯套种冬瓜高效栽培技术

（一）选种育苗

脚板薯育苗选择无病虫害、品质好的品种做薯种。3 月上中旬将留种的脚板薯切成小块，以每块 30～50 克为宜，注意确保每小块块茎都带有芽眼。将每小块的切面都沾满草木灰，并放

在太阳底下晒1～2小时，然后放在室内晾2～3天。待切面愈合后再密播在大棚里，或将切好的种薯块浸入代森锰锌或多菌灵500～800倍液中5分钟，晾干后播种。在大棚内搭建小拱棚，避免切口腐烂，促使发芽整齐。每亩用种薯50～60千克。

冬瓜育苗选用五云冬瓜。该品种早熟粉皮，生长势强，抗疫病和枯萎病，单瓜重35～40千克。2月下旬至3月上旬，在大棚内搭建小拱棚，浸种催芽后营养钵或营养块育苗，苗龄约36天。每亩用种量为50克。

（二）整地做畦

脚板薯块茎大、入土深，要选择地势高燥、土层深厚、排灌方便、保肥力强、有机质丰富的沙壤土。土壤以微酸性到中性为宜。冬闲时深耕翻晒，深耕土层40厘米。

脚板薯生育期长，需肥量大，栽植前应重施基肥。由于主要吸收根分布在上层土中，故基肥宜施于上层，每亩施有机肥1500～2000千克、三元复合肥50～75千克。翻耙均匀后整地做畦，畦面宽2米，畦沟宽0.5米，畦高0.4米。

（三）移　栽

1. 冬瓜移栽　4月上旬移栽，双行定植。株行距各1.6米。定植时，开沟施肥，每亩施过磷酸钙25千克、硫酸铵10千克，施后封沟、栽苗浇水。每亩定植350株。

2. 脚板薯移栽　于4月上中旬，种薯块发芽后移栽。双行种植。行距1.6米，株距35～40厘米，与冬瓜套种每亩栽1000株左右。在每畦上开两条8厘米深的种植沟，然后在种植沟内撒入石灰以防治地下害虫。栽植时种薯平放于沟中，芽朝一个方向，覆土厚7～8厘米。移栽后定期查苗、补苗。

3. 地膜覆盖　脚板薯和冬瓜移栽后要及时覆盖黑色地膜，有利于保水、保温、防杂草。移栽后及时施1次氮肥水，有利于缓苗，可提高脚板薯和冬瓜的成活率。

（四）田间管理

1. 脚板薯田间管理

（1）**搭架** 脚板薯前期生长缓慢，主要工作是搭架和绑蔓。一般用竹竿搭"人"字架，架高 1.8～2 米。"人"字架上横架一条龙骨连接，以防倒伏。当苗高 25～30 厘米时，右旋牵引茎蔓上架。每蔸只留强健苗 1 支，其余全部摘除。上架过迟，茎蔓触地，炎热天易灼伤嫩蔓，影响生长。

（2）**中耕施肥** 脚板薯根多，且多分布于地表，在幼苗期中耕锄草要浅锄，以免伤根。蔓长到 1.2 米左右时，结合施肥培土 1 次。生长期间共追肥 3～4 次。第一次在幼苗期，结合中耕在行间挖宽 6～10 厘米的施肥沟，每亩施尿素 10～15 千克后覆土。第二次在壮苗期，结合培土每亩施复合肥 20～25 千克及适量的草木灰、土杂肥。第三次在 7 月上旬小暑前后。第四次在 8 月上旬立秋前后。最后两次肥要重施，每次每亩施复合肥 30～40 千克，以促进块茎长大。

（3）**排灌管理** 6 月梅雨季节，土壤过于潮湿，对根系生长不利，易发叉根，降低品质和产量，应及时开沟排水。7—8 月天气干旱，应及时浇水或灌溉。

（4）**植株调整** 出苗后，如果一株萌生数苗，应及时去除弱苗，保留 1 支壮苗。侧蔓出现后，摘除基部 80 厘米以下侧蔓，保留上部 1～2 个侧蔓，以利通风透气。茎蔓长至架顶时要摘顶。生长过旺的，可在茎蔓长至架顶时喷 1 次 200 毫克 / 千克多效唑。后期叶片开始老化发黄，及时剪除病枝、弱枝，加强田间通风透气。

2. 冬瓜田间管理

（1）**肥水管理** 移栽时浇足定苗水，缓苗后保持土壤湿润。坐果后需经常供给充足水分。果重 1～1.5 千克时，结合追肥浇水 1 次，作为催瓜水，促果实发育。果实旺盛生长前期，施 1～2 次腐熟农家有机液肥或硫酸铵 10 千克 / 亩。追肥时注意结果后期少追肥，大雨前后不施肥。

（2）**搭架、整枝**　采用平棚架式，立柱 3 米间隔排列，棚高 2.2 米。蔓长 40～50 厘米时，用细竹竿引蔓上架。采用单蔓整枝法，主蔓留 1 果，坐果前摘除全部侧蔓，坐果后留 2～3 个侧蔓，且留 2～3 片叶后打顶，摘除其余侧蔓。主蔓不打顶。主蔓上第 22～25 节位结大果的可能性较高。幼果重 1～2 千克时吊瓜。

（五）病虫害防治

1. 脚板薯病虫害防治　脚板薯病虫害较少，以农业防治为主、药剂防治为辅。农业防治措施主要有合理轮作、晒垡消毒、中耕除草、清洁田园、培育无病壮苗、排灌畅通、及时增施复合肥等。药剂防治要选用一些高效低毒低残留农药。脚板薯主要病害有褐斑病、炭疽病等，主要虫害有地老虎、斜纹夜蛾和蚜虫等。褐斑病用 50% 甲基硫菌灵可湿性粉剂 600 倍液＋75% 百菌清可湿性粉剂 600 倍液喷雾防治。炭疽病用 80% 代森锰锌可湿性粉剂 800 倍液或 80% 福·福锌可湿性粉剂 500 倍液喷洒防治。对于地老虎等地下害虫，可在播种时在播种沟内每公顷撒施 3% 辛硫磷颗粒剂 22.5 千克预防。生长期间发现其危害时，可用 90% 敌百虫晶体 800 倍液灌根防治，每株用药 150～200 克。斜纹夜蛾用 5% 氟虫腈悬浮剂 1 500 倍液喷雾防治。蚜虫用 10% 吡虫啉可湿性粉剂 1 000 倍液喷雾防治。收获前 1 个月一般不用药。

2. 冬瓜病虫害防治　冬瓜主要病害有枯萎病、疫病和白粉病等，虫害有蓟马等。采用农业防治和药剂防治相结合能取得良好效果。枯萎病发病初期可用 30% 噁霉灵水剂 12～16 克 / 桶，或 10% 多抗霉素可湿性粉剂 20～30 克 / 桶，或 40% 五硝·多菌灵可湿性粉剂 25～35 克 / 桶灌根。疫病用 70% 乙膦铝·锰锌可湿性粉剂 400 倍液喷雾。白粉病发病时可用 25% 乙嘧酚悬浮剂 20～25 克 / 桶，或 50% 醚菌酯水分散粒剂 4～7 克 / 桶，或 30% 氟菌唑可湿性粉剂 4～6 克 / 桶喷雾。蓟马可选用 2.5% 多杀霉素悬浮剂 15～25 克 / 桶，或 25% 噻虫嗪水分散粒剂 4～6

克/桶，或20%丁硫克百威乳油20～30克/桶喷雾。

（六）采 收

冬瓜自6月下旬开始成熟，采收前10天停止施肥、灌溉。当果实充分长大及时采收，采收时用剪刀距瓜柄3厘米处剪下，防止植株损伤。

脚板薯于10月下旬至11月上旬、地上部逐渐枯萎时即可陆续采收。收获后晾2～3天，然后按种薯与食用薯分别堆放于窖内贮藏。也可用50%甲基硫菌灵可湿性粉剂500～700倍液浸泡5分钟，晾干后一层层排放在保温、杀过菌的室内，要求室温为18～20℃，并用干沙覆盖。脚板薯耐储运，市场供应期长达6个月。

三、赣南地区石城杏瓜栽培技术

（一）播种、育苗

赣南地区春季2月下旬播种，3月中旬定植；秋季8月中旬播种，9月上旬定植。春季种植采用大棚内基质穴盘育苗后移栽，便于苗期管理和保证苗的质量。种子用清水清洗后，浸泡6小时左右，水洗2～3次沥干种子后，在28～30℃的条件下催芽。种子露白后即可播种，育苗盘每穴1粒种子，覆育苗基质1厘米后淋1次水。播种后保持高温促进出苗，一般情况下播种后3天左右出苗，出苗后注意通风降湿。苗长至2～3片真叶时即可移栽。秋季种植由于温度较高，可以直播，也可育苗移栽。直播时每穴1～2粒种子，播种前可用清水浸种3～4小时后直播。

（二）整地、定植

石城杏瓜对土壤要求不严格，沙土、壤土、黏土均可栽培。要求施足基肥，一般每亩施腐熟有机肥2000千克、饼肥75千克、三元复合肥50千克。将肥料均匀撒于地面，深翻30厘米后整平地面。赣南春夏季雨水较多，要求挖沟起畦，开好排水沟，搭架或吊蔓栽培，畦宽约 2 米（包沟），畦高 30 厘米。

双行种植，株距 60 厘米，每亩栽 1 200 株。每穴移栽 1 株，移栽后浇足定根水，以提高移栽成活率。缓苗后用 0.3% 复合肥水淋苗 1～2 次，促进苗的快速生长。

（三）田间管理

1. 整枝搭架　搭架或吊蔓栽培，蔓长约 50 厘米时要及时引蔓上架或吊蔓。可采用单蔓或双蔓整枝。单蔓整枝，只留主蔓，在主蔓结瓜前把基部侧蔓全部摘除。双蔓整枝，在主蔓 5～6 片真叶时打顶，选留 2 条健壮均匀的子蔓，其余侧蔓摘除。在第 12～15 节位留果，以后每隔 3～4 节留 1 果。瓜腋处极易生侧芽，要注意摘除，以免与瓜争夺养分，使瓜养分不足，造成长势不良。

2. 肥水管理　石城杏瓜喜润湿怕涝，根系发达，抗旱能力强。在施足基肥的条件下，前期追肥不要太多，以免造成植株营养生长过旺，影响坐瓜。坐瓜期应根据土壤条件和植株生长状况合理追肥浇水，注意增施磷肥、钾肥。壮瓜期追施水溶肥的效果好，间隔 1 周追施 1 次，连续 2～3 次。

3. 人工辅助授粉　石城杏瓜主要靠昆虫授粉，开花坐瓜期如昆虫少，会影响坐瓜，人工辅助授粉可提高坐瓜率。具体做法是在早上 7—9 时，选取当天开放的雌、雄花，摘取雄花并去掉花瓣，把花粉涂在雌花的柱头上，1 朵雄花可授 2～3 朵雌花。及早摘除畸形瓜及发育不正常瓜。采收一批嫩瓜后可落蔓留下一批瓜，摘除老叶保持田间通风。

（四）病虫害防治

石城杏瓜抗病能力极强，不易染病。但应以预防为主，种植前对土壤进行杀菌处理，有利于杏瓜的生长。

1. 病害防治　疫病发病初期用 75% 百菌清或 25% 甲霜灵可湿性粉剂 500 倍液喷雾，5～7 天 1 次，连续 2 次，喷药时要注意喷叶背。白粉病用 25% 嘧菌酯悬浮剂 1 500 倍液，或 25% 乙嘧酚悬浮剂 800 倍喷雾，喷药时叶背部分也要喷施。

2. 虫害防治　斑潜蝇防治可用 20% 丁硫克百威乳油 1 500 倍液，或 75% 灭蝇胺可湿性粉剂 2 000 倍液喷施，每隔 7 天喷施 1 次，连续喷施 3～4 次。蚜虫可传播病毒病。其分泌产生的蜜露，往往会影响植株叶片的光合作用，诱发真菌性病害煤污病。蚜虫发生初期可使用 3% 啶虫脒乳油 1 000 倍液，或 10% 烯啶虫胺水剂 2 000 倍液，或 50% 抗蚜威可湿性粉剂 2 000 倍液进行喷雾防治，注意不同药剂的轮换使用。

（五）采　收

石城杏瓜以食用嫩瓜为主，一般授粉后 25～30 天嫩瓜即可采收，每亩产量为 2 000 千克左右。留种用瓜要充分成熟，45 天左右采收，可取籽或瓜内留籽，在通风阴凉处可贮藏 6 个月。

四、赣西北地区露地黄秋葵栽培技术

（一）品种选择

选择适应性强、产量高、商品性好的品种，如赣葵 1 号、赣秋葵 2 号等。

（二）栽培季节

赣西北地区黄秋葵春夏季均可栽培，以春季育苗移栽或大田直播栽培为主、夏季直播栽培为辅，7 月下旬对分枝力强的品种可采用割茎再生栽培模式。育苗移栽栽培，3 月上旬采用大棚播种育苗，4 月上中旬大田移栽；大田直播栽培，当最低气温稳定在 12℃以上时可大田直播，4 月上旬至 6 月上旬均可直播栽培。

（三）地块选择

宜选择排灌方便，土层深厚、疏松肥沃、保水保肥力强的壤土或沙壤土，且上年没有种植锦葵作物。

（四）整地施肥

整地时结合深翻旋耕每亩施有机肥 1 000 千克、三元复合肥 20～30 千克。定植前 1 周做畦，畦宽 100 厘米，沟宽 30 厘米，沟深 25～30 厘米。畦面覆盖厚度不小于 0.1 毫米的地膜，如有条件可在膜下铺设滴灌带，做好沟渠配套，方便排水及灌溉。

（五）育　苗

1. 浸种催芽　播前将种子晾晒 1～2 天，每天晒 3～4 小时。将晾晒好的种子用清水冲洗后，用 50～55℃温水浸泡半小时进行温汤消毒，再放入清水中浸泡 5～10 小时。将浸种后的种子用清水冲洗后，放在 25～30℃环境条件下催芽，待 50% 种子露白时即可播种。用种量为 150 克/亩左右。

2. 播种　可采用穴盘育苗或营养钵育苗。穴盘育苗选用 50～72 孔穴盘。营养钵选用直径和高均为 8 厘米的塑料营养钵，使用专用商品育苗基质，也可以使用有机肥与前茬为非锦葵科（如黄秋葵）园土按 1∶6 的比例充分拌匀后配制的营养土。穴盘或营养钵装实育苗基质或营养土，摆苗床宽 1.2 米，浇透水。每穴播 1 粒种子，播种后覆盖育苗基质或营养土 1 厘米厚，充分洒湿后覆盖白色地膜，待种子发芽出土后及时揭去地膜。当苗龄 30～40 天、2～3 片真叶时移栽。育苗量应比需苗量多 10%，以备补苗。

3. 苗期管理　出苗后适当控制土壤湿度，棚温保持在白天 23～28℃、晚上 15～23℃，确保健苗壮苗。移栽前要适当炼苗，提高移栽成活率。

（六）移栽或直播

1. 移栽　3 月下旬或 4 月上中旬，当最低气温稳定在 12℃以上时可大田移栽，株距 35～40 厘米，每亩栽 2 500～2 800 株。

2. 直播　4 月上中旬，当最低气温稳定在 12℃以上时可大田直播。在提前整理好的大田按株距 35～40 厘米穴播，每穴播 4～6 粒种子，播后覆盖湿润的育苗基质或营养土 1 厘米厚。如遇连续晴天，用洒水壶洒湿盖土。1 周后检查出苗情况，没有出苗的应及时补播。幼苗长至 1 叶 1 心时进行第一次疏苗，幼苗长至 3 叶 1 心时定苗，每穴保留 1 株健壮的小苗。直播用种量为 250 克/亩左右。

（七）大田管理

在 7 月中旬前应及时摘除基部分枝，每株保留 1 根健壮的主杆，采果时及时清除基部老叶和畦间杂草。结果盛期，每 20 ～ 30 天每亩撒施三元复合肥 5 ～ 10 千克。生长期内要保证土壤肥水充足。在夏末初秋时节，主杆采果节位较高，不便于采摘，嫩果也开始变小，应依据品种、土肥、长势和结果情况，采取保留主杆基部 1 ～ 2 个新发侧枝，并辅施促长肥，每亩施三元复合肥 10 ～ 20 千克。加强田间肥水管理，以保新枝生长结果。

（八）病虫害防治

黄秋葵病虫害较少，主要有病毒病、蚜虫、蓟马及夜蛾类等。优先采用农业防治、物理防治、生物防治，配合合理使用化学防治。选用抗（耐）病品种，轮作，培育无病虫害壮苗，加强中耕除草，采果的同时及时将基部病叶、老叶清理以便通风，减少病虫害的发生。使用生物农药，利用苏云金杆菌防治夜蛾类害虫、苦参碱防治蚜虫、多杀霉素防治蓟马。选用银灰色地膜驱避蚜虫、悬挂黄色粘虫板和杀虫灯诱杀蚜虫、蓟马、夜蛾类害虫。在防治适期内，安全合理选用高效、低毒、低残留化学农药进行防治。

（九）采　收

黄秋葵从第三至第五节开始开花结果，植株开花后 5 ～ 6 天，嫩果长 7 ～ 10 厘米即可采收。采果前期一般每 2 ～ 3 天采收 1 次，盛果期一般每天采收 1 次，中后期一般每 3 ～ 4 天采收 1 次。宜在上午 8 — 9 时露水干后或傍晚采收，在果柄处剪下嫩果。黄秋葵叶、果、茎上有刺毛，采收时做好保护措施。

五、赣西地区油菜薹早熟栽培技术

（一）品种选择

选择早熟油菜薹新品种，如华中农业大学选育的狮山油菜薹、湖南省常德市农林科学研究院选育的油薹 927 和油薹 928 等。

（二）地块选择

选择光照充足、土层深厚、排灌便利、重金属含量低、肥力中等水平以上的水田或旱地。

（三）整地施肥

前茬作物收获后，根据土壤墒情及天气情况及时翻耕整地，深耕 25～30 厘米，整平田块，畦宽 2 米，沟宽 30 厘米。选择水稻田种植时，还需挖宽 30 厘米、深 30 厘米的围沟和腰沟。有机肥在前茬作物收获后、土壤翻耕前施入，无机肥在播种时施入。每亩施油菜专用缓释肥（$N:P_2O_5:K_2O=25:7:8$，中微量元素含量 5%）或养分相近的其他复合肥 50 千克。中下等肥力田块在有条件的情况下，每亩施发酵腐熟后的当地农家有机肥 1 000～2 000 千克，生产中可根据土壤肥力适当调整。

（四）播　种

于 9 月下旬采用直播种植方式，每亩需种量为 250～500 克。选用播种机播种，播种深度为 1～2 厘米，行距 25～30 厘米。不具备机械播种条件的地方，可采取人工播种的方式，每畦人工开 8 条播种行，行距 25～30 厘米，将油菜种子均匀撒播于播种行中。播种后利用清沟土壤盖籽，确保不露籽。

（五）田间管理

1. 合理追肥　油菜生长到 6 叶期时，每亩追施尿素 5 千克。油菜第一次摘薹前 1～2 天，补施 1 次薹肥，每亩追施尿素 5 千克，肥力水平高、长势好的田块可以不补施薹肥。油菜薹采摘后 3～5 天及时追肥，每亩追施尿素 5～10 千克。

2. 水分管理　油菜播种完成后，视土壤墒情可采用沟灌方式浇水以促进种子发芽，沟灌时水不能漫过畦面。苗期和蕾薹期根据天气情况及时清沟排渍，抗旱防涝。

3. 间苗补苗　10 月中旬开始，油菜苗密集的地方应及时间苗。间苗时去弱苗留壮苗，去小苗留大苗，一般间苗 1～2 次。缺苗的地方及时补栽。10 月下旬定苗，苗间距 15 厘米左右，每亩保留植株 18 000 株左右。

（六）病虫草害防治

整个生育期间不需防治病害，只需防治虫害和草害。

1. 虫害防治　防治蚜虫当苗期有蚜株率达到 10% 以上时，每亩用 10% 吡虫啉可湿性粉剂 4 000 倍液或 2.5% 溴氰菊酯乳油 2 000 倍液兑水喷施，同时预防病毒病。防治菜青虫重点在低龄期，苗期大田中百株虫量达到 20～40 头时需进行防治，每亩用 20% 氰戊菊酯乳油 3 000 倍液兑水喷施。防治小菜蛾用 4.5% 氯氰菊酯乳油 2 000 倍液兑水喷施。防治黄曲条跳甲用 2.5% 溴氰菊酯乳油 2 000 倍液或 48% 毒死蜱乳油 1 000 倍液兑水喷施。猿叶虫用 5% 氟虫脲乳油 1 000 倍液或 20% 氰戊菊酯乳油 1 500 倍液兑水喷施。

2. 杂草防治　播种覆土后 3 天内，用芽前除草剂 50% 乙草胺乳油 200 倍液兑水喷施进行土壤封闭除草。油菜苗生长到 3～4 叶时，对禾本科杂草发生较重的田块用 5% 精喹禾灵乳油或 10.8% 高效氟吡甲禾灵乳油 1 000 倍液兑水喷施进行除草；对阔叶杂草发生较重的田块用 50% 高特克 500 倍液兑水喷施进行除草。

（七）采　收

11 月中旬，当油菜薹长到 35～40 厘米时，选晴天清晨或傍晚摘薹 20 厘米左右。采摘时油菜薹下部保留 3～5 片叶，以利侧薹的生长。一般可采薹 3 次，每亩收获油菜薹 600～800 千克。油菜薹收获结束后，可将油菜植株用机械翻耕埋入土中作绿肥，培肥土壤肥力。

第七章
福建蔬菜栽培

一、闽东地区大棚越冬番茄栽培技术

（一）品种选择

大部分番茄品种耐低温能力有限，必须选择耐低温或者对低温不敏感的抗病优良番茄品种，如浙杂203、倍盈、冬暖等。

（二）地块选择

选择通风较好、土层深厚、没有较大的石块、不容易积水的地块。若该地块前茬是茄果类作物，则最好另外选择地块，以免发生严重的病虫害，导致商品性下降或者严重减产。如果没有其他地块可以选择，则应该在茄果类作物采收完毕后，对该地块进行泡水，同时撒上生石灰，利用夏季38℃以上的高温杀死害虫和病菌，暴晒时间越长越好。

（三）整地施肥

闽东地区冬春季节温度低、雨水多、湿度大，因此整地时必须在大棚四周挖深沟以方便排水。每个大棚建设时长度最好不要超过50米，便于棚内空气流通，防止棚内湿度过高。标准棚宽度为6米，中间分3个较大的畦，每畦宽度为85厘米；两边各分1个小畦，每畦宽度为60厘米，由于大棚四周有深沟，畦高15厘米左右即可。由于番茄生长期较长，基肥最好使用腐熟的鸡鸭粪便或者其他有机肥2 500千克/亩左右、复合肥（N：P_2O_5：K_2O=

16∶16∶16）50千克/亩左右。地整好后应及时覆盖地膜，保水保墒。

（四）育　苗

为了更合理地利用土地，防止台风等恶劣气候对幼苗的影响和方便后续嫁接等工作，应选择有遮雨设施且经过消毒的地块作为苗床。把草炭土、珍珠岩和蛭石按照3∶1∶1的比例混合，每立方米混合物加0.5千克复合肥，混匀后装入穴盘或者营养杯。播种前要把穴盘或者营养杯充分浸泡，播种后覆盖薄薄的一层粉碎草炭土，以保证出芽率。农历七月下旬至九月上旬可播种。不得已使用前茬种植茄果类的土地时最好使用嫁接苗。

（五）定　植

农历8月中旬至10月上旬，选晴天定植。定植前先覆盖地膜，按株距40厘米、行距35厘米定植。带土移植的穴盘苗或营养钵苗在定植后浇适量水作为定根水即可，非带土移植的苗则应在定植后浇足稀人粪尿或薄肥水作为定根水。

（六）田间管理

1. 搭架整枝　由于棚内种植密度较大，搭架时常用吊蔓或搭"井"字架，整枝方式只能采用单干整枝，防止枝叶过密，便于采光和通风，减少病虫害的发生。而"人"字架常常会导致下部空间通风不良，增加管理成本。

2. 肥水管理　由于整地时施用的基肥是缓释性肥料，为了让幼苗在缓苗后能够迅速生长，必须另外追氮肥2次。定植缓苗后每亩追施磷酸二铵或者尿素10千克。第一花序开花前后每亩施用高氮复合肥15千克。第三花序开花时每亩施用复合肥（N∶P_2O_5∶K_2O=16∶16∶16）20千克。第五花序开花时每亩再次施用复合肥（N∶P_2O_5∶K_2O=16∶16∶16）20千克。另外，可以在喷施农药时结合喷施含有微量元素的叶面肥，使植株长势更旺盛，同时可以增强植株的抗病虫能力。阴雨天时不得喷施农药和叶面肥，防止棚内湿度过高，引起灰霉病暴发。

3. 温湿度管理　生长前期，由于温度较高，只需要盖顶棚，不要盖裙脚膜，大棚两头保持通风。生长中期，由于温度逐渐降低，需要盖顶棚和裙脚膜，晚上封棚。白天出太阳后，上午9时至下午4时，打开大棚两边，进行通风，同时降低棚内湿度。低温阴雨天气则一直封棚，保持棚内温度，防止冷害。如果棚内夜间温度低于10℃则需要采取加温措施，如烟熏、白炽灯加热和棚外加盖稻草帘等。果实开始采收后，一边采收，一边把失去功能的黄叶打掉，保证植株下部空气的流通，同时让果实能够得到更充足的养分供应。

（七）病虫害防治

番茄病害有青枯病、疫病、灰霉病、病毒病等，虫害有蚜虫、白粉虱、美洲斑潜蝇、棉铃虫等。

1. 病害防治　青枯病选用高抗青枯病砧木嫁接，采用高畦栽培，大棚四周挖深沟，避免大水漫灌。另外可以每亩施用生石灰150千克调节土壤pH值，减少病菌。也可在发病初期用77%氢氧化铜可湿性粉剂500倍液或50%代森锌可湿性粉剂1000倍液防治，叶面喷施的同时可用77%氢氧化铜可湿性粉剂1000倍液灌根。早疫病发病初期可用80%代森锰锌可湿性粉剂600倍液，或75%百菌清可湿性粉剂600倍液，或58%甲霜灵·锰锌可湿性粉剂500倍液喷施防治；也可以用45%百菌清烟剂或10%腐霉利烟剂200克/亩防治。晚疫病发病初期可用58%甲霜灵·锰锌可湿性粉剂600倍液，或72.2%霜霉威水剂600倍液，或40%三乙膦酸铝可湿性粉剂200倍液，或40%甲霜铜可湿性粉剂800倍液防治；也可以用45%百菌清烟剂或10%腐霉利烟剂200克/亩防治。灰霉病发病初期用25%嘧菌酯悬浮剂1500倍液，或40%嘧霉胺悬浮剂1500倍液，或50%异菌脲可湿性粉剂1000倍液，或50%腐霉利可湿性粉剂800倍液喷雾，每隔7天喷1次，连喷2～3次；也可用10%腐霉利烟剂200克/亩防治，每隔7天1次，连续熏2～3次。病毒病防治，播种前用

0.1% 高锰酸钾溶液浸种 30 分钟，或者选用高抗病毒病的品种。应及时防治蚜虫和白粉虱，防止它们传播病毒；发病初期用 20% 盐酸吗啉胍·乙酸铜可湿性粉剂 500 倍液或 1.5% 烷醇·硫酸铜乳剂 800 倍液防治。

2. 虫害防治 蚜虫用 20% 灭杀菊酯乳油 1 500 倍液，或 10% 吡虫啉可湿性粉剂 2 000 倍液，或吡虫啉茚虫威 500 倍液，或 3% 阿维·啶虫脒乳油 1 500 倍液叶面防治。白粉虱用 10% 吡虫啉可湿性粉剂 2 000 倍液，或 25% 噻虫嗪水分散粒剂 1 000 倍液，或 3% 阿维·啶虫脒乳油 1 500 倍液防治，也可以 15% 异丙威烟剂 400 克 / 亩熏杀。美洲斑潜蝇用 5% 氟虫脲乳油 2 000 倍液，或 5% 氟虫腈乳油 1 500 倍液，或 1.8% 阿维菌素乳油 3 000 倍液防治。棉铃虫用 1.6 万国际单位苏云金杆菌乳剂 2 000 倍液，或 2.5% 高效氯氟氰菊酯乳油 2 000 倍液，或 20 亿 PIB/ 毫升棉铃虫核型多角体病毒悬浮剂 800 倍液，或 20% 氰戊菊酯乳油 2 000 倍液防治。

（八）采 收

冬春季温度较低，棚内光照不足，导致番茄转色较慢，必须等番茄转色完全再采收，以免影响番茄的商品性。

二、闽东地区快菜冬春季安全高效生产技术

（一）品种选择

选择冬春季种植的品种时必须选择较耐抽薹的品种，否则会受气温影响而导致先期抽薹，可以选择四季快菜、井泽快菜和雷霆快菜等品种。

（二）地块选择

闽东地区降雨量较大，经常有短时间内强降雨的现象，因此种植地尽量选择排水通畅、非黏壤土的地块，以免雨量过大造成排水困难。常年种植十字花科蔬菜的土壤必须做好消毒工作，残

枝败叶必须收集后集中处理，避免病虫害的扩散。

（三）整地做畦

快菜生长快速，生产期较短，每亩施用1 500千克有机肥、30千克三元复合肥。做畦前直接将有机肥和复合肥撒在畦上，使用旋耕机耕地使肥料和土壤充分混匀，然后把大的土块敲碎，直接耙平做畦，播种后不容易导致烧苗。

快菜生产时一般做平畦，留小沟，利于充分利用土地。

（四）播　种

播种后20天左右可作为鸡毛菜开始采收，因此应该合理密植。一般作为鸡毛菜或者嫩菜叶采收，间苗后植株间距为10厘米左右。如果希望结球后再采收，则间苗后植株间距为15～18厘米。目前农场栽培，出于人工费用的考虑，均采用直播的方式；个体种植户和个别农场种植少量的快菜则是使用传统的育苗移栽方式，定植间距为16～18厘米，等到植株半结球时采收上市，产量较高，适合离市场较远的种植场地。

（五）田间管理

快菜生长期较短，生长期不再追施其他肥料，主要是保证水分的稳定供应。通常在晴天时，早晚各喷水1次，待畦面充分湿润后停止喷水。水源尽量保持干净，脏水喷洒在叶片伤口上也容易导致病害的发生。雨后注意及时排水，防治水涝灾害的发生。

（六）病虫害防治

快菜主要病害有软腐病和菌核病等，虫害有蚜虫和菜青虫等。

1. 病害防治　软腐病发病初期喷施2%春雷霉素液剂400～500倍液，或20%噻菌铜悬浮剂500倍液，或53.8%氢氧化铜干悬浮剂1 000倍液，或72%新植霉素可湿性粉剂4 000倍液，或50%代森铵水剂600～800倍液等，以上药剂交替或混合使用，每隔7～10天1次，连续防治2～3次。菌核病用0.2%～0.3%波尔多液或13波美度石硫合剂喷洒植株茎基部、老叶和地面；也可以用70%代森锰锌可湿性粉剂500倍液，或70%甲基硫菌灵可湿性粉剂1000倍液，或50%多菌灵可湿性粉剂1000倍液，或40%菌核净可湿性粉剂1000倍液，或40%菌核净可湿性粉剂1500～2000倍液，或50%腐霉利可湿性粉剂1000～1200倍液，在病发初期交替或混合喷雾，每隔7～10天1次，连续喷药2～3次。

2. 虫害防治　蚜虫选用10%吡虫啉可湿性粉剂1500倍液，或20%甲氰菊酯乳油2000倍液，或者50%抗蚜威可湿性粉剂1500倍液，或2.5%高效氯氟氰菊酯乳油2500～3000倍液，或20%氰戊菊酯乳油2000倍液，或21%啶虫脒可溶性液剂2500倍液等交替喷雾防治。菜青虫发生初期选用1.8%阿维菌素乳油4000倍液，或5%氟虫腈悬浮剂1500倍液，或5.7%氟氯氰菊酯乳油1000～2000倍液，或20%氯氰菊酯乳油2000倍液，或20%氰戊菊酯乳油3000～5000倍液，或20%抑食肼可湿性粉剂1000倍液等交替或混合喷雾防治。

（七）采　收

快菜从苗期到结球期均可食用，因此应根据市场行情决定采收时间，行情好可以提前采收。

三、闽南地区大棚茄子越冬栽培技术

（一）品种选择

选择较为早熟、抗寒抗病性强、丰产稳产、耐弱光、适于密植和品质优良的品种，同时要综合考虑南方消费者的消费习惯等因素，应选择果肉白色、皮色紫红、抗青枯病和黄萎病、长棒形或目前种植面积越来越大的大果型茄子品种，如农友704、长丰10号、红福101等。

（二）整地施肥

为避免田块长时间种植单一品种而出现病虫害泛滥、土地营养成分不足的情况，应选择前茬为非茄科类植物的地块，如水稻田、茭白田等。深耕时每亩施充分腐熟鸡粪或牛粪1200千克左右、三元复合肥 50 千克作基肥。

（三）嫁接育苗

近年来，由于保护地的连年使用，闽南地区茄子种植主要以嫁接苗为主。砧木一般选用托鲁巴姆。砧木 8 月初开始育苗，一般比接穗早播种 20 天左右。待接穗 3～4 片真叶时即可嫁接，嫁接苗 10 月中下旬定植于塑料大棚内，定植前喷施 50% 多菌灵可湿性粉剂 500 倍液。

（四）定　植

尽量选择晴天进行定植，采用双行定植，畦带沟宽约 150 厘米，株行距 70～100 厘米。每亩种植 800～1 200 株，随栽随浇定根水。

（五）田间管理

1. 肥水管理　茄子定植后要浇缓苗水，保持土壤湿润。定植 7 天后可施 1 次薄肥，以促进植株生长。在肥水管理上，结果前期应以控水蹲苗为主；对茄开始膨大、果皮有光泽后就可以结束蹲苗，适当灌溉施肥；茄子进入开花坐果期营养需求增大，由营养生长向生殖生长转变，这个时期应该控制营养生长，控制氮肥施用，促进开花结果；果实膨大期到对茄采收，结合田间墒情，灌溉 1～2 次，灌溉后要及时进行中耕；结实中后期不能缺水缺肥，应每 10 天浇 1 次肥水，这期间营养吸收是非常大的，关系到茄子产量高低和品质优势。

2. 整枝　由于南方茄子多为长茄，在整理枝干时应选择多干整枝的方式，即在保护已挂果枝条的基础上，将茄子果实以下叶片全部摘除，并将病弱枝条、老枝条全部摘除。多干整枝可为茄子生长营造良好的通风、透气、透光环境，保证果实数量。近年来大果型茄子所占规模有增大趋势。在整枝操作时，应在保留根茄以下第一侧枝的基础上，摘除主要茎干以下的全部侧枝，并保证上部各分枝在每一花序下均有一侧枝。同时，对于过于茂盛的植株，需要摘除部分叶片，以便为果实生长提供充足营养。当茄果充分膨大、着色、色泽光亮时，就要及时采摘，以免长老成石茄，失去商品性。

（六）病虫害防治

茄子主要病害有绵疫病、黄萎病和青枯病等，虫害有螨类、蜘蛛、蓟马等。

1. 病害防治　绵疫病发病初期可选用72%霜脲·锰锌可湿性粉剂700倍液、72.2%霜霉威水剂700倍液等喷药防治，每隔7～10天喷1次，连续喷2～3次，注意轮换用药，防止产生抗药性。黄萎病发病初期喷洒12.5%治萎灵（有效成分为多菌灵＋水杨酸）水剂300倍液，或60%吡唑醚菌酯水分散粒剂1500倍液，或38%噁霜·菌酯可湿性粉剂800倍液；也可以用50%琥胶肥酸铜可湿性粉剂350倍液灌根，每株灌药液0.5升，使土壤与药剂充分接触。青枯病可用12%噁霉灵水剂800倍液喷雾防治，或者氧氯化铜750倍液，灌入茄子根部，具有良好的防治效果。

2. 虫害防治　螨类虫害可以在茄子开花时期，利用40%炔螨特乳油2000倍液、20%三氯杀螨醇乳油800～1000倍液喷杀；蜘蛛类虫害，可以采用2.5%高效氯氟氰菊酯乳油1000～2000倍液、2.5%联苯菊酯等药物喷杀；蓟马类虫害，可以选用1.8%阿维·吡虫啉乳油2000倍液等吡虫啉类农药，在茄子盛花期及时防治。

（七）采　收

茄子从开花到采收的时间因品种不同而不尽相同。早熟品种在定植后45天左右采收，中熟品种55天左右，晚熟品种65天左右。根据市场需求，适时采收。

四、闽南地区胡萝卜种植技术

（一）品种选择

应选择品质好、高产、抗病能力强、耐抽薹、耐贮运、抗逆性好的里外三红品种，如黑田五寸、千红100日、旭光五寸、红映二号等品种。

（二）整地施肥

选择前茬为非伞形科蔬菜的地块，以无土壤、水源、大气污染且土壤疏松、土层深厚、肥力中等以上、有灌溉条件的沙壤地为最好。

上年秋收后，清洁田园，秋翻25厘米以上（土壤生茬），翻后进行耙压，达到蓄水保墒良好程度。

翌年播种前，如墒情不好，要及时利用河水、井水进行春灌，有条件的可采用喷灌。

胡萝卜属喜钾肥蔬菜作物，因此应重施钾肥。选用腐熟好的优质农家肥5 000～8 000千克/亩，化肥每亩可用磷酸二铵10～15千克、硫酸钾5～7.5千克；也可每亩用胡萝卜专用肥40～50千克或三元复合肥40～50千克，如前茬为玉米田，第一年生产时，复合肥应略少施，为35千克左右。

（三）播　种

对所购的散种子，播种前应在太阳光下晾晒2～3天，有利于提高芽率芽势和防治病虫害。包衣种子不需处理，每亩用种量为250～280克。一般在4月上中旬待土壤10厘米深、温度稳定在4℃时播种。

选用开沟、播种、覆土、镇压多功能一体的胡萝卜播种机，调试行距15厘米、株距10厘米（每穴2～3粒种子）、沟深10～12厘米，每畦种4行，一次性完成。为防治地下害虫，可在开沟后用50%辛硫磷乳油250毫升拌谷粒2.5千克施入播种沟内。播种后人穿平底鞋，顺垄踩实，形成自然小垄沟，使种子与土壤紧密接触，有利于出苗。然后覆膜，要拉紧压实，每隔50～100厘米用土横向压在膜上，或用塑料袋装土200～300克适当压苗床，防止大风揭膜。

（四）田间管理

1. 间苗、定苗　要及时视膜内温度放苗，当膜内温度达到27～28℃，苗已长到第二片真叶时及时扎眼放风。最初每10米左右扎1个眼，以后根据天气情况和苗大小陆续再扎眼，达到30厘米左右1个放风眼。4～5片真叶时间定苗，一般苗距10厘米，去掉弱苗、小苗、病苗，间定苗后苗周围要培土压实，防止肉质根顶端露出地面形成青肩，尽量保证苗齐、苗匀，防止出现大头胡萝卜。

2. 肥水管理　春胡萝卜在春播前浇足底水，在夏季雨水较好的情况下，直到采收一般不用浇水。若在中后期特别干旱，有条件的可采用喷灌浇水，切忌大水漫灌，防止出现裂根，影响商品性。追肥应注意避免肥水过多，否则容易造成裂根，也不利于贮藏。在肉质根生长前期，可每亩施尿素5～7千克；第二次追肥在肉质根膨大盛期，每亩施尿素6～8千克或三元复合肥15～20千克，以促进肉质根的膨大生长。追肥时应结合灌水，以免造成土壤中肥料溶液浓度过大，影响肉质根的发育。

在胡萝卜采收前25～30天，每亩用磷酸二氢钾2.5～3千克兑水100～125千克进行叶面喷施。对缺硼的土壤在胡萝卜幼苗期、莲座期、肉质根膨大期，各喷1次浓度为0.1%～0.25%硼砂水溶液。在胡萝卜肉质根膨大期，若发现地上部旺长时，可用15%多效唑可湿性粉剂1500倍液喷施，也可提高产量。

（五）病虫草害防治

1. 病害防治　黑腐病发病初期可用45%咪鲜胺乳剂1500倍液或50%异菌脲可湿性粉剂1000倍液，这两种药剂交替使用，每隔7～10天1次，连续喷2～3次。黑斑病同黑腐病的药剂防治方法相同。软腐病可用77%氢氧化铜可湿性粉剂2000倍液，隔7～10天喷1次，共防2～3次。

2. 虫害防治　春播胡萝卜虫害较少，主要是地下害虫和蚜虫危害。选用50%辛硫磷乳油100毫升拌谷糠、玉米渣等1～2

千克（用锅炒熟）作毒饵，播种时顺垄沟撒施，或在旋耕前均匀撒施床面，可防治金针虫、蝼蛄、蛴螬、蒙古灰象甲、四绒金龟甲等害虫。蚜虫用40%灭多威可湿性粉剂1 000～2 000倍液或10%吡虫啉可湿性粉剂1 500倍液喷雾防治。

3. 草害防治 为控制苗期田间杂草生长，用48%氟乐灵乳油200～250克加水50～60千克稀释，在覆土后覆膜前均匀喷施床面。

（六）采 收

当肉质根充分膨大，达到商品标准时，适时采收。采收过早或过晚都会影响肉质根的商品性，从而影响产量。肉质根达到根长18～20厘米、根重200～250克、根尖变得钝圆时，应及时采收，可获得品质佳的成品。

第二篇

华北地区
蔬菜栽培

第一章
河北蔬菜栽培

一、坝上地区越夏露地白菜栽培技术

（一）品种选择

坝上地区越夏白菜应选择耐抽薹、抗病、结球紧实、商品性好的高产品种，如强势、庆春、春鸣、金峰、玲珑黄等。

（二）地块选择

选择生态环境良好，远离污染源，干燥、通风、易排灌的农业生产区域。

（三）育　苗

坝上地区早春温度较低，白菜种植一般采用先冷棚育苗后露地移栽的方式种植。育苗时间为4月上旬至5月上旬。

1. 育苗准备　选用理化性状稳定、育苗效果好的育苗基质，装盘，浇透水，以穴盘下方小孔有水渗出为准。育苗盘选用105～128孔穴盘。

2. 播种　将种子每穴1粒地放在穴内，覆盖蛭石或基质，厚1厘米，用平板刮平，覆盖地膜保湿。

3. 炼苗　早春定植前7～10天，加大棚室的通风量，然后逐渐撤去棚膜使苗床的温度接近室外气温。定植前2～3天，完全揭去覆盖物，使其与定植田块的环境相适应。

（四）定　植

定植前 1 天，用 62.5% 精甲·咯菌腈（亮盾）悬浮剂 15 毫升＋氨基酸肥（必腾根）25 毫升兑水 15 升淋灌穴盘，以壮苗、抵抗寒害和冷害、防治根部病害。

底肥结合整地每亩施腐熟有机肥 2 000～3 000 千克，或生物有机肥 1 200 千克＋三元复合肥 25 千克。将地旋耕 2 遍，起垄，垄宽 50～60 厘米，垄距 50 厘米，垄高 10 厘米。起垄的同时铺滴灌管并覆宽 90 厘米黑膜。

待气温稳定在 10℃以上，用定植器或人工，将幼苗定植在高垄上，每个高垄 2 行，行距 50 厘米，株距 40 厘米，3 000 株／亩。

（五）田间管理

定植缓苗后结合浇水施提苗肥，每亩追施高氮水溶肥（N：P_2O_5：K_2O=30：10：10）7.5 千克；进入莲座期结合浇水每亩追施氮钾平衡水溶肥（N：P_2O_5：K_2O=20：10：20）7.5 千克；结球期追施氮钾平衡水溶肥（N：P_2O_5：K_2O=20：10：20）7.5 千克。全程追肥采用膜下滴灌水肥一体化技术，苗期适当控水蹲苗，起到控上促下、促根系发达的作用，莲座期以后应保持土壤湿润。

定植、定植缓苗期随水各滴灌 1 升／亩氨基酸肥（必腾根），莲座期、包心期喷施氨基酸肥（必腾叶）100 毫升。

（六）病虫害防治

坝上地区越夏白菜主要病害为白菜霜霉病、白菜软腐病，主要虫害为鳞翅目害虫及黄曲条跳甲。

苗期用 62.5% 精甲·咯菌腈（亮盾）悬浮剂 500 倍液拌土或育苗基质；出苗后 1 周左右，可以用 10 亿孢子／克枯草芽孢杆菌 200 倍液喷淋；定植前 1 天，用 62.5% 精甲·咯菌腈（亮盾）悬浮剂 15 毫升＋氨基酸肥（必腾根）25 毫升兑水 15 升淋灌穴盘。

定植后田间安装太阳能高效智能捕虫器，监测虫情的同时可诱杀鳞翅目成虫，降低产卵基数；定植后每亩喷施 20 亿 PIB／毫

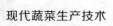

升的菜青虫核型多角体病毒水分散粒剂50毫升防治小菜蛾、菜青虫等。

定植缓苗后每亩喷施棉铃虫核型多角体病毒悬浮剂50毫升进一步控制鳞翅目害虫。

莲座期每亩滴灌喷施250克/升嘧菌酯悬浮剂100毫升、47%春雷·王铜可湿性粉剂100克、30%氯虫·噻虫嗪悬浮剂100毫升，防治白菜霜霉病、白菜软腐病及鳞翅目害虫。

结球期依病情每亩喷施20亿PIB/毫升棉铃虫核型多角体病毒悬浮剂50毫升、25%嘧菌酯悬浮剂100毫升，控制后期病虫害。

用药方法：一是滴灌。利用膜下滴灌水肥药一体化技术，在追肥浇水即将结束时进行药剂滴灌。先将药剂兑成母液，浓度可以灵活掌握，保证药剂完全溶解。滴灌时先滴清水，滴灌结束前20分钟时滴药，滴完药后再滴10分钟清水。二是无人机喷施。坝上地区露地蔬菜种植面积较大，地上用药面积超过30亩的地块，推荐使用无人机喷施药剂。

（七）采　收

越夏白菜一般于7月中下旬收获，当叶球包实时，及时采收。

二、冀东地区生姜栽培技术

（一）姜种选择

选用高产、抗病、肉质鲜、耐贮存、商品性状好的品种，如昌邑大姜、莱芜大姜、安丘大姜、绵姜和地方品种等。

（二）地块选择

选择地势高燥、土层深厚、土质疏松、排灌良好、肥沃的中性或微酸性的壤土。前茬作物以玉米、小麦等大田作物为宜，忌番茄、辣椒等茄科作物。姜田种植实行3~5年轮作。

（三）整地施肥

前茬作物收获后秋耕，深翻30厘米以上，翌年土壤解冻后，先撒施少量生石灰，将土壤深翻晒白，结合整地每亩施入腐熟农家肥 4 000～5 000 千克、草木灰 100～150 千克、过磷酸钙或三元素复合肥 25～30 千克。粪土混匀，将地耙细整平。

（四）播　种

1. 种姜选择　播种前 1 个月（3 月中上旬）从窖内取出姜种清洗干净，选择肥大饱满、皮色光亮、大小均匀、不干裂、未受冻、无病虫害、无机械损伤的姜块作为种姜。

2. 姜种处理

（1）**浸种**　用 0.5% 高锰酸钾溶液或 20% 噻菌铜（龙克菌）悬浮剂 500 倍液浸泡姜种 15～30 分钟。

（2）**晒姜、困姜**　将浸种后的姜种晾晒 2～3 天，晚上收进屋内或保温覆盖（晒姜）。晾晒完毕后在室内再堆放 2～3 天（困姜）。待姜表皮变白、稍皱时开始催芽。

（3）**催芽**　在空气相对湿度 80%～85%、温度 18～25℃ 条件下避光变温催芽。姜种厚度不超过 90 厘米，催芽开始时保持温度在 18～20℃，5～6 天后升至 22～25℃，15 天后上下翻倒 1 次。姜种芽基部饱满肥大、圆球形、无白根为壮芽。

（4）**掰姜种**　将姜种掰成 75～125 克的姜块，每块姜种上保留 1 个壮芽，少数也可保留 2 个，其余全部掰除，种姜块不宜过小。用新植霉素 4 000～5 000 倍液浸种 20 分钟，再用 50% 多菌灵可湿性粉剂滚蘸伤口后播种。

3. 科学播种

（1）**播种期和播种密度**　当 10 厘米地温稳定在 15℃ 以上时即可播种。栽培形式有平膜、大中小拱棚，目前以中、小拱棚栽培为主。中、小拱棚于 4 月中下旬播种，地膜栽培于 5 月上旬播种，大棚在 4 月上旬前后播种。行距 70～75 厘米，株距 20～30 厘米，每亩栽 4 500 株左右，每亩用种量 400～500 千克。

（2）**开沟施肥**　按行距开沟做垄，深 25 厘米左右、宽 20 厘米左右。播种前每亩施三元复合肥 10～15 千克、锌肥 2 千克，配施微量元素做种肥，撒施肥料后肥土混匀搂平。

（3）**播种方法**　选择姜芽生长一致的姜块，用平播法（种芽方向一致）或竖播法（种芽一律向上）播种，覆土厚4～5厘米。

（4）**灌水**　播种完成后浇透水，每亩随水冲施荧光假单胞菌剂5升，每亩用33%二甲戊灵（施田补）150克封闭除草。

（5）**扣膜**　扣小拱棚，每棚盖2垄，间距100厘米，拱高40～50厘米，上覆塑料膜，四周用土压实。

（五）田间管理

1. 幼苗期　播种时浇透水，出苗后浇第一水，中耕除草。幼苗期保证供水均匀，一般每4～6天浇水1次，间隔1次浇水，每亩随水冲施大量元素水溶肥2.5～3千克、荧光假单胞菌菌剂5升，并及时用遮阳网（遮光率为30%）或涂白薄膜顶部等方式遮阴。5月上中旬，拱棚内温度达到30℃以上时开始打孔放风，控制棚内温度在25～28℃。

2. 三杈期　6月下旬撤膜，三杈期（有1对侧芽长出）每4～5天浇1次水，共追施高浓度复合肥30～40千克/亩。

3. 小培土期　一般每3～4天浇1次水，早、晚小水勤浇。第一次小培土期（6月下旬），每亩沟施生物有机肥60千克和复合微生物菌剂10千克。培土后，每亩随水冲施大量元素水溶肥3千克和荧光假单胞菌剂5升。第二次小培土期（7月上旬），培土后每亩撒施三元复合肥30～40千克，随水冲施荧光假单胞菌剂5升。

4. 大培土期　7月底至8月初大培土时，每3～4天浇1次水，视植株长势追施三元复合肥30～50千克/亩，结合施肥、除草进行高培土，变沟为垄，垄高调到30厘米以上。

5. 膨大期　8月中旬至10月下旬为姜块膨大生长期，每亩追施三元素复合肥30～40千克或高钾复合肥40千克。根据情况每4～6天浇1次水，立秋后保持土壤湿润。

（六）病虫草害防治

生姜病害主要包括姜瘟病、茎基腐病、根腐病、炭疽病、叶枯病、癞皮病等，虫害主要为姜螟、蛴螬、地老虎、蝼蛄等。

1. 病害防治　姜瘟病和茎基腐病用氢氧化铜水分散粒剂稀释 800 倍液浸种 6 小时；及时拔除中心病株，挖去病株 0.5 米以内土壤，并在病穴内撒施 57.6% 氢氧化铜可湿性粉剂 400～600 倍液或 5% 漂白粉 3 000～4 000 倍液等进行灌根，每穴灌 0.5～1 升。发病初期，用氢氧化铜水分散粒剂 500～600 倍液灌根，并结合金云大 –120 施用。

2. 虫害防治　蛴螬、地老虎、蝼蛄等防治于播种后浇水前，每亩用 1% 联苯·噻虫胺颗粒剂 3～4 千克或 5% 辛硫磷颗粒剂 0.75～1 千克，拌毒土 25 千克，均匀撒施种植沟表面；姜螟防治从 5 月下旬开始，用 4.5% 高效氯氰菊酯乳油 1 500～2 000 倍液或苏云金杆菌（100 亿活芽孢/克）可湿性粉剂 1 000 倍液喷雾。根据发生情况，每 10～20 天喷 1 次，9 月中旬停止用药。

3. 草害防治　播种后覆膜前每亩用 33% 二甲戊灵乳油 150 克或 72% 异丙甲草胺乳油 75～100 克，兑水 30 千克后喷雾防杂草。

（七）采收、贮藏

霜降前采收，收获前 3 天浇小水。削去地上茎，保留 2～3 厘米茎茬，去根须，随收随贮，避免机械损伤和阳光直晒。初霜前在姜田架起拱棚，使生姜延迟生长 20～30 天后收获，每亩可增产生姜 1 000 千克以上。

采用深度 4 米以上的井窖贮藏，严格控制窖内温度在 11～13℃，空气相对湿度在 90% 以上。入窖前彻底清扫姜窖，并用杀菌剂、杀虫剂处理。入窖后 10～15 天打开通风孔，窖口用草帘遮盖，随气温下降封严窖口，保持窖内温湿度不变。

三、冀中地区望都创汇型辣椒套种小麦高效栽培技术

（一）套作模式

适宜的种植模式为四套二，即 4 行小麦套作 2 行辣椒。种植

带宽 1.2 米，在秋天小麦播种时要预留套种行，其中小麦带宽 50 厘米，空白带（即辣椒带）宽 70 厘米。

（二）品种选择

与小麦套作的辣椒应选择株型紧凑、早熟性好、辣度高的干制品种，如高辣天鹰椒、辣椒王、冀鹰椒 6 号、焰火 223 等。

（三）育　苗

播种时间一般在 3 月 5—10 日，育苗面积视栽培面积而定，每亩用种量为 100～300 克（杂交品种用种量少，常规品种用种量大），育苗面积为 25～30 平方米。选择土质肥沃、3 年内未种过辣椒、背风向阳的地方作为苗床，每亩施生物菌肥 40 千克、三元复合肥 50 千克。翻地后耙平整细，东西向做平畦，畦宽 2 米。

春季土壤墒情差时要在播种前 1 天和当天分别浇 2 遍水造墒。待水渗下后，每亩苗床用 30% 噁霉灵水剂 10 克和 50% 辛硫磷乳油 50 克兑水 15 千克，细致喷洒苗床土壤。将干种子或温汤浸种后的种子均匀撒播于苗床内，苗床播种量为每平方米 7～8 克，播种量不宜过大，否则苗过细、过弱，不利于栽后缓苗。然后覆细土厚 1 厘米左右，每 80 平方米苗床用 50% 敌草胺可湿性粉剂 50 克兑水 15 千克喷洒。畦面覆盖地膜，再支好高 1 米左右的拱架，上盖棚膜。

苗期及时浇水，晴天温度高时注意放风。

栽苗前 7 天苗床逐渐加大通风量，最终揭膜炼苗。移栽前喷药，可用 25% 嘧菌酯悬浮剂 10 毫升、70% 吡虫啉水分散粒剂 20 克、硫酸锌 30 克、磷酸二氢钾 30 克兑水 15 千克，喷施苗床。

（四）定　植

1. 施底肥　5 月初，在小麦行间施底肥，每亩施生物菌肥 80 千克或三元复合肥 50 千克。

2. 栽苗　5 月上旬和中旬，按照行距 45 厘米、株距 17 厘米在小麦行间挖穴或开浅沟，秧苗用根罗 300 倍液蘸根后栽苗，每穴栽 1 株，每亩栽苗 6 500 株。随栽苗随浇水。也可选择专用的套作辣椒栽苗机进行机械化移栽。

（五）田间管理

1. 摘心　6月中旬收麦，同时割去大部分辣椒苗生长点，促进植株早发侧枝。机械摘心漏掉的苗可进行人工摘心。

2. 肥水管理　栽苗后至收麦前不用单独浇水，麦田浇水可保证辣椒的生长需求。6月中旬收麦后，为了促进辣椒发生侧枝，每亩随水追施硫酸钾型复合肥（$N : P_2O_5 : K_2O = 15 : 8 : 22$）35千克，或沼渣腐殖酸冲施肥（氮＋磷＋钾 ≥ 200克/升）30千克；在椒果旺长期每亩随水追施1次复合肥35千克，或2次果实乐沼渣腐殖酸冲施肥，每次用量为30千克/亩，以后不再追肥。在天气干旱、土壤缺水时及时浇水，遇大雨及时排涝，谨防田间积水。

在喷药的同时加入叶面肥，可喷施沼液肥（全氮 ≥ 50克/升，全磷 ≥ 2克/升，全钾 ≥ 28克/升）20倍液，或用50克尿素、30克磷酸二氢钾，兑水15千克后喷雾。

3. 中耕除草　定植缓苗后至7月下旬封垄前，每隔15～20天人工拔草1次，结合喷施除草剂控制田间草害。

（六）病虫草害防治

辣椒病害主要有叶斑病、疮痂病、炭疽病、病毒病等，虫害主要有蚜虫、粉虱和茶黄螨等，草害主要有稗草、谷草、苋菜、马齿苋、田旋花等。

从7月初开始，每隔10～15天喷药预防。真菌病害、蚜虫和粉虱、日灼病于6月下旬用80%代森锰锌可湿性粉剂20克、4.5%高效氯氰菊酯乳油30毫升、糖醇钙10毫升，兑水15千克，喷雾防治；7月上旬用波尔多液（1:1:200）防治炭疽等病害；7月初用20%乙羧氟草醚乳油10毫升、15%精喹禾灵乳油10毫升，兑水15千克，定向喷雾除禾本科、双子叶杂草；7月底用苯甲·嘧菌酯悬浮剂10毫升＋3%中生菌素水剂20毫升＋5%氯虫苯甲酰胺悬浮剂10毫升，兑水15千克，喷雾防治细菌、真菌等病害及棉铃虫和甜菜夜蛾等虫害；8月中旬用1.8%辛菌胺醋酸盐水剂 50 克、1.8% 阿维菌素乳油 10 毫升，兑水 15 千克，喷雾防治细菌、真菌病害和病毒病，以及蚜虫、粉虱、茶黄螨等虫害；8 月下旬用 47% 春雷·王铜可湿性粉剂 15 毫升，兑水 15 千克，喷雾防治疮痂等细菌病。

（七）采　收

一般在 10 月上旬采收，收获前用 40% 乙烯利 300～400 倍液喷洒催熟，促使部分青椒在收获后转红，提高商品质量。整株收获后在干燥场地晾干，可机械摘果，其中整椒出口的需要人工摘果。每亩产干椒 275～300 千克。

四、冀西地区日光温室越冬茬番茄栽培技术

（一）品种选择

选用耐低温、耐弱光的高产优质粉果番茄品种普罗旺斯。该品种抗病、高产、商品性好，适于保护地栽培。目前主要用于日光温室越冬一大茬栽培，大棚春提前、秋延后也有栽培，均表现出产量高、质量优、抗逆性强的特点。

（二）设施选择

设施要求 1 月的室内最低温度不低于 7℃。由于冀西地区冬季多雾霾连阴天气，如选择保温性能较差的温室进行生产，失败的风险较大。多年实践证明，山东寿光五代日光温室的蓄热保温性能较好，能基本满足越冬茬番茄生产的温度要求，安全性较好，经济效益较高。

（三）整地施肥

前茬作物收获后，适时进行深耕整地，深耕以不浅于 30 厘米为宜。结合整地每亩一次性施商品有机肥 1 000～2 000 千克或腐熟农家肥 3～5 立方米，同时撒施三元复合肥 40～50 千克、钙镁肥 5～10 千克。平整土地，南北向起垄，垄高 10～20 厘米，垄宽 50～60 厘米，垄距 80～90 厘米。

（四）培育壮苗

采用 72 孔的穴盘基质育苗。壮苗标准：生理苗龄 4 叶 1 心或 5 叶 1 心，株高 12～15 厘米，茎粗 0.3～0.4 厘米，粗度上下基本一致，节间短，叶片深绿且舒展，无病虫害，根系发达、呈白色。

（五）定　植

1. 定植准备　定植前 2 天密闭温室，用 45% 百菌清烟剂 250 克／亩熏蒸，或用硫黄 3 千克／亩加锯末 6 千克／亩充分点燃，密闭 24 小时。放风无味后定植。选用幅宽 60 厘米、厚度为 0.01 毫米的白色地膜覆盖垄面，覆膜要平整，建议在膜下铺设滴灌带。铺好地膜后，用打孔器在垄上按照每垄 2 行、株行距 45 厘米、"品"字形排列的标准打孔。

2. 定植时间　一般在 10 月上中旬定植，建议选择晴天的下午定植，有利于缓苗。定植时采用 EM 菌剂或其他菌剂配制成液体，用于番茄幼苗蘸根，蘸根时间宜短不宜长，以防幼苗散坨。建议定植密度为 2 000～2 200 株／亩。

（六）田间管理

1. 温湿度管理

（1）缓苗期　定植后密闭保温，保持室内温度在白天 28～30℃、夜间 15～18℃，温度不超过 30℃不放风。

（2）开花期　适当通风，保持室内温度在白天 25～28℃、夜间 12～15℃。保持空气相对湿度 ≤ 70%。

（3）结果期　加强通风，保持室内温度在白天 22～25℃、夜间 12～15℃。保持空气相对湿度 ≤ 60%。

2. 肥水管理　设施内采用水肥一体化滴灌节水灌溉设备，安装与栽培行同向铺设的双行滴灌管（带）。选择在晴天浇水，并随浇水每次施入 EM 菌液 4～5 升／亩。

缓苗期定植后及时灌溉 1 次，用水量为 6～8 米^3／亩。7～10 天后浇第二水，用水量 5～6 米^3／亩。

开花期第一穗花现蕾后，每 7～10 天灌溉 1 次，每次用水量为 5～6 米^3/亩。

结果期第一穗果实核桃大小时，每 7～10 天灌溉 1 次，每次用水量为 10～12 米^3/亩，结合浇水滴施高氮高钾冲施肥（N：P_2O_5：K_2O＝22：12：16）5～8 米^3/亩。

3. 保花保果

（1）使用激素喷花 喷花时注意尽量不要喷到枝叶上。使用激素处理花朵，一是注意药液浓度要适宜，宜小不宜大；二是注意温度变化，温度低时药液浓度要调高，温度高时要调低。

（2）利用熊蜂授粉 第一果穗 20% 开花时放入熊蜂，蜂箱放置在温室中部干燥向阳处，高度离地 1 米左右，熊蜂用量为 1 箱/亩（80 头/箱）。

4. 植株调整 采用单干整枝的方法，及时抹掉多余侧芽。植株长到 30 厘米左右时吊蔓，每穗留果 3～4 个，最后一个果穗上面留 2～3 片叶打顶。建议在晴天的上午进行整枝打杈，不要在阴雨天进行整枝打杈，否则不利于伤口愈合。生长期间及时摘除老叶和病叶，有利于通风透光。

（七）病虫害防治

番茄病害主要有灰霉病、叶霉病、晚疫病和病毒病等。虫害主要有蚜虫、粉虱、蓟马和菜青虫等。采用预防为主、绿色防控为辅的植保方针。优先采用农业防治、物理防治和生物防治。

1. 病害防治 叶霉病用 2% 武夷菌素水剂 150 倍液，或 47% 春雷·王铜可湿性粉剂 600 倍液，或 10% 苯醚甲环唑水分散粒剂 1 500～2 000 倍液，或 25% 嘧菌酯悬浮剂 2 000 倍液喷雾防治，交替用药，每隔 5～7 天施药 1 次，连续防治 3 次。灰霉病用 10% 小檗碱可湿性粉剂 800～1 000 倍液叶面喷雾预防，或用 10% 腐霉利烟剂或 45% 百菌清烟剂 250 克/亩熏棚，也可用 40% 嘧霉胺悬浮剂 800～1 200 倍液或 50% 异菌脲可湿性粉剂 1 000～1 500 倍液喷雾防治，交替用药，每隔 5～7 天施药 1 次，连续防治 3 次。晚疫病用 72% 霜脲·锰锌可湿性粉剂 600～800

倍液，或 58% 甲霜灵・锰锌可湿性粉剂 800～1 000 倍液，或 70% 甲霜铝铜可湿性粉剂 800 倍液，或 60% 唑醚・代森联水分散粒剂 1 000～1 500 倍液喷雾防治，交替用药，每隔 5～7 天施药 1 次，连续防治 3 次。

2. 虫害防治　在通风口处加盖 60 目异型防虫网。利用黄（蓝）色粘虫板诱杀蚜虫、粉虱和蓟马。将粘虫板悬挂在植株行间，高出植株顶部约 10 厘米，并随植株生长及时调整，悬挂粘虫板数量为 40～50 块 / 亩。番茄定植后及时悬挂丽蚜小蜂纸板，隔 10 天再释放 1 次，共释放 2 次。采用 0.3% 苦参碱水剂 800～1 000 倍液，或 2.5% 鱼藤酮乳油 400～500 倍液，或 5% 天然除虫菊素乳油 800 倍液等叶面喷施，防治蚜虫和粉虱等害虫。可叶面喷施绿僵菌制剂防治菜青虫。

（八）采　收

一般来说，采收的标准为"一点红"，即果实顶端开始稍转红（变色期）时采收。本地市场销售时，适宜果实完全转色后及时采收。如果需要贮藏或远距离运输，适宜在青熟期采收，果实坚硬，货架期较长。

第二章

天津蔬菜栽培

一、露地大葱栽培技术

（一）品种选择

选用抗病、高产、优质品种。天津地区露地大葱栽培以地方品种五叶齐为主，植株高大，葱白细嫩，不分蘖，产量高，味微甜、辛辣，耐贮藏，可供生食和熟食，商品性状好。

（二）地块选择

大葱忌连作，地块宜选择地势平坦、土壤肥沃富含有机质、排灌良好的中性或微碱性黏质土壤，可与非葱蒜类蔬菜实行3年以上的轮作。

（三）整地施肥

深翻整地，土地平整、疏松，结合整地每亩施优质农家肥1 500～2 000千克、磷酸二铵25～30千克、尿素15～25千克做底肥。一般做宽1米左右、长10米左右的平畦。

（四）育　苗

1. 种子处理　天津地区3月上中旬播种，每亩用种量为2.5千克左右。清水浸种，捞出杂质，种子转入55℃温水中浸泡20分钟左右，不断搅动，或用0.2%高锰酸钾溶液浸泡20～30分钟，再用清水漂净。取播种畦表层土过筛作覆土用，浇足底水，待水完全渗入播种畦，先撒一薄层底土，再均匀撒播种子，最后用过筛土覆盖，厚度不宜超过 1.5 厘米。

2. 苗期管理　出苗后至 3 叶期，不旱不浇，控制灌水，保证根系发育良好。3 叶期后浇水追肥，促进秧苗生长。追肥采取少量多次的方式，与浇水相结合，每亩尿素用量控制在 8～10 千克，分 2～3 次施用。及时间苗，拔除杂草，每株健苗营养面积要在 5 平方厘米以上。定植前 10 天左右停水炼苗，起苗前 2～3 天浇水 1 次，保持土壤疏松，以起苗不沾土为宜。

（五）定　植

6 月中下旬进行大葱定植。定植地块按行距 65～80 厘米开沟，施三元复合肥 30 千克，混匀栽苗。按起苗、分级（1 级、2 级）、剪须根（留 5 厘米左右根长）、栽种顺序完成。大小苗分开栽种，干栽与湿栽法均可，深度以不埋心叶为准，株距 5～8 厘米。高产田每亩约栽 1.3 万～1.6 万株。

（六）田间管理

定植后 4～5 天为缓苗期，防涝松土，促进根系生长。雨后要及时排水、中耕，沟内积水可导致葱叶发黄、烂根死苗。8 月上旬至 9 月中旬每隔 15 天左右追肥、培土、浇水 1 次，每亩尿素用量为 10～15 千克。培土以不埋心叶为宜。浇水量不宜过大，以保持土壤湿润为宜。收获前 1 周停止浇水，促进组织充实。

（七）病虫害防治

大葱的病害有葱类霜霉病、紫斑病、锈病等，虫害主要有葱地种蝇、甜菜夜蛾、葱蓟马等。

1. 病害防治　霜霉病可选用 72.2% 霜霉威水剂 800 倍液或 68.75% 氟菌·霜霉威悬浮剂 600 倍液。紫斑病发病初期喷 10% 苯醚甲环唑水分散粒剂 1 000 倍液或 43% 氯菌·肟菌酯悬浮剂 1 500 倍液。锈病可选用 15% 三唑酮可湿性粉剂 2 000～2 500 倍液，或 50% 萎锈灵乳油 800～1 000 倍液，或 70% 代森锰锌可湿性粉剂 400～500 倍液，以上药剂每 10 天左右喷药 1 次，共防 1～3 次。

2. 虫害防治　葱地种蝇以幼虫危害大葱根基，栽种前撒施 5% 辛硫磷颗粒剂 2～3 千克可用于防虫。每亩可采用 30 亿 PIB/毫升甜菜夜蛾核型多角体病毒水分散粒剂 2.5 克喷洒 1～2 次防治甜菜夜蛾。每亩用 10% 溴氰虫酰胺可分散油悬浮剂 18～24 毫升防治葱蓟马，并对甜菜夜蛾和斑潜蝇有兼治效果，收获前 1 周停用。采用每亩悬挂 40 张粘虫板（蓝色或黄色）或每亩安装 1 台杀虫灯的方式对虫害进行预测预报，并有一定防治作用。

（八）采　收

10 月下旬大葱外叶基本停止生长，霜降后昼夜温差变化较大、天气渐渐变冷，为大葱采收适期。天津地区一般在 11 月初立冬前后完成出售或贮藏。

二、马铃薯早春高产高效栽培技术

（一）品种选择

选择生育期在 60～75 天（出苗到收获）、块茎大、表皮光滑、芽眼浅、外形美观、结薯集中的优质早熟品种，如费乌瑞它系列品种、早大白、尤金等。

种薯要选择具有品种典型特征、纯度高、无病、无伤、无裂的 G2 代或 G3 代健康脱毒种薯，剔除病薯、畸形薯。

（二）地块选择

马铃薯适于中性和微酸性疏松土壤，不耐盐碱，不适于黏重板结土壤。应选择地势平坦、排灌方便、耕作层深厚、土质肥沃疏松的沙壤土或壤土。前茬最好是禾本科作物，避免连作或前茬为其他茄科作物。

（三）整地施肥

冬前深耕 30～35 厘米，浇水造墒，使土壤冻垡，减少越冬害虫。当土壤解冻后，及时整地，要深浅一致，做到耕层细碎、无坷垃、无根茬，增加土壤保墒能力和土壤透气性。

施肥遵循有机肥与化肥相结合，基肥、种肥、追肥相结合，大量元素与中微量元素相结合的原则。结合整地每亩施入 3～5 吨腐熟农家肥或 150～200 千克优质袋装有机肥；起垄开沟时每亩施入三元复合肥 50 千克和硫酸钾 20～30 千克；中后期根据植株地上部生长情况，如缺肥随灌溉追施硝酸钙镁 20～30 千克；整个生育期结合防病喷施中微量元素叶面肥和磷酸二氢钾 3～4 次。

（四）种薯处理

1. 切块　切块时充分利用顶端优势，方法为以薯块顶芽为中心点纵劈一刀，切成两块，然后再分切，尽量在距离芽眼近的地方切，每个种薯块不能少于 30 克，并保证每块有 1～2 个芽眼。切块时为防止病菌从切刀传染，应备用两把切薯刀，一把放于 75% 酒精或 5% 高锰酸钾水溶液中消毒。当遇到病薯时及时淘汰此切薯刀，并换经消毒的切薯刀。

2. 拌种　根据地块往年的病虫害发生情况，选用咯菌腈、甲基硫菌灵、中生菌素、吡虫啉等农药进行薯块拌种。

3. 催芽　在室内、塑料棚等比较温暖的地方采用层积法进行催芽，催芽适宜温度为 18～20℃。在室内可用两三层砖砌成一个长方形的池子，如在塑料棚内挖 20～25 厘米深的槽子，然后放 2 厘米厚湿润的绵沙土，将拌好的种薯薯块均匀摆放一层，厚 10 厘米左右，再铺放 5～10 厘米厚湿润的绵沙土。如此摆放 2～3 层后，将上部用草盖住进行催芽。观察种薯发芽情况，人工播种的待芽长到 2 厘米左右时、机械播种的待芽长到 0.5 厘米左右时，放在散射光下晾晒绿化壮芽，并逐渐降温，使种薯能适应播种时的低温，但注意保温防冻。

（五）播　种

天津地区露地栽培于 3 月上旬视天气情况播种。平地浅开沟，沟深 5～8 厘米，沟内每亩撒施用 40% 毒死蜱乳油 500 毫升拌好的豆粕 20 千克或 3% 辛硫磷颗粒剂 4 千克防治地下害虫。垄距 75～80 厘米，垄上双行，垄上小行距 22 厘米左右，拐子苗方式播种，每亩播种 4 300～4 700 株。

播后深培土，薯块到垄顶距离达 12～14 厘米，利于薯块膨大。每亩喷施除草剂二甲戊灵 150 毫升，后覆白色地膜。覆膜时做到平滑严密扣紧，达到边压严、膜盖紧、面铺平，每隔几米堆土压膜防风。

（六）田间管理

播种后 20～25 天，及时观察出苗情况。发现有顶膜的及时将地膜破孔放苗，破孔要小，并用细土将破膜孔覆盖，防止幼苗受热烫伤。大面积机械播种的，应用膜上覆土技术。

马铃薯全生育期内保持土壤湿润，忌过湿或过干。苗期土壤相对湿度要保持在 70%～80%，全苗后进行第一次浇水。植株长到 20 厘米左右时进行第二次浇水。马铃薯现蕾开花期是需水关键期，土壤相对湿度应保持在 80%～85%，再进行第三次浇水。以后根据土壤墒情及时浇水，使土壤相对湿度达到 80% 左右。收获前 10～15 天停止浇水。浇水时，注意以半沟水为宜，保持土壤通气性。有条件的可安装滴灌系统，省肥、省水、高效。

（七）病虫害防治

早春马铃薯病害以晚疫病、早疫病为主，虫害以蚜虫为主。

1. 病害防治　田间如发现病株，应及时拔除病株并带出田外掩埋，同时迅速喷药防治。发病前，应用代森锰锌、氢氧化铜等保护剂进行预防；发病初期，早疫病用苯醚甲环唑、苯甲·嘧菌酯等内吸治疗剂防治，晚疫病用氟菌·霜霉威、增威赢绿、抑快净等内吸治疗剂防治。每隔 7～10 天喷 1 次，注意药剂交替使用。

2. 虫害防治　出苗后，危害马铃薯植株生长的主要是蚜虫。蚜虫集中在马铃薯心叶叶背，刺吸汁液，影响幼芽正常生长。当苗高 20 厘米时，用高效氯氟氰菊酯、吡虫啉、啶虫脒等药剂进行防治，整个生育期喷施 2～3 遍。

（八）采 收

视市场行情和块茎产量适时采收。收获时最好选择晴天，尽量不伤薯皮，分级包装。收获后及时清理残留地膜。

三、秋露地优质花椰菜高效栽培技术

（一）品种选择

根据当地的环境气候条件变化和消费者需求，选用适合本地区栽培的优质、高抗品种，主栽品种为津品 56、津松 75、优松 65、台丽 80 等中早熟、品质优、适应性广的品种，同时也有部分晚熟品种栽培。

（二）地块选择

地块宜选择地势高、平坦、土质疏松、土层深厚肥沃、排灌良好的微酸性沙壤土或壤土，不宜选择涝湿地、沙性大的地块，更不宜选择黏重和盐碱地块，忌种植茄科和十字花科蔬菜的地块，防止连茬带来的病虫害侵害。

（三）育 苗

天津地区秋露地栽培一般选择 6 月 10—30 日播种为宜。苗床选择在地势高、排水良好、灌溉方便的地块。可以选择穴盘或营养钵育苗，穴盘选择 50 孔或 72 孔为佳，营养钵选择 8 厘米×8 厘米即可。将准备好的营养土配制好，装满穴盘或营养钵，平铺到平整的育苗床上，喷淋浇透，然后每穴点播 1～2 粒种子。播后随即用蛭石覆盖、刮平，上盖苫布保湿，苫布上遮盖 60 目遮阳网降温，注意苫布与苗床留有一定空间，以防温度过高影响种子发芽。2 天左右有部分幼苗开始拱土，揭去塑料薄膜。4 天左右幼苗出齐，覆 1 次 0.3～0.5 厘米厚的过筛细土或蛭石，防止倒伏。整个育苗期内基质要保持见干见湿，使用花洒喷水时不宜过大、过急。浇水选择晴天的上午 10 时之前进行，以免湿度过大造成病害。待苗长到 3 叶 1 心时要炼苗，适当减少浇水量，以培育壮苗、提高定植成活率和缩短缓苗时间。

（四）整地定植

1. 整地施肥　露地栽培多选用前茬为非十字花科作物，防止连茬。每亩施发酵后干猪粪 5 000～6 000 千克、磷肥 20 千克、磷酸二铵 50 千克、三元复合肥 50 千克。对栽培田施足基肥，深翻掺匀后做畦，畦宽 1～1.3 米，畦高 30 厘米，做到畦平、土细、粪土混匀。

2. 定植　定植前铺好滴灌带，以达到节水灌溉的目的，一般在 7 月 5 日至 8 月 1 日根据苗龄选择合适的时间定植在整好的露地中。定植前苗床适当浇水，保证定植时土坨不散，以手能轻松把苗完整提出穴盘为准，同时进行 1 次病虫害防治。定植时要提前分苗，去除病苗，把小苗、弱苗分开定植，选择生长一致、健壮的幼苗定植在一起。定植时不要伤及须根，定植深度以能埋住土坨为准，最后把苗扶正。定植株距 50～65 厘米，每畦定植 2 行。定植后浇透定植水，防治 1 遍地下害虫，以免害虫伤根造成植株死亡。定植后 10 天左右补 1 遍苗，把病苗除去，定植上健康的幼苗，以保证幼苗整齐。

（五）田间管理

定植后应保持土壤湿度，防止高温烫伤幼苗。秋季栽培一定要防止大雨，提前做好排水设施。中早熟花椰菜栽培管理要求一促到底，缓苗后每亩随水施尿素 15 千克和硫酸铵 15 千克；晚熟品种要适当蹲苗。浇完缓苗水应当中耕松土，至少中耕 2 次，以促进发根，同时除去田间杂草。莲座期每亩追施三元复合肥 15 千克；花球直径达 9～10 厘米时进入结球中后期，整个植株处于生长量最高峰，这时要进行再次追肥，每亩施尿素 15 千克。在显球阶段，光照强、蒸发量大，应加大浇水量，每隔 3～4 天浇 1 次水，直至收获。花椰菜的栽培要根据土壤、苗情、品种等不同情况，因地制宜进行合理的肥水管理，切不可机械地按一个模式来管理。

（六）病虫害防治

整个生育期内主要防治猝倒病、霜霉病、黑腐病、菌核病、黑斑病等病害，虫害有蚜虫、小菜蛾、菜青虫等。

1. 病害防治　出苗后喷施霜霉威水剂 1 次，间隔喷施噁霉灵可湿性粉剂 1 次，幼苗长至 3 叶 1 心时喷施 10% 含量的叶绿素（p2-37）1 次，培育成壮苗，防徒长。生长期病害以霜霉病、黑腐病、菌核病、黑斑病危害最大。霜霉病、黑腐病主要发病在叶子，特点是发病快，易防治。菌核病、黑斑病主要发生在花球，发病特点是危害大，直接影响花球商品性，以前期预防为主。霜霉病和黑腐病可以配合药物喷施进行综合防治，选择百菌清可湿性粉剂和霜霉威悬浮剂进行间隔喷施。菌核病、黑斑病可喷施 40% 菌核净可湿性粉剂 1 000 倍液和 5% 己唑醇悬浮液 800 倍液，以达到良好的防治效果。

2. 虫害防治　秋季栽培正值虫害高发期，应该定期防治蚜虫、小菜蛾、菜青虫等害虫。要坚持以防为主，防治兼顾。可喷施 50% 吡虫啉悬浮液 1 000 倍液和 8 000 国际单位/毫升的苏云金杆菌 800 倍液，或用 10% 氯氰菊酯乳油 2 000～5 000 倍液和 12% 甲维·虫螨腈悬浮液 800 倍，交替使用。蜗牛防治使用四聚乙醛颗粒剂撒施苗床。农药喷施要在采收前的安全期。

（七）采　收

适时采收是保证花椰菜优良品质的一项重要措施，采收过早影响产量，采收过晚降低品质和商品性。当花球充分长大还未松散时及时采收。根据花椰菜生长发育时期的不同可以分批进行，采收后及时把秧体运出，腾出空间以利于成熟较晚的花椰菜生长。由于优质的花椰菜细嫩，底部毛边较多，采收时一定轻拿轻放，保留花球外 3～5 片内叶，同时套上防撞网兜，可以减少在运输过程中造成的物理损伤，提高花球的商品性，达到增产增收的目的。

第三章
北京蔬菜栽培

一、春甘蓝露地栽培技术

（一）品种选择

早熟春甘蓝品种的选择可根据生产和市场需求确定。一是选择冬性强、抗寒、耐抽薹的高产早熟品种，一般从定植到收获50天左右；二是选择抗病品种，尤其抗枯萎病品种，可选用中甘18、中甘15、中甘21等品种进行种植。

（二）地块选择

春甘蓝种植应选择光照充足、排水良好、浇灌方便、土壤肥沃的黏壤土、沙壤土地块。宜选择前茬作物为葫芦科、茄科的地块，不宜选择近两年来种植萝卜、白菜等十字花科作物的地块，这样可以减少因为连作造成的土壤中枯萎病病菌的累积，控制病害的发生。

（三）整地施肥

早熟春甘蓝一般利用秋耕晒垡的冬闲地栽植，早春土壤化冻后，翻耕20厘米左右，做成1～1.5米宽平畦。结合整地每亩施腐熟有机肥5 000千克或消毒鸡粪1 000千克作基肥，在栽植沟或穴内再施三元复合肥50千克。目前，春甘蓝露地栽培通常采取地膜覆盖技术，于定植前7～10天在整好的畦上铺设滴灌带，同时覆盖地膜，以提高地温，促进缓苗、早熟。覆膜一般选择晴天无风时覆盖，当有风时地膜一定要顺风向覆盖，扣膜后注意压紧。

（四）育　苗

1. 播种期确定　春甘蓝不宜过早播种，因为若秧苗长得过大，容易春化造成先期抽薹。早熟春甘蓝苗龄在温室一般是40天左右，冷床育苗是80～90天。无论是保护地还是露地栽培，都需要当10厘米地温稳定在5℃以上、平均气温稳定在5℃以上时方可定植，据此，可确定春甘蓝适宜播种期。

2. 育苗、播种　目前春甘蓝多采用温室穴盘育苗，机械精确播种，不但能节省劳动力也便于后期管理。育苗穴盘多选用128孔穴盘。育苗基质常用的是草炭＋蛭石（或消毒过的食用菌菌料），比例为草炭∶蛭石＝2∶1，配制基质时每立方米加入复合肥2～2.5千克，或每立方米基质中加入0.45千克尿素、0.45千克磷酸二氢钾，或每立方米基质中加入2.5千克磷酸二铵，掺匀后备用。

播种时基质的湿度要适宜，基质装盘时松紧要适宜，过松则浇水后下陷，过紧则影响幼苗生长，松紧程度以装盘后左右摇晃基质不下陷为宜。压孔深1厘米左右，播种时调整播种机器，使种子正好落于孔的正中央。播种后用蛭石均匀覆盖，并用木板刮平，统一浇水，浇水要浇透，直至从穴盘下能看到水从下部孔隙中滴出为止。

3. 苗床管理　苗床管理主要是做好温度与浇水量管理。温度管理，在条件允许的范围内加大昼夜温差，如果夜温不低于10℃，不必采用加温设施，白天可将温度控制在25℃左右。定植前1周要适当降低棚内温湿度，进行炼苗，以培育壮苗。浇水量管理，在真叶未发出前适度控水；真叶发出后，不干不浇，干了才浇，浇而不透，早浇晚不浇。育苗期间，随着苗子长大，育苗土中营养成分可能不够，可视情况补充一定的营养元素，一般是配成营养液，通过浇水或叶面追肥进行补充。

春甘蓝苗期注意猝倒病、黑腐病的发生，可定期喷施保护性药剂，如多菌灵、代森锰锌等，也可根施哈茨木霉菌等生防微生物制剂。虫害可根据发生情况进行防控。

（五）定　植

北京地区定植期大多在 3 月 20 日到 3 月底，延庆地区温度偏低一般在 4 月中下旬。当最高温稳定在 12℃以上几天后，平均气温达 5℃以上、10 厘米地温达 5℃以上时，即可定植。

栽培密度视栽培品种而定，一般早熟甘蓝品种株型较小，故行株距以 40 厘米 × 35 厘米为宜，即 4 500 株 / 亩。地膜覆盖栽培定植后要注意把栽苗口周围压严，以保证地温。

（六）田间管理

1. 适时浇水　定植到包心前的阶段，第一水即定植时的稳苗水，水量不可过大；中耕松土后 6～8 天，心叶开始生长时应及时浇水，称缓苗水，浇水量要大于稳苗水。开始包心到叶球充分生长阶段，浇第三水，水量不小于缓苗水。当叶球长到 250 克左右时，即进入结球中期，对水分的要求逐渐增加。在一般情况下，每隔 5～6 天浇 1 水，以满足结球期对水分的要求。结球紧实阶段，由于其他原因暂时不能收获时，必须控制浇水，以免由于水分供应过足而导致叶球破裂。

2. 合理追肥　甘蓝缓苗后，结合浇水追施尿素 15 千克 / 亩；甘蓝进入结球期后，对营养的需求迅速增加，结合浇第三水施水溶性复合肥 20 千克 / 亩；结球中后期再追施 1 次水溶性复合肥 20 千克 / 亩，以氮肥为主。

3. 中耕松土　不覆膜的地块，浇缓苗水后要及时中耕，以保墒提温，中耕深度以 3～5 厘米为宜，在幼苗周围划破地皮即可达到保墒提高地温的目的。过 5～6 天可进行第二次中耕，深 5 厘米左右，并把表土推碎、推平以便保墒。

（七）病虫害防治

1. 病害防治　春甘蓝定植后，如遇低温天气容易发生冻害，应及时做好保护性措施。春甘蓝种植期气温逐渐回升、空气湿度适中，田间病害发生不重。如遇雨水过多的年份，需注意枯萎病的发生，可根据情况进行防治。

2. 虫害防治 定植后随气温升高，虫害发生逐渐加重，主要害虫为菜青虫、小菜蛾、黄条跳甲、蚜虫等。

（1）小菜蛾的监测与防治 使用小菜蛾性诱剂监测小菜蛾的入迁时间，4月20日前后开始布置监测装置，每亩3个性诱剂诱芯，将其悬挂在黄色盆中，盆中加水，并添加1%洗衣粉，每天早上调查诱集到的小菜蛾数量。根据甘蓝生育期进行防控，如果甘蓝已经处于结球后期，则不需要防控；甘蓝处于结球期初期时，在发现小菜蛾成虫高发期后7天，喷施1.8%阿维菌素乳油2 000倍液，或2%甲氨基阿维菌素苯甲酸盐乳油2 000倍液，或20%氯虫苯甲酰胺悬浮剂6 000倍液，进行防治。

（2）菜青虫的防治 如果已经防控小菜蛾，则不需要单独防控菜青虫；如果没有进行小菜蛾的防控，且菜青虫的虫量达到2头/株，喷施1.8%阿维菌素乳油2 000倍液，或2%甲氨基阿维菌素苯甲酸盐乳油2 000倍液，进行防治。

（3）黄条跳甲的防治 监测害虫发生数量，喷施15%哒螨灵乳油1 000倍液。

（4）蚜虫的监测与防治 分别观察5～10株的中上部叶片及生长点有无蚜虫成虫和若虫，并根据上面着生的蚜虫数量进行分级，使用10%吡虫啉可湿性粉剂3 000倍液或22%氟啶虫胺腈悬浮剂3 000倍液进行防控。

（八）采 收

早熟春甘蓝栽培采收要及时，尽早上市。一般早熟甘蓝叶球长到400～500克即可采收上市，若市场价格平稳且未裂球的情况下也可延迟采收，有利于增加产量、提高产值。

二、设施水培生菜栽培技术

（一）品种选择

选用高产、优质、抗病、美观、适口性较好的品种，如美国大速生、凯撒、北山 3 号等。

（二）播　种

采用海绵块育苗，整张海绵尺寸为 25 厘米×25 厘米，可分割为 100 个海绵块，海绵块尺寸为 2.5 厘米×2.5 厘米。播种前将整块育苗海绵浸湿后放入育苗盘，之后将生菜种子播种至湿润浸水的海绵块中，每个海绵块播 1～2 粒种子，一般丸粒包衣种子播 1 粒，其他类型种子播 2 粒，加清水至高出海绵底部 0.5 厘米。播种完成后放入催芽室进行催芽。

（三）分　苗

当生菜幼苗长至 1 叶 1 心时开始第一次分苗，栽培密度为 320 株 / 米^2；当幼苗长至 2 叶 1 心或 3 叶 1 心时进行第二次分苗，栽培密度为 100 株 / 米^2；当幼苗长至 4 叶 1 心时进行第三次分苗，栽培密度为 25 株 / 米^2。

（四）田间管理

1. 肥水管理　将第一次分苗后的生菜幼苗置于悬浮在营养液中的定植板上，营养液深度可控制在 2～3 厘米，循环供应系统采用间歇供液，每小时供液 15 分钟。营养液中溶氧量应控制在 6～8 毫克 / 升，溶氧量不足时需开启加氧泵或采用营养液不间断循环的方式。营养液配制采用华南农业大学叶菜类配方。具体如下：

A 液：四水硝酸钙 472 毫克 / 升、硝酸钾 202 毫克 / 升、硝酸铵 80 毫克 / 升。

B 液：磷酸二氢钾 100 毫克 / 升、硫酸钾 174 毫克 / 升、七水硫酸镁 246 毫克 / 升。

微量元素：乙二胺四乙酸二钠铁 20～40 毫克 / 升、硼酸 2.86 毫克 / 升、四水硫酸锰 2.13 毫克 / 升、七水硫酸锌 0.22 毫克 / 升、无水硫酸铜 0.08 毫克 / 升、四水钼酸铵 0.02 毫克 / 升。

2. 环境调控　种子催芽温度宜控制在 18～20℃。生长期白天温度控制在 15～25℃，最适温度为 18～22℃；夜间温度控制在 10～18℃，最适温度为 10～15℃。出苗后，土壤相对湿度控制在 60%～75% 为宜。水培生菜适宜液温为 18～22℃。

光照强度太高或太低都不利于生菜生长，太高会引起光抑制或生长速度太快而引起顶烧病，太低会造成生菜抽薹，以 200 微摩 /（米²·秒）照射强度为宜。二氧化碳浓度维持在 400 微摩 / 摩以上为宜。

生产过程中需每天对营养液 EC 值、pH 值进行监测。播种到分苗前，植株只需清水即可完成发芽过程。在分苗期，营养液 EC 值控制在 1.2 毫西门子 / 厘米。在定植期，定植 1 周内的幼苗，EC 值控制在 1.5～1.6 毫西门子 / 厘米；定植 1 周后，EC 值控制在 1.8～2 毫西门子 / 厘米。水培生菜生长的最适 pH 值是 5.5～6.5，当 pH 值 > 6.5 时，用稀硝酸或磷酸调整；当 pH 值 < 5.5 时，用氢氧化钠或氢氧化钾进行调整。

（五）病虫害防治

设施内水培生菜病害有霜霉病、病毒病等，虫害有蚜虫、斑潜蝇、蓟马、白粉虱等。生产中可以通过物理或化学手段减少病虫害发生。同时及时清除老、弱、病苗，摘除老叶、黄叶、枯叶，清理营养液表面的绿藻，控制初侵染源。

1. 病害防治　霜霉病可用 25% 甲霜灵可湿性粉剂 800～1 000 倍液和 50% 烯酰吗啉可湿性粉剂 1 500 倍液各喷洒 1 次。灰霉病用 50% 多菌灵可湿性粉剂 1 000 倍液喷雾 1～2 次。病毒病用 0.5% 香菇多糖水剂喷洒或 20% 盐酸吗啉胍·乙酸铜可湿性粉剂等药剂以减轻症状。

2. 虫害防治　蚜虫在发生初期用 0.3% 苦参碱水剂 600～

800 倍液喷洒 1～2 次，间隔 7～10 天，再用 10% 吡虫啉可湿性粉剂 2 000 倍喷洒 1 次。蓟马使用高效低毒菊酯类农药如乙基多杀霉素、高效氯氰菊酯等 1 000～2 000 倍液喷治，每 3～5 天 1 次，连续 2～3 次。白粉虱可以使用 10% 联苯菊酯乳油 1 000～1 500 倍液，或 70% 吡虫啉可湿性粉剂 5 000～6 500 倍液，或高效低毒菊酯类农药 2 000 倍液喷雾，每周 1 次，连续 3～4 次。斑潜蝇可以使用 1.8% 阿维菌素乳油 2 000～3 000 倍液或 50% 灭蝇胺 3 500～5 000 倍液均匀喷雾，隔 7～10 天再喷雾 1 次。生产过程中根据病害发生情况对喷施次数进行调整。

除了喷施化学药剂，还可以使用黄色、蓝色粘虫板诱杀。黄色粘虫板可诱杀蚜虫、白粉虱、斑潜蝇，蓝色粘虫板可诱杀蓟马。粘虫板用细线悬挂，20～25 块 / 亩，高度以高出生长点 5～10 厘米为宜。温室大棚放风口用防虫网封闭，防止大量害虫进入温室。

（六）收　获

一般定植后 30～35 天采收，水培生菜可选择将根去除后包装或带根活体包装上市两种方式。活体采收方式是采用无纺布将根部包裹缠绕固定，浸水处理后放入包装袋。带根包装可以增加蔬菜新鲜度，减缓萎蔫进程。

第四章
山西蔬菜栽培

一、露地辣椒栽培技术

（一）品种选择

选择抗病、优质、商品性好、适合市场需求的优良品种，如食用品种长剑、维维尔等，制干品种益都红、干鲜七寸红、西域红丰、红瑞丽朝天椒等。

（二）地块选择

辣椒适宜在理化性状好、透气性强、保水保肥的沙壤土中生长。辣椒耐旱怕涝，因此宜选择地势较高、土壤干燥、土层疏松肥沃的地块种植，同时应注意避免与茄科类作物连作。

（三）整地施肥

在土壤较为干燥时可结合底肥的施用进行整地做畦，宜采用高垄或窄畦，以便于排水或沟灌。南北向开沟，沟距 80～100厘米，畦中间开浅沟，施入底肥后覆土。

辣椒全生育期对氮磷钾元素的吸收大致符合"S"形曲线，即苗期吸收的养分较少，而结果期吸收大部分营养。因此，根据作物不同生长时期的需肥规律施用肥料能够促进作物的高产稳产。辣椒底肥可每亩施用农家肥 2 000～3 000 千克、三元复合肥50 千克、有机菌肥 40～60 千克。

（四）育　苗

1. 晒　种

（1）温汤浸种　将用于播种的辣椒种子于阳光下晒 2～3 天，再放入 25～30℃温水中浸泡 15 分钟，后将种子投入 55～60℃的热水中浸泡 15 分钟，水量为种子体积的 5～6 倍。烫种过程中要及时补充热水并不断搅拌，直至水温降到 30℃左右时才可停止搅拌，也可在达到烫种时间后将种子转入 30℃的温水中继续浸泡 4 小时。处理时要将温度计一直插在热水中测定水温，以便随时按要求调节温度。

（2）药剂浸种　可根据往年育苗期间辣椒病害发生的情况，采用不同药剂浸种方法加以预防。

预防辣椒疫病：将种子放在 25～30℃温水中浸种 15 分钟，然后在 50% 烯酰吗啉可湿性粉剂 0.25 克/升浓度药液中浸种 3 小时，清水冲洗干净后播种。

预防辣椒疮痂病和青枯病：将种子放在 25～30℃温水中浸种 15 分钟，然后在 0.1 亿 CFU/克多黏类芽孢杆菌细粒剂 3.33 克/升浓度药液中浸种 30 分钟，清水冲洗干净后播种。

预防辣椒病毒病：将种子放在 25～30℃温水中浸种 15 分钟，然后用 10% 磷酸三钠水溶液浸种 20～30 分钟，清水冲洗干净后播种。

2. 播种

采用 70 孔或 96 孔穴盘育苗。基质育苗前进行消毒处理，方法为每立方米基质使用噁霉灵原药 3 克兑水 3 升拌匀，均匀喷洒在基质上晾干。每穴播种 1 粒种子。

（五）定　植

1. 移栽定植

辣椒幼苗移栽宜选择晴天下午 3 时之后或阴天进行，移栽前一天浇透水，起苗时注意保护幼苗根部。辣椒定植不宜过深，使基质块上表面与土壤齐平即可。

2. 种苗蘸根

如往年辣椒病虫害多发，可在定植前根据病虫害发生情况选择不同的种苗蘸根方法。

（1）**烯酰吗啉与吡虫啉混合蘸根**　30升水中加入50%烯酰吗啉可湿性粉剂30克和60%吡虫啉悬浮剂6毫升制成药液，将辣椒苗整个根系（土畦育苗）或整个穴盘（穴盘育苗）全部放入药液中，蘸根1～3分钟，使药液充分附着在植株根系上，取出辣椒苗即可定植。该方法可防治辣椒疫病和蚜虫。

（2）**噁霉灵与吡虫啉混合蘸根**　30升水中加入30%噁霉灵水剂60毫升或50%多菌灵可湿性粉剂75克和60%吡虫啉悬浮剂6毫升制成药液，将辣椒苗整个根系（土畦育苗）或整个穴盘（穴盘育苗）全部放入药液中，蘸根1～3分钟，使药液充分附着在植株根系上，取出辣椒苗即可定植。该方法可防治辣椒苗期立枯病、根腐病及蚜虫。

（六）田间管理

1. 结果前管理　缓苗后浇水不易过勤过多，可在植株出现轻微萎蔫时进行浇水，可随水追施具有促根作用的肥料，以促进植株根系生长。辣椒进入开花期后，门椒不宜过早摘除，可通过早留果来以果压棵，抑制植株旺长。门椒可在上面的辣椒坐果之后及时摘除以平衡植株的营养生长和生殖生长。及时中耕。如遇降水过多或温度较高的天气，植株旺长严重，除通过以上措施调控，还可通过喷施矮壮素、甲哌鎓等植物生长调节剂进行控制。

2. 盛果期管理　辣椒进入盛果期后，及时摘除门椒、对椒，防止植株长势变弱；植株长势过旺时，可以进行打杈摘心，促进果实膨大。盛果期浇水应少浇勤浇，保持土壤透气性，随水追施高钾型复合肥或水溶肥，还可根据结果情况适当喷施磷酸二氢钾或其他功能型叶面肥。

（七）病虫害防治

辣椒主要病害有立枯病、青枯病、疫病、炭疽病和病毒病，虫害有蚜虫和粉虱等。

1. 病害防治　立枯病用50%异菌脲可湿性粉剂800倍液，或30%噁霉灵水剂1 000倍液，或5%井冈霉素水剂1 500倍液泼浇。青枯病用 0.1 亿 CFU/ 克多黏类芽孢杆菌细粒剂 0.3 克 / 米^{2}泼浇。疫病用 50% 嘧菌酯水分散粒剂 800 倍液，或 10 亿孢子 /克枯草芽孢杆菌水剂 500 倍液，或 80% 代森锰锌可湿性粉剂 600倍液喷雾防治。炭疽病用 10% 苯醚甲环唑水分散粒剂 1 000～1 500 倍液，或 40% 肟菌酯悬浮剂 5 000～6 000 倍液喷雾防治。病毒病用 5% 氨基寡糖素水剂 1 000 倍液，或 1.8% 辛菌胺醋酸盐水剂 1 000～1 500 倍液，或 0.06% 甾烯醇微乳剂 1 500～2 000倍液喷雾防治。

2. 虫害防治　蚜虫用 1.5% 苦参碱细粒剂 1 000 倍液或 10%溴氰虫酰胺悬浮剂 1 000 倍液喷雾防治。粉虱用 10% 溴氰虫酰胺悬浮剂 1 000 倍液或 25% 噻虫嗪水分散粒剂 6 000 倍液喷雾防治。

（八）采　收

鲜食辣椒品种待果实充分长大，绿色或转红，质脆而有光泽时即可分批采收。干制辣椒一般都在果实完全红熟后一次性采收，果实基本红了，叶片开始变黄甚至脱落，应及时把辣椒整株拔起，排在地中晒 3～4 天后再头向上堆放，晾干后堆成大垛待摘。

二、山药高产栽培技术

（一）品种选择

选择适应性广的新品种或当地农家种，如平遥岳壁山药、孝义梧桐山药等。采用栽子做种时，应选择：整齐度高、短而粗、无病害、无分叉的健硕栽子；采用段子做种时，应选择：表面光洁、无病变的段子。山药尾部不适宜作为种子。

（二）地块选择

选择排水良好、土层深厚、疏松透气、地下水位在 1 米以下的平原或山地均可，地块土质为沙质壤土或壤土，并且土壤中不掺杂树根、大块石子、砖瓦、沙砾等。

（三）整地施肥

行距 80 厘米，使用螺旋松土机进行深层松土，打碎板结的土壤，松土深度应在 1.5～2 米。松土后进行大水漫灌，灌后晾晒 15～20 天，见干见湿的状态下，将地块旋耙、整平。浇水或平沟时，每亩沟里集中施农家肥 5 000～6 000 千克＋磷酸二铵 75 千克＋硫酸钾 75 千克，或三元复合肥 150 千克。

（四）播　种

1. 种薯处理　播种前 15～20 天取出上年的山药栽子或段子，切口朝上，放在向阳的地方晾晒 3～5 天，晒至截断面向内萎缩、切口干裂为宜。山药段子需两头轮流翻晒 5～7 天。山药栽子长度约为 20 厘米，山药段子长度为 25 厘米左右。

2. 播种方法　播种时在开沟处顺着垄的方向开深 10 厘米、宽 8 厘米的播种沟，将种薯保持顶芽方向一致，顺着播种沟摆放，顶芽之间距离为 15～20 厘米。播种后及时覆盖 10 厘米厚的碎土并镇压，每亩留苗 4 000 株以上。

（五）田间管理

1. 搭架　播种后苗高 30 厘米左右进行搭架，架材一般为 2 米或 2 米以上的竹竿。搭架方式一般为"人"字架或四角架，架材入土深度为 20 厘米左右，架高 1.5～2 米为宜。为防止倒架，可用架材将架顶连接起来。

2. 水分管理　水分充足的地区，生育期采用大水漫灌。根据地墒和追肥情况，在 6、7、8 月的中下旬结合追肥浇水 2～3 次。干旱地区，生育期采用喷灌结合滴管。播种后 15～20 天进行 1 次喷灌，保证出苗、齐苗。6 月上旬为放叶甩蔓发棵期，进行 1 次滴灌。7、8 月为山药块茎迅速膨大期，应每隔 7～15 天进行 1 次滴灌。9 月为块茎充实期，应每隔 15 天再进行 1 次喷灌。生育期间如遇雨季应及时排水，防止烂根。

3. 中耕除草　山药整个生育期要及时除草，尤其在苗期（播种至 5 月）、枝叶生长盛期（6 月下旬至 7 月上旬）、块茎迅

速膨大期（7月下旬至9月上旬）

（六）病虫害防治

1. 病害防治　炭疽病种前用波尔多液（1∶1∶150）浸泡栽子4分钟，消灭病菌；发病初期喷2次70%甲基硫菌灵可湿性粉剂700倍液，或用80%福·福锌可湿性粉剂800倍液喷雾，7～10天1次，连喷2～3次。褐斑病一般7月下旬开始发病，发病初期用58%甲霜灵可湿性粉剂1 000倍液喷雾防治。锈病在6—8月发病，可用50%多菌灵可湿性粉剂500倍液或40%氟硅唑乳油800倍液喷雾防治，每隔7天喷1次药，连喷3～4次。根腐病一般5月开始发病，7—8月最盛，可采用轮作，也可以在发病初期用50%多菌灵可湿性粉剂1 000倍液浇灌或用70%甲基硫菌灵600倍液灌根，连续2～3次，效果较好。

2. 虫害防治　山药叶蜂发生初期用90%敌百虫原药1 000倍液防治。根结线虫病用3%克菌丹，每亩用量为1千克，播种前混入土壤中消毒；也可以用50%辛硫磷颗粒剂2～2.5千克/亩，拌细土30～50千克，拌成毒土沟施或穴施。病株用70%辛硫磷乳油1 000～1 500倍液灌根，7～10天灌1次，连灌2～3次。每株灌药液量为300～500毫升。每亩施用3%辛硫磷颗粒剂3～3.5千克，随土翻入后播种，用糖醋液或炒香的麦麸、豆饼加敌百虫于傍晚无雨天诱杀沟金针虫、蝼蛄。

（七）采　收

霜降后开始收获。将山药枝条和架材同时从土壤中拔出，将架材抽出，整理成捆，以备下次使用。用山药开沟取土机，在山药行间开1米左右深沟，同时将土壤排在沟两侧。用小铁锹在沟内顺着山药的方向，垂直向下挖掘，直到从土壤中取出山药。

（八）贮　藏

山药收获后晾晒10天左右，将栽子掰下，在断面上蘸生石灰或草木灰。断面朝上窖藏，窖内温度4～6℃，空气相对湿度80%～85%。其间可适当通风。

第五章

内蒙古（中部地区）蔬菜栽培

一、蒙中地区露地胡萝卜栽培技术

（一）种子准备

选用优质、丰产、抗病、耐抽薹的品种（种子质量达到纯度 ≥98%、净度≥99%、发芽率≥80%、种子含水量≤8%），如红誉系列。首先将种子里的杂质剔出，随后用丸粒化包衣机和烘干机将种子丸粒化，最后用种子编织机将丸粒化的种子编成种绳（单粒种子间距离为6～8厘米，用种量为100～130克/亩）备用。

（二）地块选择

地块宜选择土层深厚，土壤疏松，具有良好的井灌条件，排水良好，富含有机质的沙壤土或壤土。前茬最好是玉米茬（使用过的除草剂不含莠去津成分）或小麦茬，不要选根类作物茬，最好实行3年以上轮作。

（三）整地施肥

前茬作物收获后或早春时节，采用拖拉机配套铧式犁进行耕翻，深度30厘米以上。耕翻前先撒施基肥，肥料撒施均匀，每亩施腐熟的有机肥1000～3000千克、三元复合肥20千克、微生物菌肥40～80千克。播种前，利用旋耕机搅拌、碎土、耙平，旋耕深度在20厘米以上，确保土地平整、土质细碎、土层疏松、无坷垃、无根茬和残枝落叶，碎土率大于 80%，地表平整度偏差小于 3 厘米。否则，将影响播种质量。

（四）播 种

播种时间为 4 月上旬至 5 月下旬，播种时要做到深度均匀，不漏播种子带，覆土厚度为 0.5～1 厘米，每亩种植密度为 2.5万～3.4 万株。

栽培模式分为起垄栽培和平畦栽培两种。

起垄栽培使用拖拉机牵引的胡萝卜起垄铺管种绳播种联合作业机起垄、铺滴灌带、播种。起垄栽培主要分为两种规格，一种规格是垄高 15～20 厘米，垄顶宽 80 厘米，垄底宽 110 厘米，垄面播种 4 行，行距 12 厘米；另一种规格是垄高 15～20 厘米，垄顶宽 30 厘米，垄底宽 50 厘米，垄面播种 2 行，行距 12 厘米。播种时安排专人在播种机后面检查播种质量，及时捡拾种绳上部的土坷垃和其他杂物，确保播种质量和出苗率。

平畦栽培使用拖拉机牵引的胡萝卜铺管种绳播种联合作业机铺滴灌带、播种，播种行数为 4～12 行，行距 5～20 厘米。

（五）田间管理

1. 中耕培土 为防止肉质根顶端露出地面形成绿肩影响品质，在进入肉质根快速生长期（封垄）前使用胡萝卜专用中耕机进行中耕培土。

2. 肥水管理 采用铺管种绳播种联合作业机铺设滴灌带，每 2 行中间铺 1 根滴灌带，滴灌带覆土厚 2.5～3 厘米。从播种到出全苗期间，需保持土壤湿润，灌溉 3～4 次。第一次灌溉需浇透土壤耕作层（每亩耗水量为 15～20 吨）。幼苗期，灌溉原则为表土见湿见干，轻蹲苗。每次灌溉的间隔时间为 7～10 天，整个生育期灌溉 10～14 次。

采用水肥一体化设备，全生育期追肥 4～6 次。肉质根膨大初期施平衡型大量元素水溶肥（$N : P_2O_5 : K_2O = 20 : 20 : 20$）5千克/亩，肉质根膨大盛期施高钾型大量元素水溶肥（$N : P_2O_5 :$

$K_2O=15:6:30$）5 千克 / 亩。

（六）病虫草害防治

1. 病害防治　胡萝卜黑斑病、斑点病和黑腐病防治方法相同，在发病初期可采用内源枯草芽孢杆菌菌剂 100 克 / 亩或植物免疫激活蛋白 100 克 / 亩交替喷雾防治。细菌性疫病可在发病初期采用不吸水链霉菌 100 克 / 亩或春雷霉素 50 克 / 亩交替喷雾防治。白粉病可在发病初期采用 1 000 亿孢子 / 克枯草芽孢杆菌可湿性粉剂 500～1 000 倍液或 10% 宁南霉素可溶性粉剂 1 200～1 500 倍液交替喷雾防治。以上农药使用时每隔 7 天喷施 1 次。

2. 虫害防治　在苗期可采用 50 亿孢子 / 克白僵菌可湿性粉剂 800～1 000 倍液灌根或 50% 辛硫磷乳油 800 毫升 / 亩灌根、拌毒饵防治地老虎。

3. 草害防治　播种后 1～2 天或结合播种采用悬挂式喷杆喷雾机在湿润土壤表面喷施 450 克 / 升二甲戊灵微囊悬浮剂（田普），每亩施用量为 100～150 毫升。

（七）采　收

根部充分膨大、颜色鲜艳、达到商品标准、下部叶片开始发黄时为适宜收获期。内蒙古地区一般在 8—9 月采收，通常使用胡萝卜分段收获机采收，起挖深度为 30 厘米，工作幅宽 1～3 米，起挖行数为 4～12 行，然后人工切去樱子、挑选、装袋。

二、蒙中地区马铃薯滴灌栽培技术

（一）品种选择

选择适应性强、商品薯率高的品种，如克新系列、荷兰系列、夏波蒂、冀张薯系列、龙金等。

（二）地块选择

选择有深翻基础、土层深厚、土壤疏松、质地为沙壤土或壤土、具有灌溉和排水能力的地块。地块要相对平坦，地力一致，有机质含量在 1% 以上，pH 值为 5.4～7.8。前茬最好是禾谷类作物，忌用前茬为甜菜茬和薯类茬的地块。

（三）整地施肥

一般选用秋耕地，耕层浅且不一致的土壤作春耕。根据田间设计进行，翻地深度为 30～35 厘米。如果土壤过干，先轻灌，再翻地。耕地时避免漏耕，不出现硬块，同步保墒为好。根据土壤检测结果施肥，一般每亩施纯氮 20～25 千克、纯磷 15～20 千克（马铃薯需要磷肥数量不大，但实际利用率往往偏低）、纯钾 30～35 千克。选用优质的含硫复合肥，有条件的可以增施部分有机肥和微肥。

施用方法：

一是表面撒施法。通过拖拉机牵引施肥机撒施在地表面，结合播前用药随即混土，预留 1/3 的氮肥和钾肥用于追肥。施肥时避开大风天气保证抛撒均匀。二是起垄施肥法。用拖拉机牵引带肥箱的中耕机施肥，起扁平凹形垄。

施用杀虫剂，播前用药与施肥同步进行。如播种时用药，此处可省略。施肥施药后立即耕地，保持机器匀速、慢速行驶，注意两幅之间应稍微重叠，提高耙糖效果。起垄施肥，可在地表施农药耙糖之后进行。

田间旋耕会造成水分损失，所以旋耕结束后如果土壤较干，要进行轻灌，准备播种。根据地块大小选择喷灌系统，于翻地之前完成设施的安装和调试，例如旋耕机、播种机调试。

（四）种薯处理

1. 种薯选择　选用适宜的优良品种，选择抗病虫、优质高产、商品性好的脱毒种薯。种薯选用壮龄薯，表皮完好，无病虫害的健康薯。种薯出库、运输时防止种薯破皮、造成伤口。催芽晒种、促进种薯解除休眠，如选用小整薯，则不需后面的切种、拌种。推荐使用小整薯。

2. 切种　切块平均重量为 50 克左右，切块大小应与播种杯大小匹配。每个切块保证 1～2 个芽眼，切面越小越好，利于刀口愈合。注意尽量减少盲芽。每人备 2～3 把刀，若切到病薯，用 0.1% 高锰酸钾溶液或 75% 酒精进行切刀消毒。切种时剔除杂薯、病薯、烂薯和内部变色的薯块，原则上每切一个薯块消毒切刀 1 次。

3. 拌种　切块后可选用 70% 甲基硫菌灵与滑石粉拌种。做到拌种均匀一致，拌后晾晒。原则是随切种、随拌种、随播种，避免长时间堆放引起霉烂。

（五）播　种

1. 播种期　当 10 厘米地温稳定在 10～13℃ 时就能播种。乌兰察布市及周边旗县一般播种期在 4 月下旬至 5 月下旬。

2. 播种深度　播种时应将薯块播入湿润土层内。保温、保湿好的土壤宜浅播 6～8 厘米；保温、保湿差的沙性土壤播深 10～12 厘米；中间类型的土壤播深 8～10 厘米。

3. 种植密度　机械播种的行距一般为 90 厘米，根据土壤肥力、品种和当地气候条件确定株距。一般早熟品种株距 18 厘米左右，3 800～4 000 株 / 亩；中熟或中晚熟品种株距 20 厘米左右，3 500～3 800 株 / 亩。

4. 种植方法　调整播种机，达到要求的深度和株距。如播前未用药，可在播种机上安装药罐，调整好压力，把药液均匀喷洒到垄内。

（六）田间管理

1. 中耕及铺管　播后 2～3 周，芽尚未全部出土，为了保墒、提温、消灭杂草，开始中耕起垄并铺管。这时没有苗作参照物，容易偏垄，深度也难掌握，所以要及时检查，及时纠正。垄台尽可能大，为将来块茎膨大提供良好的条件，深度控制在 12～15 厘米（种块上方距垄台顶部的距离）。中耕后观察苗情，及时补充水分保证出苗。

2. 肥水管理　苗期一般不追肥浇水。马铃薯不同生育期的需水量不同，依据土壤墒情、天气、施肥量、品种、植株生长阶段进行浇水。从出苗到始花期、盛花期，灌溉水量逐渐增加，盛花期达到最大值。块茎膨大期开始逐渐减少，收获前 15 天停止浇水。注意：中耕后 24 小时内尽量避免灌溉，喷药后 36 小时内尽量避免灌溉。

出苗后 3 周开始追施氮肥较为合适。出苗后 7～9 周可适量混追磷肥、钾肥及微肥。出苗 9 周后以叶面追肥为主，确保植株正常生长发育之需。结合田间灌溉进行追肥，分次灌溉、追肥。

3. 除杂　马铃薯种植过程中，要在团棵期、始花期、块茎膨大期各进行 1 次拔除杂株、病株等问题株，把拔掉的植株集中销毁或深埋。第三次去杂、除劣时，植株已经结薯，在拔出植株的同时也要把块茎挖出销毁。

（七）病虫草害防治

整个生育期要全程防治病虫害，以预防为主，防治结合。一般整个生长季使用 6～8 次杀菌剂、杀虫剂，降雨量大、湿度大可适当增加喷药次数。间隔期为 7～10 天，原则是开始间隔长，生长中期间隔短，生长后期间隔再长。遇有晚疫病时要及时缩短间隔期至 3～4 天，并根据病害情况增加用药量或选择新药。为了降低成本、提高防治效果，保护剂、杀菌剂要交替使用。

每次喷施杀菌剂的同时配合喷施杀虫剂，防止蚜虫侵染，减少病毒传播。

播种后 7～10 天喷封闭除草剂，保持土壤湿润，使喷施的除草剂形成水膜，提高除草效果。喷药机匀速作业，喷出的药液均匀，避免漏喷。苗后除草可在草苗龄 2～3 叶片时进行喷施，喷施要匀。

（八）采　收

收获期根据品种熟性、块茎膨大情况、天气情况等多种因素综合考虑，于收获前 10～15 天进行收滴灌带并杀秧。化学杀秧使用草铵膦 200 克/亩叶面喷雾，植株繁茂时需要喷施 2 次。机械杀秧使用拖拉机牵引杀秧机进行，杀秧后留茬 5 厘米左右。

　　杀秧后 10～15 天，当马铃薯植株大部分枯死，薯皮已木栓化，保持土壤相对湿度在 50% 左右，开始收获。收获前保养调整好收获机，在操作过程中尽量减少马铃薯破皮、受伤。收获后的块茎适当晾晒 1～2 小时，收获的薯块及时分选、包装、入库或销售。

第三篇

华南地区
蔬菜栽培

第一章

广东蔬菜栽培

一、岭南地区露地菜心栽培技术

（一）品种选择

菜心的品种根据生育期长短分早熟、中熟和晚熟菜心。春夏秋冬适播品种均不相同，一般早熟种于 5—10 月播种，播种到采收 25～35 天；中熟种于 9—11 月和 3—4 月播种，播种到初收 35～45 天；晚熟种于 11 月至翌年 3 月播种，播种至初收 45～65 天。主要的优良品种有油绿 702 菜心、大沥 5 号、80 天甜菜心等。

（二）整地施肥

种植菜心应选择疏松、有机质含量丰富的壤土，或沙壤土，种植效果较好。深耕晒白，施足基肥，一般每亩可施腐熟粪肥 1 000～2 000 千克、复合肥 20 千克，然后精细整地，畦宽 1.5～1.7 米、高 20～30 厘米，畦面细碎平整，略呈龟背形。

（三）播　种

菜心可直播或育苗移栽。早、中熟菜心生长期短，一般以直播为主，晚熟菜心生长期长，可以育苗移栽。在冬春季播种时，应注意预防低温，特别是寒潮低温的影响。夏秋季播种则应避免在大风、暴雨天进行，以防大雨冲刷。播种前先少量喷水，洒湿畦面。然后喷施 50% 辛硫磷乳油 750 倍液 ＋70% 敌磺钠可湿性粉剂 750 倍液，以及同时用不同药壶喷施丁草胺 500 倍液。每亩用量为 0.3～0.5 千克。喷药后可立即播种。少雨季节播完后即直接覆盖 1.9 米宽的防虫网，然后用土将四周压实封闭，再淋一遍水。压网的过程中需适当宽松，留备菜苗往上顶着生长的空间。多雨季节不宜采用直接覆盖方式，应采用拱竹支撑覆盖防虫网的方式。

（四）田间管理

1. 间苗　播种后 12～18 天，需间苗 1～2 次，即当幼苗真叶展开后，拔去过密的苗和弱苗，3 叶期时进行第二次间苗及定苗，并结合进行补苗。一般早熟种苗距为 10～13 厘米，中熟种苗距为 13～16 厘米，晚熟种苗距为 16～17 厘米。间苗后即喷施高效氯氰菊酯 1 500 倍液＋霜霉威 600 倍液＋噻菌铜 750 倍液，然后立刻盖上防虫网。

2. 肥水管理　追肥应掌握勤施、早施、薄施的原则，前期轻，中后期重。一般以复合肥为主，总施肥量为 20 千克 / 亩，分别于菜心 1～2 片真叶期、3～4 片真叶期、6～7 片真叶期追施。3 次追肥量分别占总追肥量的 30%、35%、35%。追肥用浓度低于 1% 的肥水，追肥过后，立刻再浇 1 次清水，防止烧伤。

（五）病虫害防治

1. 病害防治　天气潮湿期间，可根据需要隔网喷施 30% 苯甲·丙环唑乳油 1 000 倍液＋722 克 / 升霜霉威水剂 600 倍液＋2% 春雷霉素水剂 500 倍液防治炭疽病、软腐病、霜霉病。

2. 虫害防治　菜心的主要虫害是小菜蛾和黄曲跳甲。采用防虫网覆盖栽培可有效减少虫害。春夏季阴雨天气多，多采用拱棚覆盖防虫网方式；秋冬季雨水少，多采用防虫网直接覆盖方式。采收前 5～7 天揭开防虫网，此时菜心叶片大且厚，使黄曲条跳甲的危害大幅度下降。揭网后田间插色板诱杀，或喷洒适量鱼藤酮、苏云金杆菌、印楝素等生物农药防治，直至采收完毕，可取得较好的防治效果。

（六）采 收

当菜薹长至高度与植株叶片顶端高度齐平（俗称齐口花）或接近时，此时开花2～3朵，为合适的采收期，应及时采收。主薹长到15～20厘米时即可进行采收。一般每亩产1800千克左右。

经过预冷（30分钟可完全消除田间热）后，放到冷库3～5℃冷藏保鲜，最长可保鲜30天。

二、粤西地区青皮尖椒高产栽培技术

（一）品种选择

春季栽培由于雨水多，空气湿度大，特别是辣椒生长处于开花结果阶段时，正是高温高湿时期，易感染病害，所以应选择生长势强、抗病性好的品种，如汇丰2号、福康8号、东方神剑、辣优15号等。

（二）适时播种

春种辣椒以11月至翌年1月播种最适宜生长，但一般来说前期收获的辣椒价格较高。为了获得更高的经济效益，通常提前在10—12月播种，苗期覆盖薄膜过冬（注意光照强时要适时揭膜），2月定植，可提早在3月下旬至4月上市，此时辣椒价格相对较高；夏季高山反季节栽培可在2—4月播种；秋冬季栽培可在7—11月播种。

（三）培育壮苗

辣椒种子不休眠，种子发芽喜欢黑暗，在光线太强的条件下不易发芽。为了促进快发芽，可先进行催芽后播种。方法是将种子用纱布包起来，种子重量以不超过25克为宜，放在55℃左右温水（温度保持不变）中杀菌20分钟后，冷却至30℃左右浸泡3～4小时，取出后保持湿润。如果有条件，也可用10%的磷酸三钠浸种20分钟，流水冲洗2小时来消毒。若温度高，5天后便可出芽；若温度低，则需7～10天才出芽。当有30%种子露芽时即可播种。将种子与过筛的草木灰或细泥土混匀，播于育苗地，注意疏播。播后盖上细碎的表土，淋足水。

（四）定　植

如果是春季种植，定植前 5～7 天要揭开薄膜炼苗一段时间。种植辣椒的地块，前茬不能为茄科作物或花生、桑树、烟叶等，最好前茬为水稻。大田栽培必须将土壤充分犁翻晒白，再用石灰（每亩用 50～70 千克）消毒。种植规格，一般为 1.2 米包沟，双行种植，株距 0.2 米。定植前，苗地用 2.5% 氯氰菊酯乳油 2 000～3 000 倍液＋75% 百菌清可湿性粉剂 500 倍液喷 1 次，避免带蚜虫定植。定植应选阴天或晴天下午进行，要使幼苗尽可能带土，以免伤根，可提高成活率。定植后立即淋足定根水，定植 5～7 天后可淋 1 次波尔多液或氧氯化铜，对防治病害可起到很好的作用。

（五）田间管理

1. 肥水管理　辣椒生长期较长，若肥料充足、管理好，则可延迟收获时间，提高产量。除施足基肥，要配合植株的生长发育进行合理追肥。肥料用法应根据各地具体情况来定。一般应在基肥中加入腐熟堆肥 2 000～2 500 千克、三元复合肥 50 千克，混合后施入定植沟内，然后与土掺匀。植株定植成活（5～7 天）后可进行追肥，前期可用尿素 100 克加水 25 千克淋施，每亩用尿素 2～2.5 千克，或用腐熟人粪尿淋施，1～2 次后，改用沤过的花生麸淋施，并配合施用复合肥，可在植株间或行间开浅沟施入，施后进行培土，并用清水淋施 1 次，避免叶片受肥害。

辣椒根群不大，既不耐涝，也不耐干旱。若土壤过于干旱，则生长发育受抑制，落花落果多，果细，产量低；若过湿，土壤缺乏氧气，根部呼吸受阻，易腐烂，叶片枯黄脱落，也易引起各种病害。因此，一般采用淋灌方法，不宜采用满田灌水。

2. 中耕除草及培土　辣椒主根入土不深，根群大多数分布于表层，且根系再生能力只在苗期较强，故定植以后忌伤根，应尽量减少中耕次数。若土壤板结，可适度中耕，注意不要靠近根部。若杂草多，可用手拔除。同时，可结合施有机肥和多次培土，以改良土壤，增加根系吸收面积。

3. 摘除侧芽 辣椒有时在第一分叉以下会产生许多侧芽，这些侧芽应除去，否则会消耗养分，并抑制植株顶部分枝生长。侧芽应在较小（第一、第二层花开放）时除去，不能伤及植株。

（六）病虫害防治

辣椒主要病害有猝倒病、灰霉病和炭疽病等，虫害有蚜虫、烟青虫等。

1. 病害防治 猝倒病可用床土消毒，每平方米苗床用95%恶霉灵原药1克，兑水成3 000倍液喷洒苗床。也可按每平方米苗床用30%多·福可湿性粉剂4克、细土15～20千克，拌匀，播种时下铺上盖，将种子夹在药土中间，防效明显。发现病苗立即拔除，并喷洒72.2%霜霉威水剂400倍液，或70%代森锰锌可湿性粉剂500倍液，或3%甲霜·恶霉灵水剂1 000倍液，或15%恶霉灵水剂700倍液等药剂，每平方米苗床用配好的药液2～3升，每7～10天喷1次，连续2～3次。灰霉病用70%嘧霉胺水分散粒剂1 000～1 500倍液或30%嘧霉·福美双悬浮剂700～800倍液喷雾防治。炭疽病发病前或发病初期喷75%百菌清可湿性粉剂600倍液，或65%代森锌可湿性粉剂400倍液，或70%甲基硫菌灵可湿性粉剂400倍液，上述药剂交替使用，每隔7～10天喷1次，连续2～3次。

2. 虫害防治 蚜虫用10%吡虫啉可湿性粉剂2 000倍液或3%啶虫脒乳油2 000～2 500倍液进行喷雾防治即可。烟青虫用21%增效氰·马乳油8 000倍液进行喷雾防治，每隔7～10天喷洒1次。

（七）采 收

辣椒可连续结果多次采收，青果、老果均能食用，故采收时期不严格，一般在花凋谢20～25天后可采收青果。为了提高产量，防止坠秧，影响上层果实的发育和产量的形成，第一、第二层果宜早采收，这样有利于上层多结果及果实膨大。其他各层果宜充分转色后再采收，即果皮由皱转平、色泽由浅转深并光滑发亮时采收。采收盛期一般每3～5天采收1次。以红果作为鲜菜食用的，宜在果实八九成红熟后采收。

采收宜在晴天早上进行。中午水分蒸发多，果柄不易脱落，采收时易伤及植株，并且果面因失水过多而容易皱缩。下雨天也不宜采收，采摘后伤口不易愈合，病菌易从伤口侵入引起发病。

三、粤西地区有棱丝瓜栽培技术

（一）品种选择

选择优质高产、分枝性强、根系发达、主蔓粗糙的优质品种，如华绿宝丰、绿源3号、雅绿6号等。

（二）地块选择

有棱丝瓜植株生长量大，种子成熟过程长，虽耐潮湿，但种瓜容易烂果，因此宜选择土层深厚、土壤疏松肥沃、富含有机质、排水良好、通风向阳的地块。前茬以水稻为宜，避免与瓜类蔬菜连作。制种地块以半径500米建立隔离区，隔离区内普通丝瓜和有棱丝瓜不能混种。

（三）整地施肥

深翻地块，待阳光暴晒3～4天后耙平耙碎，做到土壤疏松，地面平坦。土地平整后，每亩施腐熟鸡粪1 500千克、磷肥50～70千克、三元复合肥100千克作为基肥，并与土壤混匀。起垄做畦，畦面宽1.3米，畦高约30厘米，沟宽40厘米，四周开排水沟，畦面覆盖银色反光地膜。

（四）播 种

1. 播种期 在广东地区，有棱丝瓜在春、夏、秋季均可种植。早春直播以当地温度稳定通过18℃为标准，有设施防寒或棚内育苗的可适当提前。适播期为2—8月，最适播期为3—4月、7—8月。

2. 种子处理

（1）育苗移栽 播种前先催芽，将丝瓜种子晒2～3小时，然后进行温汤浸种，用55℃的温水浸泡15分钟，不断搅拌。有棱丝瓜种皮厚，温汤浸种后仍需在凉水中浸泡10小时，然后用纱布包好在28℃的温度下催芽，中途注意用温水冲洗。待80%的种子泛白后即可播于营养钵中，当年饱满的新种每钵播1粒。播种后覆盖0.5厘米厚的细土，用喷壶淋透水后置于小拱棚中，做好苗期管理工作。

（2）直播种植 种子经浸种催芽后直接播于穴中，每穴2～3粒。

3. 苗期管理 待第一片叶出现时可浇稀薄清粪水1次，浓度为1∶10。之后喷施预防病虫害的农药甲霜灵或噁霜·锰锌（杀毒矾）或氰戊·马拉松（灭杀毙）1次。苗期夜晚注意保温，白天温度超过25℃时要两头通风。苗期水分不宜过多，营养土见干见湿即可。定植前炼苗5～6天。

（五）定　植

有棱丝瓜需肥量大，定植前先深挖坑晒土1周左右，然后施腐熟厩肥60吨/公顷，随耙平埋入土中。有棱丝瓜定植时不宜太大，一般有2～3片真叶即可开始定植。定植塘打在畦的两侧，畦宽2米，行距1.8米左右。定植塘内施复合肥20多粒。每穴1苗，定植后浇透水，视土壤干湿情况，次日再浇水1次。

直播种植的在3～4片真叶时可定苗，定苗在傍晚时进行，之后浇清粪水1次。有棱丝瓜的最适宜种植密度为1 110株/亩。

（六）田间管理

1. 肥水管理 生长过程中的肥水管理方面，有棱丝瓜需肥量大，必须保证充足的肥水条件才能丰产。当苗2叶1心时，用0.5%高氮型复合肥水淋1次以促进苗生长；进入开花结果期后，重施壮果肥，每亩滴灌15～20千克高钾型水溶性肥；进入采收期后，每隔5～7

天滴 1 次肥，每亩滴灌 10 千克高钾型水溶性肥，保持植株长势。

若春、秋季种植，苗期无须控水。若夏季种植，苗期适当控水。故苗期土壤干燥应适当浇水，上架后进入雨季要注意排水。

2. 植株调整　抽蔓时及时搭架，丝瓜插架以"人"字架为主，也可搭平顶棚，蔓长 50 厘米时即可引蔓上架。采用平顶棚方式，应在每株旁立 1 根竹竿，棚高约 1.8 米，便于操作和今后的采摘。上架前去除侧蔓，每株仅留主蔓 1 条并适时绑蔓、吊蔓，使瓜藤固定。

有棱丝瓜雄花较多，必须进行去雄疏须工作。一般每株留 1/3 的雄花授粉即可，且要趁雄花少时及早去雄。有棱丝瓜结果较多，要做好理瓜工作，否则，瓜易变形，商品性差。对小瓜及发生病虫害的瓜要及时摘除。在果实生长旺盛期，下部叶片已开始老化，应摘除下部老叶，以便通风透光并减少养分消耗。

（七）病虫害防治

丝瓜常见的病害主要是蔓枯病、病毒病和霜霉病，虫害主要有瓜绢螟、斑潜蝇、白粉虱、瓜实蝇。

1. 病害防治　蔓枯病用 70% 甲基硫菌灵可湿性粉剂 700 倍液或 50% 多菌灵可湿性粉剂 600 倍液防治。对病毒病除防好蚜虫，用 20% 盐酸吗啉胍·乙酸铜可湿性粉剂 500 倍液或 1.5% 烷醇·硫酸铜乳剂 1 000 倍液防治。霜霉病可用 70% 甲霜灵可湿性粉剂 500 倍液或 75% 百菌清可湿性粉剂 600 倍液喷雾防治。

2. 虫害防治　虫害可用 2.5% 溴氰菊酯乳油 1 500 倍液，或 24% 甲氧虫酰肼悬浮剂 2 000 倍液，或 1% 氰戊菊酯乳油 800 倍液交替喷施，并用带性诱剂的黄色粘虫板或粘网对斑潜蝇和瓜果蝇进行物理防治，效果更佳。

（八）采　收

过早或过迟采收影响产量、商品性。有棱丝瓜的采收标准是：瓜身饱满、匀称，果柄光滑，瓜身稍硬，果皮有柔软感而无光滑感，手握瓜尾部摇动有震动感，特别是条棱之间起皱纹时便是采收适期。

第二章

广西蔬菜栽培

一、桂东地区露地春苦瓜栽培技术

（一）品种选择

选择高产、优质、抗病、耐寒、适应市场需求的长圆锥形品种，如绿宝石、碧绿号、金天 A–5、金天 A–6、早丰 3 号等。

（二）播种育苗

2 月初，当气温在 12℃以上时，即可播种。播种前先催芽，一般浸种 10～12 小时后，保湿放置在 28～30℃的条件下催芽。在种子尚未发芽前，每天用清水清洗种子 1 次，以除去种子表面黏液，防止种子发霉腐烂。2～3 天后，种子长出胚根 3 毫米左右时即可播种。采用穴盘育苗方式育苗，一般发芽种子按 1 粒 1 穴平放入穴盘，覆上育苗基质，浇透底水，采取小拱棚盖薄膜育苗的方法进行保温。出苗前，一般不需揭动薄膜，以保温、保湿为主。出苗后，每天淋 1 次水，并适当通风换气。若处于低温的天气条件下，则以保温为主，少淋水，控制日温在 20～30℃，夜温在 15～20℃。苗期不宜施肥次数过多、浓度过高，一般施薄肥 1 次，可用 0.5% 三元复合肥淋施。定植前 1 周，控水控肥，进行炼苗。

（三）整地定植

选择前茬是水稻或叶菜类的田块进行整地并施足基肥，一般每亩施优质腐熟农家肥 2 000 千克以上或商品有机肥 200 千克以上、三元复合肥 50 千克、过磷酸钙 50 千克，进行沟施，并与土壤充分混匀后深翻做畦。畦宽约 1.3 米，沟宽约 30 厘米，整平畦面并充分湿润土壤，然后覆盖 1.6 米宽的黑地膜，盖膜后要求畦地四周用泥土压紧并在地膜中间每隔一定的距离压上一些泥土。

当幼苗 4～5 片真叶时进行定植。定植前 1 天浇足底水，并喷施 1 次 56% 嘧菌·百菌清水乳剂 1 000 倍液或 25% 多菌灵可湿性粉剂 500 倍液。移栽取苗时宜小心保护好营养土。采用双行"品"字形种植的方法，定植于每畦的外边 20 厘米处，株距 1.5 米左右，每亩定植 600～800 株。定植深度以覆盖至第一片真叶为宜，有利于茎基部促发新根。定植后要立即浇定植水，采用大水漫灌以保证每株都有充足的水分。

（四）田间管理

1. 肥水管理 利用地膜覆盖栽培，前期一般不需根部追肥，抽蔓后以叶面追肥为主，主要采用生物有机肥。结瓜期由于需肥量大，应采取根部破膜追肥的方法，一般每隔 6～8 天每亩追施三元复合肥 15 千克，以及氯化钾和尿素各 5 千克。结果盛期每 10 天喷 1 次漯丰王叶面肥 600 倍液，以满足植株对养分的需求。春季雨水多，地膜覆盖栽培土壤保湿较好，在雨水较正常的情况下，一般不需浇水；若天气较为干燥，则需在地膜上浇淋适当的水，渗入植株根部，保持土壤湿润即可。结果期需供给充足水分，但又忌湿度过大引起病害，故以浇水最好。雨水多时，注意及时排水。

2. 搭架、整枝 当幼苗长到 40 厘米左右时，需进行搭架引蔓上架。搭架方法：每畦先搭"人"字架，"人"字架中间横篱应距离畦面 1.6 米以上，然后在每两畦横篱每隔 1 米左右放一竹篱搭成一个平棚，棚上用尼龙网（网口大小约 25 厘米×25 厘米）连在一起以便苦瓜生长。搭架要力求牢固，以避免风吹倒塌而损伤瓜苗，影响产量。随植株的生长进行多次绑蔓，并将 1 米以下未上架的侧枝及时打掉，1米以上的侧枝可引到架上，上架后一般不再整枝。过密的和衰老的枝叶应及时摘除，以利于通风透光，提高光能利用率。

（五）病虫害防治

苦瓜病害主要有霜霉病、白粉病，虫害主要有蚜虫、瓜实蝇等。

1. 病害防治　霜霉病可用 18.7% 烯酰吗啉·吡唑醚水分散粒剂 1 000 倍液，或 53% 精甲霜·锰锌水分散粒剂 600 倍液，或 80% 氟吗·霜可湿性粉剂 1 000 倍液防治。白粉病用 30% 醚菌酯·啶酰菌胺悬浮剂 1 500 倍液防治，每隔 5～7 天喷 1 次，连喷 2～3 次。

2. 虫害防治　蚜虫可用 10% 吡虫啉可湿性粉剂 2 000 倍液或 2.5% 三氟氯氰菊酯乳油 3 000 倍液喷施防治。防治瓜实蝇可采用性诱杀办法，每亩挂 5～10 个性诱器即可。

（六）采　收

苦瓜谢花后 12～15 天，瘤状突起饱满、果皮光滑、顶端发亮时为商品果采收适期，应及时采收。

二、桂南地区黑皮冬瓜栽培技术

（一）品种选择

选用抗病性好、产量高的冬瓜品种，如桂蔬一号和桂蔬八号等。

（二）地块选择

选择排灌方便，土层深厚、疏松、肥沃的土壤。

（三）育　苗

1. 浸种催芽　将种子浸于 50℃ 的温水中并不断搅拌 10 分钟以使种子受热均匀，之后加水降温后自然浸泡 6～10 小时（室温为 25～30℃ 时浸泡 6 小时，室温为 20～25℃ 时浸泡 8 小时，室温低于 20℃ 时浸泡 10 小时或更长时间），浸泡后用清水洗净种皮黏液，再用干毛巾擦干种皮外表水渍，用双层的半湿毛巾（毛巾洗净湿水后用手拧去水分）将擦干的种子包好，放于催芽盒里，最后把催芽盒放于30℃恒温箱中催芽。40小时后开始陆续出芽。此种方法出芽稍迟，而且催芽时间长（7天左右），出芽率较低（80%）。

2. 嗑种催芽 将按上述方法浸泡后的种子用清水洗净种皮黏液，再用干毛巾擦干种皮外表水渍，用钳子轻轻地将种脐的缝合线夹裂即可，或者用牙齿轻轻嗑（听到咔一声）一下种脐（种子尖的一端），使其略开一个小口，种皮开口不要过大，以防伤及种胚。将处理好的种子用双层的半湿毛巾包好，放于催芽盒里，最后把催芽盒放于30℃恒温箱中催芽，36小时后种子开始陆续出芽。此种方法出芽早，而且催芽时间短（5天左右），出芽率高（90%以上），整齐度好。

3. 基质及育苗盘 直接选用商用的育苗基质产品，选用瓜类专用型或广谱型基质。春季育苗可用50孔的育苗盘，秋季育苗可用72孔的育苗盘。

4. 苗床选择和育苗设施 苗床应选背风向阳、地势稍高的地方。冬春季采用大棚或简易竹木中棚加小拱棚保温育苗。夏秋季育苗，出苗前用遮阳网覆盖保湿，出苗后用防虫网搭防雨棚，防止大雨冲刷。

5. 播种 桂南地区和右江河谷地区春季早熟栽培一般在12月播种，秋植最迟在8月中旬播种；桂中、桂北地区一般在2—3月播种，秋植最迟在7月中旬播种。

春季育苗应选晴暖天气播种，夏秋季育苗宜选阴天或早晚进行播种，播种前浇足底水，播种时种子平放，芽尖朝下，覆土厚0.5～1厘米。

6. 苗床管理 播种后出苗前苗床应密闭，温度保持在28～32℃。出苗后苗床夜温16～18℃，日温22～30℃，有利于培育壮苗。小苗出土后应保持苗床湿润，幼苗露心后保持半干半湿状态对防止瓜苗徒长及控制病害有利。春季育苗期注意苗床通风换气，防止高温高湿，诱发病害。淋水及喷药应在通风条件下于上午10时至下午3时进行，待叶片上无水滴后再闭棚。瓜苗长势较差时，可淋施0.3%优质复合肥。移苗定植前5天进行炼苗，以适应大田气候。

（四）定 植

1. 整地施肥 种植前深翻土地30厘米以上，冬季进行冬翻晒土，瓜地四周挖排水沟，施基肥后耙细做畦。畦宽（包沟）：爬地栽培为5米，搭架栽培为2米，畦沟深30～40厘米。

在地膜覆盖栽培的条件下，中等肥力土壤，结合整地，每亩施腐熟畜禽粪500～1 000千克、三元复合肥50千克、尿素10千克、钙镁磷肥25千克、氯化钾10千克，化肥全层深施（即瓜地翻犁后将计划施用的肥料全面撒施在地表上，然后用旋耕机旋耕，使肥料与土壤充分混合均匀），如种植地为沙壤土需撒施防治根结线虫的药。施好基肥后应立即覆盖宽幅为150～200厘米的地膜，防止肥料流失。

2. 适时定植 瓜苗有2片真叶时即可移苗定植。春季宜选晴暖天气进行。定植后浇足定根水，如进行早春栽培需覆盖小拱棚，棚膜宽150厘米，厚0.014毫米。夏秋季定植宜在阴天或晴天下午4时后进行，定植后浇足定根水。

爬地栽培时，多蔓多瓜结瓜方式每亩定植120～180株，单蔓单瓜结瓜方式每亩定植450～500株；搭架栽培时，每亩定植600～750株。

（五）田间管理

定植后要保持土壤湿润，以促进成活。春季小拱棚栽培，定植后1周内闭棚升温，当棚内气温高于40℃时，先在小棚南面破膜开孔（孔径约为拳头大小）散热降温。随着外界气温升高，由南面到棚顶再到北面逐步增开散热孔，扩大孔径，防止高温危害。

缓苗后视土壤湿度及瓜苗生长情况，进行浇水。在雌花开花前，每隔5～7天可结合浇水淋施0.3%复合肥＋0.2%尿素（总浓度为0.5%）；生长势比较差的植株，可叶面喷施0.002%赤霉素（九二〇）＋复硝酚钠（爱多收）4 500倍液＋磷酸二氢钾1 000倍液进行催苗，每5～7天喷施1次，连续2～3次。

　　当瓜蔓长1～1.5米、气温稳定通过15℃时，揭除小拱棚进行整枝。按照计划选留瓜蔓，及时抹除多余的瓜杈。爬地栽培时，将瓜蔓引向对面摆放，使保留的各条瓜蔓在田间均匀分布，避免交叉重叠。采用搭架栽培时，瓜蔓长2.5米左右时，将瓜蔓引上架。

　　开花授粉期不追肥，严格控制浇水，以枝叶长势中庸而健壮为宜，避免水分过多造成生长过旺而影响坐果。在土壤墒情差到影响坐果时，可浇小水。开花期如遇阴雨天并无昆虫（如蜜蜂）活动时需进行人工辅助授粉。

　　待幼果生长至200克左右时，进行选留果，按预定留果数选留瓜柄粗、果形正的果实，其余幼果及时摘除。一般选留主蔓第二或第三雌花坐果，适宜留瓜节位为主蔓25～32节或侧蔓18～25节。若植株生长健壮、雌花饱满而且花柄较粗壮则留瓜节位可适当降低。

　　果实膨大期要保证水肥充足。疏果后，每亩追施尿素10千克、硫酸钾10千克，结合浇水将化肥兑成1.5%～2%液肥，在距离根茎部40～50厘米处淋施，避免伤及冬瓜的茎叶。枝叶过密容易诱发病害，同时影响果实外观转成墨绿色。果实膨大期继续进行整枝引蔓，坐果节位以上留12～15片叶后打顶。搭架栽培时，果实重2千克左右时，用尼龙布条或尼龙包装绳进行吊瓜。爬地栽培时，采收前5天进行翻瓜，使果皮着色均匀。翻瓜要在晴天下午进行，避免阳光直射果实，防止日灼伤害。

（六）病虫害防治

　　冬瓜的病害以炭疽病、疫病、细菌性角斑病、枯萎病为主，虫害主要有蚜虫、蓟马、斜纹夜蛾、斑潜蝇、粉虱等。

1. 病害防治 炭疽病用 70% 甲基硫菌灵可湿性粉剂 600 倍液，或 77% 氢氧化铜可湿性粉剂 600 倍液，或 75% 百菌清可湿性粉剂 800 倍液等防治。疫病用 68.75% 氟菌·霜霉威悬浮剂 600 倍液，或 58% 雷多米尔·锰锌可湿性粉剂 800 倍液，或 50% 烯酰吗啉水分散粒剂 1 000 倍液，或 72.2% 霜霉威水剂 600～700 倍液等防治。枯萎病采用嫁接或水旱轮作方法防治。细菌性角斑病用叶枯唑加新植霉素、氢氧化铜等药剂防治。

2. 虫害防治 常用药剂有：2.5% 溴氰菊酯乳油 1 200 倍液、20% 吡虫啉可溶性粉剂 3 000 倍液、50% 抗蚜威可湿性粉剂 1 500 倍液、50% 辛硫磷乳油 1 000 倍液、10% 噻嗪酮乳油 1 000 倍液、80% 敌百虫可湿性粉剂 800 倍液、1.8% 阿维菌素乳油 3 000 倍液、25% 杀虫双水剂 300 倍液、1.8% 阿维菌素乳油 1 000 倍液、5% 氟啶脲乳油 2 000 倍液等。2～3 种农药混合使用，最好加入少量中性洗衣粉或农用增效展着剂，以提高效果。避免连续多次使用一种杀虫剂，以免引起害虫产生抗药力，降低效果。

（七）采 收

授粉后约 30 天，果实定型时即可采收上市；若需要长期贮藏，需授粉后 45 天左右，果实充分成熟时才能采收。

三、桂南地区露地苦瓜栽培技术

（一）品种选择

选用通过审定或者登记的抗病性强、抗逆性强、优质、高产、耐贮运、商品性好、适合市场需求的苦瓜品种，如桂农科 1 号、桂农科 2 号、翠中翠、大肉 1 号、风绿、月华。

（二）育 苗

1. 浸种催芽

（1）**浸种** 将种子放入常温水中 15 分钟后取出，放入 3 倍于种子体积以上的 55℃ 热水中，保持恒温并不断搅拌 10 分钟，然后自然冷却浸种 6～8 小时。最后将种子放入 50% 多菌灵可湿性粉剂 1 000 倍液中或放入 70% 甲基硫菌灵可湿性粉剂 800 倍液中浸泡 20 分钟，取出洗净。

（2）**催芽**　将浸种后的种子用干净湿润棉布包好，种子厚度不超过 4 厘米，置于 30～33℃ 的环境下催芽。催芽过程要保持种子湿润，若发现种皮发滑应及时用温水清洗。种子露白时即可播种。

2. 播种　春季提早栽培利用大棚等增温设施可在 12 月播种，春季露地栽培在 1 月中旬至 4 月上旬播种。夏季露地栽培在 4 月中旬至 5 月上旬播种。秋季露地栽培在 7 月中旬至 8 月上旬播种，每亩用种量为 450～500 克。

选用上年未种植过瓜类蔬菜的疏松壤土或沙壤土，与腐熟的有机肥按 2：1 比例混合均匀。每立方米营养土用 70% 代森锌可湿性粉剂 60 克或 50% 多菌灵可溶性粉剂 40 克撒在营养土上，混拌均匀，然后用塑料薄膜覆盖 2～3 天，掀开薄膜后即可装入营养杯或穴盘待用。

播种前一天将营养土淋透水，每孔点播 1 粒已露白的种子，种子上盖 0.5 厘米厚的营养土。夏秋育苗的在盘面上盖上稻草或用遮阳网遮阳，然后将盘土浇透水。冬春育苗的在盘面上先盖一层地膜，再用小拱棚防寒。

3. 苗期管理　苗期适温为 20～30℃。育苗环境气温低于 13℃ 时按每平方米 75 瓦在小拱棚内拉电灯泡加温。夏秋育苗盖 75% 遮阳网降温。保持苗床湿润，畦面见白应及时淋水。夏秋育苗的浇水时间宜在早晚；冬春育苗的由于气温较低，在晴天上午 11 时至下午 3 时浇水，苗干爽后才可封棚。育苗后期如发现生长不健壮，可淋 0.3% 高浓度复混肥水溶液或叶面喷施 400～500 倍氨基酸类液肥。

出苗 70% 时，及时揭去稻草或覆盖的地膜。冬春育苗时，根据天气的变化情况选在中午进行通风换气。夜温在17℃以上时，不要封棚，苗长出真叶后，及时揭边膜炼苗。

（三）定　植

1. 整地施肥　起畦前至少一犁一耙，按畦宽1.2米、沟宽0.5米、沟深0.2～0.5米起畦，畦面要平整细碎，田块四周要开排水深沟。基肥施腐熟有机肥1 500～3 000千克/亩、高浓度复混肥10～15千克/亩、钙镁磷肥20～25千克/亩。采用沟施或全层施肥。

2. 移栽　当苗长至4叶1心时即可移栽，密度为1 800～1 900株/亩。移栽前1天，淋透育苗盘土。按种植密度开穴，将苗带营养土埋入穴内，培营养土至子叶下1厘米处，随后淋足定根水。一般在定植缓苗后，4～5片真叶时进行地膜覆盖，或先铺地膜后定植。

（四）田间管理

1. 植株调整　当瓜苗长至60厘米左右时，及时搭"人"字或"平"字架引蔓。植株高1.5米以上时，把植株80厘米以下侧枝打掉。在缺苗旁边的植株根部留一侧芽，待此侧芽成蔓后引向缺苗位置。采收第一次商品瓜后，把植株50厘米以下的叶片全部摘除。及时摘除畸形瓜、病瓜、虫瓜、病叶、老叶及细弱侧枝。结瓜后期放任生长，及时摘除畸形瓜、病瓜、虫瓜、病叶及老叶。

2. 肥水管理　采收2周后每亩追施尿素15千克＋高浓度的复混肥15千克。在每次采收后叶面喷施0.2%磷酸二氢钾溶液。寒露风过后，及时喷施300～400倍浓度的氨基酸类叶面肥。生长期间土壤相对湿度宜保持在土壤最大持水量的85%。土壤表层发白，要及时浇透水，采用沟灌形式。

（五）病虫害防治

苦瓜病害有猝倒病、白粉病、疫病、枯萎病、炭疽病、病毒病，虫害有瓜绢螟、瓜实蝇、蚜虫。

1. 病害防治　猝倒病用 72.2% 霜霉威水剂 600～800 倍液，或 30% 噁霉灵水剂 3 000 倍液，或 50% 敌磺钠可溶性粉剂 1 000～1 500 倍液。白粉病用 15% 三唑酮可湿性粉剂 600～800 倍液，或 5% 已唑醇悬浮剂 2 500～5 000 倍液，或 50% 醚菌酯水分散粒剂 1 800～2 000 倍液。疫病用 50% 烯酰吗啉水分散剂 1 000 倍液或 50% 异菌脲悬浮剂 3 000 倍液。枯萎病用 70% 甲基硫菌灵可湿性粉剂 600～800 倍液或 30% 噁霉灵水剂 1 500 倍液。炭疽病用 70% 代森锰锌可湿性粉剂 600～800 倍液或 25% 咪鲜胺乳油 800 倍液。

2. 虫害防治　瓜实蝇用悬挂喷有昆虫物理诱黏剂的空矿泉水瓶诱杀瓜实蝇成虫。瓜绢螟用 5% 氟啶脲乳油 3 000 倍液，或 3% 甲维盐乳油 2 000 倍液，或 4.5% 高效氯氰菊酯乳油 1 000 倍液。蚜虫用 10% 吡虫啉可湿性粉剂 2 000～3 000 倍液，或 0.9% 阿维菌素乳油 1 500～2 000 倍液，或 3% 啶虫脒乳油 1 500 倍液等药剂。药剂交替喷雾使用。

（六）采　收

选择果实的条状或瘤状突起比较饱满、果皮转为有光泽、果顶颜色开始变淡时采收。

应按品种、规格分别贮存。贮存温度为 10～15℃，空气相对湿度保持在 90%～95%。库内堆码应保证气流均匀流通。

四、桂南地区露地黄瓜栽培技术

（一）品种选择

选择抗病、优质、高产、商品性好、适合市场需求的品种，如广良 1618、桂青 2 号等。

（二）地块选择

育苗地和定植地应选择前茬不是葫芦科蔬菜、排灌方便、土层深厚疏松、土壤肥沃的地块。

（三）播种和育苗

桂南地区黄瓜生产季节为春季和秋季。春季最适播种期为2月上旬至3月中旬；秋季最适播种期为8月中旬至9月上旬。播种方式分为育苗定植或直播。春季2月上旬至2月下旬，因倒春寒天气频繁出现，播种方式宜选择保护设施先育苗后定植；气温相对稳定的3月和秋季，黄瓜的播种方式宜选择直播。按每亩栽培面积计，育苗用种量为100克，直播用种量为150～200克。

1. 营养土配制　营养土要求pH值5.5～7.5，有机质2.5%～3%，有效磷20～40毫克/千克，速效钾100～140毫克/千克，碱解氮120～150毫克/千克，孔隙度60%～70%，土壤疏松，保肥保水性能良好。

按每亩黄瓜育苗量为3 000株计，装入6.5厘米×6.5厘米营养杯的营养土需要量约为1 500千克，可用300千克腐熟农家肥与1 200千克水稻土充分混合而成。为防治猝倒病，可用50%多菌灵可湿性粉剂600倍液或25%甲霜灵可湿性粉剂500倍液均匀淋湿营养土，再用塑料薄膜覆盖2天。

2. 育　苗

（1）浸种催芽　播种前把种子放入52～55℃热水中，并不断搅拌浸泡15分钟，再用清水浸种4～5小时，捞出洗净后进行催芽或播种。也可用0.1%高锰酸钾溶液浸种15分钟，捞出洗净后再用清水浸种4～5小时。防治黄瓜病毒病宜选用磷酸三钠溶液浸种，即先用清水浸种4～5小时，再放入10%磷酸三钠溶液中浸泡20分钟，捞出洗净后进行催芽或播种。将经消毒和浸种处理、捞出洗净和沥干后的种子，用拧干的湿毛布包裹并置于28℃环境下催芽，催芽1～2天，种子露白即可播种。

（2）播种　早春播种应选择在"冷尾暖头"或气温稳定在20℃以上的时期进行，有利于出苗整齐。将经消毒处理装穴的营养土淋足水，用手指在穴中间开1厘米深的小孔，将经催芽的种子放到孔内（每孔1粒，种子芽尖朝下），盖上一层约1厘米厚的营养土，然后用喷雾器将新盖的营养土喷湿，再搭建塑料薄膜小拱棚覆盖防寒。

3. 苗期管理

（1）**通风防病** 早春种苗出土后，要注意通风透气，棚内温度稳定在 22～30℃，利于防止幼苗徒长和减少病害发生。幼苗出土齐苗后，注意喷药防治猝倒病和立枯病，相隔 7～8 天可用 50% 多菌灵和甲基硫菌灵可湿性粉剂 800 倍液喷雾幼苗，共 2 次。

（2）**肥水管理** 早春苗期肥水管理要根据苗情和天气灵活掌握。齐苗后的苗土要保持不干不湿，有利于培养壮苗；小苗和气温较低的时期尽量不供水或少供水，大苗和有光照的时期可适当供水。供水以淋水或喷水为主，春季供水时间以上午或中午为好，供水后应适当通风，以降低棚内湿度。幼苗长有 1～2 片真叶后，淋施 0.2% 三元复合肥水或叶面喷 0.2% 磷酸二氢钾液 1 次；3～4 片真叶时，淋施 0.2% 三元复合肥水 1 次后即可移苗定植到大田。

（3）**炼苗** 春季定植前 1 周，如气温在 8℃以上，棚内要全天保持通风透气，尽量使棚内温度与棚外气温基本一致；同时控制供水，苗土保持不干不湿。

（四）直播或定植

1. 整地做畦 每亩大田用腐熟农家肥 2 000 千克、钙镁磷肥 50 千克、锌肥与硼肥各 0.5 千克混合在一起，堆沤 15～20 天以上。整地要做到深犁细耙，使泥土细碎均匀，前茬秸秆要打碎或清理干净，起畦前每亩撒施石灰粉 100 千克，再经耙匀。

种植畦宽 1 米，行沟宽 0.5 米，畦面中间开 0.15 米深的施肥沟，施入已准备好的基肥和 50 千克三元复合肥，并与土壤充分混合后从行沟中铲土覆盖施肥沟，起畦完成后的行沟深约 0.3 米。

2. 播种或定植 按行距 0.7 米、株距 0.3 米的规格开种植穴。大田直播前将种植穴淋透水，将经消毒和催芽好的种子直接放入穴中，芽尖朝下，每穴 2 颗，再用沤制好的腐熟农家肥覆盖，厚度为 1～1.5 厘米。

大田移苗定植前每亩穴施 10 千克三元复合肥，并与土壤充分混合。定植前 1～2 天，对幼苗喷药施肥 1 次；移苗时要给苗土浇足水，避免移苗时散坨伤根。选择子叶完好、真叶 3～4 片、茎基粗、叶色浓绿、无病虫害的幼苗；每亩移苗 2 800 株左右。幼苗定植的深度在子叶处与第一片真叶之间，定植后淋足定根水。

（五）田间管理

1. 肥水管理 黄瓜根系较浅，不耐涝，但因叶片宽大，水分蒸腾量大，需水量较多。因此，黄瓜供水原则是小水勤淋，避免大水漫灌，保持土壤湿润即可。根瓜采收前，可适当控制淋水，以防止植株徒长；盛瓜期，一般每隔 3～4 天淋水 1 次。同时要注意雨天的排水工作。

按黄瓜每亩产量 3 500 千克计，除基肥，大田黄瓜每亩约需追施三元复合肥 35 千克、52% 硫酸钾 30 千克、46% 尿素 25 千克。追肥一般结合灌溉进行。直播黄瓜幼苗期：幼苗 1～2 片真叶时，淋施 0.2% 三元复合肥水或叶面喷 0.2% 磷酸二氢钾液 1 次，幼苗 2～3 片真叶时，淋施 0.2% 三元复合肥水 1 次；大苗期：真叶 4～6 片时，每亩施 3 千克三元复合肥＋2 千克硫酸钾；促蔓期：真叶 7～10 片时，每亩施 5 千克三元复合肥＋3 千克尿素＋3 千克硫酸钾；采瓜期：每采收商品瓜 2 次，结合灌溉每亩施 5 千克三元复合肥＋3 千克尿素＋5 千克硫酸钾；采收高峰期可适当增加施肥量，保持植株旺盛的生长和结瓜能力。

2. 绑蔓除草 一般在幼苗吐须前后进行搭架，采用"人"字架，搭架后及时绑蔓。生产上主蔓不打顶，侧蔓结 1 瓜后留 1～2 叶摘心。幼苗期和促蔓期结合除草，分别中耕 1 次，中耕宜浅，并适当培土。此外，每次降雨后，如表土板结，应适时浅耕 1 次。

（六）病虫害防治

黄瓜田间的主要病害有疫病、霜霉病、白粉病和枯萎病等，主要虫害有蚜虫等。

1. 病害防治 疫病用 58% 甲霜灵·锰锌可湿性粉剂 500 倍液喷雾防治。霜霉病用 64% 噁霜·锰锌（杀毒矾）可湿性粉剂 500 倍液喷雾防治。白粉病用 50% 硫黄悬浮剂 200～300 倍液喷雾防治。枯萎病用 70% 敌磺钠（敌克松）800 倍液灌根。

2. 虫害防治 春黄瓜的虫害主要为蚜虫，可用 10% 吡虫啉可湿性粉剂 2 000 倍液喷雾防治。

（七）采 收

黄瓜的采收要做到适时早收，尤其是基部的"地脚瓜"，在瓜有一定大小，并呈现本品种颜色时便可采收。采收过迟，不仅影响产量，而且影响瓜的品质。春种的黄瓜采收期一般是 4 月中旬至 5 月下旬，秋种黄瓜采收期是 9 月中下旬。收获的黄瓜可以鲜吃，也可以加工成为黄瓜皮。

五、桂中及桂南地区朝天椒栽培技术

（一）品种选择

选用长势旺、耐热、抗病，果实单生朝上，橘红色，硬度好，光泽度高，长度适宜的鲜用型朝天椒品种；或长势强、耐热、抗病，果实朝上，青果深绿色，老熟果鲜红色，硬度好，鲜椒长度 5～7.5 厘米，干椒光泽亮丽不皱或极少皱，出椒率高的干鲜两用型朝天椒品种。如泰红霸王、超凡、飞艳、茂蔬等系列品种。

（二）地块选择

地块宜选择地势高、平坦、避风向阳、土质疏松、土层深厚肥沃、排灌良好的微酸性沙壤土或壤土，不宜选择涝湿地、沙性大，更不宜选择黏重和盐碱地块。前茬以豆科、禾本科等茬口为宜，忌种植茄科及烟草等的地块。

（三）整地施肥

前茬作物收获后，适时进行深翻整地。深耕以不浅于 25 厘米为宜，要求土地平整、土质细碎。

基肥施用量根据土壤的肥力而定，一般每亩施腐熟农家肥1 500～2 000千克、过磷酸钙50千克、三元复合肥50千克，基肥施于地面后翻入土中。朝天椒怕涝，宜高垄种植，畦宽120～150厘米，沟宽40厘米，沟深30厘米。双行种植，株距为30～40厘米。

（四）播种育苗

1. 浸种催芽　播种前把种子放到50～55℃热水中浸15分钟，捞起在常温下用清水浸种4～6小时，可再放入50%多菌灵可湿性粉剂1 000倍溶液中或70%甲基硫菌灵可湿性粉剂800倍溶液或10%磷酸三钠溶液中浸泡10～15分钟，取出洗净，用于预防辣椒疫病和病毒病。种子充分吸收水分后沥干，于25～32℃下催芽，露白后播种。

2. 育苗　选择避风向阳、地势较高、排灌方便、离大田近、土壤肥力较高且2年内没有种过茄果类、瓜果类蔬菜及草等作物的地块育苗，以防病害相互传染。将选好的育苗地深耕起畦。最好采用工厂化生产的育苗基质育苗（50孔或60孔），或自行配制营养土。工厂化育苗基质应在使用前提前浇透水、拌匀后装育苗盘、透明塑料膜覆盖备用。配置营养土需做好翻晒、细碎工作，然后按土和腐熟的农家肥配比为4:1的比例，再按土质量的1%和0.2%加入钙镁磷肥及三元复合肥，搅拌均匀、整细、整平，起畦或用塑料育苗盘育苗。播种前浇足水。

3. 苗期管理　播种后用基质或细土覆盖0.5厘米厚。冬春季育苗采用大棚或薄膜拱棚育苗，秋季育苗要注意遮阳育苗，苗期要注意保持湿润。3叶前一般不施肥，畦面见白时及时淋水。夏秋育苗的浇水时间宜在早晚，冬春育苗宜在晴天上午11时至下午3时浇水，苗干爽后才可封棚。若进行苗床育苗则需要分苗：秧苗有2～3片叶时进行分苗或假植，株行距6～9厘米。育苗盘育苗的不用分苗。炼苗：定植前7～10天逐渐打开覆盖物，适当控制水分。

（五）定　植

幼苗 5～8 叶 1 心时即可移栽。先铺银灰色地膜后定植，银色面朝外，有条件的可在膜下铺设滴灌带或微喷带。移栽前一天苗床淋透水，按种植密度开穴，移栽时尽量带土挖起减少伤根，定植后及时浇足定根水，可用多菌灵或者甲基硫菌灵溶液定根，可用 0.3% 尿液淋施使苗早返青。定植后 5～10 天要加强检查，发现死苗、缺苗，及时补栽，确保全田齐苗。

（六）田间管理

1. 植株调整　摘除门椒以下的分枝和植株内部瘦弱、发育不良的枝条，门椒以上分枝可适当多留。

2. 肥水管理　定植 7 天后，视苗情每亩淋施尿素 1.5 千克、三元复合肥 2 千克，每 8～10 天淋施 1 次，连续 2～3 次。开花初期，结合中耕除草施肥培土，每亩施复合肥 40～50 千克、钾肥 15～20 千克。采收期要注意适当追肥，每隔 15 天（采收 3～5 批）每亩施复合肥 20～25 千克。此外还应该经常喷洒磷酸二氢钾等叶面肥，可以有效防止落花、掉果。同时要注意加深畦沟，培土，适当除草，雨天注意排出积水，结果期注意保持土壤湿润。

（七）病虫害防治

朝天椒病害有病毒病、细菌性斑点病、疮痂病、疫病、炭疽病、青枯病、枯萎病等，虫害有蚜虫和红蜘蛛等。

1. 病害防治　病毒病发病初期用 20% 盐酸吗啉胍·乙酸铜可湿性粉剂 600 倍液，或 0.5% 抗毒剂 1 号水剂 200 倍液，或 1.5% 烷醇·硫酸铜乳剂 1 000 倍液喷雾防治。细菌性斑点病发病前用波尔多液（1：1：200）保护。疮痂病用 72% 新植霉素可湿性粉剂 4 000 倍液等喷雾。疫病用 72% 甲霜灵·锰锌可湿性粉剂 500 倍液或 72.2% 霜霉威水剂 600 倍液喷施。炭疽病用多菌灵可湿性粉剂 100 倍液，或 80% 福·福锌可湿性粉剂 800 倍液，或 50% 苯菌灵可湿性粉剂 1 500 倍液，或 50% 福美双可湿性粉剂 600 倍液，加上中生菌素或井冈霉素喷施。青枯病用 50% 甲基硫菌灵可湿性粉剂 1 000 倍液或 1.5% 烷醇·硫酸铜乳剂 1 000～1 500 倍液防治。枯萎病用 14% 络氨铜水剂 300 倍液或 50% 琥胶肥酸铜可湿性粉剂 500 倍液，加上 72% 农用链霉素可溶性粉剂 1 500 倍液灌根。

2. 虫害防治　蚜虫可用 10% 吡虫啉可湿性粉剂 1 500 倍液，或 50% 抗蚜威可湿性粉剂 1 200 倍液，或 5% 啶虫脒可湿性粉剂 3 000 倍液喷施。红蜘蛛可用 1.8% 阿维菌素乳油 3 000～4 000 倍液，或 73% 炔螨特乳油 1 500 倍液，或 25% 噻嗪酮可湿性粉剂 1 500 倍液喷施。

（八）采　收

以采收红椒为主，当果充实饱满、果皮充分转红时便可采收，及时采摘有利于提高产量。一般选择早晨或傍晚进行采摘为宜，连柄采摘，采收回来要及时加工处理，以免发热腐烂。

六、桂中及桂南地区香葱栽培技术

（一）品种选择

根据当地气候条件和市场产品需要，选用诸如桂香葱 1 号、灵川 1 号、灵川 2 号、南宁扶照葱、中平香葱等优质、丰产、抗性强的优良品种。

（二）地块选择

选择排灌方便，土层深厚、肥沃、疏松，有机质丰富的壤土。生长温度以 12～25℃为宜。前茬为非葱蒜类蔬菜，若第二年连作则撒生石灰 100 千克 / 亩灭菌。

（三）茬口安排

广西香葱以春、秋、冬三季栽培为多。露地直播，春季 3—4 月播种，夏季 6 月播种，秋季 9—10 月播种；育苗移栽，冬春可利用保护地于 2 月中下旬播种、3 月地膜移栽，露地春夏 3—6 月均可播种，秋播在 8 月上旬至 9 月中下旬。

（四）播种或育苗

香葱可采取直播或者分株繁殖的育苗方式。每亩用种量：直播地 1 000 克，育苗地 500 克。

1. 浸种催芽　香葱种子可使用 50% 多菌灵可湿性粉剂 500 倍液浸种 5～10 分钟，捞出晾干待播种。直播时香葱种子可催芽也可不催芽。清水浸种 6 小时，除去秕籽和杂质，清水洗净后催芽，种子用湿布包好后，置于 15～20℃的条件下催芽，每天用清水冲洗 1 次，60%～70% 种子露白时即可播种。

2. 蘸根消毒　对于分株繁殖的香葱，应采用台湾益地水剂 100 倍液、62.5 克/升精甲·咯菌腈悬浮种衣剂 600 倍液和 300 克/克氯虫·噻虫嗪悬浮剂 200 倍液混合，进行蘸根处理。蘸根前葱苗根部要整齐，蘸根时根部接触药液停留 10 分钟，然后拿出来晾干后即可移栽。

（五）整地施肥

翻耕深度为 0.2～0.25 米或以上，扣垡均匀一致，不拉沟，不拖堆。做到深、平、齐、碎、墒、净，到头到边，不重不漏，耕地走线要直，不得留三角口、喇叭口。畦面含沟宽 1.2～1.5 米，畦沟宽 0.3 米，畦高 0.2～0.3 米，防止畦面过底积水。

结合土壤情况，耕后整地时每亩撒施有机农家肥 3 000 千克、三元复合肥 40 千克。

（六）播　种

直播地在畦面横开沟，沟距 0.1～0.15 米。出苗后适当间苗，保持株距 2～3 厘米，每亩留株 18 万～22 万株。育苗地在苗床上浇足水分，待床面水分稍干后，按 10 厘米间隔向下压槽，槽深 1.5～2 厘米。在槽内条播，播后覆盖 0.5～1.5 厘米厚细沙土或草木灰，并覆盖遮阳网或无纺布保湿。

若为苗床直播，播后 7～8 天即可出齐苗，小水浇 1 次，10～20 天再浇 1 次，以后保持土壤湿润。结合人工除草，在较密的苗行及时间除细小弱苗。苗龄 20～30 天即可分株移栽。

（七）移　栽

春葱、夏葱、秋葱可适当稀植，每穴栽2～3株，株行距为0.1～0.13米×0.12～0.15米。移植时要先挖穴，然后将幼苗放入穴内，植入葱苗要保持尽量垂直栽入、土不埋心、浅不露根，无漏棵、缺棵。栽植深度为2.5～5厘米，以浇定根水后不露茎盘为宜，过浅易因根系外露使幼苗容易干枯死亡；过深则生长不旺，易出现畸形鳞茎。在雨季或阴天定植，未经长途运输的葱苗采用不割叶种植；9—10月定植，采用割叶种植，割去1/3叶片，减少葱株水分蒸发。

（八）田间管理

1. 肥水管理　香葱系浅根系作物，不耐旱也不耐涝，要根据墒情苗情适时灌水，一般掌握小水勤浇6～7次，同时注意排涝。第一分蘖期（新叶生长至10厘米时），香葱定植15天后就要进行第一次追肥，追肥用三元复合肥20千克/亩，同时加尿素5千克/亩提苗。第二次分蘖期（葱高20厘米左右时），用三元复合肥25千克/亩、氯化钾4千克/亩，如果葱生长不十分旺盛，可以进行叶面追肥，以腐殖酸肥或多元微肥为主，切忌偏用氮、磷、钾。在追叶面肥时，可以每桶水加调节剂芸苔素481或复硝酚钠、氯化钾、磷酸二氢钾喷施。葱白旺长期（葱高30厘米左右时），进行第三次追肥，氮、磷、钾要配合使用，每亩追施三元复合肥25千克。

2. 中耕　香葱生育期较短，要根据土壤墒情及杂草生长情况，及时中耕除草2～3次，防止土壤板结和杂草滋生。

（九）病虫害防治

大葱病害有锈病、紫斑病、霜霉病、灰霉病、黑斑病等，虫害有蛴螬、蝼蛄、葱蛆、菜青虫、葱蓟马、斑潜蝇等。

1. 病害防治　锈病可用20%三唑酮可湿性粉剂2 000倍液防治。紫斑病用50%多菌灵可湿性粉剂500倍液防治。霜霉病可以用25%甲霜灵可湿性粉剂800倍液或75%百菌清可湿性粉剂 500 倍液进行防治。灰霉病用 50% 异菌脲可湿性粉剂 800 倍液进行防治。黑斑病用 50% 多菌灵可湿性粉剂 800 倍液或 70% 甲基硫菌灵可湿性粉剂 1 000 倍液，每 5～7 天喷洒 1 次，连续喷洒 2～3 次。

2. 虫害防治　蛴螬、蝼蛄、葱蛆可以在土壤翻耕之前结合底肥，每亩用 3% 辛硫磷颗粒剂 3 千克，在幼虫期用 50% 辛硫磷乳油 1 000 溶液进行灌根。菜青虫用 10% 氯氰菊酯乳油 20～40 毫升，然后再用 2.5% 溴氯菊酯乳油 15～25 毫升，20% 的氰戊菊酯乳油 10～30 毫升，兑水 15 千克喷雾防治。葱蓟马、斑潜蝇用 20% 氰戊·马拉松乳油 4 000 倍液或 20% 氰戊菊酯乳油 1 500 倍液喷雾防治；红蜘蛛用 35% 杀螨特乳油 1 000 倍液喷雾防治。

（十）收　获

一般定植后 70～75 天，株高 0.3～0.4 米，假茎粗 0.5～0.6 米时，即可采收。安全间隔期 10 天以上。选择晴天进行采收。采收前一天先浇薄水使土壤湿润，采收时可以连根挖起，轻轻抖掉泥土，剥去枯叶，去除杂菜、杂草，包装。

七、两广地区芥蓝栽培技术

（一）品种选择

芥蓝根据栽培季节和熟性分为早熟、中熟、迟熟类型。栽培季节分别为早芥蓝 3—10 月，中芥蓝 9—10 月，迟芥蓝 11 月至翌年 1 月。早熟品种可以提早到夏至播种，迟熟品种可推迟到初冬播种。早熟及中早熟品种有绿宝芥蓝、秋盛芥蓝，中熟品种有顺宝、中迟芥蓝，迟熟品种有冬强芥蓝、迟花芥蓝等。

（二）育　苗

芥蓝主要通过移植栽培生产，需要进行育苗。宜采用有遮阴、防雨功能的大棚或小拱棚作为育苗棚。

1. 床土准备　选择排灌方便、3 年内未种过十字花科蔬菜的或轮作过的肥沃园土为苗床。每亩苗床撒施腐熟的有机肥 1000～1200 千克、三元复合肥 15 千克，与土壤混合均匀后做畦，畦宽1.2～1.4 米、畦高 25 厘米、沟宽 40 厘米，畦面平整，为防畦面板结，土粒不能太细碎。播种前用 50% 敌磺钠可溶性粉剂 500～1000 倍液喷土消毒。

2. 种子处理　播种前晒种 1～2 天，用 55～60℃温水浸种15～20 分钟，也可以用种子重量 0.3%～0.4% 的 50% 多菌灵可湿性粉剂或 50% 福美双可湿性粉剂或 64% 甲霜·锰锌可湿性粉剂拌种。

3. 播种　一般每亩种植田需用 0.1 亩苗地，用种量约为 75克，采用撒播方式播种。

4. 苗期管理　在育苗期间，保持苗床湿润。当幼苗长到 2～3 片真叶时，施用 1% 的尿素水肥 1 次，在移植前淋施尿素水肥1 次，浓度增加到 2%。幼苗长出 2 片真叶时，要及时间苗，疏去过密细弱的幼苗，苗期间苗 2 次。

（三）定　植

1. 选地与整地　选择排灌方便，土层深厚、疏松肥沃、前茬为非十字花科的耕地。翻地时每亩施 1000 千克～1500 千克腐熟有机肥、钙镁磷肥 50 千克、三元复合肥 15 千克。然后做成包沟 1.5 米宽的平畦或小高畦。

2. 定植密度　早、中熟类型株行距以 20 厘米×30 厘米为宜，迟熟类型的是 25 厘米×33 厘米，一般早中熟类型每亩栽6000 株左右，迟熟类型每亩栽 5000 株左右。

（四）田间管理

1. 肥水管理　定植后淋透定根水。缓苗后直至现蕾前，要适当控水，现蕾抽薹后要经常淋水。叶面积较大、叶片鲜绿、油润、蜡粉较少是水分充足、生长良好的状态；叶面积小、叶色淡、蜡粉多是缺水的表现，应及时灌溉。高温晴朗天气应每天早晚各浇水 1 次，阴雨天要适当控水，整个生长期保持土壤相对湿度在 80%～90% 为宜。

第一次追肥在幼苗定植缓苗后 3～4 天进行，每亩追施尿素 5 千克，在早春、秋冬冷凉季节，也可每亩用腐熟人粪尿 500～600 千克，随水稀释后作追肥。第二次追肥在现蕾后、菜薹形成期进行，以提高菜薹的品质和产量，每亩追施尿素 5～10 千克，也可每亩用人粪尿 750 千克或腐熟猪牛粪 800 千克。第三次追肥在主薹收获后，每亩用腐熟猪牛粪 750～1 000 千克，在株行间施入，结合培土，可以促进侧薹生长。

2. 中耕培土 缓苗水后或雨后土面易板结，要及时中耕松土除草。菜薹形成期，薹逐渐由细变粗，但往往基部细，上部茎粗叶大，形成头重脚轻，植株易倒伏或折断，需要及时中耕培土。

（五）病虫害防治

芥蓝主要病害有霜霉病、软腐病、病毒病，虫害有黄曲条跳甲、菜青虫、小菜蛾、甜菜夜蛾、斜纹夜蛾、蚜虫等。

1. 病害防治 霜霉病用 50% 烯酰吗啉可湿性粉剂 1 000～1 500 倍液，或 72.2% 霜霉威水剂 500～1 000 倍液，或 58% 甲霜灵·锰锌可湿性粉剂 600～800 倍液，或 80% 三乙膦酸铝水分散粒剂 400～600 倍液。软腐病用 20% 噻菌铜悬浮剂 600～1 000 倍液，或 20% 噻森铜悬浮剂 600～1 000 倍液，或 50% 氯溴异氰尿酸可湿性粉剂 1 000～1 500 倍液。病毒病用 20% 吗胍·乙酸铜可湿性粉剂 500 倍液，或 2% 宁南霉素水剂 500 倍液，或 2% 氨基寡糖素水剂 1 000～1 500 倍液喷防，以上药剂每隔 7～10 天喷 1 次，共喷 2～3 次。

2. 虫害防治 黄曲条跳甲用 5% 啶虫脒乳油 1 000～1 500 倍液，或 15% 哒螨灵乳油 1 000～1 500 倍液，或 45% 马拉硫磷乳油 1 000 倍液，每隔 7 天喷雾或灌根 1 次，共防治 2～3 次。菜青虫、小菜蛾、甜菜夜蛾、斜纹夜蛾用 1% 甲氨基阿维菌素苯甲酸盐乳油 4 000～5 000 倍液，或 2.5% 氟氯氰菊酯乳油 1 000～1 500 倍液，或 8 000 国际单位 / 毫克苏云金杆菌可湿性粉剂 500 倍液，或 15% 茚虫威悬浮剂 3 500 倍液，或 1.8% 阿维菌素乳油 2 000～2 500 倍液，或 5% 氟啶脲乳油 1 500～2 500 倍液，于卵孵化盛期至低龄幼虫期均匀喷药，每隔 5～7 天喷 1 次，共喷 2 次。蚜虫用 5% 啶虫脒乳油 1 500～2 000 倍液，或 2.5% 高效氟氯氰菊酯乳油 2 000～4 000 倍液，或 20% 吡虫啉可湿性粉剂 1 000～1 500 倍液，在虫害初发期，每隔 7 天喷 1 次，共喷 2～3 次。

（六）采　收

当主薹生长高度与外叶高度齐平时，称为"齐口花"，为采收适期。主薹采收标准为色泽清绿新鲜。采收时用刀斜割花薹，使切口倾斜平滑。

第三章

海南蔬菜栽培

一、黑皮冬瓜栽培技术

（一）品种选择

选用优质、丰产、抗病、耐贮运、商品性好、符合市场需求的品种，如三水黑皮、铁柱2号等。

（二）地块选择

地块宜选择土层深厚疏松、排灌便利、有机质丰富、前茬未种植瓜类作物的沙壤土或重壤土。

（三）育　苗

1. 育苗土配制　育苗盘可使用50孔（5×10）或54孔（6×9）的塑料软盘。苗床高度为20厘米，宽度为120厘米，长度不限。育苗土可因地制宜地选用过筛无病虫源的田土、腐熟农家肥、草木灰（谷壳灰）或椰糠按体积比4∶3∶3的比例混合，要求pH值为6～7。

2. 浸种催芽　先用清水洗净种子，然后在55℃恒温水中浸种15分钟，再用清水浸种10小时，捞出放入10%磷酸三钠溶液中浸泡20分钟，再捞出洗净，至少冲洗3次。种子洗净后，置于28～30℃恒温条件下催芽。未出芽前，每天用清水漂洗种子1次，并及时将水分滤干，再继续催芽，直到种子露白，有条件的可用培养箱进行催芽。把配制好的营养土装入育苗盘内，将1粒露白种子平推入穴孔 1～1.5 厘米，覆上薄土，轻轻压实，浇足底水。

3. 苗期管理

（1）环境调控　苗期温度主要靠农用薄膜和遮阳网调节，烈日高温可用遮阳网覆盖降温；遇低温则搭小拱棚覆盖农用薄膜保温。要求露地栽培苗床处于向阳地方，靠自然光照进行光合作用，若阳光过于猛烈，可适当遮光降温。苗期要保持床土或培养土润湿，一般天气每天下午浇水 1 次，大晴天或遇大风时可每天早晚各浇水 1 次。

（2）摘帽、施肥　在早上浇水后种壳未干时用手轻轻将戴帽摘除，尽量避免弄伤子叶。出苗后，破心期淋施 10% 稀人粪水或 0.3%～0.5% 三元复合肥 1 次，结合喷药喷施 1 次叶面肥。

（3）炼苗　定植前 1 周开始炼苗。逐渐揭除覆盖物，并适当控制水分。壮苗标准：枝叶完整无损，无病虫、病斑，株高10～12 厘米，茎粗 0.3 厘米左右，2 叶 1 心。

（四）定　植

1. 整地施肥　深翻 30 厘米左右晒白，再二犁三耙将其整平整细，然后用石灰进行土壤改良。每亩施优质农家肥 1 500～2 000 千克、饼肥 30～50 千克、过磷酸钙 40～50 千克，经 15～20 天堆沤后拌匀，另加三元复合肥 30～40 千克、尿素 10 千克进行沟施，并与土壤充分混匀。单行种植时畦宽连沟 150～160 厘米，双行种植时畦宽连沟 300～330 厘米。起畦后覆上黑色地膜，有条件的可用银灰色地膜，效果更佳。

2. 适时定植　海南黑皮冬瓜最佳栽培季节为每年的 10 月上旬至翌年 1 月。定植时宜在晴朗天气的上午 10 时前或下午 4 时后进行。定植株距 70～80 厘米，每亩可定植 600 株左右。定植时先培土，然后每株浇水 1～2 千克，再用干土把穴口封好，用土压紧四周地膜，尽量防止植株叶片与地膜接触。

（五）田间管理

1. 肥水管理　冬瓜生长发育期间对水、肥需求量大，特别是开花结果期需要更多的水分和养分，因此要合理追肥。水分管理以保持土壤湿润为原则，生长前期应采取浇灌，倒蔓后可沟灌，每次灌水深度以 1/2～2/3 沟深为宜。采收前 7 天停止灌水。地膜覆盖栽培一般施 4 次肥。瓜苗长出新叶后和 5 片真叶时，用 10%～20% 人粪尿或尿素按 5 千克 / 亩兑水施 1 次，每株约施水肥 0.5 千克。抽蔓期每亩施三元复合肥 20 千克、硫酸钾 10 千克。定瓜后一般连续追肥 3 次，第一次施三元复合肥，按 20 千克 / 亩左右干施或随灌水施。然后每隔 7～10 天施 1 次，连续施 2 次，每次用量在 15～20 千克 / 亩，全部干施。后期如果植株缺肥，再少量施 1 次。

2. 搭架、植株调整　黑皮冬瓜生产搭架一般采用"人"字架。坐果前摘除全部侧蔓，一株一桩引蔓，在地面绕一圈后沿桩向上引蔓。间隔 3 节左右绑 1 次蔓，主蔓 22 节前后留瓜。上午 7—10 时进行授粉，每株授 2 个瓜。主蔓留一个圆筒形、上下大小一致、全身密被茸毛、有光泽、无病虫害损伤的授粉瓜，其余都应摘除，以争取结大瓜。果实长到 3 千克左右时，用尼龙绳等套住瓜柄，固定在瓜架上予以保护。

（六）病虫害防治

田间病害主要有猝倒病、立枯病、疫病、白粉病、炭疽病、枯萎病、病毒病，虫害有蚜虫、蓟马、美洲斑潜蝇、白粉虱。

1. 病害防治　猝倒病、立枯病可用 75% 百菌清可湿性粉剂 600 倍液或 70% 代森锰锌可湿性粉剂 500 倍液等，每 7～10 天喷雾 1 次。疫病可采用 50% 烯酰吗啉可湿性粉剂 1 500 倍液或 72% 霜脲·锰锌可湿性粉剂 500 倍液进行防治，每 5～10 天喷雾 1 次，使用 2～3 次。白粉病可采用 40% 双胍三辛烷基苯磺盐可湿性粉剂 1 500 倍液或 6% 硝苯菌酯乳油 1 500 倍液进行防治，每 10 天喷雾 1 次，使用 2～3 次。炭疽病可采用 70% 甲基硫菌灵可湿性粉剂 500 倍液或 50% 咪鲜胺锰盐可湿性粉剂 1 500 倍液进行防治，每 7 天喷雾 1 次，使用 2～3 次。枯萎病可采用

72 亿孢子 / 毫升枯草芽孢杆菌 300 倍液灌根进行防治，每 7 天使用 1 次，使用 3 次。病毒病可采用 5% 氨基寡糖素水剂 800 倍液，或 20% 吗啉胍·乙铜可湿性粉剂 500 倍液，或 0.003% 芸苔素内酯水剂 3 000 倍液进行防治，每 3～5 天喷雾 1 次，使用 2～3 次。

2. 虫害防治　蚜虫可采用 45% 吡虫啉微乳剂 2 000 倍液进行防治，每 10 天喷施 1 次，使用 1～2 次。蓟马可采用 5% 啶虫脒可湿性粉剂 3 000 倍液进行防治，每 15 天喷雾 1 次，使用 2～3 次。美洲斑潜蝇可采用 1.8% 阿维菌素乳油 2 000 倍液或 50% 灭蝇胺可湿性粉剂 1 500 倍液进行防治，每 7 天使用 1 次，使用 2～3 次。白粉虱可采用 25% 灭螨猛乳油 1 000 倍液进行防治，每 5 天喷雾 1 次，使用 2～3 次。

（七）采　收

待瓜成熟后及时采收，采收时要保留瓜柄。采收前 15 天不施化肥和农药，采收前 7 天不灌水。

二、豇豆栽培技术

（一）品种选择

选用抗病、耐贮运、商品性好、符合市场需求的高产优质品种。冬春季节栽培宜选择耐寒性较强的品种，如海豇 2 号、双青 12 号等；夏秋季节栽培宜选择耐热耐湿性较强的品种，如华赣宝冠、夏宝 2 号、汕头高产 4 号、亚蔬 4 号等。

（二）地块选择

选择土壤疏松、肥沃、排灌方便、有机质含量丰富的壤土或沙壤土，前茬为非豆科作物。

（三）整地施肥

前茬作物收获后，犁地晒田 15～20 天；深翻以 25～30 厘米为宜，翻晒 1～2 次。整地要求土地平整、无明显颗粒。结合土壤翻地，每亩撒施生石灰 75～100 千克或氰氨化钙 40～60 千克。施肥时每亩用农家肥1 000～1 500千克、过磷酸钙50～100千克，发酵腐熟后，与硫酸钾15～20千克拌匀；也可以每亩施生物有机肥300千克、硫酸钾长效缓释型复合肥80千克和微生物菌肥5千克，其中2/3在园地耙平后均匀撒施，1/3用在做畦后于种植行旁15厘米外开的一条深20厘米的施肥沟中。

（四）做畦、覆膜

在园地整平后即可起垄做畦，畦面土块需整细填平。其中，畦面宽80～90厘米，畦高20～30厘米，沟宽40厘米。做畦完成后，用90～100厘米的黑色地膜覆盖在畦面上，并用土块将四周封严盖实，避免地膜破损。有条件的地区，可配套安装膜下微滴灌管带等节水滴灌设施后，再覆盖地膜。

（五）播　种

1. 播种时期　海南北部地区适宜播种期为9月至翌年1月，南部地区可全年播种。播种宜选择晴天上午10时以前或下午4时以后或阴天。挑选饱满、粒大、无病、无霉变、无机械损伤的种子，晾晒0.5～1天，避免暴晒。种子消毒用50%多菌灵可湿性粉剂按1∶200拌种，或用75%噻虫嗪种衣剂按1∶100拌种。

2. 播种方法、密度　播种方式采用直播。每畦播2行，每穴直播2～4粒，穴深2～3厘米，覆上细土0.5～0.8厘米厚，轻轻压实细土。在播种前可将畦浇水润湿，使土壤湿润度保持在最大持水量的60%～70%。冬春季节栽培时，株距20～25厘米，每亩保苗4 500～5 000株。夏秋季节栽培时，株距20厘米，每亩保苗5 000株。直播时，破膜孔尽量小一些，以免风大掀膜。

（六）田间管理

1. 间苗、定苗　幼苗第一对真叶微展时及时查苗补缺。拔除枯死苗、病弱苗，及时补种，保证全苗。间苗宜早不宜迟，一般应在1叶1心至2叶1心时进行。小苗生长至3～4片叶时，每穴定苗2株。

2. 水分管理　苗期以控水为主，视墒情适当浇水。有条件的地区，宜采取膜下滴灌设施，晴朗天气每 7～8 天滴灌 1 次，每次滴水量为 3～4 米^3/亩，并要求在 24 小时内滴完。开花结荚期，一般每周浇水 1 次。严禁大水漫灌。高温干旱时及时浇水，雨季及时排水。采用膜下滴灌设施的，生长盛期每 3～4 天滴灌 1 次，生长后期每 4～5 天滴灌 1 次，每次滴水量为 3～4 米^3/亩，要求在 24 小时内滴完。注意防止滴水引起畦面土壤湿度过大，以免发生病害。

3. 养分管理　苗期，要注意控制氮肥施用量，每亩施用腐熟的人粪尿或尿素 3 千克兑水施 2 次。开花结荚期，结荚后 1 周左右，每亩追施三元复合肥 8～10 千克，兑水 400～500 千克浇施。以后每隔 7～10 天追 1 次三元复合肥 8～10 千克，兑水 400～500 千克浇施。同时，每隔 10～15 天喷施 1 次 0.2% 磷酸二氢钾、0.01%～0.03% 钼酸铵和硫酸铜溶液。采收期，可根据豇豆长势，每采收 1～2 次追施三元复合肥 5～10 千克/亩，兑水 200～500 千克浇施。采用膜下滴灌设施的，每滴 2 次清水就滴 1 次营养液，根据植株长势滴 3～4 次，浓度控制在 0.1% 左右。

4. 搭架、植株调整　及时用竹子、木条等搭"人"字架，架高 2 米左右。苗期，当植株蔓长 30 厘米以上时，宜下午引蔓上架。当主蔓第一花序以下的侧芽长到 5 厘米左右时，及时抹去侧芽。开花结荚期，将主蔓第一花序以上各节位的侧蔓在早期留 2～3 叶后摘心，以促进侧蔓第一节位形成花序。当主蔓长到高 2 米时，宜摘除主蔓顶芽，以促进下部节位的花序形成和开花结荚。

5. 防风防寒　用黑色遮阳网、竹子在菜田四周或主要大风口处直立设置高 2 米的挡风屏障。在遇到冬春季节低温寡照天气时，喷施 5% 氨基寡糖素水剂 1 000 倍液或 0.01% 芸苔素内酯乳油 3 000 倍液。

6. 保花保果　在初花期喷施 1 次 3% 超敏蛋白颗粒剂 2 000 倍液，在初果期喷施 5% 氨基寡糖素水剂 1 000 倍液。

（七）病虫害防治

病害主要有锈病、病毒病、炭疽病、白粉病、细菌性疫病、轮纹病，虫害主要有美洲斑潜蝇、蓟马、豆荚螟、蚜虫、甜菜夜蛾、螨类。

1. 病害防治　锈病发病前可使用 70% 甲基硫菌灵可湿性粉剂 500 倍液或 80% 代森锰锌可湿性粉剂 500 倍液进行防治，每 5 天喷雾 1 次，使用 2～3 次；发病后使用 18.7% 丙环唑·嘧菌酯悬浮剂 2 000 倍液或 32.5% 苯甲·嘧菌酯悬浮剂 1 500 倍液进行防治，每 7 天喷雾 1 次，使用 2 次。病毒病苗期发病前使用 5% 氨基寡糖素水剂 800 倍液，或 2% 氨基寡糖素水剂 600 倍液，或 30% 毒氟磷可湿性粉剂 1 000 倍液进行防治，每 5 天喷雾 1 次，使用 2～3 次。炭疽病发病前使用 70% 甲基硫菌灵可湿性粉剂 500 倍液或 80% 代森锰锌可湿性粉剂 600 倍液进行防治，每 7 天喷雾 1 次，使用 2～3 次；发病后使用 41% 甲硫·戊唑醇悬浮剂 800 倍液或 30% 苯甲·丙环唑微乳剂 3 000 倍液进行防治，每 7 天喷雾 1 次，使用 2～3 次。白粉病发病前使用 25% 吡唑醚菌酯乳油 1 500 倍液或 70% 甲基硫菌灵可湿性粉剂 500 倍液进行防治，每 7 天喷雾 1 次，使用 2～3 次；发病后使用 40% 双胍三辛烷基苯磺盐可湿性粉剂 1 500 倍液或 36% 硝苯菌酯乳油 1 500 倍液进行防治，每 7 天喷雾 1 次。

2. 虫害防治　美洲斑潜蝇可采用 60 克 / 升乙基多杀菌素悬浮剂 1 000 倍液或 75% 灭蝇胺可湿性粉剂 3 000 倍液进行防治，每 15 天喷雾 1 次，使用 2～3 次。蓟马可使用 60 克 / 升乙基多杀菌素悬浮剂 1 500 倍液 +20% 啶虫脒可湿性粉剂 1 250 倍液或 25% 噻虫嗪水分散粒剂 1 250 倍液 +45% 吡虫啉微乳剂 3 000 倍液进行防治，每 10 天喷雾 1 次，使用 2 次。蚜虫可采用 22% 氟啶虫胺腈悬浮剂 7 500 倍液，或 20% 啶虫脒可湿性粉剂 3 000 倍液，或 1.5% 除虫菊素水乳剂 1 000 倍液进行防治，每隔 7～10 天喷雾 1 次，使用 2～3 次。甜菜夜蛾可采用 20% 氟苯虫酰胺水

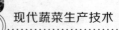
分散粒剂 2 000 倍液或 5.7% 甲氨基阿维菌素苯甲酸盐水分散粒剂 3 000 倍液进行防治，每 7 天喷雾 1 次，使用 3 次。

（八）采　收

适时采收，同一品种，形态完整，荚幼嫩，成熟不过熟。豆荚条形较直，粗细均匀，无擦伤，不能有柔软、凋萎、疤痕、病虫害或其他方法所引起的伤害。采收前 15 天不施化肥和农药。

第四篇

华中地区
蔬菜栽培

第一章

河南蔬菜栽培

一、豫东地区黄花菜栽培技术

（一）品种选择

按照优质高产的原则，首选产量高、耐贮存、晒干率高、品质好的品种，目前表现较好的品种主要有冲里花、猛子花和淮阳金针等。

（二）地块选择

栽培土壤为沙壤土，有机质含量 ≥ 1.2%，pH 值为 6.8～7.5，耕作层厚度 ≥ 30 厘米。

（三）整地施肥

黄花菜根系发达，分蘖快，需要土壤疏松，因此耕地要深达 30 厘米以上，并须打碎土块，耱光整平田面，达到墒好地松。黄花菜是长效经济作物，栽前结合深耕施足底肥非常重要，在底肥使用上以有机肥料为主、化学肥料为辅。一般每亩施用优质农家肥 2～3 立方米、过磷酸钙 40～50 千克、尿素 5～10 千克，混匀深施作为基肥。结合整地施肥，为防止地下害虫危害，可同时施入 3% 甲基异柳磷颗粒剂 3～4 千克。

（四）精细整苗

整好苗是提高黄花菜产量和长远经济效益的关键措施。把苗的老根、肉质根、病根全部剪除，仅留新生根 2～3 厘米，可促进大量新根萌发，防止老根、肉质根、病根发根，从而防止根系早衰，使黄花菜生长后势持续强劲。为减轻黄花菜病害发生，移栽前可用多菌灵 500～600 倍液浸苗 2～3 分钟。

（五）移 栽

黄花菜在一年中任何季节栽植都能成活，但最适宜的季节为秋苗萌发至霜降。这一时期正是黄花菜根系生长的高峰时期，植株根群量大量增加，吸收根数量增多，可吸收大量营养，促进叶芽分化，为翌年分生出新的植株打好基础。因此，延秋季节栽植的黄花菜，只要肥水管理好，翌年夏季就可抽出花薹，获得收益。

采用 1.1 米等行距种植，株距 10～15 厘米，高水肥地块适当走下线，以每亩栽植 5 000 株左右为宜。黄花菜的根和蘖逐年向上盘生，若平栽，盘生至土表的根和蘖易在冬季和早春遭受冻害，从而使黄花菜的盛产年限缩短；若栽植过深，不利于分蘖的形成和生长，盛产期向后推迟，难以尽快见效。因此，要适度开沟低植，开沟深度以距地表 12～13 厘米为宜，栽植时以下不露根、上不埋顶为宜。

（六）田间管理

1. 中耕培土 一般春季中耕 2 次，秋季中耕 1 次。中耕要本着一次浅、二次深、三次中耕不伤根的原则，及时中耕，破除板结，蓄水保墒，提高地温，铲除杂草。第一次在幼苗出土时进行，深度达到 10～17 厘米，以增温保墒，消灭杂草；第二次在抽薹期，结合中耕进行培土；第三次在秋季花薹枯死至入冬前，因采收期经常践踏，土壤紧实，应尽早深挖晒土，疏松土壤，培土护根，减少病虫草害滋生蔓延。

2. 肥水管理 黄花菜是多年生喜肥作物，因此在施肥上要采取相应措施，保证黄花菜在各生育期对养分的需求，施肥要早施催苗肥，重施催薹肥，巧施催蕾肥，妙施保蕾肥，足施冬苗肥。催苗肥主要用于促进叶片早生快长，宜早不宜迟，应在春季黄花菜萌芽时追施，每亩施复合肥 30 千克。抽薹期是黄花菜从营养生长转入生殖生长的重要时期，催薹肥要适量多施，当植株叶片出齐、花薹抽出 15～20 厘米时，可每亩施复合肥 50 千克，并适量浇水。巧施催蕾肥，当花薹抽齐，结合浇水，每亩施复合肥 20 千克。保蕾肥可防止黄花菜脱肥早衰，是提高成蕾率、延长采摘期、增加产量的重要措施，施肥时可用 0.5%～1% 尿素＋0.4%～0.6% 磷酸二氢钾＋15～20 毫克 / 千克赤霉素，于下午 5时以后进行叶面喷洒，对壮蕾和防止脱蕾很有好处。足施冬苗肥，冬不培，春不壮，培育冬苗是夺取翌年高产的关键性措施。冬苗肥应以有机肥为主，一般每亩施有机肥 4～5 立方米，冬施有机肥应和冬前培土护根同时进行。

黄花菜是多年生喜水作物，有旱象时，要及时浇水，防止花薹卡脖旱和花蕾脱落，浇水时间以每天下午 5 时后为宜；有涝象时，要及时排出积水，防止涝害发生。

（七）病虫草害防治

黄花菜病虫害主要有根腐病、锈病、红蜘蛛、蚜虫等。

1. 病害防治　根腐病防治，对于病死植株要立刻移植，并喷洒 70% 甲基硫菌灵可湿性粉剂 500 倍液，一定是要从根部灌溉，附近的植株都需要施用以达到理想防治效果。锈病防治可用 25% 三唑酮可湿性粉剂 1 000 倍液。

2. 虫害防治　蚜虫防治可用 50% 抗蚜威可湿性粉剂 3 000倍液。红蜘蛛防治可用 15% 哒螨灵可湿性粉剂 1 500 倍液或 73%炔螨特乳油 2 000 倍液喷雾。

3. 草害防治　黄花菜田杂草种类较多，如管理粗放，危害较重，部分田块甚至会形成草荒。除草应以中耕为主，化学除草经济、简便、安全、高效，但要慎重。

（八）采　收

采收时间为 6 月上旬至 7 月中旬。采收标准：黄花菜花蕾发育 13 厘米以上，花蕾顶部呈黄褐色，中部呈青褐色。

（九）加　工

用蒸制方法杀青。锅内水的温度为 60～90℃至花瓣微软。在通风干燥处自然晾晒或在 35～70℃的室内烘干。

二、豫东地区朝天椒栽培技术

（一）品种选择

为提早上市，应选择早熟、耐热、抗病、丰产特性好的朝天椒品种，如三樱椒系列、子弹头系列等朝天椒系列品种。

（二）播　种

1. 播种时期　朝天椒多是露地小拱棚育苗，大苗定植，苗期较长，一般 50～70 天。春椒 4 月下旬定植，2 月下旬至 3 月上旬播种育苗；油菜茬、蒜茬椒 5 月下旬定植，3 月下旬播种育苗；麦茬椒 6 月上旬定植，4 月上旬播种育苗。

2. 播种量　依据目前豫东地区朝天椒育苗条件，所播种子数量应是定植株数的 3 倍，育苗苗床以每平方米留苗 600～650 株为宜。种植 1 公顷辣椒，需要苗床 225～625 平方米，用种量为 2 250～3 000 克。

3. 苗床建造　苗床地，冬前耕翻，实行冻垡。播种前 10 天施腐熟有机肥 45 000 千克/公顷、过磷酸钙 1 125 千克/公顷，整地做平畦。2 米宽放线，畦面宽 1.2 米，畦长 10～15 米，畦埂宽 20 厘米，畦高 10 厘米，畦埂间沟宽 40 厘米。

4. 营养土配制　精细肥料（商品有机肥、生物菌肥、复合肥）和农药集中撒施苗床畦面，用铁耙细搂，土、肥、药混匀。每 25 平方米苗床施入有机菌肥 10 千克、三元复合肥 1.5 千克、3% 毒死蜱颗粒剂 80 克。

5. 烤畦增温　早茬辣椒播种育苗早，此时低温较低，要求提早做好苗床，播种前 5～7 天，给苗床灌透水，明水洇下，四周覆盖塑料薄膜，提高低温。播种后 10 天左右可顺利出苗。

6. 浸种、播种 播种前将种子放在麻袋上晾晒 2～3 天，然后把种子放入 20～30℃温水中，浸泡 30 分钟，激活种子携带的休眠病菌，接着转入 55～60℃的热水中，烫种 20 分钟。

经过烤畦的苗床，播前浇 1 遍小水。春分后育苗，不要求烤畦，播种前育苗灌水，水面高出畦面 8 厘米，洇透苗床 12 厘米深的土层。把辣椒种撒播均匀，覆盖 0.8 厘米厚的细土。在苗床喷洒除草剂 33% 二甲戊灵（施田补）乳油，每公顷用 1 500 毫升。最后，苗床覆盖农膜，支好拱架，覆盖拱膜，四周压实。拱棚高度在 0.6 米以上，太低易烤苗。

7. 苗床管理 出苗前一般不放风，幼芽顶土，撤去地膜。子叶展开后进行间苗，2～3 片真叶时定苗，苗距保持 4 厘米左右。结合间苗进行覆土，覆土厚 0.2～0.3 厘米。前期幼苗根系浅，苗床要保持湿润，小水漫浇；4 叶 1 心后，根系下扎，春寒已尽，椒苗开始快速生长，床面见干即浇水，防止旺长；椒苗后期，根系较深，适度控水，进行炼苗。发现椒苗出现旺长趋势，喷 25% 甲哌鎓水剂 1 000 倍液。椒苗若出现叶薄色淡、生长缓慢的情况，可向叶面喷施尿素和磷酸二氢钾。

（三）定　植

1. 整地做畦 朝天椒对土壤质地要求不严，但忌重茬，盐碱地、低洼地不适合种植。朝天椒施用充分腐熟的优质农家肥 45～75 米³/公顷、专用肥或三元复合肥 750～1 125 千克。土壤深耕 20～25 厘米。平栽扶垄是朝天椒传统的栽培模式，一般畦宽 1.5～2 米。随着农业机械化水平的提高和灌溉条件的改善，高畦栽培面积增大。高畦栽培面宽 0.6～1 米，沟宽 0.4 米，畦高 0.15～0.2 米。

2. 适时定植 春椒适期定植，4 月 20 日开始定植，5 月 1 日前定植结束。麦茬椒抢早定植，力争 6 月 10 日前定植结束，最迟不得晚于 6 月 15 日。定植密度要综合考虑品种、茬口、土壤肥力等因素，普通朝天椒一般春茬栽 120 000 株/公顷，蒜茬椒栽 120 000～150 000 株 / 公顷，麦茬椒栽 150 000～18 000 株 / 公顷。

（四）田间管理

1. 中耕培土 朝天椒定植成活后浅锄 1 次，增温保墒，夏椒要及早中耕灭茬。第一次中耕要浅、要细，深度 3 厘米左右。随着根系下扎，中耕可加深至 5 厘米左右。中耕一般于浇水或降雨后结合除草进行。为防止倒伏，封垄前最后 1 次中耕要结合追肥，完成培土扶垄。

2. 追施肥料 春椒、蒜茬椒底肥施用充足，一般不施提苗肥，重在初花期施用促果肥，施复合肥 450～525 千克 / 公顷。麦套椒在麦、椒共生阶段，对辣椒生长不利，麦收后及时追施促棵肥，施高氮复合肥 525～675 千克 / 公顷。麦茬椒多是贴茬定植，不施底肥不耕翻，管理上以促为主，早施追肥。缓苗后撒施提苗肥，用尿素 150～225 千克 / 公顷。初蕾期使用封垄肥，施高钾复合肥 600～675 千克 / 公顷。

叶面肥追肥也是辣椒管理中的重要环节。在开花坐果期，喷洒多得硼 400～500 倍液，提高坐果率；7—8 月高温期，喷施氨基酸复合微肥和钙肥、锌肥等，可提高植株的耐热性，克服辣椒营养不平衡问题；椒果发育的中后期，喷洒 0.4% 磷酸二氢钾，增进着色。

3. 水分调控 辣椒浇过缓苗水后，到椒果坐稳，植株以营养生长为主。豫东地区春季和夏初降水偏少，土壤干旱时应及时浇水，灌后田间不能积水。椒果膨大阶段，要保持土壤湿润，做到排灌结合；7—8 月汛期要及时排水；如需浇水，早晚进行，切忌中午高温下浇水，造成辣椒"三落"。进入红果期控制浇水，防止植株贪青，增进果实着色，减少烂果。

4. 摘心打顶 朝天椒的产量主要由侧枝上的果实构成，要求在主茎现蕾前进行人工摘心，摘除主茎，促发侧枝，提高产量。侧枝上发出的副侧枝，由于其上果实红果率太低，一般不利用其结果，应及时摘除。

5. 植株调整　管理中出现落果现象，及时喷洒 5% 萘乙酸水剂 300 倍液，如果落果是由植株旺长引起，应在上述药液中加入 25% 甲哌鎓水剂 750 倍液。朝天椒发棵前 10～15 天喷洒 40% 乙烯利 300 倍液，可促使叶片中的营养转移到果实，加快果实转色。

（五）病虫害防治

防治方法同第一部分第一章"三、鲁南地区大蒜套种辣椒高效栽培技术"。

（六）采　收

在下霜前 1～2 天收获，注意不能被霜打，霜打后的辣椒不能转红。采收时把辣椒连根带秧拔回，根朝内角朝外堆放在阴凉处。

三、豫东地区早春西葫芦高效栽培技术

（一）品种选择

选用耐低温弱光、早熟、抗病毒病、瓜条商品性状好的品种，如珍玉 12 等。

（二）育　苗

1. 育苗时间　育苗在大棚或日光温室内进行，根据定植时间确定播种期，苗期 30～40 天。大拱棚栽培的 2 月下旬至 3 月上旬定植，育苗需在 1 月中下旬播种；小拱棚和无膜栽培的 3 月下旬定植，育苗需在 2 月上中旬播种。

2. 种子处理　播种前将西葫芦种子在阳光下暴晒 0.5 小时，然后催芽。先将种子用 55℃温水浸泡 10 分钟，捞出后迅速放入 25～30℃水中，浸泡 4～8 小时，捞出并甩干多余水分，放入催芽箱中催芽，保持温度在 24～26℃，一般经过 24 小时即可出芽，约 70% 种子露尖时开始播种。

3. 育苗方式　采用穴盘基质育苗。这种育苗方法与传统的土坨和粪土营养钵育苗相比，具有省工省时、苗期短、定植后缓苗快的优点。

4. 播种 西葫芦出苗后子叶宽大，为避免苗期生长拥挤，造成徒长，宜采用 32 孔穴盘。

（1）基质处理 将基质喷湿，拌匀，干湿标准是手握成团、落地即散。基质拌好后装入穴盘，用木板将上表面刮平，用小木棍打孔，将种子放入，种子要平放或根部向下。播种完成后用喷壶洒透水，放入大棚或温室内的苗床上，摆放整齐，上面再盖一层地膜，保持湿度。

（2）温度管理 出苗后 1～15 天，保持温度在 25～28℃，一般 5 天即可出苗。待大部分种子出土后掀掉地膜，保持温度在白天 22～26℃、夜晚 15～18℃。根据天气情况及时洒水，保持基质湿润。在晴天的中午适当通风。出苗后 15～30 天，保持温度在白天 20～22℃、夜晚 12～15℃，并逐渐加大通风量。

（3）培育壮苗 定植前 7 天，进行低温炼苗，保持温度在白天 16～18℃、夜晚 10～12℃，减少洒水量，基质表面保持半干半湿即可，培育壮苗。壮苗的标准是叶片大而厚、浓绿，叶柄短，主茎粗壮，长度在 5 厘米以下。一般经过 30～40 天，西葫芦幼苗长至 3 叶 1 心时即可定植。

（三）定　植

1. 整地做畦 要选 5 年内没有种过葫芦科蔬菜的地块进行西葫芦栽培。大棚栽培，定植前 7 天把前茬蔬菜清出大棚，小拱棚和无膜栽培的在入冬前深耕晒垡。每亩撒入腐熟有机肥 2 500 千克、三元复合肥 50 千克，深耕细耙，筑高畦。畦高 20 厘米、宽 50 厘米，沟深 10 厘米、宽 30 厘米。如果土壤干旱，可以先浇 1 次水。然后覆盖白色地膜，以利土壤升温。

2. 适时定植 移栽定植一定要在晴天的上午进行。注意收看天气预报，保证定植后 7 天都是晴天。定植前 1 小时将苗盘浇透水。定植时用 10 厘米×10 厘米的移钵器在地膜上打孔，孔深 10 厘米，太浅根系外露，容易晒伤，太深根系生长慢。每畦 1 行，株距 50 厘米，每亩植 1 550 株。打好孔后将西葫芦幼苗从穴盘中轻轻取下，放到打好的孔中，用细土填实空隙，并完全盖住基质，压实地膜。穴口处的地膜要紧贴地面，不能有空隙，如果留有空隙，在晴天的中午地膜下气温会很高，热气沿穴口蹿出，容易烫伤西葫芦幼苗。定植完成后每棵幼苗浇水 0.25 千克，如果是小拱棚栽培的，要插好拱竿，覆盖天膜。定植后 7 天保持温度在白天 20～25℃、夜晚 12～15℃，7 天后浇 1 次缓苗水。缓苗后根据温度情况及时放风，并逐渐加大通风量。小拱棚栽培的，在 5 月 1 日后完全去掉天膜。

（四）田间管理

1. 肥水管理　西葫芦缓苗后控制浇水量，不旱不浇，第一瓜坐稳后追 1 次膨果肥，用高氮高钾型水溶肥随水施入，用量为每亩 5 千克。以后每 10 天追肥 1 次，追肥后适当浇水。

2. 点花、摘叶　西葫芦是异花授粉植物，春季气温较低时田间能授粉的昆虫很少，需进行人工点花。用 0.1% 氯吡脲可溶性粉剂 2 毫升兑水 0.5 千克，温度升高后兑水 1 千克，用毛笔涂抹在花萼上。每朵花只能点 1 次，不能重复。随着植株生长，下部叶片逐渐老化，失去生理功能，要及时摘除，带出田间。

（五）病虫害防治

西葫芦常见的病害有猝倒病、疫病、病毒病、灰霉病、白粉病等，虫害主要有蚜虫、瓢虫类等。

1. 病害防治　疫病、猝倒病用 15% 噁霉灵水剂 600 倍液 ＋ 72.2% 霜霉威水剂 1 500 倍液，进行叶面喷雾，喷药要在晴天的上午进行。病毒病播种前要进行种子处理，用 55℃ 温水浸泡 10 分钟。田间发现病株后及时拔除，带出田外。西葫芦缓苗后用阿泰灵 ＋ 吡虫啉全田喷雾，连喷 2 次，间隔 10 天。灰霉病在发病初期用 40% 嘧霉胺悬浮剂 800～1 000 倍液或 50% 腐霉利可湿性粉剂 1 000～2 000 倍液进行叶面喷雾。白粉病可用 70% 甲基硫菌灵可湿性粉剂 1 000 倍液 ＋25％ 醚菌酯悬浮剂 1 500 倍液防治。

2. 虫害防治　蚜虫、瓢虫类害虫用 10％ 吡虫啉可湿性粉剂 600～1 000 倍液 ＋2％ 阿维菌素乳油 1 500 倍液进行叶面喷雾。

（六）采　收

西葫芦以幼瓜采收为主，根据市场需求确定采收标准，能采收的要及时采下，尽可能提高产量。

四、豫州地区韭菜栽培技术

（一）品种选择

选择抗病虫能力强、春季发棵早、生长势强、叶色较深、叶片宽大鲜嫩、香辣味浓、品质优良的品种，如冬季休眠的豫韭菜 1 号和杂交种豫韭菜 2 号，或抗寒、基本不休眠的平丰 6 号、赛松、绿宝、棚宝、韭宝和航研 998 等。露地和春提前栽培以休眠品种为主，也可以选择不休眠品种；秋延后栽培选择不休眠品种。

（二）育　苗

春季 3 月中旬至 5 月下旬播种，秋季 8 月下旬至 9 月下旬播种。育苗地每亩用种 5～6 千克，可供定植 2 000～2 500 平方米。大田直播每亩用种 1.5～2 千克。

1. 浸种催芽　播种前打开包装袋晒种 2～3 小时。可干籽直播，也可浸种催芽播种。先用 40℃温汤浸种 30 分钟，后常温浸种 10～20 小时，再用清水冲洗 3～4 次，除去秕籽和杂质。将浸好的种子控去水分，用湿布包好，在通风、保湿和 20～25℃的温度条件下催芽 3～4 天，每天用清水冲洗 1 次，有 30％ 种子露白时即可播种。

2. 整地做畦　前茬为非葱韭蒜等百合科植物，要求为土壤肥沃、疏松透气、排灌方便的中性壤土。基肥以优质腐熟有机肥和三元复合肥为主。中等肥力土地，每亩施充分腐熟的有机肥

3 000 千克、三元复合肥 50 千克。深耕 25～30 厘米，整平土地。

育苗畦长 15～20 米，畦面宽 1～1.5 米，埂宽 40 厘米，埂高 15～20 厘米，畦面平整。

3. 播种　播种前先浇透水，待水渗下后，刮平畦面，将种子均匀撒播畦内，覆盖过筛细土 1～1.5 厘米厚。喷施 33% 二甲戊灵水剂 1 000 倍液封闭除草。3 月上旬至 4 月上旬育苗可覆盖地膜增温保湿，苗齐后及时揭膜；其他时段育苗，及时浇水保湿直至出苗。大田直播，按行距 25～35 厘米，深 5～8 厘米开沟，顺沟播种后，覆土厚 1～2 厘米，浇水保湿至齐苗。

4. 苗期管理　从出苗到苗高 15 厘米，每 7～10 天浇水 1 次，保持畦面湿润，结合浇水每 15～20 天追肥 1 次，追肥 2～3 次，每亩每次追施尿素 5～8 千克。雨后及时排水防涝。苗高 20 厘米以上时，适当控水蹲苗，促根促壮，保持畦面见干见湿。

（三）定　植

8 月下旬至 9 月下旬育苗，翌年 4 月中下旬定植；3 月中旬至 4 月中旬育苗，6 月中下旬定植；4～5 月育苗，8 月中下旬定植。

1. 整地做畦　每亩施腐熟有机肥 5 000 千克、三元复合肥 50 千克，深翻 30 厘米，耙碎整平。小拱棚 6 行区，畦宽 1.7～1.8 米；大棚、中拱棚 10～12 行区，畦宽 3.3～3.5 米。畦长因地因棚而异，以 20～30 米为宜，畦间垄宽 50～80 厘米，以便搭棚和扣棚管理。

2. 适时定植　苗龄 70～100 天，苗高 25～30 厘米，鞘粗 3 毫米以上，真叶 5 片以上即可定植。定植时不剪根，不去茎叶。将苗挖出，大小苗分级。大棚温室内按行距 25～30 厘米、穴距 10 厘米，每穴栽苗 10～15 株，穴深 5～7 厘米定植，每亩定植 30 万～35 万株；中小拱棚栽培按行距 30～35 厘米开沟，沟深 8～10 厘米，穴距 10～15 厘米，每穴 10～15 株，覆土厚 3～4 厘米，每亩定植 20 万～25 万株。定植以不埋心叶为宜，及时浇水，并用封闭型除草剂喷洒地面。

（四）田间管理

定植后 7～10 天浇水 1 次，及时清除杂草。夏季一般不干旱不浇水不追肥，雨后及时排水防涝，防倒伏，防疫病。8 月上旬以后每 7～10 天浇水 1 次，结合浇水每 10～15 天追肥 1 次，每次追施三元复合肥 15～20 千克，连续追肥 2～3 次。

（五）保护地栽培

1. 中小拱棚秋延后栽培　中小拱棚塑料薄膜覆盖秋延后栽培，10 月中旬清茬，清理畦面；11 月上旬扣棚；青韭收割期在 11 月下旬至 12 月中旬，利用草苫覆盖保温，收割期可延迟至 12 月下旬。

2. 中小拱棚春提前栽培　中小拱棚塑料薄膜覆盖春提前栽培，12 月下旬清茬，清理畦面并扣棚，利用草苫保温覆盖；2 月中下旬收割。

（六）棚室管理

1. 温度管理　白天温度控制在 18～25℃，超过 25℃通风降温、排湿；夜间温度控制在 7～12℃，低于 5℃需增加保温覆盖物或加盖二膜保温。

2. 光照管理　冬季弱光，棚室遮光，须用无滴膜、清洗棚膜、及时揭盖草苫等措施增加光照。

3. 通风管理　棚室温度高于 25℃后再通风换气，增加棚室内二氧化碳气体浓度。温度低时，尽量减少通风，采取其他措施降湿。

4. 肥水管理　棚室栽培在覆膜前平茬清洁田园，每亩施三元复合肥 35 千克。中耕后浇水 1 次，覆膜后前期不追肥浇水，收割前 5～7 天浇水 1 次，收割后 2～3 天及时追肥、中耕、浇小水，进行下茬生产管理。

（七）病虫草害防治

韭菜病害主要有灰霉病、疫病，虫害以韭蛆为主。

1. 病害防治 韭菜灰霉病，每亩用 10% 腐霉利烟剂 250～300 克，分散多处暗火点燃，闭棚熏蒸一夜，也可以用 10% 乙霉威可湿性粉剂 1 000 倍液喷雾。棚室韭菜露地生产期间，可用 40% 嘧霉胺悬浮剂 1 000 倍液，或 65% 甲霉灵可湿性粉剂 800 倍液，或 50% 异菌脲可湿性粉剂 1 000 倍液叶面喷雾，5～7 天喷 1 次，交替用药 2～3 次。疫病发病初期可用 90% 三乙磷酸铝可湿性粉剂 800 倍液或 72.2% 霜霉威水剂 1 200 倍液，喷洒叶面，5～7 天用药 1 次，交替用药 2～3 次。

2. 虫害防治 赤眼蕈蚊（韭蛆成虫）盛发期，可用 75% 灭蝇胺可湿性粉剂 3 000 倍液，或 1.8% 阿维菌素乳油 2 500 倍液，或 48% 噻虫胺悬浮剂 5 000 倍液喷雾防治；4 月上中旬和 9 月中下旬，幼虫发生期，进行药剂灌根防治，可用 1.1% 苦参碱粉剂 500 倍液或 1 亿～3 亿孢子／毫升白僵菌液，加 0.01% 洗衣粉粘附剂灌根，也可以用 1% 联苯·噻虫胺颗粒剂 3～4 千克撒施根际，浅中耕后浇水 1 次。斑潜蝇和蓟马发生初期用 75% 灭蝇胺可湿性粉剂 3 000 倍液，或 1.8% 阿维菌素乳油 2 500 倍液，或 48% 噻虫胺悬浮剂 5 000 倍液，或用 5% 氟虫脲乳油 2 000 倍液喷雾防治。

3. 草害防治 育苗期或养根壮苗期，一年内可使用 1 次化学除草，可用除草剂 33% 二甲戊灵悬浮剂 1 000 倍液或 50% 扑草净可湿性粉剂 800 倍液喷洒地表，封闭后注意保护药膜。出苗后的杂草防治，可用 12.5% 高效氟吡甲禾灵乳油 800 倍液或 20% 烯禾啶可湿性粉剂 1 000 倍液对杂草叶面喷洒。棚室生产期可结合中耕除草，禁止使用除草剂。在韭菜收割后尚未出苗之前，对杂草喷雾防治。

（八）采 收

韭菜在高度 30 厘米左右、植株 5 叶 1 心期收割为宜，并根据韭菜市场行情适当提前或延后上市以提高生产效益。收割后注意避免阳光照晒造成萎蔫。

韭菜收割间隔期为 28～40 天，夏秋季节每茬生长 28 天即可收割，冬季需要 40 天以上才能收割，春秋季节每 30 天收割 1 茬。棚室韭菜，确保一茬争取二茬，一般不超过三茬，每茬生长期 30～45 天。

收割韭菜时镰刀要锋利，收割茬口要平齐，深度以与地表平齐为宜。及时打捆装箱（筐），低温期注意保暖防冻，高温期注意防晒保鲜。

（九）养根管理

韭菜拱棚、温室栽培主要供应晚秋、冬季和早春市场，一般采收 2～3 茬后，生长势减弱，预示着一个生产周期结束，进入养根壮棵阶段。重点是加强肥水管理，养壮根株，防治病虫，保护功能叶。每亩施入腐熟有机肥 5 000 千克、硫酸钾 20 千克、过磷酸钙 50 千克，同时结合施肥进行浇水，及时清除杂草，促进植株生长发育。对 2 年以上韭菜田，要及时采摘嫩韭薹，清除枯黄叶片，对生长势较旺地块设支架防倒伏，改善光照，增加养分积累。

五、豫中地区露地秋冬萝卜栽培技术

（一）品种选择

萝卜类型多样，品种要选择适合消费地市场的类型，尽量选择杂交品种，抗病性强，商品率高，如郑禧 6 号、欧雅 2 号等。

（二）地块选择

萝卜最好的前茬作物是黄瓜、西瓜、甜瓜，其次是大蒜、洋葱、春马铃薯、西葫芦。远郊和农村乡镇实行粮菜轮作的前茬可选小麦、蚕豆、早稻、大豆、玉米等。对于种十字花科蔬菜和油菜的田地，最好间隔 3～4 年轮作 1 次，以减轻病虫的危害。

应选择土层深厚、疏松通气、排水良好、肥力好的沙壤土，这样才能长出形状端正、外皮光洁、色泽美观而又品质好的肉质根。

（三）整地施肥

萝卜前茬作物收获后应及时整地，反复深耕细耙，一般耕翻2～3次，翻耕深度一般在25～30厘米，并给土壤充分时间暴晒、风化，以减少病菌、消灭杂草。整地要精细，要做到深耕、细耙、平整、疏松，没有土块、石块和草根，使土壤上虚下实。结合整地，应施足基肥，且基肥量应占总肥量的70%左右，即每亩施用充分腐熟的优质有机肥1 000～2 000千克、三元复合肥50千克。施肥后旋耕、耙平、做畦。萝卜做畦方式依品种、气候、土质、地势等条件而定，一般以起垄高畦栽培为主。

（四）播　种

河南秋冬萝卜最佳播期在8月10—30日，郑州生食水果萝卜栽培地区选择在白露后播种，即9月上旬播种。

根据当地的土、肥、水等条件和品种特性来确定合理的种植密度。一般行距50～60厘米，株距20～27厘米。8月上中旬播种，株距可大些；8月下旬和9月上旬播种，株距可小些。

萝卜都采用直播，播种量和播种方式也因品种而不同。多采用穴播或条播，穴播每亩用种300克左右，条播每亩用种500克左右。

萝卜的播种深度为1厘米左右，播后及时浇出苗水，以利出苗，但不能让水平过畦面，以免土壤板结，影响全苗（浇水也不宜过大）。经2～3天出苗，幼苗大部分出土时，需要再灌1次小水，保证土面湿润，以保证全苗。

（五）田间管理

1. 幼苗期管理　幼苗期以幼苗叶生长为主。出苗后要及时进行间苗，由于夏秋季节病虫危害较重，间苗的原则是早间苗、晚定苗，以确保全苗。间苗分2次进行，拔除劣、杂、弱苗，以逐步扩大幼苗的营养面积，最后根据不同品种特性按一定的株行距定苗。于第一片真叶时进行第一次间苗，防止拥挤使幼苗细弱徒长。2～3片真叶时进行第二次间苗，每穴可留苗2株。5～6

片真叶时定苗，按规定株距，选留壮苗 1 株，其余苗拔除。

间苗后应适当浇水、追肥，中耕除草，促进根系生长，使幼苗生长良好。苗期要进行 1～2 次中耕，中耕时要先浅后深，避免伤根。第一次间苗时中耕要浅，划破地皮即可；定苗后要进行 1 次深耕，结合中耕进行培土，以防止倒苗。

2. 肉质根生长前期管理 此期的管理目标是：一方面促进叶片的旺盛生长，形成强大的莲座叶丛，保持强大的同化能力；另一方面还要防止叶片徒长，以免影响肉质根的膨大。萝卜破肚前应少浇水，适当蹲苗，促进直根下扎。一般蹲苗前浇 1 次足水，然后深中耕、松土蹲苗。露肩后，可进行 1 次大追肥，每亩施三元复合肥 20 千克。

3. 肉质根生长盛期管理 肉质根生长盛期是萝卜肉质根生长的主要时期，此期肉质根的生长量约占总量的 80%，需肥水较多，需均匀供给水分，保持土壤湿润，防止因土壤忽干忽湿引起肉质根开裂。一般于收获前 7～10 天停止浇水，提高萝卜耐贮性。

（六）病虫害防治

为了使萝卜高产稳产优质，要加强病虫害的防治。

1. 病害防治 主要病害有病毒病、黑腐病、软腐病、霜霉病等。病毒病防治，可选用抗病品种，出苗前后严格防治蚜虫等，以减少传毒媒介。黑腐病、软腐病等防治，可选用无病种子（或种子用药剂处理），起垄栽培，防止田间积水，发病初期用防治细菌病害的药剂喷施或灌根。霜霉病等属真菌病害，可选用氟菌·霜霉威、霜脲·锰锌、氟菌·肟菌酯等交替用药防治。

2. 虫害防治 主要害虫有蚜虫、菜青虫、菜螟、小菜蛾等，可采用生物农药和低毒、高效、低残留化学药剂防治。防治蚜虫可用吡虫啉可湿性粉剂。菜青虫、小菜蛾等可用氯虫苯甲酰胺悬浮剂、虫螨腈悬浮剂、高效氯氰菊酯乳油等交替用药防治。

（七）采 收

播种后 70～80 天，肉质根形状形成后可根据市场行情分批采收上市。黄淮海地区多在 10 月下旬至 11 月上旬收获。但对于生食水果萝卜，应经过霜冻之后采收，这样可以促进肉质根中淀粉向糖分的转化，使风味品质变佳。在强寒流到来之前，一定要收获完毕，防止萝卜受冻。

第二章

湖北蔬菜栽培

一、鄂东地区莲藕栽培技术

（一）品种选择

选用通过省级农作物品种审（认）定的品种或优良地方品种，如鄂莲 5 号、鄂莲 9 号等。种藕藕芽和节间完整、新鲜有活力、未受病虫害危害。

（二）地块选择

宜选择水源充足、地势平坦、排灌便利、土壤肥沃的水田种植。

（三）整地施肥

重施基肥，每亩施腐熟厩肥 2 000～2 500 千克，另外加施尿素 8～10 千克、过磷酸钙 40 千克、氯化钾 6～8 千克；也可以每亩施腐熟饼肥 50 千克、三元复合肥 35 千克、尿素 10 千克。

（四）定　植

在当地平均气温上升至 15℃以上时定植，长江中下游地区一般在 4 月上旬，华北地区相应延后 15～20 天。浅水田栽种密度因肥力条件而定，瘦田稍密，肥田稍稀。株行距一般为 200 厘米×200 厘米或 150 厘米×200 厘米。先将种藕按一定株行距摆放在田间，行与行之间各株交错摆放，四周芽头向内；其余各行也顺向一边，中间可空留一行；田间芽头应走向均匀；栽种时将种藕前部斜插泥中，尾梢露出水面。

（五）大田管理

1. 水深调节 水层管理应按前期浅、中期深、后期浅的原则加以控制。生长前期保持 5～10 厘米的浅水；生长中期（6—8 月），水深加至 10～20 厘米；枯荷后，水深下降至 10 厘米左右。冬季藕田内不宜干水，应保持一定深度的水层，防止受冻。

2. 追肥 施足基肥的藕田，定植后 35～40 天（3 片左右立叶时）、65～70 天（基本封行时）分别施第一次、第二次追肥，第一次追肥每亩施尿素 10～12 千克，第二次追肥每亩施尿素 12～15 千克、氯化钾 7～10 千克。

（六）病虫草害防治

1. 病害防治 莲藕腐败病防治应选择无病种藕，定植后宜及时拔除发病病株，若发病严重，可换田或水旱轮作。

2. 虫害防治 斜纹夜蛾防治宜每 30 亩设置 1 台频振式杀虫灯，或每亩设置 1 个性引诱器（内置诱芯 1 个），诱杀成虫；人工摘除卵块或捕杀 3 龄以前幼虫；转移后的幼虫每亩用 200 克/升氯虫苯甲酰胺悬浮剂 7～13 毫升/亩喷雾防治，安全间隔期为 14 天，或用 3% 甲维盐悬浮剂 30 毫升/亩喷雾防治，安全间隔期为 21 天。莲缢管蚜防治宜用黄色粘虫板诱杀有翅成虫；用 20% 吡虫啉可溶液剂 20 毫升/亩喷雾防治；用 5% 啶虫脒乳油 4 000 倍液喷雾防治。克氏原螯虾（小龙虾）宜在定植前 7 天，每亩用 2.5% 溴氰菊酯乳油 40 毫升兑水 60 千克，均匀浇泼 1 次，田间水深保持在 3 厘米。

3. 草害防治 定植前，结合耕翻整地清除杂草或喷施除草剂除草；定植后至封行前，宜人工拔除杂草。

（七）采 收

叶片开始枯黄时可采收老熟枯荷藕，枯荷藕在秋冬至翌年春季皆可挖取。采收时应保持藕支完整，无明显伤痕。

二、鄂东南地区露地红菜薹栽培技术

（一）品种选择

红菜薹品种较多，依其熟性的不同分为早、中、晚熟类型。根据种植季节的不同选用适宜的优良品种。目前，生产上栽培比较广泛的品种有极早熟品种如金鼎一号、紫婷 1 号、紫竹；早熟品种如油亮小叶红、小叶亮红、佳红 6 号、油亮胭脂红、鼎秀红婷、紫婷 2 号、观音红、靓红 60、紫婷 3 号、七彩满堂红 4 号；中熟品种如小叶红棒棒薹、靓红八号、油亮二月红、紫琳、寒美、寒红、红粉佳丽、靓红 70、紫御 70；晚熟品种如洪山大股子、洪福、紫贵等。

（二）地块选择

应选择土壤肥沃、疏松、保水保肥力强、排灌方便、前茬为非十字花科蔬菜的沙壤土或壤土地块种植。

（三）整地施肥

十字花科蔬菜最忌重茬，如果生产中实在难以做到，在整地时着重做到早耕、晒土，前茬罢园后，及早清园，在定植前 1 个月深翻菜地，高温暴晒。深耕以 25 厘米以上为宜。

红菜薹对土壤养分需求较高，须下足底肥，否则易早衰减产。一般在整地前每亩施腐熟有机肥 3 000 千克、三元复合肥 50 千克、过磷酸钙 40 千克及适量硼肥。长江流域一般高温多雨，宜采用深沟高畦栽培。

（四）育　苗

1. 播种时期　红菜薹可从 7 月下旬至 10 月下旬分批播种。早熟品种一般在 8 月中下旬，为了提早上市也可提前至 7 月下旬；中熟品种一般在 8 月中上旬至 9 月上旬；晚熟品种一般在 9 月中下旬至 10 月下旬。

2. 播种　苗床应选肥沃、通风、排灌方便的地块，播前 20

天深翻炕地，播种前施入腐熟有机肥 5 千克／米² 左右或复合肥 150 克／米²，将底肥与土壤充分拌匀搂平，整理好苗床。一般在大棚内覆盖农膜育苗，以防雨淋。每平方米苗床用种量为 2～3 克，一般将种子拌细土后均匀撒播。为防苗期病害，可用 70% 甲基硫菌灵可湿性粉剂拌入细土混匀，1/3 垫底，2/3 药土盖种（厚约 1 厘米）。播后浇水湿透，然后盖地膜保墒，遇晴热高温天气，需用遮阳网遮阳降温。遮网时段为上午 9 时至下午 4 时，以后逐步缩短盖网时间，直到定植前 3～5 天全部撤除。出苗前保持土壤潮湿，出苗后床土保持见干见湿，遇高温干旱天气，宜在每天傍晚浇水。水分适宜，一般 3 天出齐苗。苗期追施淡粪水 1～2 次，保证秧苗健壮，间苗 2～3 次。苗期注意防治病虫害，可喷施 20% 噻森铜悬浮剂 300～500 倍液或 36% 春雷喹啉铜悬浮剂 2 000 倍液 2～3 次，以防软腐病发生。

（五）定　植

采用深沟高畦双行种植，按 2～2.2 米开厢做畦。定植苗龄：早熟品种 18～22 天，中熟品种 22～25 天，晚熟品种 25～30 天，宜选晴天下午或阴天进行定植。定栽前一天傍晚苗床浇透移苗水，以便移栽时多带根系。定植株行距依品种及土壤肥力不同而异，一般株距 30 厘米左右，行距 50 厘米左右，早熟品种应适当密些（4 500 株／亩左右），中晚熟品种或肥水条件好的可适当稀些（3 000～4 000 株／亩）。定植后浇足定根水。若遇定植前后有早薹现象，可将主薹摘除，结合灌水适当追施氮肥（尿素 15 千克／亩）。

（六）田间管理

1. 水分管理　定植后应灌 1 次水，让土壤浸透，以保证幼苗成活。灌水时加入聚谷氨酸微生物菌剂 1 千克／亩，有缓苗快、抗旱、抗涝、抗病害的作用，可促进幼苗成活。灌水勿浸过畦面，以半沟水为宜，及时排出雨天菜田的积水，防止高温雨后软腐病的发生。

2. 肥料管理　定植后 1 周追施速效肥 1 次，每亩用农家稀薄有机肥 1 000～1 500 千克或尿素 5 千克兑水浇施。莲座期每亩追施复合肥 20 千克，抽薹期每亩追施三元复合肥 20 千克、磷肥和钾肥各 10 千克，追肥时加入聚谷氨酸微生物菌剂 1 千克 / 亩，可促进养分均衡吸收，提高肥料利用率，有提高品质、节能增效增产的作用。此后每采收 2～3 次追肥 1 次。侧薹采收时，再追施尿素（10 千克 / 亩）1 次，以促进孙薹的抽生。

3. 中耕　莲座期叶片封行前，需将畦面中耕、松土 1 次。

（七）病虫害防治

红菜薹病害主要有霜霉病、黑斑病、根肿病、软腐病、病毒病，虫害主要有小菜蛾、菜青虫、黄曲条跳甲、菜螟、蚜虫、烟粉虱。

1. 病害防治　霜霉病选用 25% 吡唑醚菌酯悬浮剂 2 000 倍液或 25% 嘧菌酯悬浮剂 800～1 600 倍液等药剂进行预防；对已发病的田块，在发病初期选用 80% 烯酰吗啉水分散粒剂 1 000～1 500 倍液，或 52.5% 噁酮·霜脲氰水分散粒剂 1 000～1 500 倍液，或 80% 三乙膦酸铝水分散粒剂 500～800 倍液，或 45% 甲霜·福美双可湿性粉剂 300～500 倍液，配合 25% 吡唑醚菌酯悬浮剂或 25% 嘧菌酯悬浮剂 1 000～1 500 倍液叶面喷施；发病严重的田块要适当加大使用剂量。黑斑病用 32.5% 苯甲·嘧菌酯悬浮剂 1 500 倍液，或 10% 苯醚甲环唑水分散粒剂 1 000～1 500 倍液，或 30% 苯甲·丙环唑乳油 3 000 倍液，或 43% 戊唑醇悬浮剂 3 000 倍液，加 25% 吡唑醚菌酯悬浮剂或 25% 嘧菌酯悬浮剂 1 000～1 500 倍液喷雾防治。根肿病可用 10% 氰霜唑悬浮剂 600～800 倍液或 50% 氟啶胺悬浮剂 800～1 000 倍液浇定根水，或用 20% 丙硫唑悬浮剂 2 000 倍液泼浇根部 3～4 次，7～10 天 1 次；对已发病的田块，选用 45% 甲霜·福美双可湿性粉剂 300～500 倍液或 50% 氟啶胺悬浮剂 800～1 000 倍叶面喷雾；发现病株及时拔除，集中销毁，并对周边 1 平方米范围的植株使用70%甲基硫菌灵可湿性粉剂500～800倍液或50%氟啶胺悬浮剂800～1 000倍液灌根。软腐病用36%春雷喹啉铜悬浮剂600～800倍液或20%噻森铜悬浮剂500～800倍液喷雾，也可以36%春雷喹啉铜悬浮剂2 000倍液或20%噻森铜悬浮剂300～500倍液等药剂灌根，同时间隔7～10天叶面喷施2～3次。

2. 虫害防治　小菜蛾、菜青虫、菜螟用1.8%阿维菌素乳油2 500～3 000倍液、5.7%甲氨基阿维菌素苯甲酸盐水分散粒剂5～10克/亩、5%虱螨脲乳油1 000倍液，以及30%茚虫威悬浮剂3 000～4 000倍液等交替使用进行防治。

黄曲条跳甲：播前或定植前后用撒毒土、淋施药液等方法处理土壤，毒杀土中虫卵、蛹，可用80%敌百虫可溶性粉剂，按药土比为1∶50或1∶100的比例配成毒土，撒施土表后浅松土；防治成虫，可用20%甲氰菊酯乳油，或15%哒螨灵乳油，或30%噻嗪·哒螨灵悬浮剂等喷雾防治，喷雾时间应选在成虫活动盛期，采用围歼法，从田块的四周向中心喷雾，可防止成虫跳至相邻田块，以提高防效。蚜虫、烟粉虱用70%吡虫啉水分散粒剂、50%烯啶·噻虫嗪水分散粒剂、10%烯啶虫胺水剂、25%吡蚜酮可湿性粉剂、20%呋虫胺悬浮剂、5%啶虫脒乳油等交替使用，喷雾防治。防治药剂中加入5.7%甲氨基阿维菌素苯甲酸盐水分散粒剂、1.8%阿维菌素乳油、5%虱螨脲悬浮剂、溴氰菊酯乳油等药剂配合使用，可以提高防效。也可以选择70%吡虫啉水分散粒剂、50%烯啶·噻虫嗪水分散粒剂进行根部滴灌或者冲施的方法，通过植物体的吸收传导，达到防治害虫的目的。

（八）采　收

红菜薹采收以薹长25～30厘米为采收标准，主薹要及早采收，以利分蘖早发侧薹。有经验的菜农常在主薹一抽出时就将其掐掉，以采收子薹、孙薹为主。采收一般在晴天下午进行。采收时应尽量避免损伤莲座叶及其他薹芽，宜用专用的小铲刀，在菜薹基部割取，薹基部留 2～3 个腋芽，采收切口略倾斜，以免滞水，减少软腐病的发生。侧薹、孙薹采收时要留 2 片叶，以便孙薹、曾孙薹的抽生。温度高时一般每 3 天可采收 1 次，温度很低时每 7～10 天采收 1 次。

三、鄂南地区菜用甘薯周年栽培技术

（一）品种选择

适合鄂南地区栽培的菜用甘薯品种有台农 71、福菜薯 18 号、鄂菜薯 1 号等。

（二）冬季保苗

采用塑料大棚模式栽培，每亩施有机肥 500 千克、三元复合肥 40 千克，起垄栽培，垄高 25 厘米，垄宽 50 厘米。10 月下旬，取生长健壮、长约 15 厘米的茎尖，栽插在棚内，定植株距 20 厘米、行距 20 厘米。12 月上旬气温降低至 10℃左右，覆盖垄上拱膜及中膜。根据当地管理经验在高温天气打开南向的膜透气，前期温度高的时候根据土壤湿度浇水。2 月气温上升后及时撤掉拱膜及中膜。在冬季寒潮来临前喷施芸苔素内酯可有效提高其抗寒性。

（三）早春栽培

早春菜用甘薯价格好，在气温回升后，及时做好肥水管理。菜用甘薯喜大水大肥，应保持土壤湿润，追肥应以腐熟有机肥和速效氮肥为主。根据长势及时采摘长约 15 厘米的嫩茎尖上市，每采摘 1 次，可结合中耕除草、修剪追施三元复合肥 10 千克/亩，同时浇水以促进肥料的吸收。叶片颜色若表现出缺氮素的症状，可追施尿素，以 5 千克/亩的施用量为宜，施用后应保证 11 天以上的采摘间隔期。

（四）夏秋季栽培

采取高剪苗栽培，于 4 月初，从大棚内剪取长势健壮、无病虫害、长约 15 厘米的茎尖，定植前将田块深翻耙碎，每亩施有机肥 500 千克、三元复合肥 40 千克，土肥混匀后整平畦面，畦面宽（连沟）1.2 米左右，沟深 0.25 米。应选择阴天或晴天的下午定植，定植后浇足定根水，以利于成活。扦插成活后，待长出 5 片新叶时可摘心促分枝，及时采摘鲜嫩茎尖上市。追肥管理方式同早春大棚栽培，在降雨不足的时期及时浇水。

（五）种薯保存

为防止种苗退化，需每年采用薯块繁苗，在 10 月底，选择无损伤、具有品种特性的薯块放入塑料大棚内保存。地块起垄，垄高 25 厘米，垄宽 50 厘米，起垄后不浇水。12 月上旬气温降低至 10 ℃左右后，把薯块种在垄内，深度约 5 厘米，不浇水。为简便操作过程，此保存方法可放在蔬菜大棚进行，待翌年气温回升浇水，自行繁育种苗。

（六）种薯种苗繁育

选择没有种植过甘薯的地块，采用常规的栽培方法。在秋季剪取茎尖用于冬季保苗，并用于进行翌年的茎尖生产；选取种薯并按上述方法保存，用于进行翌年的种薯生产。

（七）病虫害防治

病害综合防治，引种、引苗时严格检疫。严防病薯、病苗传入无病区，并做好种苗的消毒工作。蔓割病可用 50% 福美双可湿性粉剂 400～500 倍液与 72% 新植霉素可溶性粉剂 4 000 倍液混合液浸种 10～15 分钟。菜用甘薯病毒病防治推荐用脱毒种薯，苗期应加强苗床检查，发现病苗，连同薯块一起剔除，大田发现病株，立即拔除，避免传染，同时注意消灭传毒媒介如蚜虫等。菜用甘薯从定植到第一次采收时间较短，切忌使用高残留剧毒杀虫剂。

（八）采　收

整个时期都可以收获薯尖，采收 15 厘米左右的茎尖。

四、鄂西地区腌泡型辣椒栽培技术

（一）茬口模式与品种选择

1. 茬口模式　茬口模式分为春栽和夏栽。春栽：1月下旬至2月下旬在日光温室或塑料大棚中温床播种育苗，并进行1次分苗，苗龄60～80天，4月中下旬地膜移栽。夏栽：3月大中棚或小拱棚育苗及4月上中旬露地育苗，稀播匀播，不移苗，5月油菜地及6月上旬麦地空出后抢时耕翻，抢墒。

2. 品种选择　选择抗病、优质、高产、适合本地生态环境生长、腌泡后不变软、色鲜艳的品种，如园珠椒、园锥椒、米黄椒、朝天椒、湘辣7号、长辣7号等。

（二）育　苗

1. 育苗设施　根据季节不同选用温床、大中棚等育苗设施，冬季育苗应采用日光温室，春季育苗采用大中棚。

2. 营养土　选用无病虫源的菜园土、腐熟农家肥、饼肥、复合肥等按比例配方，一般过筛腐熟的农家肥与无病虫菜园土比例为5：5，每立方米营养土加草木灰50千克或三元复合肥1.5千克。用50%多菌灵可湿性粉剂与50%福美双可湿性粉剂各25克混合，与150千克营养土混匀杀菌，密封1周待用。

3. 苗床　在播种前15天，平整土壤，用50%多菌灵可湿性粉剂10克/米^2，加水3千克，喷洒床土，用塑料薄膜闷盖7天后揭膜，待用。

4. 浸种播种

（1）浸种催芽　可以采用温汤或者药剂浸种。温汤浸种：将种子放入55℃热水中搅拌，维持水温恒定15分钟，可防种子带溃疡病、早疫病、晚疫病病菌。药剂浸种：用清水浸种3～4小时，再放入10%磷酸三钠溶液中浸泡20～30分钟，捞出洗净，主要防种子带病毒病。

催芽：播前晒种 3 天，将浸种后种子用清水浸泡 6～8 小时后捞出洗净，置于 25℃下催芽，70% 种子露白时播种。

（2）播种　每平方米苗床播种 15～20 克，不移苗苗床每平方米需 5～10 克，每亩约需种量 100～200 克。播种前育苗设施每平方米用 25% 可燃性百菌清 1 克燃烧，棚室闭棚 7 天后通风备用。

浇透水后均匀撒播，覆盖营养土约 1 厘米厚，盖膜，待 50% 种子出土后揭除地面覆盖物，改为小拱棚盖膜保温见光，夜间加盖保温被保温。

（3）苗期管理

①分苗间苗　在 2 叶 1 心时分苗，冬春季节选冷尾暖头天气进行，分苗规格为 8 厘米×10 厘米，分苗时要浇透底水。夏季栽培一般不分苗，在 3～5 片真叶时按 3 厘米×4 厘米间苗。

②温湿度管理　播种后至出齐苗前，白天地温保持在 25～30℃，夜温 15～20℃。出齐苗后均相应降低 5℃，苗长到 2～3 片真叶时白天棚温 25～30℃，夜晚 15～20℃。冬春育苗棚内昼夜温度保持在 15～25℃，若夜间气温降至 10℃以下，需加盖保温材料，温度超过 30℃通风。定植前 7～10 天进行通风炼苗。

③肥水管理　出苗前一般不浇水，待表土发白时浇水。育苗期间一般不追肥，若床土出现缺肥，可结合浇水喷施尿素或磷酸二氢钾等，浓度不超过 0.2%。

（三）定　植

1. 整地施肥　春植定植前 7～15 天整地，夏植抢时抢墒耕地做畦，每亩施农家肥 3 000 千克、三元复合肥 30～50 千克、过磷酸钙 40 千克，采用畦中开沟施入或翻耕前撒施，做成畦宽连沟 1.2 米的畦，畦高 20 厘米。浇足底水后及时盖黑地膜。

2. 适时定植　春季避开强光时段，夏季于阴天或傍晚定植。采取大小行定植，大行 80 厘米，小行 40 厘米，定植深度为 3 厘米左右，每畦种 2 行。如小园椒类型采取双株定植，亩栽 4 000～5 000 穴，湘辣 7 号在肥水条件好的田块每亩栽 2 800～3 000 株为宜。

（四）田间管理

1. 肥水管理 辣椒整个生育期要保持土壤湿润但忌渍水，在移栽后 7～10 天追提苗肥，每亩用尿素 4 千克兑薄粪水 800 千克浇根；在辣椒盛花期进行第二次追肥，每亩用磷酸二氢钾 100 克兑水 50 千克叶面追肥，或腐熟饼肥 100 千克追肥；第三次追肥在盛果期，每亩用磷酸二氢钾 200 克兑水 50 千克浇根；以后每采收一茬叶面追施 0.2% 磷酸二氢钾，如植株缺钙造成脐腐病，用 1% 过磷酸钙浸出液或 0.1% 硝酸钙液喷植株，可结合喷药进行。辣椒慎用含氯肥料。

2. 整枝和保花保果 结合拔草将主茎分枝下侧芽全部抹去，辣椒结果分叉后不再抹芽。开花期可用 0.002%～0.003% 2, 4–D 溶液或用 0.0025%～0.003% 番茄灵溶液喷花或涂抹花柄，喷药可在上午 8—11 时进行。

（五）病虫害防治

主要病害有猝倒病、灰霉病、疫病、枯萎病、病毒病、炭疽病及疮痂病等，虫害有蚜虫、烟青虫、茶黄螨等。

1. 病害防治 猝倒病用 5% 井岗霉素水剂 500 倍液预防，发现病株用 58% 甲霜灵·锰锌可湿性粉剂和 64% 噁霜·锰锌可湿性粉剂 500 倍液交替喷治。灰霉病用 20% 腐霉利悬浮剂 2 000 倍液防治。疫病用 52.5% 噁酮·霜脲氰水分散粒剂 1 500 倍液或 50% 甲霜铜可湿性粉剂 800 倍液喷防。枯萎病用 35% 噁霉灵可湿性粉剂 800 倍液或 3% 甲霜·噁霉灵水剂 800 倍液灌根。病毒病用 20% 盐酸吗啉胍·乙酸铜可湿性粉剂 400 倍液或 1.5% 烷醇·硫酸铜乳剂 1 000 倍液喷防。炭疽病用 80% 福·福锌可湿性粉剂 800 倍液喷防。疮痂病用 25% 溴菌腈可湿性粉剂 500 倍液喷防。

2. 虫害防治 蚜虫用 10% 吡虫啉可湿性粉剂 2 000 倍液或

2.5% 溴氰菊酯乳油 2 000 倍液喷杀。烟青虫用 25% 苏云金杆菌乳剂 200 倍液或 5% 氟啶脲乳油 1 500 倍液喷杀。茶黄螨用 1% 苦参碱可溶液剂 600 倍液或 10% 浏阳霉素乳油 1 500 倍液喷防。

（六）采收和贮运

1. 采收 视加工要求采摘，晴天作业，发现病果烂果，及时剔除销毁。采收时连同果柄一起采，市场需求红果的待果实全红时采收，轻拿轻放，减少机械损伤。忌晴天中午采收及采后大堆存放，忌雨后及露水未干便采收。

2. 贮运 在贮存运输途中要轻装轻运，运输车辆要有通风条件，可采用车厢内竖放数个竹篓筒在椒堆中间通风散热。在夏季长距离运输要有降温措施，并有防雨设备；超长距离运输或不能及时送到加工厂时，应适当加盐暂时腌制。

五、江汉平原露地春苦瓜栽培技术

（一）品种选择

春植苦瓜一般采收期长，应选用分枝力强、抗热性好且适宜本地消费习惯的品种，如春晓 4 号、秀绿、秀绿二号、秀绿八号等。

（二）地块选择

苦瓜喜湿但不耐涝，选择排灌方便、向阳、土层深厚肥沃、保水保肥性好的壤土，且前茬 2 年以上未种植过葫芦科作物的地块。

（三）整地施肥

苦瓜陆续结果，采收时间长，整地时需施足基肥，一般每亩沟施腐熟农家肥 5 000 千克、硫酸钾 30 千克、过磷酸钙 40 千克、或三元复合肥 150 千克作底肥。深翻耙平，做畦，畦宽（含沟）4～4.5 米，沟宽 50 厘米，然后覆上地膜。

（四）育　苗

春季露地栽培一般 3 月中旬至 4 月开始播种育苗。

1. 种子处理　由于苦瓜的种皮坚硬，发芽较慢，催芽前可嗑籽破壳处理种子后再进行浸种催芽处理，可提高发芽率。破壳以种子两侧顶端 1/3 为度，不能伤种胚。催芽前先将种子用 50～55℃温水浸种 20 分钟，并不断搅拌，自然冷却后再浸 8～10 小时，捞出冲洗净沥干后，用干净纱布包好或放入尼龙网袋，置恒温箱于 28～32℃恒温下催芽。催芽期间每天将种子取出清洗 1～2 次，洗去黏液。3 天后，种子即可出芽，芽长约 3 毫米时即可播种。

2. 播种育苗　一般在大棚内用育苗盘育苗，育苗基质用充分腐熟有机肥与过筛细碎大田壤土、泥炭（按 6∶2∶2 的比例）混合均匀，加入 10% 的珍珠岩、混合土重 0.3% 的三元复合肥水溶液、杀菌剂（5 克 / 米²）混拌均匀，装盘即可播种。每孔播 1 粒发芽种子，播后覆一薄层基质细土，然后喷水湿透，盖上地膜保湿。春季地温比较低时应做好保温工作。出苗 50% 时，及时揭去覆盖地膜。苗期注意适时浇水、保持苗盘土壤湿润，注意通风透气，加强温度和湿度管理。苗弱时可浇施 1～2 次稀粪水或尿素水。苗期注意防治立枯病、猝倒病。

（五）定　植

定植一般在土壤温度稳定在 12℃以上时进行。定植前 5～7 天开始炼苗，当幼苗长至 3～4 片真叶时即可定植。一般选择晴天下午或阴天进行栽植，1 株 1 穴，将幼苗脱去营养钵后带土坨植入穴内。注意苦瓜苗不能栽得过深，以防沤根，深度以没过土坨为宜。苦瓜分枝力强，需稀植，每畦栽 2 行，亩定植 250～300 株为宜，如抢早栽培亩定植 500～600 株，待 6 月下旬蔓覆满架时隔株除掉 1 株，可提高早期产量及产值。定植后及时浇透定根水。浇水时加入聚谷氨酸微生物菌剂 1 千克 / 亩，有缓苗快、抗旱、抗涝、抗病害的作用，可促进幼苗成活。

（六）田间管理

1. 肥水管理　缓苗成活后控制浇水，以促进根系发育。苦瓜采收期长，耐肥不耐瘠。若缺肥水，易引起果实生长不良和植株早衰，一旦早衰，即使再追肥补救，其效果也不理想。但苦瓜在幼苗期不耐浓肥，追肥宜淡施。施肥应掌握"苗期轻施，花果期重施"的原则。一般定植 1 周后浇施 1 次提苗肥，结合浇水追施 10% 腐熟人粪尿或速效氮肥。进入旺盛生长以前，宜重施追肥 1 次，抽蔓后结合培土施第一次重肥，每亩追施复合肥 10 千克，并加 3 千克氯化钾和尿素，采用穴施或沟施。进入结瓜盛期后，苦瓜肥水需求量增大。根据长势，结合浇水施第二次重肥，每亩施三元复合肥 20 千克、硫酸钾 10～15 千克、尿素 5～10 千克；结果盛期还需配合增施叶面肥，每周 1 次。每次采收后注意追肥（一般每株穴施 10～15 克），并保持土壤湿润。采瓜期 7～10 天喷施叶面肥，可明显改善品质，增强抗逆性，提高产量。结瓜后期可叶面喷施 0.2%～0.3% 的磷酸二氢钾，以防植株早衰。追肥时加入聚谷氨酸微生物菌剂 1 千克/亩，可促进养分均衡吸收，提高肥料利用率，起到提高品质、节能增效、显著增产的作用。生长期间需保持 85% 左右的土壤相对湿度。若遇暴雨，应及时做好排水工作，以免田间积水引起烂根发病。高温天气，浇水最好在上午 10 时以前或下午 4 时以后进行。

2. 中耕除草　及时中耕有利于根系的发育生长，可以疏松土壤，提高根系周围土层的温度和通透性，防止杂草生长。中耕时需注意防止伤根。可根据情况多次中耕，同时还可配合追肥进行。

3. 搭架整蔓　一般在苦瓜抽蔓后搭架。采用平棚或拱棚式栽培。一般用竹木平棚或钢架拱棚，高度为 1.8～2 米，平棚四周用铁丝固定，中间用铁丝横向牵引，棚顶用爬藤网覆盖。棚架要坚固耐用，抗风雨性能好。植株爬蔓初期，应进行人工绑蔓 1～2 次，引蔓上架。可用竹竿或尼龙绳把蔓牵引到棚架上，即在每株旁各插长为 2 米左右细竹竿或用尼龙绳将横架与苦瓜的藤蔓底部相连接将苦瓜的主蔓轻轻地缠绕在竹竿或尼龙绳上。这样，苦瓜的小苗就会顺其进行附着生长了。绑蔓应在上午 9 时以后进行，避免发生断蔓。苦瓜蔓爬上架后，结合品种的特性，合理摘除或选留侧蔓，以主蔓结果为主的品种要摘除侧蔓，1 米以下不留侧枝，当主蔓长到 2 米左右，将苦瓜主蔓打顶，防止其继续徒长。中后期注意清除植株下部的老叶病叶，以免植株感病，减少病虫害；适当摘除一些弱小侧枝，以利通风透光，提高光合效率；苦瓜盛果期，应摘除畸形果和商品性差的果实，以免消耗养分及保证苦瓜上市美观。

（七）病虫害防治

苦瓜植株有一种特殊气味，是一种病虫害较少的蔬菜，抗病虫能力较强。最常见的病害是白粉病，其次是疫病、霜霉病、枯萎病、病毒病等，虫害主要有蚜虫、瓜实蝇、瓜绢螟和地老虎等。

1. 病害防治　白粉病可用 30% 醚菌酯悬浮剂 2 000～2 500 倍液，或 25% 嘧菌酯悬浮剂 1 000～2 000 倍液，或 32.5% 苯甲·嘧菌酯悬浮剂 1 500 倍液等防治，每 5～6 天喷 1 次，连喷 3～4 次。疫病发病前喷洒波尔多液（1∶1∶250），发病期间可喷洒 72.2% 霜霉威水剂 500～600 倍液，或 80% 烯酰吗啉水分散粒剂 1 000～1 500 倍液，或 52.5% 噁酮·霜脲氰水分散粒剂 1 000～1 500 倍液，或 45% 甲霜·福美双可湿性粉剂 300～500 倍液防治，每隔 7～10 天喷 1 次，连喷 3～4 次。霜霉病用 72.2% 霜霉威水剂 500～600 倍液，或 80% 烯酰吗啉水分散粒剂 1 000～1 500 倍液，或 45% 甲霜·福美双可湿性粉剂 300～500 倍液喷施防治。枯萎病用 50% 多菌灵可湿性粉剂 1 000 倍液，或 70% 甲基硫菌灵可湿性粉剂 500～600 倍液，或 50% 氯溴异氰尿酸可溶性粉剂 45～60 克 / 亩，或 80% 乙蒜素乳油 20～30 毫升 / 亩等浇灌植株根际土壤，每株灌药 300 毫升左右，每 7～10 天 1 次，连施 2～3 次。病毒病用 5% 氨基寡糖素水剂 800～1 000 倍液，或 1% 香菇多糖水剂 500 倍液，或 10% 盐酸吗啉胍可溶性粉剂 500 倍液等喷施。

2. 虫害防治 蚜虫用 25% 噻虫嗪水分散粒剂 5 000～10 000 倍液，或 50% 烯啶·噻虫嗪水分散粒剂 1 500～3 000 倍液，或 3% 啶虫脒水剂 1 000～1 500 倍液，或 25% 吡蚜酮可湿性粉剂 600～800 倍液等进行喷雾，交替使用。瓜实蝇用 1.8% 阿维菌素乳油 2 000～3 000 倍液或 80% 灭蝇胺可湿性粉剂 1 500～3 000 倍液，3～5 天喷施 1 次，连喷 3～4 次。在成虫活动盛期（即上午 10—11 时或下午 4—6 时）施药喷杀，防效较好。瓜绢螟用 5.7% 甲氨基阿维菌素苯甲酸盐水分散粒剂 3 000～4 000 倍液或 5% 虱螨脲乳油 1 000～1 500 倍液喷雾防治。地老虎用 80% 敌百虫可湿性粉剂 1 000 倍液或 50% 辛硫磷乳油 800 倍液喷施。

（八）采 收

苦瓜采收必须及时，否则果实变红开裂，失去商品价值。采收标准：果实已充分长大，瓜肩瘤沟变浅，前端平滑，皮色光泽发亮。一般根瓜要尽早采收，以免上部果实营养不良。采收宜在晴天上午进行，一般用剪刀从基部剪下。注意中午或下午采收苦瓜易转黄，不耐贮运。

六、江汉平原青花菜栽培技术

（一）品种选择

青花菜品种按定植到采收时间长短可分为特早熟品种、早中熟、中熟品种、中晚熟品种和晚熟品种。

1. 特早熟品种 特早熟品种以武汉亚非种业有限公司的绿莹莹为代表，定植后 55 天左右可以上市。可以在 7 月中下旬播种，国庆节前后抢早上市。

2. 早中熟品种 早中熟品种定植后 60～65 天可以上市，以日本坂田公司的耐热性强的炎秀品种、耐寒性强的耐寒优秀品种为主。近几年武汉亚非有限公司的翠花表现也不错。炎秀品种以7月5—25日播种为宜，耐寒优秀品种在7月中下旬至8月上中旬均可播种，11月下旬至翌年1月上市。

3. 中熟品种　中熟品种定植后75～80天可以上市，以浙江美之奥种业股份有限公司的浙青75和浙青80品种、武汉亚非种业有限公司的绿翡翠为代表。这类品种一般在8月1—20日播种为宜，11月下旬至翌年1月上市。

4. 中晚熟品种　中晚熟品种定植后90～100天可以上市，以武汉亚非种业有限公司的晚熟翡翠、绿宝石90等品种为代表。这类品种以8月10—20日播种为宜，12月中旬至2月上旬上市。

5. 晚熟品种　晚熟品种定植后105～110天上市，以武汉亚非种业有限公司的二月天、三月鲜等品种为代表。这类品种以8月25日至9月5日播种为宜，2月下旬至3月上旬上市。

（二）播种育苗

1. 土壤要求　选择没有种过十字花科的壤土，最好含7份黏土和3份沙土，每立方米营养土用三元复合肥2千克，苗床宽为1.5米（包沟），沟深为30厘米，有利于排水。

2. 育　苗

（1）撒播育苗　播种量为每亩用种20～25克，先把种子和适量的沙子混匀，再均匀地撒播在营养土上，播后覆盖0.2～0.5厘米厚的细沙土。喷洒精异丙甲草胺除草剂，然后插上弯竹架拱起，用遮阳率为75%的三针遮阳网遮阳。因为夏秋天气高温多雨，所以要注意苗床防雨、防渍。

（2）穴盘育苗　采用专用育苗基质，装盘于72孔的穴盘，每孔播种1粒种子，既节省用种量，菜苗又大小一致，苗齐苗壮。

（3）营养钵育苗　按每亩田备足3000个营养钵，钵径以3.8厘米为宜。钵土培肥可以提前施用含腐殖酸的三元复合肥，氮、磷、钾三元素总含量在45%以上，每1000个营养钵施用500克优质复合肥即可。防地下害虫可以使用高效氯氰菊酯等灌钵。每钵播种 1 粒即可。

3. 苗期管理　出苗前土壤湿润是非常重要的，推荐使用电动喷雾器补水，常规用洒水壶补水会造成盖籽，盖土太板结不利于出苗。一般大约 3 天可以出齐苗，应及时揭去遮阳网，特别是晚上露苗，以防幼苗胚轴拉长，形成高脚苗。建议上午 9 时以前晒苗，如果太阳光照强，可在上午 9 时以前盖上遮阳网，注意通风降湿。

（三）定　植

1. 整地施肥　每亩施三元复合肥 50～75 千克，锌肥 1 千克，硼砂 1 千克。要深施基肥，整地后起畦。

2. 适时定植　一般苗龄 30 天就可以定植大田。定植前 7 天要让苗子充分见光炼苗。如果在幼苗期阴雨天过多，苗子非常弱，可以用极少量多效唑或精异丙甲草胺或甲哌鎓等控苗使其壮实，形成壮苗。幼苗株高 15 厘米左右、具有 4～6 片真叶时定植，定植前要给苗床喷施 1 次杀虫剂和杀菌剂。

一般包沟宽 1.3 米，双行定植，畦高 25 厘米左右，种植株行距为 40 厘米×65 厘米，每亩定植 2 300 株左右。早熟品种的定植田块可以不覆盖地膜，但晚熟品种必须覆盖地膜，因为地膜可以保墒以使植株在冬季生长迅速，有利于先发棵再长大花球。盖黑膜既有利于保墒又不长杂草。定植前使用扑草净＋乙草胺或二甲戊灵或精异丙甲草胺等进行地面喷雾作封闭性除草剂。若盖黑膜则不需要喷封闭性除草剂。

（四）田间管理

在青花菜花球刚开始形成时，在行间点施高氮高钾低磷型复合肥，促进花球膨大。配合叶面喷施硼、钙、镁等微肥以提高其品质，防止出现花球花梗缺刻、茎部中空等畸形花球。有侧枝的品种，可适当留些侧枝，其余的侧枝将其抹掉。

（五）病虫害防治

1. 病害防治　青花菜病害以霜霉病、菌核病、细菌性黑腐病和软腐病等为主。可用 64% 噁霜·锰锌可湿性粉剂 500 倍液，或 25% 甲霜灵可湿性粉剂 500 倍液，或 72% 霜脲·锰锌可湿性粉剂 600 倍液，或 68.75% 氟菌·霜霉威悬浮剂 800 倍液等防治霜霉病。用 40% 菌核净可湿性粉剂 800～1 200 倍液，或 50% 异菌脲可湿性粉剂 1 500 倍液，或 50% 腐霉利可湿性粉剂 1 000～1 200 倍液，或 50% 啶酰菌胺水分散颗粒剂 1 000～1 500 倍液等防治菌核病。用 2% 春雷霉素可湿性粉剂 400～500 倍液，或 10% 中生菌素可湿性粉剂 1 000 倍液，或 20% 噻唑锌悬浮剂 400～500 倍液，或 3% 噻霉酮微乳剂 750 倍液和各种铜制剂防治细菌性黑腐病和软腐病。

2. 虫害防治　青花菜虫害以菜青虫、小菜蛾、斜纹夜蛾、黄条跳甲等为主，推广使用 5% 氯虫苯甲酰胺悬浮剂 7 000～10 000 倍液，或 1% 甲维盐乳油 2 000～3 000 倍液，或 5% 虱螨脲乳油 1 000～1 500 倍液，或 150 克/升茚虫威乳油 300 倍液和 3% 啶虫脒乳油 1 000 倍液等防治。

（六）采　收

青花菜的花球直径达到 12～15 厘米、花球紧而不散、小花蕾颗粒小和颜色呈绿色时应适时采收。

第三章
湖南蔬菜栽培

一、洞庭湖区露地豇豆栽培技术

（一）品种选择

在生产中，应选择生长势强、抗病、抗热、角长、高产、纤维少、熟食性好的豇豆品种，主要品种有詹豇215、早生王、天畅一号、天畅十号、全能豆冠、宁豇3号、高产四号等。

（二）地块选择

豇豆不耐涝，忌连作，宜种植在排水、保水良好的沙壤土及黏质壤土，土壤 pH 值以 6.2～7 为宜。定植大田宜选择 2 年内未种过豆类作物的地块。

（三）整地施肥

前茬作物收获后，深翻 30 厘米，晒 20 天左右。然后每亩施农家肥 2 500 千克、三元复合肥 25 千克、碳酸氢铵 40 千克，浅翻 18 厘米，平整后起垄。翻耕深度为 25～30 厘米，晒垡 5～8 天，畦宽（包沟）1.2～1.4 米，沟深 20～25 厘米。结合土地翻耕，可喷施氯氰菊酯防治地下害虫。需要注意的是：底肥施用时应普遍撒施（30%）与中间条施（70%）相结合，防止肥料烧种。

（四）播　种

1. 种子处理　将筛选好的种子晾晒 1～2 天，严禁暴晒。也可用占种子重量 0.5% 的 50% 多菌灵可湿性粉剂拌种。

2. 育苗方式 豇豆种子一般不需要催芽。选用温室、大棚、中棚等育苗设施，采用50孔或72孔穴盘育苗，结合选用富含有机质且透气性好的无病虫基质。

3. 播种方法 播种期一般为2月下旬至4月上旬，每亩用种量为2～2.5千克。采用点播，每钵播种2～3粒，覆土厚1厘米，浇透水，覆盖薄膜保温。如果气温低，可临时搭小拱棚保温。

4. 苗期管理 播种后注意保温防寒，白天适宜温度为25～30℃，夜间适宜温度为16～18℃。床土应保持半干半湿状态，苗期一般不浇水、不追肥。

（五）定 植

采用膜下滴灌，每畦铺设1～2条直径为12毫米或16毫米的滴灌软带或滴灌管，滴头间距30厘米，然后覆盖地膜。地膜可选用无色膜、黑色膜或银黑双面膜。播种后8～12天，第一对初生叶即将平展时应及时移栽。在地膜上按穴距30～35厘米、行距50～70厘米开穴，放苗、培土、浇水。双行栽植。

（六）田间管理

1. 温度管理 移栽后至5月中旬，晴天应及时揭开裙膜通风，夜间盖膜保温。5月中旬以后，向上卷好裙膜，保持通风状态。

2. 肥水管理 定植后根据土壤情况及时补水，缓苗到抽蔓期以蹲苗为主；第一花序开花坐荚后结合浇水开始追肥，每亩施尿素5千克，随滴灌施入；全部开花结荚后，每亩施用速溶性冲施复合肥10～12千克，每隔5～7天施1次，连追3次。

齐苗后，及时补苗和间苗，每穴留苗3株，10天后浇1次小水，促苗生长，结合中耕松土，促根系生长。注意苗期切忌偏施氮肥，否则秧苗徒长，影响正常开花。

嫩荚长到3～5厘米时，每隔7～10天浇1次水，保持土壤见干见湿。第一次浇水时每亩追施尿素15千克、钾肥10千克。

开花结荚盛期，清水肥水相间追施，一般追肥2次，第一次每亩施碳酸氢铵20千克，第二次每亩施尿素10千克。

结荚后，追肥是增产的关键，每隔 5 天施 1 次肥。

3. 植株调整

（1）搭架　植株抽蔓时，即要插"人"字架，促使蔓叶分布均匀，有利于通风透光，减少落花落荚。支架长 2.2～2.5 米。也可采用吊绳引蔓方式。

（2）整枝　豇豆分枝性强，枝蔓生长快，要通过整枝打杈来调节生长与结角的平衡。一般主茎第一花序以下侧蔓应及时摘除，促主茎增粗和上部侧枝提早结荚，中部侧枝需要摘心。

（3）打顶　主蔓满架后，及时打顶，控制生长，促进侧蔓花芽形成。通常情况下，主茎长到 18～20 节时打去顶心，促花结荚。

（七）病虫害防治

豇豆的病害有煤霉病、锈病、白粉病，虫害主要有豇豆荚螟、蚜虫等。

1. 病害防治　煤霉病在发病初期喷洒 70% 甲基硫菌灵可湿性粉剂 1 000 倍液，或 50% 多菌灵可湿性粉剂 600～800 倍液，或 75% 百菌清可湿性粉剂 600 倍液，或 50% 腐霉利可湿性粉剂 1 000 倍液，或 70% 代森锰锌可湿性粉剂 700 倍液，或 50% 甲霜铜可湿性粉剂 600 倍液，或 90% 三乙膦酸铝可湿性粉剂 500 倍液，或 72% 霜脲·锰锌可湿性粉剂 600～800 倍液，每 7 天左右 1 次，连续防治 2～3 次；锈病可以用 25% 三唑酮可湿性粉剂 2 000 倍液或 64% 噁霜·锰锌可湿性粉剂 500 倍液进行叶片喷施，每 5～7 天喷 1 次，连喷 3～4 次。白粉病发病初期喷洒 70% 甲基硫菌灵可湿性粉剂 500 倍液，或 40% 甲霜·铜可湿性粉剂 600 倍液，或 40% 硫黄·多菌灵合剂 500 倍液，或 50% 硫黄悬浮剂 300 倍液，隔 7～10 天 1 次，轮换用药防治 3～4 次；也可以在抽蔓或开花结荚初期，发病前喷药预防，可选喷 70% 甲基硫菌灵 +75% 百菌清可湿性粉剂 1 000～1 500 倍液，或 2% 农抗 120 水剂 200 倍液，隔 7～15 天 1 次，共喷 2～3 次或更多。采收前 7 天停止用药。枯萎病可用 70% 甲基硫菌灵可湿性粉剂 800 倍液，或 50% 多菌灵可湿性粉剂 500 倍液，或 70% 敌磺钠可湿性粉剂 600～800 倍液，或 40% 菌枯灵可湿性粉剂 500～600 倍液，每隔 7～10 天灌 1 次，每株灌根 250 毫升药液。

2. 虫害防治　豇豆荚螟用 25% 灭幼脲 3 号悬浮剂 1 500 倍液，或 5% 氟虫腈悬浮剂 1 000 倍液，或 0.36% 苦参碱可湿性粉剂 1 000 倍液，或 2.5% 多杀霉素悬浮剂 1 000 倍液，或 1% 阿维菌素乳油 1 000 倍液等交替喷洒，每隔 7～10 天 1 次，连续防治 2 次。喷药应在上午 8—10 时或下午 5—7 时进行，尤以成虫产卵前防效最佳，持效期可达 20 天以上。成虫盛发期，可选用 21% 氰戊·马拉松乳油 4 000 倍液，或 20% 氰戊菊酯乳油 3 000 倍液。喷雾要细致均匀，要使蔬菜的花蕾、花荚、叶背、叶面和茎蔓至全湿润有滴液为度。大棚内防治可采用烟剂熏蒸法杀灭。蚜虫可用 25% 抗蚜威水溶性分散剂 1 000 倍液喷雾，对防治蚜虫有特效，并可以保护天敌。也可以选用 10% 吡虫啉可湿性粉剂 2 000 倍液，或 21% 增效氰戊·马拉松乳油 6 000 倍液，或 20% 啶虫脒乳油 1 000 倍液喷雾防治。

（八）采　收

豇豆采收标准较高，采收过早产量低，采收过晚品质下降。一般播后 55～65 天开始采收，结荚初期每 2～3 天采收 1 次，盛期每天采收 1 次，采收期 50 天左右。

加工豇豆比鲜食豇豆的质量要求高，要求一是豆荚不能起泡，宜早采；二是尽量在凌晨 4 时至上午 9 时采收，此时露水未干；三是采收后不能在水中浸泡；四是采收后 2 小时内进入腌制环节。

二、两湖地区红菜薹高产栽培技术

（一）品种选择

根据当地市场需求合理选择品种，如紫婷 2 号、湘江 9 号、佳红、紫福、鄂红 4 号等。

（二）育　苗

1. 播种期　根据品种特性，结合当地气候条件确定播种期。长江流域早熟品种多于8—9月播种育苗，晚熟品种于9—10月播种育苗，中熟品种播种期在上述两者之间。播种过早，花芽分化推迟，营养生长期加长，延迟了抽薹。播种过迟，花芽分化提早，抽薹提前，不利于提高菜薹产量且容易发生病毒病和软腐病。

2. 苗床准备　苗床应选择较肥沃的壤土或沙壤土，施入腐熟有机肥料，每平方米苗床约用10千克的腐熟畜禽粪与人粪尿的混合肥，肥料要与畦土充分掺匀，然后精细耕耘、整平，浇透底水，待水渗入畦面下约10厘米，随后在畦面上均匀地撒一层厚约0.3厘米的过筛细土，即可播种。

3. 播种　每亩大田用种量为20克，需用苗床25平方米。干籽撒播在已准备好的苗床上，要播得均匀，可把种子分成多份，每平方米约用种子1克。播后泼稀粪覆盖，或撒一层过筛细土，厚约0.2厘米，遮盖住种子即可。畦面可再覆盖遮阳网保湿，种芽露出即除去遮阳网。适宜条件下5～7天出苗。

4. 苗期管理　播种后覆盖银灰色遮阳网降温保湿，驱蚜防病毒。至移栽前10天撤网炼苗。保持床土湿润，3～4天即可出苗。真叶抽出后开始间苗，以后每隔4～5天间苗1次，及时将弱苗、病苗和杂苗去掉，保持种纯苗壮。至移栽前保持6～10厘米苗距。每次间苗后薄施人粪尿。移栽前2～3天，追施1次清粪水，并喷施1次90%三乙膦酸铝可湿性粉剂1 000倍液，带肥带药定植。一般每亩苗床可栽大田1～1.3公顷。

育苗期20～25天，苗龄短，抗逆性差；苗龄长，影响花薹发育。一般在幼苗长到5片真叶时即可定植。

（三）定　植

1. 整地做畦　红菜薹对土壤要求不甚严格，但选择保水保肥的土壤种植更适宜。栽植前深翻整地，视地力情况施足基肥，一般可施用经沤熟的禽畜粪和人粪尿混合肥3 000～4 000千克，耙平后做畦。夏秋栽培宜做高畦。平畦宽1米种2行或宽1.6米种4行，畦的高度以便利排灌水为原则，双行种植。

2. 适时定植 幼苗苗龄25～30天，有真叶5～6片时定植。定植前1天要把苗床灌透水，起苗时带土移栽。挖苗尽量减少伤根、断根。栽根入土，不得埋心，种后浇透定根水。种植密度以株行距40厘米×35厘米为宜，每亩栽植3 500株左右。

（四）田间管理

定植后2～3天需连续在早晚浇水。成活以后，视土壤湿润和天气情况浇水。缓苗后视具体情况，每10～15天追1次肥，每亩施尿素或三元复合肥10～15千克，连续追2～3次。及时中耕、除草，促进早发棵、早抽薹。

开始抽薹时，肥水要充足，红菜薹受旱容易发生病毒病，水多则易发生软腐病，所以排灌要适当。每采收1次菜薹，应及时追施1次30%～40%浓度的粪肥，以保证肥水供应。主薹采收后，供足肥水，争取第二、第三轮侧薹粗壮。追肥也可用三元复合肥。

11月以后气温下降，应控制水肥，以免生长过旺而遭受冻害。

（五）病虫害防治

1. 病害防治 红菜薹霜霉病发病初期开始喷药，每隔7～10天喷1次，连续喷3～4次，喷药时应周到细致，特别是老叶背面要喷到。药剂有：40%三乙膦酸铝可湿性粉剂250倍液、25%甲霜灵可湿性粉剂1 000倍液、64%噁霜·锰锌可湿性粉剂500倍液、75%百菌清可湿性粉剂600倍液、2%农抗120水剂200倍液。软腐病发病初期开始用65%代森锌可湿性粉剂600倍液，或75%敌磺钠可溶性粉剂500～1 000倍液，或新植霉素可湿性粉剂5 000倍液喷雾防治。病毒病用5%菌毒清水剂300倍液或20%盐酸吗啉胍·乙酸铜可湿性粉剂500倍液等防治。

2. 虫害防治 蚜虫用苏云金杆菌乳剂800倍液或20%氰戊菊酯乳油4 000倍液喷雾防治。菜蛾用5%氟啶脲乳油、5%氟虫脲乳油、5%农梦特乳油等各1000～2000倍液喷防。斜纹夜蛾用2.5%联苯菊酯乳油、20%吡虫啉乳油、20%氰戊菊酯乳油各3000倍液进行防治。

（六）采 收

红菜薹主要以侧薹为食用部分，因此主薹应尽量早采，以促进侧薹早发。菜薹在长25～35厘米、有2～3朵花开放时采收为佳。主薹采收尽量靠基部采，侧薹则在基部保持1～2个叶腋芽，以保证以后抽发的侧薹粗壮，从而保证后期产量。同时，切口略斜，以免积存肥水，可减少软腐病发生。

三、湘东地区拱棚辣椒栽培技术

（一）品种选择

早春栽培宜选择耐寒性较强、早熟、早期挂果多、株型紧凑、适于高度密植的品种。适宜品种主要有长研201、长研青香、博辣红牛、兴蔬301、兴蔬215、兴蔬皱皮辣、湘研15号、湘辣18号、湘研青剑、湘研812、湘研旋秀等。

秋延后栽培宜选用耐热、抗旱、抗病毒病和疫病能力强、坐果集中、耐贮运、红熟速度快、红果色靓、适销对路的品种。适宜品种主要有湘研812、湘研805、湘研美玉、墨秀3号、长研201、长研青香、兴蔬215、湘研15号、丰抗21、兴蔬青翠、湘辣14号、湘辣16号、博辣娇红、湘研青剑等。

（二）地块选择

选择3年内未种过茄科作物的地块，以土层深厚、肥力中等以上的沙壤土为宜。

（三）整地施肥

于前作收获后土壤翻耕前，每亩撒施生石灰100～150千克，进行土壤消毒。土壤翻耕后，每亩撒施饼肥100～150千克或有机肥300千克、硫酸钾型复合肥50千克、钙镁磷肥50千克。将肥料与土壤混匀，然后进行整地做畦，畦面宽80厘米，略呈龟背形，沟宽60厘米，沟深30厘米，跨度8米的大棚可做5畦，整地后每畦铺设滴灌1条，随即覆盖黑色或银白色地膜。整地施肥工作应于定植前1周完成。

（四）播　种

1. 播种时间及播种量　早春栽培：1月初播种，苗龄40～50天，每亩用种量25～30克。秋延后栽培：一般以7月中旬播种为宜，苗龄30天左右，每亩用种量25～30克。

2. 壮苗培育　春季采用大棚冷床穴盘育苗。在大棚内按1.7米宽建苗床，整平床底，随后将50孔或72孔穴盘装好育苗基质后成3排整齐地置于苗床上，浇足底水。然后打孔播种，每孔播种1粒，盖好基质后随即覆盖地膜，再加盖小拱棚保温保湿，维持床温25℃左右。70%种子拱土后及时揭开地膜，随后降温降湿，加强光照。保持床温在16～20℃，气温在20～25℃，做到尽量降低基质湿度，基质不现白不喷水，促使幼苗根系下扎。待幼苗子叶充分展开破心时，加强肥水管理，促进幼苗生长。白天床温15℃以上时揭开小拱棚，夜晚盖上保温。定植前5～7天，将温度逐渐降低至13～15℃并控水进行炼苗。壮苗标准：5～6片真叶，株高15～20厘米，叶色浓绿，茎秆粗壮，节间短，根系发达。

秋延后栽培采用营养基质穴盘湿润法育苗，将装有轻质育苗基质的穴盘（50孔）放入浅水营养池中，浇足底水。然后打孔播种，每穴播种1粒，盖好基质后随即覆盖遮阳网保湿。5～6天幼苗开始拱土，即揭开遮阳网。秧苗在育苗基质中扎根生长，并能从基质和营养液中吸收水分和养分。

（五）定　植

早春栽培在2月中下旬抢晴天定植在拱棚内。每畦栽双行，株行距45厘米×40厘米，每亩栽植2 000株左右。定植后立即浇上压蔸水，并用土杂肥封严定植孔。

秋延后栽培定植期一般控制在 8 月 15—25 日，以 8 月 20 日左右移栽完较好。定植密度则根据品种和土壤肥力情况而定。一般每畦栽双行，株行距 45 厘米 × 40 厘米，每亩栽植 2 000 株左右。定植后立即浇上压蔸水，并用土杂肥封严定植孔。

（六）田间管理

1. 温湿度管理　早春栽培定植后以闭棚保温保湿为主，促苗成活，早生快发。当晴天气温回升时，应于中午前后 2 小时揭膜或卷膜通风；阴雨寒潮天气则闭棚保温，若阴雨时间长、棚内湿度大，要注意短时间揭膜或卷膜通风，排出湿气，做到勤揭勤盖。当气温稳定通过 15℃以上时，应拆除棚内小拱棚，加强大棚卷膜通风，无风雨的夜晚大棚两边卷膜不放下，促苗稳健生长。当气温稳定在 20℃以上时可把卷膜全打开，但天膜不拆除，仍可做避雨之用，以防连续阴雨造成田间湿度大，诱发各种病害。

秋延后栽培棚膜在辣椒移栽前就要盖好。但 10 月上旬前因温度较高，棚四周的膜应敞开，只是在风雨较大的情况下，才将膜盖上。至 10 月下旬，当白天棚内温度降到 25℃以下时，棚膜开始关闭，但要经常注意温度的变化；当棚内温度高于 25℃时，要开始揭膜通风。阴雨天棚内湿度大时，可在气温较高的中午通风 1 小时。当最低气温降到 10℃以下时，夜晚要在棚内加小拱棚和保温覆盖物，白天要揭去覆盖物让植株通风见光。

2. 肥水管理　肥水管理原则：浇果不浇花。生长前期视生长情况，每半个月用滴灌追肥 1 次；开花期严格控制肥水；结果期每半个月用滴灌追肥 1 次；追肥最好用全量冲施肥，施用浓度 0.2%～0.3%。

3. 植株调控与保花保果　大棚栽培辣椒由于紫外光透入少，植株生长过旺，枝细节长叶茂，容易倒伏，多采用吊蔓栽培。可喷施多效唑进行抑制，促使植株健壮生长。辣椒进入初果期后，应及时抹除侧芽，一般连续抹 2 次即可。

（七）病虫害防治

1. 病害防治 辣椒的主要病害有疮痂病、炭疽病、疫病、病毒病、白绢病、青枯病等。对于病害，重在预防，及早喷药。疮痂病用60%琥乙膦铝可湿性粉剂500倍液喷雾防治。炭疽病用77%氢氧化铜可湿性粉剂400～500倍液喷雾防治，或70%甲基硫菌灵可湿性粉剂800倍液喷雾防治。病毒病用20%盐酸吗啉呱·乙酸铜可湿性粉剂500倍液或8%宁南霉素水剂200倍液，均为叶面喷雾。对于白绢病、青枯病，重在预防和加强土壤消毒、多施石灰等，或在发病初期分别用50%多菌灵可湿性粉剂500倍液淋兜。

2. 虫害防治 辣椒的虫害主要有蚜虫、棉铃虫、茶黄螨、白粉虱和红蜘蛛等。蚜虫除危害叶片和花蕾，还可传染病毒病，应及早用吡虫啉等喷雾防治。棉铃虫危害辣椒果实，可用2.5%高效氯氟氰菊酯乳油1000～2000倍液或5%氟啶脲乳油1500倍液等农药防治，宜在盛花期喷雾。茶黄螨危害辣椒生长点，引起生长点叶片卷曲、枯死，可用73%炔螨特乳油1000倍液喷雾预防。白粉虱发生初期在大棚内张挂白粉虱粘虫板（30张/棚）进行诱杀，发生盛期采用2.5%联苯菊酯乳油3000倍液或40%吡蚜·呋虫胺水分散粒剂1000～1500倍液叶面喷雾杀卵和白粉虱烟雾剂熏蒸。红蜘蛛发生初期释放捕食螨预防，发生盛期用240克/升螺虫乙酯悬浮剂8000倍液和30%乙螨唑悬浮剂6000～8000倍液叶面喷雾或烟雾剂熏蒸。

（八）采 收

大棚春提早栽培辣椒于4月中下旬青椒就开始成熟，要早摘、勤摘，既抢市场价格，又促后续果实的发育，一般每隔1周应采收1次。

大棚秋延后栽培辣椒主要以挂树贮藏延后上市为目的，以采收红椒为主。但门椒、对椒达到商品成熟度时及时采收上市，以免影响植株和后续果实的生长而降低产量，对椒以上的果实一般红一批采一批。如遇行情波动，为使辣椒留在树上保鲜，可通过每天揭开小拱棚上的覆盖物，使之见光增温，延迟到元旦甚至春节采收供应节日市场。

四、湘东地区露地黄瓜高效栽培技术

（一）品种选择

选择高产、高抗品种，如津春系列、津优系列、湘黄瓜 6 号、惠园一号等品种。

（二）育　苗

露地黄瓜播种过早易受冻害，过晚抢不到行市，宜选择 2 月底至 3 月上旬播种。

1. 浸种催芽　取饱满的黄瓜种子，用 55℃温汤浸种（浸种时，要求不断搅拌），15 分钟后，降温至 28℃并继续浸种 4～6 小时即可，或用 0.01% 高锰酸钾进行消毒 5～10 分钟，再用清水冲洗干净后浸种 4～6 小时，然后置于 30℃恒温箱中催芽。

2. 播种　宜选择晴天播种。将催芽的种子播种在塑料育苗钵内，也可制成营养土块，营养土块应不小于 8 厘米×8 厘米，以 10 厘米×10 厘米效果最佳。播种时种子平放于营养土块上，再在种子上覆盖一层厚度为 1 厘米左右的细土。

3. 苗期管理

（1）**温度管理**　出苗前（从播种到子叶出土），为加快出苗，应控制温度，昼夜气温保持在 28～30℃，地温保持在 22～25℃，2～3 天即可出苗。若温度达不到，可采取电热线或加盖小拱棚的形式加温。待幼苗出齐到子叶展开真叶始现时，需降低温度，同时加强光照强度，以防幼苗徒长。白天宜保持在 20～25℃，夜间 15～18℃，地温约保持 20℃以上。定植前 7～10 天，即幼苗锻炼期，应逐渐降温控水，锻炼秧苗，以适应露地不良环境。白天气温保持在 15～20℃，夜温逐渐降至 5℃左右，地温 15～18℃，如果采用电热线土壤加温，应断电停止加温。

（2）**水分管理**　营养土块较干，秧苗出现萎蔫时，可适当浇水，以见干见湿为宜。定植前应控制水分，原则上不浇水，对严重缺水的秧苗，采取局部浇小水的办法，不能浇透。培育壮苗是黄瓜早熟、高产的基础。

（三）定　植

1. 整地施肥　黄瓜忌连作，栽培土地应该选择肥沃、排灌方便、2～3 年内未种植过瓜类作物尤其是黄瓜的沙壤土。前作收获后每亩施石灰 100～150 千克，然后翻耕烤晒，闲置15～20 天。定植前 1 周，整地做畦。

施用底肥和开厢沟：黄瓜耐肥能力强、需肥量大，要确保产量在 5 000 千克以上，应重视追施底肥。通常每亩用腐熟农家肥500 千克、三元复合肥 60 千克，并加施 30～50 千克磷肥。因黄瓜根系较浅，一般施在 30～35 厘米土壤层，然后进行整地、开沟、做到厢沟、竖沟相通；棚外沟要深达 40 厘米，厢宽一般为 1.2 米。

2. 栽种　采用宽窄行定植，宽行为 80～90 厘米，窄行为60～70 厘米。一般双株双行，参考株距为 40 厘米左右，每穴2 株，每亩栽 4 000 株。还有一种单株双行定植方法，参考株距为 30 厘米左右，每亩栽 3 000～3 500 株。定植后及时浇压蔸水，使幼苗根与周围泥土结合，促进根系发育，快速缓苗。

（四）田间管理

1. 肥水管理　移栽后，要浇透水，促进幼苗生长。黄瓜整个生育期，田间持水量不得低于 70%。浇水应于早晚进行，以轻浇勤浇为宜。营养生长期，用 20% 浓度的粪水追施 3 次提苗肥。开花至果实采收期，应加大肥水用量，每亩用 30 千克左右的三元复合肥兑水施肥。采收期，每采摘 1 次果实后，要追肥 1 次，一般每亩用 15～20 千克三元复合肥。生长后期，可降低施肥量，用 0.2%～0.3% 磷酸二氢钾作叶面肥追施 1～2 次，以延缓功能叶衰老。

2. 操作管理 黄瓜蔓长 0.3 米时，开始扦插、立桩、吊蔓、绑蔓。绑蔓间隔 2～3 天 1 次。选择晴天下午进行，横条上任其攀缘。大多数黄瓜品种以主蔓结瓜为主，留少量分枝，7 节以下的侧枝去掉，腰瓜后适当留 3～4 条侧枝，每条侧枝留 1 瓜 1 叶摘心，达到主侧蔓同时结瓜的效果。

（五）病虫害防治

黄瓜生长过程中，主要病虫害有霜霉病、灰霉病、白粉病和蚜虫。霜霉病用 58% 甲霜灵锰铜可湿性粉剂 500 倍液或 72% 霜脲·锰锌可湿性粉剂 500 倍液防治 2～3 次即可；灰霉病用 50% 异菌脲悬浮剂 1 000～1 500 倍液进行防治；白粉病用 20% 三唑酮乳油 1 500～2 000 倍液防治；蚜虫可用 25% 吡蚜酮可湿性粉剂 2 000 倍液防治。

（六）采　收

一般于 5 月上中旬始收。采收前期 2～3 天采收 1 次，中后期 1～2 天采收 1 次。及时采收根瓜，以免根瓜坠秧。

五、湘南地区茭白露地栽培技术

（一）栽培方式及品种选择

1. 一熟茭类型 春季栽培，当年秋季孕茭，以后每年秋季采收。长沙周边地区常在 4 月中下旬定植，9—11 月采收。该类品种对水肥条件要求较宽。优良品种有：一点红、象牙茭、大苗茭、软尾茭、蒋墅茭等。

2. 两熟茭类型 春季或早秋栽植，当年秋季采收一季，称为秋茭；翌年早夏孕茭再采收 1 次，称为夏茭。该类品种对水肥条件要求相对较高。优良品种有：广益茭、刘潭茭、鄂茭 2 号、小蜡台、梭子茭、扬茭 1 号。

（二）地块选择

选择比较低洼的水田或一般的水稻田。要求灌、排两便，田间最大水位不超过 40 厘米，并要求土壤比较肥沃，含有机质较多，微酸性到中性，土层深达 20 厘米以上。茭白一般以单作为主，不宜多年连作，栽植 1～2 年后换茬。利用水田栽培，多与慈姑、荸荠、水芹等水生蔬菜进行合理轮作。

（三）整地施肥

清除前茬后，宜施入腐熟厩肥或粪肥 3 300 千克作基肥，耕耙均匀，灌入 2～4 厘米深浅水耢平，达到田平、泥烂、肥足，以满足茭白生长的需要。

（四）栽　植

一般实行春栽。新苗高达 30 厘米左右、具有 3～4 片叶时栽植，长沙周边地区多在 4 月中旬进行。栽前将种苗丛（老茭墩新苗丛）从留种田整墩连土挖起，用快刀顺着分蘖着生的趋势纵劈，分成小墩，每小墩带有健全的分蘖苗 3～5 根，随挖，随分，随栽。对苗高 50 厘米以上的大苗，则要剪去叶尖再栽。一般行距 80 厘米，穴距 65 厘米，田肥可偏稀，田瘦则偏密。两熟茭品种为求减少秋茭产量，增加翌年夏茭产量，也可在春季另田培养大苗，于早秋选阴天栽植，将已具有较多分蘖的大苗用手顺势扒开，每株带苗 1～2 根，剪去叶尖后栽植，一般株距 25～30 厘米，行距 40～45 厘米。

（五）田间管理

1. 秋茭田间管理　无论一熟茭还是两熟茭，栽植当年只产秋茭，田间管理基本相同。田中灌水早期宜浅，保持水层在 4～5 厘米；分蘖后期，即栽后 40～50 天，逐渐加深至 10 厘米；7—8 月，气温常达 35℃以上，应继续加深至 12～15 厘米，以降低地温，控制后期无效小分蘖发生，促进早日孕茭。但田间水位最深不宜超过茭白眼。秋茭采收期间，气温逐渐转凉，水位又宜逐渐排浅，采收后排浅至 3～5 厘米，最后以浅水层或潮湿状态越冬，不能干旱，也不能使根系受冻。盛夏炎热，利用水库下泄凉水灌入茭白田，可促进提早孕茭。茭白植株生长量大，要多次追肥。一般在栽植返青后追施第一次肥，每亩施入腐熟粪肥500千克，如基肥足，苗长势旺，也可不施。10～15天后第二次追肥，以促进早期分蘖，一般每亩施入有机肥660千克或尿素10千克。到开始孕茭前，即部分单株开始扁秆、其上部3片外叶平齐时，要及时重施追肥，以促进孕茭。一般每亩施入有机肥2330～2670千克，或以钾、氮为主的复合肥23～27千克。两熟茭早秋栽植的新茭，当年生长期短，故只在栽后10～15天追肥1次，每亩施入1330～2000千克的有机肥或20～30千克的三元复合化肥。此外，还应进行耘田除草，一般从栽植成活后到田间植株封行前进行2～4次，但要注意不要损伤茭白根系。在盛夏高温季节，要剥除植株基部的黄叶，将剥下的黄叶随即踏入行间的泥土中作为肥料，以促进田间通风透光，降低株间温度。秋茭采收时，如发现雄茭和灰茭植株，应随时认真做好记号，并尽早将其逐一连根挖掉，以免其地下匍匐茎伸长，翌年抽生分株，留下后患。冬季植株地上部全部枯死后，齐泥割去残枯茎叶，这样翌年萌生新苗可整齐、均匀，保持田间清洁和土壤湿润过冬。当气温将降到 –5℃以下时应及时灌水防冻。

2. 两熟茭夏茭田间管理　两熟茭夏茭生长期短，要加强田间管理，才能多孕茭，孕大茭。早春当气温升至5℃以上时，就要灌入浅水，促进母株丛（母茭墩）上的分蘖芽和株丛间的分株芽及早萌发。当分蘖苗高达25厘米左右时，要及时移密补缺，即检查田间缺株，对因挖去雄茭、灰茭和秋茭采收过度而形成的空缺茭墩，可从较大和萌生分蘖苗较密的茭墩切取其一部分，移栽于空缺处。同时，对分蘖苗生长拥挤的茭墩，要进行疏苗、压泥，即每茭墩留外围较壮的分蘖苗20～25株，疏去细小一些的弱苗，同时从行间取泥一块压到茭墩中央，使苗向四周散开生长，力求使全田密度均匀，生长一致。追肥应早而重施，一般在开始萌芽生长时，长沙地区多在2月下旬，每亩追施有机肥3000千克或尿素30千克；30天后，再追施1次，并要适量加施钾肥。

（六）病虫害防治

茭白主要病害有胡麻斑病、纹枯病和瘟病，虫害有长绿飞虱、大冥、二化螟和稻管蓟马。

1. 病害防治　胡麻斑病发病初期开始喷洒 50% 异菌脲可湿性粉剂或 40% 异稻瘟净乳油 600 倍液等，隔 7 ~ 10 天喷 1 次，连喷 3 ~ 5 次。纹枯病用 5% 井冈霉素水剂 1 000 倍液或 35% 福·甲可湿性粉剂 800 倍液等喷雾，每隔 10 ~ 15 天喷 1 次，连喷 2 ~ 3 次。瘟病用 20% 三环唑可湿性粉剂或 40% 稻瘟灵乳油或 50% 多菌灵可湿性粉剂各 1 000 倍液喷雾，隔 7 ~ 10 天喷 1 次，连喷 2 ~ 3 次。

2. 虫害防治　长绿飞虱低龄若虫盛发期及时用 25% 噻嗪酮可湿性粉剂 2 000 倍液，或 2.5% 溴氰菊酯乳油 3 000 倍液，或 50% 马拉硫磷乳油 1 000 倍液喷雾。大冥和二化螟盛卵期及时用 25% 杀虫双水剂 300 倍液，或 50% 杀螟硫磷乳油 500 倍液，或 90% 敌百虫晶体 1 000 倍液喷雾；也可每公顷分别用上述 3 种药剂 4.5 千克、2.25 千克和 1.5 千克各兑水 6 000 升泼浇。稻管蓟马用 10% 吡虫啉可湿性粉剂 1 500 倍液或 20% 丁硫克百威乳油 600 ~ 800 倍液喷雾。

（七）采　收

茭白肥大后要及时采收。适时采收的标准是三片外叶长齐，心叶缩短，孕茭部显著膨大，叶鞘由抱合而分开，微露茭肉，茭白眼收缩似蜂腰状。夏茭采收期间，气温正高，容易发青茭老，只要叶鞘中部茭肉膨大、出现皱缩即应采收。

六、长江中下游地区辣椒春提早栽培技术

（一）品种选择

选择早熟、高抗、高产的品种，如博辣一号、博辣娇红、湘

早秀、湘研系列等。

（二）整地起垄

1. 整地施肥　前茬作物收获结束后，立即清除残株、杂草等地表所有杂物。深翻 20～30 厘米，然后闭棚熏蒸。每亩施入优质农家肥或腐熟沼液 5 000～6 000 千克，磷酸二铵、硫酸钾各 30 千克，其中 2/3 化肥随整地施入，与土壤混匀整平。采用膜下灌水，可提高地温，降低湿度，减少病害，有条件的地方可在膜下安装滴灌系统。

2. 起垄覆膜　采用单行定植，行距可根据大棚骨架间距确定，绝大多数的大棚骨架间距是 100 厘米。在骨架正下方挖定植沟，将剩余 1/3 的化肥撒施到定植沟中，把土粪肥拌匀后起垄，垄高 25 厘米，上垄宽 40 厘米，下垄宽 60 厘米，然后覆膜。如果使用滴灌，在上垄台中挖一小沟，如果滴水过多，可以流在小沟内，垄台上不会存水过多，影响青椒生长；如果不采用滴灌，垄台要做成龟背形，覆膜时要拉紧、压严、盖实。塑料大棚可选用黑色地膜，因大棚定植时地温已经达到青椒根系生长的要求，黑色地膜可有效抑制杂草。

（三）育　苗

1. 苗床准备　苗床应当设置在地势较高、向阳背风的地带，并为辣椒的生长设置相应的科学排水系统，确保种植土壤肥沃疏松，为辣椒的正常生长提供充足养分。苗床要平整，营养土厚 10 厘米。营养土用病原菌较少、肥力中等且连续 3 年没有种植过茄科植物的园土与充分腐熟晒干过筛的厩肥，按 3：1 的比例混匀。为了预防苗期病害，应对营养土进行消毒处理。可用石灰、0.5% 福尔马林（35%～40% 的甲醛水溶液）溶液喷洒，并用塑料膜封起来密封 1～2 周，然后把膜撤掉，等药效散尽即可使用。处理过的营养土可以有效预防育苗过程中的猝倒病、软腐病等多种病虫害。

2. 播种　大棚多层覆盖冷床育苗在 10 月中上旬播种，温床育苗在 11 月下旬至 12 月上旬播种，1 月下旬至 2 月上旬定植，整个育苗期以抗寒防冻防病为中心，培育适龄壮苗。生产上多用催芽后撒播的方法，播后再覆盖。将辣椒种子放在阳光下晒 2～3 天，以促进发芽。然后用 50～55℃的水浸种 10～15 分钟，待水温逐渐降低至 30℃，继续浸种 6～8 小时，洗干净后放到 30℃的地方静置催芽，每天用温水淘洗 1～2 次，4～5 天大部分种子露白后，即可播种。播前须将准备好的苗床浇透水，待水完全浸透后用撒播法播种，播种后覆盖厚约 1 厘米的湿润细土。播种量为 50～100 克/米^2。

3. 苗期管理　播后可紧贴床面盖一层地膜保温保湿，出苗后及时揭除，之后在床面上覆 0.3 厘米厚的细土一层，以防床土表层裂缝。幼苗出土前，保持床温在 30℃左右。幼苗出齐后，降低床温，防止幼苗徒长。掌握温度管理为：白天高，18～20℃，夜间低，12～16℃；晴天高，阴天低。土温一般控制在 20℃左右。尽量增加光照时间和强度，切勿使床内湿度过大，根据天气情况及时通风，避免苗期病害，如果出现种子戴帽现象，可适当撒干土。真叶显露后，需提高温度，白天维持在 20～25℃、夜间 15～18℃，并尽量增加光照。若苗缺水，可在晴天上午酌情补水，长到具 3～4 片真叶时，需进行分苗。分苗前 3～4 天进行低温炼苗。可分在苗床或营养钵内。分苗后 3～5 天内提高床温，促进缓苗，白天维持在 25～30℃、夜间 20℃，并根据幼苗长势适当浇水施肥。若遇高温和强光时，可采用盖帘遮光的办法，防止幼苗萎蔫。定植前 7 天左右，进行幼苗锻炼。壮苗标准：株高达 20 厘米左右，具 10～12 片真叶，节间短，叶色深绿，叶片厚，根系发达，须根多。

（四）定　植

一般在 2 月上中旬定植，选择冷尾暖头的晴天上午进行。具体为当棚内 10 厘米土温稳定在 12℃以上时，选晴天上午 9 时至下午 3 时挑选壮苗定植，并且把大小苗分开定植。辣椒栽培多采用一穴一株的定植方法。栽植密度应根据品种特性、土壤肥力及管理水平确定。植株高、开张度大的品种密度宜小些，3 000～4 000 穴 / 亩；株型紧凑的品种株距可小些，5 000～6 000 穴 / 亩。定植时先在垄上按 25～30 厘米植穴，采用先栽苗后浇水的办法。定植结束后，可采用地膜下灌溉，浇 1 次稳苗水，随后用土封好穴口。扶正辣椒苗，酌情培土，以防倒苗。通常采用大小行，大行约 50 厘米，小行约 35 厘米，株距 30～33 厘米。栽苗时地膜开口要适中，有条件的可使用打孔器打孔定植。栽苗时应深浅一致，使秧苗生长整齐，定植后浇定根水，待水完全渗透后，用土覆盖定植孔，压好定植孔周边地膜。

（五）田间管理

1. 温湿度管理　定植后 1 周内密闭大棚，尽量提高温度，维持大棚内温度在 30℃左右，夜间采用多层覆盖保温防冻，白天应将覆盖物揭开透光，提高地温。幼苗长出新叶后，白天棚温维持在 24～28℃，高于 30℃时要适时适度放风，排湿降温，防止植株徒长；夜间棚温控制在 15～20℃，地温 14～18℃。如果夜间温度低于 15℃，植株开花数减少；温度在 30℃以上，则易产生畸形果。当夜间温度在 15℃以上时，可昼夜通风。4 月以后，白天温度保持在 25～30℃，夜间 15～18℃，地温 18～20℃。随天气转暖逐渐加大放风量，防止高温高湿使植株徒长引起落花落果。当外界最低气温达 15℃以上时，将底部薄膜推到温室肩部 1.5 米处，昼夜放风，并可起到防雨和减弱光照的作用。

2. 肥水管理　幼苗定植后 7～10 天，应浇 1 次返苗水，最好用稀粪水，以促植株早发，浇水量不宜过大，否则易造成沤根死苗或发生病害，并配合叶面喷施 3 000～4 000 倍的植物多效生长素或 2 000 倍的天达 2 116 等。开花前后喷施 6 000～8 000 倍的辣椒灵，开花期喷施 4 000～5 000 倍的矮壮素。结果前视植株长势，需要浇水时可个别植株点水补充，晴好天气一般每 5 天浇 1 次水，使土壤经常保持润湿状态，促进植株早发早封行。门椒坐果后，随水追施硫酸铵 20 千克 / 亩，或者尿素 10 千克左右；进入盛果期，一般每采收 2 次需追肥 1 次，同时每隔 7～10 天叶面喷施 1 次 0.1%～0.3% 的磷酸二氢钾溶液。在肥水管理上，进入盛果期再追肥 2～3 次，分别在对椒和四门斗辣椒坐住后进行。辣椒的需水量不大，前期每 6～7 天浇 1 次水；进入夏季，随温度的升高浇水要勤，浇水宜在晴天上午进行。每 15 天随水追 1 次肥，每次用尿素 30 千克或磷酸二铵 20 千克，也可以用有机肥或腐熟沼液 1 000 千克，防止植株早衰，浇水和追肥要在明沟进行。中后期还要用 0.3% 磷酸二氢钾进行叶面喷施。

3. 光照管理　辣椒在春季提早定植时，常会遇到连阴天气，不仅气温低、湿度大，而且光照严重不足。此时应以补光而不降温不增湿为原则进行管理。定植后的生长前期正处于低温弱光时期，此时应尽量增加光照，及时清除透明覆盖物的污染，促进作物前期的正常生长发育。

大棚栽培辣椒由于紫外光透入少，植株生长过旺，枝细节长叶茂，容易倒伏。辣椒进入初果期后，茎部侧芽萌发多，既消耗养分，又影响通风透光，应及时抹除，一般连续抹除 2 次即可。早春大棚辣椒结果早，前期气温偏低，常因低温而引起落花落果，可喷辣椒防落保果膨大拉长素或辣椒保花膨大素进行保花保果。辣椒结果后会使植株因负荷过重而出现倒伏，应及时吊蔓或者在畦两边各立一排竹棍并拉绳，将植株固定在畦内不倒伏即可。

4. 植株调整　植株调整主要包括摘叶、摘心、整枝。要及时打掉第一花位下的侧枝、老叶、黄叶，结果盛期枝条向外下垂，可用铁丝或竹竿支撑绑架，使植株整齐排列，有利于通风透光，同时追肥、浇水、采收方便。随着采收节位上移，可逐渐去掉下部老叶、病叶和结过果的枝条。如果植株生长过旺，枝叶荫蔽、结果少时，在门椒采收后，将第一分枝以下的老叶、侧枝全部抹掉，以利通风透气。上部枝叶繁茂，可将两行植株间向内生长并长势较弱的分枝剪掉，必要时喷施适当浓度的多效唑进行抑制。顶尖能打一留一，摘一批果留一批枝。摘心不宜过早，以免影响产量。打杈时间宜尽早进行，太晚消耗养分太多，影响生长发育，并且要选晴天进行，有利伤口愈合。此外，前期气温偏低，常因低温而引起落花结果，可喷辣椒灵或保果素进行保花结果。

（六）病虫害防治

辣椒主要病虫害有炭疽病、软腐病、青枯病、疫病、病毒病、蚜虫、棉铃虫、烟青虫等。具体防治方法参见本章"三、湘东地区拱棚辣椒栽培技术"。

（七）采 收

1. 摘果 当辣椒果实已经充分膨大、表面具有较好光泽时即可采收。自开花到商品果采收需要 25～30 天。在适温条件下，10～15 天的果实即可上市。对长势较弱的植株，门椒和对椒采收要适当提前；对长势较强的植株，采收时适当留几个果暂缓采收，可防植株生长过旺。当辣椒进入盛果期，结合市场价格，采收要勤、要早。另外，在采收时操作要轻，以免碰伤碰断枝条。

2. 剪枝再生栽培 早春辣椒可以利用剪枝再生，进行越夏连秋栽培。在 7 月上中旬，可将四门斗结果部位的上部枝条剪去，每株只留 4 个分杈，并及时喷 2 次 50% 甲基硫菌灵可湿性粉剂 800 倍液防治病毒病。加强肥水管理，每亩施农家肥或腐熟沼液 2 000～3 000 千克。1 周后，用 0.5%～1% 的磷酸二氢钾进行叶面追肥，促发新枝，1 个月后又能采收新的果实。

第五篇

西北地区
蔬菜栽培

第一章
新疆蔬菜栽培

一、番茄标准化栽培技术

（一）品种选择

根据早晚期要求选择生长势旺盛、抗病害、优质、高产、耐贮运、商品性好的品种。适宜机械化采收的品种主要有：新番36号（屯河9号）、新番39号（屯河737号）、新番40号（屯河17号）、H1100、H9780等。

（二）地块选择

交通方便，地势平坦，排水良好，土层厚，土壤条件一致，保水保肥的壤土。连片种植在33公顷以上，避免太长或太短的行，大型采收机要求行长一般在550米左右。避免选择三角形的地块。注意不能重茬，也不能选择与烟草为邻作及前茬。此外，前茬也不宜为辣椒、马铃薯、茄子等同科（茄科）作物。

（三）整地施肥

随耕地每亩施尿素40千克、磷肥20千克、硫酸钾30千克、过磷酸钙20千克。垄面土壤细碎，无大土块。垄面宽1～1.1米。采用宽70厘米的地膜，沟心距为152厘米，铺膜平展，压膜紧实，采光面宽，膜面无漏气、无破损等，每隔10米压一道防风土。滴管带铺设紧直，接口预留合适，无破损、无漏铺等。

（四）播种定植

一般在 2 月中下旬播种。采用标准化穴盘基质育苗技术，达到 45 天左右苗龄后机械移栽或人工移栽至大田。选取生长一致的幼苗，淘汰过高、过矮的苗，以及弱苗、病苗。根据品种确定移栽密度，要求深栽、栽实，株行距配置均匀，及时埋细土封洞，不可延误过长时间，否则会影响幼苗生长。在大风天气，大风还会将膜掀起吹走，因此护膜也很重要。移栽后当天要求灌足水，保证苗的成活率。

（五）田间管理

1. 肥水管理　发棵期浇水 1 次，20～30 米^3/亩。始花期浇水 2 次，每次 25～30 米^3/亩，每次随水施尿素 3 千克/亩、磷酸二氢铵 2 千克/亩。盛花期浇水 3 次，每次 25～30 米^3/亩，随水施尿素 3 千克/亩，前两次同时施磷酸二氢铵 2 千克/亩。初果期浇水 2 次，每次 30 米^3/亩，每次随水施尿素 4 千克/亩、硫酸钾 3 千克/亩。盛果期浇水 2 次，每次 30 米^3/亩，每次随水施硫酸钾 3 千克/亩。果实转色期浇水 1 次，25～30 米^3/亩。有降雨时可延后浇水时间，减少浇水量。成熟期浇水 1 次，10～20 米^3/亩。有降雨时可延后浇水时间，减少浇水量。果实 50% 转红时停止灌水。

采收前 15～20 天（根据土壤类型）停止灌水。条田土壤湿度不宜过大，以便机采。采前不灌水，避免果实耐压力下降、果皮变薄。采前灌水容易导致可溶性固形物含量偏低、果实破裂、烂果，影响商品率，造成不必要的损失。

2. 中耕除草　及时进行中耕除草，提高地温，促进根系生长，控上促下，防止徒长。一般中耕 2～3 次，由浅至深，中耕期间可以结合进行人工除草 2～3 次，彻底消灭护苗带、植株间的杂草。

（六）病虫害防治

加工番茄病害主要是猝倒病、早疫病、细菌性斑点病、茎基腐病和溃疡病等，虫害主要是棉铃虫。

1. 病害防治 猝倒病可选用 72% 霜脲·锰锌可湿性粉剂 450～600 倍液喷雾，每 7～10 天喷 1 次，连喷 2～3 次；也可以用 70% 代森联干悬浮剂（按种子重量的 0.1%～0.5%）拌种预防；发病后用 15% 噁霉灵水剂 1 500 倍液灌根。早疫病防治药剂有 25% 嘧菌酯悬浮剂 2 000 倍液或 10% 苯醚甲环唑水分散粒剂 1 500 倍液 +75% 百菌清可湿性粉剂 1 000 倍液，每 7～10 天喷 1 次，连喷 2～3 次。细菌性斑点病防治药剂可用 47% 春雷·王铜可湿性粉剂 2 000～2 500 倍液、77% 氢氧化铜可湿性粉剂 500～700 倍液、50% 琥胶肥酸铜可湿性粉剂 500～600 倍液，每 5～7 天喷 1 次，连喷 2～3 次。溃疡病防治药剂可选用 14% 络氨铜水剂 300 倍液、30% 琥胶肥酸铜可湿性粉剂 500～600 倍液、20% 噻森铜悬浮剂 300～500 倍液、20% 噻菌酮可湿性粉剂 300～500 倍液，每 5～7 天喷 1 次，连喷 2～3 次。

2. 虫害防治 于棉铃虫卵期采用 200 克 / 升氯虫苯甲酰胺悬浮剂 3 000～4 000 倍液，或 2.5% 溴氰菊酯乳油 1 000 倍液，或 5.7% 氟氯氰菊酯乳油 1 000～1 500 倍液，或 600 亿 PIB/ 克棉铃虫核型多角体病毒水分散粒剂 3～4 克 / 亩，田间均匀喷雾，间隔 12～15 天喷施 1 次，连续喷施 2～3 次。

（七）采　收

停水后将条田中的滴灌带、支管、辅管收回，回收时间以不影响正常机械采收为宜。必须将需机采地块的田间杂草清除干净，防止杂草缠绕进入采收机。严禁翻秧，避免后期产生日灼果，且翻秧容易导致枝条折断，影响后期产量。条田采收机起割行应选择本采收小区中心行左右两侧共 5 行进行翻秧整形，减少采收机和运输车辆行走所造成的损失。

二、露地厚皮甜瓜栽培技术

（一）品种选择

甜瓜露地栽培主要以西州蜜 25 号、耀珑 25 号为主要栽培品种。露地栽培应选择土层深厚，排水性良好，土壤有机质含量较高，疏松的沙壤土。甜瓜忌连作，应与非瓜类蔬菜实行 4～5 年轮作。

（二）整地、播种

种植甜瓜的地块一般于冬前深耕。开春后，结合春耕重施基肥，根据土地肥力等级可施用尿素 4～7 千克 / 亩、磷酸二铵 10～20 千克 / 亩，有条件的可以同时施用有机肥 1 500～3 000 千克 / 亩。

露地栽培采用 1.5 米宽地膜直播，一膜两行，人工点播株距 0.35～0.4 米，每亩保苗 1 100～1 400 株。

（三）田间管理

1. 中耕起垄　甜瓜定植后一般在 1 叶 1 心时中耕 1 次，中耕深度以 25～30 厘米为宜，起到松土保墒的作用。第二次中耕在甜瓜 4 叶 1 心至 5 叶 1 心时进行，分别对膜边和垄背进行中耕，为起垄做准备。第二次中耕结束后立即用专用甜瓜起垄机械进行起垄，在地膜两边形成高 15～20 厘米的梯形小垄。

2. 整枝压蔓　甜瓜整枝要及时，一般整枝 2～3 次，及时抹除甜瓜根部子蔓，防止根部子蔓徒长浪费植株营养。根据播种时间可适当调整整枝节位，一般整枝到第八节结束，第 9～11 节子蔓掐尖抹芽坐 2 个果。主蔓匍匐生长后及时引向垄背，用土块压蔓 1～2 次。

3. 疏果垫瓜　甜瓜易坐果，自然疏果能力不强，易一株多果。在果实长到鸡蛋大小时，每株选取 1 个果形端正，无病斑、无擦痕的正常瓜。在果实有 0.5～1 千克时用专用瓜垫进行垫瓜。

4. 肥水管理　苗期一般不浇水，根据土壤结构和气候条件适当延长蹲苗时间，有利于植株根系的生长发育，一般蹲苗期为33～42天。伸蔓期后植株进入营养生长高峰期，一般7～9天浇水1次，每次追施尿素5千克/亩、磷酸二氢铵5千克/亩。开花期、坐果期、膨大期是生殖生长和营养生长并存的关键时期，此时期要根据植株长势情况合理安排肥水，随水施肥3～4次，每次施尿素10～15千克/亩、磷酸二铵5～10千克/亩，也可在叶面追加喷施0.5%～1%的磷酸二氢钾200～300克/亩。在果实表面出现细网纹时，追施尿素和磷酸二铵的同时，追施硫酸钾5～10千克/亩。成熟期后，根据果实情况可不追施肥料，浇水2～3次。

（四）病虫害防治

1. 病害防治　露地厚皮甜瓜病害以细菌性角斑病、霜霉病及白粉病为主。细菌性角斑病防治可用47%春雷·王铜可湿性粉剂1000倍液进行叶面喷施。霜霉病防治可用80%烯酰吗啉水分散粒剂1000～2000倍液或72.2%霜霉威水剂600倍液进行叶面喷施。白粉病防治可用30%醚菌酯可湿性粉剂1000～1500倍液或10%噁醚唑水分散粒剂1200～1500倍液进行叶面喷施。

2. 虫害防治　露地厚皮甜瓜虫害以蓟马、蚜虫及红蜘蛛为主。蓟马防治主要是在苗期（子叶展平时）进行药剂防治，可以用30%噻虫嗪悬浮种衣剂1500倍液或70%吡虫啉可湿性粉剂2000倍液进行叶面喷施。蚜虫主要是在中后期发生，可用10%吡虫啉可湿性粉剂1000倍液，或10%高效氯氰菊酯乳油2000倍液，或50%抗蚜威可湿性粉剂2000倍液进行叶面喷施。红蜘蛛防治可用1.8%阿维菌素乳油2000～3000倍液或73%炔螨特乳油1000倍液进行叶面喷施。

（五）采　收

要及时按照要求进行采收，要留10厘米的果柄，还要做到轻采轻放，尽量减少损伤。瓜放在一起时要遮阴，避免暴晒。

三、甜菜高产栽培技术

（一）品种选择

选择无长残效除草剂（豆磺隆、普施特、莠去津、虎威等）残留的地块，4年以上轮作。重视品种选择，做到高产、高糖、抗病、耐密，尤其是抗根腐病。选择高产、高抗根腐病、适合机械采收的品种，如 KWS3418、SD13829、HI0474、HI0479、HM1629、HM1631、阿迈斯、H003、RS411 等。

（二）整地起垄

底肥施农家肥 1500～2000 千克/亩、三元复合肥 40 千克/亩、硼肥 500 克/亩。深耕 35 厘米以上，打破犁底层，做到整平、耙细、秋起垄、秋夹肥 15～20 厘米、秋镇压，保墒保肥。

（三）播　种

1. 适时早播　4月10—25日播种，保证播深一致，压土厚 2～3 厘米。推广种子丸粒化技术，即设计保苗 7 万株，则应播种 9 万～10 万粒。根据地块的生产能力、施肥标准确定合理密度，65 厘米垄以 6.5 万株/公顷（株距 23 厘米左右）为宜，50 厘米垄以 7 万株/公顷左右为宜。

2. 播种方法　根据土壤墒情确定一次播种或两次作业先播肥后播种。小型播种机要坚持刮干土、浅播种、培尖垄、巧镇压的播种原则。气吸式精播在墒情差或整地质量不好、残茬多时，可先镇压一遍再进行精播，解决播深不易控制和拖堆、种床不平及播后易跑墒等问题。

甜菜种子萌发所需水分占自身重量的 1.2 倍以上，但甜菜幼芽拱土能力弱，播深不能超过 3 厘米。培尖垄就是要使苗带处有足够的土，在镇压后能保证苗带紧实，避免镇压时因苗带处被开沟器勾松而垄邦土壤紧实，镇压作业时镇压器被垄邦"搪"起而苗带过于疏松，造成出苗不齐或芽干。巧镇压是指播后视土壤湿度进行，过湿要等表土风干1厘米左右再压，以免湿压造成表土板结，遇旱时则形成龟裂纹而跑墒，造成出苗困难；过干则要及时镇压以免风干跑墒，必要时要隔一天再压一遍。

根据地块的生产能力、施肥标准，确定合理密度，以垄作（65厘米垄）6.5万株/公顷，平作7万～7.5万株/公顷为宜。

3. 苗期管理　及时查田补种。5月中下旬对出苗后的地块及时排查，缺穴的要及时用浸泡后的种子补种，补种的株距要适当远些。防治跳甲，尤其是未拌杀虫剂的或包衣质量较差的或播种较晚出苗期间高温的，更要及时防治，推荐吡虫啉或菊酯类农药。

（四）田间管理

1. 肥水管理　甜菜叶丛形成期前对氮肥需求量大（6—7月），块根糖分增长期后需求量下降。甜菜对磷肥需求量大的时期集中在叶丛形成期至块根糖分增长期（7—8月）。钾肥全生育期需求量均衡。因此，应做到前期重氮、后期控氮、磷肥深施、钾肥均衡供应，重视叶面肥的营养平衡。参考施肥量：550～650千克/公顷。高产型品种密度较大，氮、磷、钾肥用量的比例可采用2:1:1。施肥方法：磷肥、钾肥全部用作底肥，要保证2/3磷肥施到15厘米以下以利于甜菜中期吸收，做到侧深施肥。1/2氮肥作底肥，1/2氮肥作追肥，追肥中2/3作根际追肥，1/3作叶面肥。根际追肥时期应在苗期和叶丛形成期间，一般在12～15片叶期间，即6月10—20日。追肥时间偏晚易导致低产、低糖。甜菜对硼元素敏感，对其他中微量元素需求量也较多，尤其在缺素土壤上更应注意选用甜菜专用底肥或生育期间用专用的叶面肥补充中微量元素，减少缺素造成的生育不良或病害加重情况。

叶丛形成期以后需水量增大，每亩每次喷水量为25 000～30 000升。喷水时要注意水温，甜菜根系对温度敏感，长时间低水温喷灌会造成根系损伤。有条件的应采取二次提水或分次浇水的方法。

2. 生育期管理

（1）**苗期**　幼苗期一般为 5 月初至 6 月上旬。条播田及时间苗锄草：3～4 叶期人工手带扒锄，间苗、定苗一次完成，做到留正苗、留大苗。气吸式精播要注意剔除双棵。适时进行行间深松。

（2）**叶丛快速生长期**　叶丛形成期为 6 月中旬至 7 月下旬。这个时期要保证甜菜各种营养，尤其是氮、磷营养，对促进叶丛生长、延长叶片寿命非常重要。及时补充叶面肥：根据甜菜前期需氮较多的特点，为满足其对氮的需求，7 月 20 日以前喷施尿素＋磷酸二氢钾＋硼溶液，5～7 天喷 1 次。

（3）**块根增大期**　叶肥以磷肥、钾肥为主，硼肥、锌肥为辅。此期，甜菜对氮需求量减少，对磷、钾需求量增多。此期氮、磷、钾吸收量约占生育期总吸收量的 35%、40%、25%。重点防治心腐病、根腐病（7 月下旬至 8 月下旬）。进入块根膨大期（7 月 15—20 日），叶面肥以膨大素类＋硼＋磷酸二氢钾为主，促地下生长。

（4）**糖分积累期**　地上部叶片生长缓慢以至停止。块根含糖量急剧增加，约每 10 天可增加 1 度。此期对氮的需求急剧下降以至停止，但对磷、钾的需求仍然很高，吸收量约占生育期总吸收量的 15.4% 和 24.08%。此期要控制氮素水平，以免造成叶片过分生长，消耗大量光合产物，降低块根含糖量和品质。

（五）病虫草害防治

1. 病害防治　立枯病用 0.8% 的福美双或敌磺钠拌种，即每 100 千克种子，浸入 0.8 千克的 50% 福美双或 95% 敌磺钠可湿性粉剂。70% 噁霉灵可湿性粉剂拌种防治甜菜立枯病效果明显。褐斑病防治每公顷用 70% 甲基硫菌灵可湿性粉剂 1 200～1 500 克，或 80% 多菌灵可湿性粉剂 750 克，或 40% 多菌灵胶悬剂 1 500 毫升，或 25% 咪鲜胺乳油 1 200 毫升，或 80% 代森锰锌可湿性粉剂 600 克 / 公顷。病毒病防治用盐酸吗啉胍·乙酸铜可湿性粉剂 80～100 克或 70% 吡虫啉水分散剂 2 克＋磷酸二氢钾 150 克＋

0.016% 芸苔素水剂一袋, 兑水 20 千克喷施。白粉病用 12.5% 烯唑醇可湿性粉剂 40 克或 20% 三唑酮乳油 50~60 克, 兑水 30 千克喷施, 7~10 天一次, 连续喷 2~3 次。

2. 虫害防治 地老虎可用 20% 氰戊菊酯乳油 3 000 倍液喷雾防治; 虫龄较大时也可用 50% 辛硫磷乳油 1 000 倍液灌根防治。象甲用 4.5% 高效顺反氯氰菊酯乳油浇灌, 在产卵前杀灭成虫。甜菜甘蓝夜蛾用 2.5% 溴氰菊酯乳油 2 000~2 500 倍液或用 20% 氰戊菊酯乳油 1 500~2 000 倍液喷雾防治。甜菜斑潜蝇用 2.5% 溴氰菊酯乳油 2 500 倍液或 20% 氰戊菊酯 2 000 倍液喷雾防治。草地螟在幼虫三龄前用 2.5% 高效氟氯氰菊酯乳油 2 000 倍液或 2.5% 三氟氯氰菊酯乳油 2 000~2 500 倍液喷雾防治。

3. 草害防治 苗后化学除草以精喹禾灵、烯禾啶为主。苗后防禾本科杂草药剂(每公顷用量): 12.5% 烯禾啶乳油 1 500 毫升, 15% 精吡氟禾草灵乳油 750~1 200 毫升, 5% 精喹禾灵乳油 750~1 500 毫升。苗后防阔叶草药剂(每公顷用量): 16% 甜菜宁乳油 4 500~6 000 毫升, 21% 安·宁·乙呋黄乳油 4 000~7 000 毫升, 16% 甜菜安·宁乳油 6 000~9 000 毫升。

(六)采 收

高产期收获, 做到标准切削、起净、拣净, 随起随交。一般 9 月下旬收获。目前生产上有两种起收方法: 一种是用小型机车带 "L" 形犁刀沿垄趟, 切断甜菜根系并抬起甜菜, 但不翻出垄体, 之后用人工切削。另一种方法是用分段式起收机械如西班牙马赛起收机, 打叶机负责打碎甜菜叶子, 并对青头平切一刀, 然后用起收机进行起收。两种方法都应注意要按标准切削, 及时销售。

第二章

青海蔬菜栽培

一、河湟谷地线辣椒栽培技术

（一）品种选择

选择丰产性好、品质优良、抗病性较强的品种，如青线椒1号、循化线辣椒等。

（二）栽培季节及适宜区域

3月初温室育苗，4月下旬至5月上旬移栽至大田。适宜区域为青海省海东市的循化撒拉族自治县、乐都区、民和回族土族自治县和黄南藏族自治州的尖扎县的河湟谷地。

（三）育　苗

1. 种子处理　每亩用种100～150克。播前进行种子处理，将种子放入55℃的温水中不断搅动，浸泡30分钟，待水温降至30℃以下，浸种6～8小时，然后用清水冲洗催芽。为防治病毒病，温汤浸种后，可用10%磷酸三钠溶液处理10分钟。

2. 苗床准备　苗床培养土要疏松通气、保水力强、无病虫源，且含有适当的肥力等。通常苗床土用50%充分腐熟的有机肥、40%田园土、10%炉灰混合均匀，过筛后铺于苗床，厚8～10厘米，灌足底水，每平方米用70%甲基硫菌灵可湿性粉剂或50%多菌灵可湿性粉剂8～10克加干细土混匀，1/3药土撒于床面或播沟，2/3药土作盖土。

3. 播种和间苗 经催芽后的辣椒种子稍晾干后，均匀撒播于床面，或按行距 15～20 厘米开沟条播，密度要小，以利于以后间苗；播种后盖药土 0.5 厘米厚，覆盖地膜；在种子拱土即将出苗时再盖药土 0.5 厘米厚，这样既可防止幼芽戴帽出土，又可适应辣椒发根较差的特点。

当幼苗子叶平展以后，要及时进行间苗，将拥挤的双棵和长势不良的弱苗拔除，间苗后再覆土护根。

4. 苗期管理

（1）温度管理 播种至子叶出土：白天温度 25～30℃，夜间温度 20℃左右，土壤温度 22～25℃；齐苗至真叶顶心：白天温度 20～25℃，夜间温度 12～15℃，土壤温度 20℃左右；3～5片叶：白天温度 20～22℃，夜间温度 12℃左右，土壤温度 18～20℃；定植前 15 天：白天温度 20～18℃，夜间温度 10℃左右，土壤温度 15～20℃。

（2）通风见光 苗期要勤擦塑料膜，在不受冻害的情况下，早揭晚盖草帘，增加光照，并加大通风量，防止幼苗徒长。

（3）水肥管理 苗期一般不浇水，但要保持床面湿润，晴天上午可用喷壶适量洒水。为了预防因阴天气温低，特别是土温过低时幼苗叶片黄化，可叶面喷施 0.3% 磷酸二氢钾水溶液（15 千克水中加入 45 克磷酸二氢钾）2～3 次，每次要适当加 70% 甲基硫菌灵可湿性粉剂 1 200 倍液（15 千克水中兑药 12.5 克），防止幼苗发病。

幼苗长到 10～12 片真叶，门椒花蕾已现，高 25 厘米左右时即可定植。

（四）定 植

1. 整地施肥 选择地势向阳、土壤肥沃、灌溉方便的沙壤土或壤土地块。每亩施农家肥 4 000～5 000 千克、磷酸二铵 25千克、麻渣 70 千克、尿素 10 千克，深翻 30 厘米，耙细整平，起垄定植。

2. 栽种 每亩用规格为 90～100 厘米的地膜 4 千克，铺膜前起垄，垄高 20 厘米，垄宽 60～70 厘米，垄距 35～50 厘米。覆膜后定植，大行距 60 厘米，小行距 40 厘米，穴距 30 厘米，每穴栽植 2～3 株。定植后及时浇透水。

（五）田间管理

线辣椒在整个栽培过程中一般追肥 3 次。第一次在 5 月中下旬，间苗后随浇水每亩追施尿素 5 千克；第二次追肥在 6 月下旬，即线辣椒现蕾期进行，每亩追施三元复合肥 20 千克、尿素 5 千克，穴施，施肥后浇水；第三次追肥在 7 月下旬，即植株结果初期进行，随浇水每亩施尿素 5 千克。在开花期、果实膨大期、转色期喷施叶面肥，可喷施 0.3%～0.5% 磷酸二氢钾水溶液（15 千克水中加入 45～75 克磷酸二氢钾），也可选用复绿灵、高乐肥（按照说明书使用）等植物生长调节剂。

全生育期浇水 5～6 次：苗期 2 次，定植后 1 次，结果初期 1 次，结果盛期 1～2 次。一般结合追肥进行，均以小水浇灌为主，水不超过垄高的 2/3。高温季节，于早晚浇水。若遇雨水，要及时排水，以便防涝。

（六）病虫害防治

线辣椒病害有疫病、根腐病、炭疽病、病毒病等，虫害有蚜虫、白粉虱、斑潜蝇等。

1. 病害防治 门椒开花期是防治疫病的关键时期，这时可在植株茎基部和地表喷洒药剂，用 25% 甲霜灵可湿性粉剂 500 倍液或 50% 代森锰锌可湿性粉剂 500 倍液喷雾，防止初浸染；进入生长中后期，以田间喷雾为主，可用 72.2% 霜霉威水剂 600～800 倍液，或 40% 三乙膦酸铝可湿性粉剂 500 倍液，或 25% 甲霜灵·锰锌可湿性粉剂 600 倍液等喷雾或灌根防治，每隔 10 天防治 1 次，连续防治 3 次。根腐病在发病初期用 14% 络氨铜水剂 300 倍液，或 50% 多菌灵可湿性粉剂 500～1 000 倍液，或 77% 氢氧化铜可湿性粉剂 500 倍液灌根，每隔 7～10 天喷 1 次，连续 2～3 次。炭疽病发病前或发病初期喷波尔多液（1:1:200），或 75% 百菌清可湿性粉剂 600 倍液，或 65% 代森锌可湿性粉剂 400 倍液，或 70% 甲基硫菌灵可湿性粉剂 400 倍液，或 50% 多菌灵可湿性粉剂 400 倍液，或 50% 混杀硫悬浮剂 500 倍液，或 80% 福·福锌可湿性粉剂 600～800 倍液，或 10% 苯醚甲环唑水分散颗粒剂 800～1 500 倍液，上述药剂交替使用，每隔 7～10 天喷 1 次，连续 2～3 次。病毒病用 20% 盐酸吗啉胍·乙酸铜可湿性粉剂 400 倍液，或 1.5% 烷醇·硫酸铜乳剂 1 000 倍液，或 2% 宁南霉素 200～250 倍液在发病初期喷雾防治，隔 7～10 天喷 1 次，连喷 3～4 次。

2. 虫害防治　蚜虫、白粉虱用 50% 抗蚜威可湿性粉剂 2 000 倍液，或 2.5% 高效氯氟氰菊酯乳油 5 000 倍液喷雾防治，每隔 7 天防治 1 次，连续 3 次。斑潜蝇用 73% 炔螨特乳油 2 000～2 500 倍液，或 12.5% 吡虫啉可湿性粉剂 3 000 倍液，或 10% 吡虫啉可湿性粉剂 5 000 倍液喷雾防治，每 7～10 天喷 1 次，连喷 2～3 次。

（七）采　收

门椒、对椒应适当早收，以免坠秧影响中后期生长坐果及产量的提高。65%～70% 果实转色成熟时采收。

二、青海高原菊芋栽培技术

（一）品种选择

低位山旱地宜选用青芋 2 号菊芋，川水地宜选用青芋 2 号和青芋 3 号菊芋。

（二）栽培季节及适宜区域

以春播为佳，适宜播种期为 3 月中旬至 4 月下旬。

（三）整地施肥

茬口选择小麦或豆类为宜，避免与菊科和薯芋类作物连作。宜选择地势平坦、排灌方便、耕层深厚、肥力较好、海拔在 2 500 米以下、中性或微碱性土壤的地块。

前茬作物收获后或早春土壤解冻后深翻，耕深25～30厘米；播前进行耙耱，做到地平、土细、墒足。

10月中下旬，地表封冻时进行冬灌；未进行冬灌的地块开春后及时春灌。

播前结合秋翻或春翻，低位山旱地每亩施腐熟农家肥1 500～2 000千克，川水地每亩施腐熟农家肥3 000～4 000千克。每亩施尿素7～9千克、磷酸二铵22～33千克、氯化钾9～11千克。

（四）播 种

1. 种子准备 应选择单重为40～50克、无腐烂、无病虫、芽眼浅、饱满度好的菊芋块茎作种。可整个块茎播种，也可切块播种。切块时必须进行切刀消毒，并用草木灰搅拌封皮，防止肉质部分散失水分和养分。

2. 播种量 低位山旱地每亩用种90千克，川水地每亩用种70千克。

3. 播种方式 低位山旱地平畦开穴直播；川水地起垄播种，垄高15～20厘米；在地温较低的地区起垄覆膜播种，播深10～15厘米，每穴播种芽眼完好的块茎1个，芽眼向上覆土后进行镇压保墒。

4. 播种密度 低位山旱地采用行距60厘米，株距30厘米，每亩保苗3 800株；川水地采用行距60厘米，株距40厘米，每亩保苗2 800株。

（五）田间管理

1. 中耕除草 苗齐后除草1～2次，中耕深达6厘米，有利于保墒壮苗。茎叶高30～50厘米、覆盖大部分地面时，已能控制杂草生长，不需要除草，少数高株大草可拔除。在现蕾以前结合培土进行第二次中耕，深达8厘米。

2. 肥水管理 苗齐后适当灌水；现蕾期如遇长期干旱，叶片发黄萎蔫时，可浇1次水，不太干旱时可不用再浇水。幼苗长到1米时，每亩追施尿素3～4.4千克；块茎开始迅速膨大时，每亩追施氯化钾 5 千克。

3. 整枝、摘蕾 现蕾期对于植株中下部发出的侧枝，随时摘除；成熟期随时将植株中下部发黄、过密的枝叶除去。此期及时进行摘蕾，以利块茎膨大和充实。

（六）病虫害防治

菊芋极少发生病虫害，偶有菌核病发生，发现中心病株及时拔除，并用石灰或 50% 多菌灵可湿性粉剂 800 倍液在病株周围进行土壤喷洒消毒。

（七）采收、贮藏

1. 采收 10 月中下旬、田间植株茎叶干枯时人工或机械收获，防止损伤，采收分拣后在背阴处晾晒 1～2 天。剔除杂质后，用袋、箱、筐等容器包装，标明品种名称、数量、良种级别、产地和检验签证的内外标签，即可贮藏。低位山旱地每亩产量可达 2 000～2 500 千克，川水地可达 2 500～3 000 千克。

2. 贮 藏

（1）库藏 贮藏在 0～4℃、空气相对湿度 80%～90% 的通风贮藏库中。

（2）埋藏 埋藏沟宽度为 1～1.5 米，深度为 1 米，长度不限。一般埋藏两层，每层不应超过 20 厘米，上部埋至与地面相平。

三、青海高原温室黄瓜栽培技术

（一）品种选择

冬春季栽培选用优质、高产、耐低温弱光、抗病性强的黄瓜品种，如津绿 3 号、中农 27 号、津优 12 号等。夏秋季栽培选用优质、高产、耐高温、结果期长、抗病性强的黄瓜品种，如博杰605、北京 402 号、北京 403 号和超级先锋等。

（二）栽培季节

冬春季栽培 1—3 月定植，2—4 月上市，4—6 月拉秧。夏秋季栽培 6—8 月定植，7—9 月上市，9—11 月拉秧。

（三）育 苗

1. 营养土配制 用近 3～5 年内未种过瓜类蔬菜的田园土与优质有机肥混合，有机肥比例不低于 30%。普通苗床或营养钵育苗营养土配方：1/3 园土＋2/3 腐熟马粪＋过磷酸钙 2 千克 / 米^3＋尿素 0.3 千克 / 米^3＋硫酸钾 1 千克 / 米^3。药土用 50% 多菌灵可湿性粉剂与 50% 福美双可湿性粉剂按 1：1 比例混合，每平方米苗床用药 8～10 克，并与 15～30 千克细土混合，播种时 2/3 混合物铺苗床，1/3 混合物覆盖在种子上。

2. 浸种催芽 用 55℃温水浸种 15～20 分钟，不断搅动至水温 30℃，再继续浸种 4～5 小时待用。也可以用 50% 多菌灵可湿性粉剂 500 倍液浸种 1 小时，捞出冲洗干净后催芽待用。种子带包衣时，不需消毒。先放在 20℃条件下处理 2～3 小时，然后增温至 25℃，催芽 1～2 天，种子皮张开露芽时即可播种。

3. 播种 冬春茬于 12 月初至 1 月底播种，夏秋茬于 5 月初至 7 月初播种。苗床播种量为 5 克 / 米^2。种植时每亩用种量为 150～200 克。当 70% 以上催芽种子种皮张开露芽即可播种。播种前 1 天浇足底水，第二日在畦面撒些药土并刮平，使畦面平整。播种黄瓜按行距 10 厘米、穴距 10 厘米点播，一般每穴点播 1 粒种子，点籽 3～5 行后用药土盖种子，形成 2 厘米厚的小土堆。播后在育苗床面上覆盖地膜，70% 幼苗顶土时撤除地膜。

4. 苗期管理

（1）温度 播种至出苗：日温 30℃左右，夜温 15～16℃；出苗至子叶肥大：日温 20～25℃，夜温 13～15℃；子叶肥大至 1 叶 1 心：日温 25℃左右，夜温 14～15℃；1 叶 1 心至 3 叶 1 心：日温 25～30℃，夜温 15～16℃；定植前 5～7 天：日温 20～25℃，夜温 8℃以上。

（2）光照 保持棚膜的清洁，冬春季草苫尽量早揭晚盖，在温度满足的条件下，在早晨 8 时左右揭开草苫，下午 4 时左右盖上，日照时数控制在 8 小时左右。阴天根据情况也要正常揭盖草苫。

（3）**水分**　浇足底水，以后视育苗季节和墒情浇水。

（4）**炼苗**　定植前 7～10 天，停止加温，加大通风量，夜间的覆盖物也要减少。白天温度保持在 20～25℃，夜间在不遭受冻害的前提下，最低气温为 5～15℃。

（四）定　植

1. 整地起垄　定植前清除前茬残株、杂草、杂物等。每亩施尿素 7 千克、过磷酸钙 5 千克、硫酸钾 12 千克。深翻土壤，结合施肥，并与土壤混匀。起宽 60 厘米、高 20 厘米的垄，垄沟宽 50 厘米。在垄上铺 1 道或 2 道滴灌软管，再用宽 90～100 厘米的地膜覆盖，垄两边地膜用土压实。

2. 温室消毒　定植苗前，每栋温室用硫黄粉 1.5 千克 / 亩，加干锯末分东西中放置，点燃密闭 24 小时后通风。蚜虫和白粉虱多的温室，每栋温室用 80% 敌敌畏乳剂 500 克 / 亩同法熏蒸。也可以采用密闭温室阳光暴晒 2～3 天。

3. 移栽　选具有 3～4 片真叶，株高 10～15 厘米，茎粗 0.5 厘米，冬春季栽培苗龄 30～45 天，夏秋季栽培苗龄 25～30 天，子叶健全，根系发达，无病虫害的壮苗。每亩定植 3 300～4 800 株。

（五）田间管理

1. 温湿度管理　白天温度 25～30℃，夜温 10℃以上，地温保持在 12℃以上，空气相对湿度保持在 85% 以下。

2. 光照管理　采用透光性好的无滴长寿膜，冬春季节保持棚面清洁，白天揭开保温覆盖物，温室后墙内张挂反光幕，尽量增加光照强度和时间，夏秋季节适当遮阴降温。

3. 肥水管理　定植后 5～7 天缓苗时浇 1 次透水，中耕松土；待 80% 植株根瓜坐住有 1 厘米粗时结束蹲苗，浇 1 次透水；结瓜期每 4～6 天浇 1 次水。从定植到采收结束，追肥 4～5 次，除根瓜坐住追 1 次肥外，其余肥料在采收盛期施，每次每亩施尿素 2～2.5 千克、钾肥 2.3 千克，隔水追施。

4. 植株调整　黄瓜株高 20～30 厘米时进行吊秧、绑蔓。冬春季栽培，侧蔓长到 3～4 厘米时摘除。春夏季栽培，部分品种侧枝结瓜性好，宜留中部以上侧枝结瓜，每一侧蔓留 1～2 个瓜，3～4 叶时摘心。龙头过架时及时摘去下部老叶、黄叶、病叶，进行落蔓，雄花、卷须以及过多的雌花应及时疏除。

（六）病虫害防治

黄瓜主要病害有霜霉病、白粉病、细菌性角斑病，虫害有蚜虫、白粉虱、红蜘蛛。

1. 病害防治　霜霉病可喷 70% 三乙膦酸铝可湿性粉剂 500 倍液，或 72% 霜脲·锰锌可湿性粉剂 600～800 倍液，或 72% 霜脲·锰锌可湿性粉剂 600～800 倍液，或 72.2% 霜霉威水剂 500 倍液，6 天喷 1 次，连喷 3～4 次。白粉病可喷 20% 三唑酮可湿性粉剂 1 000 倍液或 40% 氟硅唑乳油 8 000 倍液防治，7 天喷 1 次，连喷 2～3 次。细菌性角斑病可喷 30% 琥胶肥酸铜可湿性粉剂 500 倍液，或 50% 甲霜铜可湿性粉剂 800～1 000 倍液，或 77% 氢氧化铜可湿性粉剂 500～600 倍液，6～7 天喷 1 次，连喷 2～3 次。

2. 虫害防治　蚜虫可喷 2.5% 高效氯氟氰菊酯乳油 3 000 倍液或 10% 吡虫啉可湿性粉剂 4 000～6 000 倍液，7～10 天喷 1 次，连喷 2～3 次。白粉虱可喷 10% 吡虫啉可湿性粉剂 2 000 倍液，或 25% 噻嗪酮可湿性粉剂 1 500 倍液，或 25% 噻嗪酮 ＋2.5% 联苯菊酯乳油 1 000 倍液，7～10 天喷 1 次，连喷 1～2 次。红蜘蛛可喷 25% 灭螨猛可湿性粉剂 1 000 倍液，或 20% 双甲脒乳油 1 000 倍液，或 2.5% 联苯菊酯乳油 2 000 倍液，或 73% 炔螨特乳油 1 000 倍液，10 天喷 1 次，连喷 3 次。

（七）采　收

根瓜膨大后，根据植株长势适时采收，植株长势弱时在根瓜未膨大前采收，植株有徒长现象时在根瓜充分膨大后采收。进入采收期后，一般品种在商品瓜长到240～300克时采收。

四、青海高原西葫芦栽培技术

（一）品种选择

选用适应性、抗逆性强、耐低温、结实性优、早熟、丰产性好的通过审定的品种，如超玉、冬玉、冬珍、京莹等。

（二）栽培季节及适宜区域

温室栽培在冬春季节进行，一般是10月下旬至11月下旬播种，12月下旬至翌年4月中下旬采收。温室栽培模式适宜在青海省海东市的乐都区、平安区、互助土族自治县和西宁市的湟中县、大通县等地的新建温室区域推广。露地栽培在4月下旬至5月上旬直播，7—9月采收。露地栽培适宜在湟中县、互助县和大通县的浅山地区推广。

（三）整地起垄

精细翻地25～30厘米，应做到土壤疏松、无坷垃、无砖砾、无植物残体。施基肥量应占总施肥量的70%，以农家肥、饼肥为主，配合施用复合化肥。每亩施腐熟农家肥6 000千克、磷酸二铵25千克、尿素20千克、氯化钾15千克，均匀撒在畦田，翻入土中。将肥料深翻后，立即灌足底水。待土壤稍干时耙地、碎土、起垄。垄中部应略高于两边，垄面呈圆拱形，高10～15厘米，垄宽70～80厘米，沟底宽25厘米。刮平垄面，并轻拍1次，使垄面平实，最后覆膜。

（四）育　苗

一般采用日光温室育苗，冬春季节栽培一般在10月下旬至11月上中旬育苗，露地栽培在4月下旬至5月上旬直播即可。

1. 苗床整理及营养土配制　应按需苗量准备好一定面积的苗床，清除残枝枯叶，结合翻地，每平方米施腐熟农家肥10千克、过磷酸钙 150 克、磷酸二铵 100 克，然后平地做畦，浇足底水。

取田园土 6 份、腐熟有机肥 4 份，充分拌匀，并按每 25 千克营养土加 65% 代森锌可湿性粉剂 10 克的比例均匀拌入。

2. 浸种催芽 将种子浸入 25～30℃的温水中，浸种水面应高于种子 5 厘米，浸种 8 小时。装入洗净的纱布袋后放在木箱或瓦盆里，上面覆盖湿润的纱布，置于 25℃左右的环境下，每隔 4～5 小时，将种子上下翻动 1 次。当种子露芽后，停止催芽，及时播种。

3. 播种 按 10 厘米×10 厘米的距离进行点播，每处播 1 粒种子，然后覆盖 2～3 厘米厚的营养土。露地覆膜直播的方法是在垄面按 75 厘米的株距留 5 厘米深的播种穴，每穴播 2 粒种子，覆 2 厘米厚的土后，覆盖地膜。待苗长至接近薄膜时，剪开薄膜使幼苗露出膜面，并将薄膜边缘压紧。每亩育苗用种量为 300 克，直播用种量为 500 克。

4. 苗期管理 播种后应注意提高苗床内温湿度，促进出苗，白天 22～30℃，夜晚 18～20℃。空气相对湿度 80%～90%。幼苗出土后，白天 18～25℃，夜晚 15℃左右。第一片真叶到定植前 10 天，白天 15～22℃，夜间 8～15℃。出苗前密闭苗床，苗出齐后立即通风。

苗龄 35～50 天，具有 4 叶 1 心，苗高小于 20 厘米，叶片墨绿色，叶肉厚，已初显雄花，苗坨外见白须根。

（五）定 植

日光温室定植时期为 12 月中下旬至翌年 2 月中旬。采用单行栽培，垄距 60 厘米，株距 75 厘米。定植时先挖好定植穴，浇定植稳苗水后将带土坨的幼苗置于穴中，扶苗壅土，并压好植株周围穴孔。

（六）田间管理

1. 肥水管理 温室定植或露地覆膜直播后从垄侧沟灌水。温室冬春季栽培应轻灌，露地覆膜栽培应灌足水，待畦内水分稍干时中耕 1 次。根瓜采收后，浇 1 次透水，以后视畦内水分状况适时浇水。根瓜采收后每亩追施尿素 15 千克、磷酸二铵 15 千克。追肥方法是在离根 15 厘米处，用小铲挖"一"字形施肥穴或用追肥器直接追肥，肥施入后立即浇水。盛果期追施 1～2 次，施肥量同上。

2. 温度管理 温室白天温度 18～25℃，夜间温度 10～18℃，深冬季节温室温度应不低于 8℃。

3. 其他管理 每次灌水后土壤稍干时，结合中耕除去垄间杂草。温室栽培在雌花开花时应及时进行人工辅助授粉或用坐果灵点花梗促进坐果。

（七）病虫害防治

西葫芦主要病害有灰霉病、白粉病，虫害以蚜虫为主。

1. 病害防治 灰霉病用 10% 腐霉利烟剂 200～250 克/亩或 4.5% 百菌清烟剂 250 克/亩，分 4～5 处点燃，密闭温室烟熏 3～4 小时。发病初期还可用 5% 腐霉利可湿性粉剂 2 000 倍液或 50% 甲基硫菌灵可湿性粉剂 500 倍液进行喷雾防治，每隔 7 天喷 1 次，连续防治 3 次。白粉病发病初期喷 20% 三唑酮乳油 2 000 倍液或 2% 抗霉菌素水剂 200 倍液进行防治，每隔 7 天喷 1 次，连续防治 3 次。

2. 虫害防治 蚜虫用 40% 氰戊菊酯乳油 6 000 倍液或 2.5% 溴氰菊酯乳油 2 000 倍液等喷雾防治。喷洒时应使喷嘴对准叶背，尽可能均匀周到，每隔 7 天喷 1 次，连续防治 3 次。

（八）采 收

日光温室冬春茬在 1 月中旬至 2 月上旬采收，露地覆膜栽培在 6 月中下旬始收。根瓜应及早采收，其余在单瓜重 350 克左右时采收。

第三章
甘肃蔬菜栽培

一、河西灌区黄皮洋葱栽培技术

（一）品种选择

选择高产、优质、抗病虫害、耐贮运、抗逆性强、皮薄、色亮、形好、不易掉皮、鳞茎收口紧、综合性状优良的品种，如黄皮6号、黄皮5号、黄皮4号、牧童、福圣、金斯顿、金美、农场主、佳农、佳农宝、金帝、富农等，特别是从美国引进的黄皮长日照一代杂交种黄皮6号、黄皮5号在河西灌区表现良好，为河西灌区最佳推广品种。

（二）育　苗

采用日光温室育苗，最佳育苗时间为1月上旬。播种前每公顷用50%多菌灵可湿性粉剂2.25千克与900千克细沙拌匀后均匀撒于苗床消毒土壤。将种子掺入少量细沙后均匀撒于苗床，然后覆盖约2厘米厚细沙，以不见种子为度，用种量为10克/米^2，播种后浇透水1次。每公顷大田需苗床240～300平方米。

（三）定　植

1. 整地施肥　选择土质肥沃、疏松，2～3年未种过葱蒜类蔬菜的中性土壤，要求地势平坦、灌水方便，符合无公害标准。结合整地每公顷施腐熟农家肥60～75吨、磷酸二铵450～525千克。

2. 移栽 洋葱最佳移栽时间为 3 月下旬至 4 月上旬。定植前 10 天，精细整地，做成宽 120 厘米的平畦，采用宽幅 145 厘米的地膜覆盖，膜间距 40 厘米，株行距 15 厘米×16 厘米，每畦种 9 行，保苗约 39 万株/公顷。定植深度以茎盘距离地面 1～1.5 厘米为宜，使根系与土紧密结合，覆土后能盖住小鳞茎即可。

（四）田间管理

1. 水分管理 定植后及时灌缓苗水，灌水量为 450 米³/公顷，促进幼苗发根成活；幼苗期至叶丛生长期共灌水 4 次，每次灌水量为 300～375 米³/公顷；鳞茎膨大期需要充足的水分供应，共灌水 5 次，每次灌水量为 375～450 米³/公顷；鳞茎成熟期灌水 1 次，灌水量为 375 米³/公顷，采收前 15 天停止灌水。第一次与第二次灌水的间隔时间一般控制为 20～30 天，第二次与第三次灌水的间隔时间根据天气而定，一般为 10～15 天。进入旺长期和鳞茎膨大期，要求保持土壤湿润，10 天左右灌水 1 次，有利于高产。

2. 养分管理 每公顷生产 120～150 吨葱头，全生长期需要追纯氮 420～575 千克，结合灌水分 4～5 次施入；第二次灌水时追施硝酸磷 225 千克或尿素 150 千克，第三次、第四次、第五次灌水时各追施尿素 225 千克，第六次灌水时追施硝酸磷钾复合肥 150～225 千克，鳞茎膨大期可叶面喷施 0.3% 磷酸二氢钾溶液 2～3 次，有利于增产。

3. 除草 可在整地时用 48% 氟乐灵乳油 2 250 毫升/公顷兑水 600 千克，喷施防除杂草。洋葱定植后及时进行人工清除田间杂草，以免影响洋葱的正常生长。

（五）病虫害防治

1. 病害防治 洋葱病害主要有灰霉病、软腐病、霜霉病等。除采取避免田间积水、适期早栽、减少操作伤口等措施预防外，灰霉病发病初期用 50% 多菌灵可湿性粉剂 600～800 倍液或 70% 腐霉利（速克灵）可湿性粉剂 800 倍液喷雾防治。软腐病选用

40% 春雷霉素可湿性粉剂 600 倍液喷雾防治。霜霉病发病初期用 90% 三乙膦酸铝可湿性粉剂 800 倍液或 75% 代森锰锌可湿性粉剂 600 倍液喷雾防治。间隔 7～10 天喷药 1 次，连喷 2～3 次，注意药剂的交替使用。

2. 虫害防治　洋葱虫害主要有金针虫、蝼蛄、地蛆、葱蝇、葱蓟马等。地下害虫可用 40% 辛硫磷乳油 800 倍液或 90% 敌百虫晶体 1 000 倍液灌根防治；地上害虫可用 25% 溴氰菊酯乳油 2 000 倍液叶面喷雾防治。

（六）采　收

洋葱成熟后应及时收获。收获前 10 天停止浇水。采收应在晴天进行，拔出整株原地晾晒 1～2 天，待葱头表皮干燥，在假茎 2 厘米处剪掉上部茎叶，抖落泥土，分级装袋码垛待售或贮藏。

二、陇东地区拱棚黄瓜栽培技术

（一）品种选择

选择抗病、优质、高产、商品性好、适合市场需求的品种。津旺 605-1、津旺 615、搏耐 18B、津优 1 号可以作为越冬、冬春、早春、春提早栽培品种；津旺 606、津旺 607 可以作为春夏、夏秋、秋冬、秋延后栽培品种。

（二）栽培季节

早春栽培：12 月底至翌年 1 月初育苗，2 月上中旬定植，3 月下旬至 4 月初上市。

秋冬栽培：9 月中下旬播种，10 月上中旬定植，11 月中下旬上市。

冬春栽培：9 月底至 10 月初播种，11 月上中旬定植，12 月下旬至翌年 1 月上市。

春提早栽培：2 月上中旬播种，3 月上中旬定植，4 月底上市。

秋延后栽培：8 月上中旬直播，9 月底至 10 月初上市。

长季节栽培：9月中下旬播种，10月上中旬定植，11月中下旬至翌年7月上市。

春夏栽培：3月底至4月初播种，4月底至5月初定植，6月上中旬上市。

夏秋栽培：7月中下旬直播，8月下旬上市。

（三）育　苗

1. 育苗方式　根据季节不同可在露地、温室、塑料棚、阳畦、温床育苗，可加设酿热温床、电热温床。夏秋季育苗应配有防虫、遮阳设施。有条件的可采用穴盘育苗和工厂化育苗，并对育苗设施进行消毒处理，创造适合秧苗生长发育的环境条件。

2. 苗床准备及营养土配制　选择两年以上未种植瓜类蔬菜、土壤肥沃，排灌方便的地块。播前1个月要深翻晒白，施足基肥，每亩施商品有机肥2000千克、过磷酸钙30千克。

用近几年未种过葫芦科蔬菜的园土60%、圈肥30%、腐熟畜禽粪或饼肥10%，混合均匀后过筛（包括分苗和嫁接苗床用土）。按每平方米用福尔马林30～50毫升，加水3升，喷洒床土，用塑料膜密闭苗床5天，揭膜15天后再播种。也可以用50%多菌灵可湿性粉剂与50%福美双可湿性粉剂按1:1混合，或25%甲霜灵可湿性粉剂与70%代森锰锌可湿性粉剂按1:1混合，按每平方米用药8～10克，并与15～30千克细土均匀混合，播种时2/3铺于苗床，1/3盖在种子上。还可在7—8月高温休闲季节，将土壤或苗床土翻耕后覆盖地膜20天，利用太阳能晒土高温杀菌的方法灭菌。

3. 播　种

（1）**浸种催芽**　黄瓜种子用55℃左右的温水浸种，不断搅拌，恒温保持15分钟，然后用30℃左右的温水继续浸种3～4小时。淘洗干净后进行催芽。根据定植密度，每亩栽培面积育苗用种量为100～150克。每平方米苗床播种量为25～30克。

（2）**播种方法**　播种前床土浇足底水，湿润至深10厘米，上盖 1～2 厘米厚的营养土，刮平后播种，均匀撒播，再用营养土盖籽，厚度为 0.5～1 厘米，轻浇水使籽、土湿润。然后盖塑料地膜搭小环棚保温、保湿（春黄瓜）或用遮阳网降温、保湿（夏、秋黄瓜）。70% 幼苗顶土时撤除床面覆盖物。

4. 苗期管理

（1）温湿度管理 应根据天气及时揭盖小环棚上的覆盖物，做到播种至出土（齐苗）：白天棚温 28～30℃，夜间最低温度 25℃；齐苗至分苗：白天棚温 25～28℃，夜间最低温度 20℃。齐苗后土壤相对湿度保持在 70%～80%。

（2）分苗 将直径为 8 厘米或 10 厘米的营养钵中装入营养土并排列于苗床上。在幼苗 2 片子叶脱帽开展前即行搭秧。搭秧于 8 厘米×10 厘米的营养钵内，埋土深度以子叶高出营养土 1～2 厘米为宜，随后浇搭根水，并扣小拱棚。分苗后床温不低于 10℃。分苗后的第二天秧苗直立，可不浇水，否则再浇水 1 次。

（3）炼苗 春黄瓜定植前 7 天，逐渐降低苗床温度，白天 15℃左右，夜间 8～10℃；夏、秋黄瓜不炼苗。

壮苗标准：子叶完好无损，叶色深绿，无病虫害；株高 10 厘米以上，茎粗 0.5 厘米以上，4 叶 1 心。日历苗龄：春黄瓜 40～45 天，夏、秋黄瓜 10～15 天。

（四）定　植

1. 整地做畦 定植前施足基肥，每亩施商品有机肥 2 000 千克、三元复合肥 50 千克。有机肥、复合肥混匀后结合耕地翻入土地。做畦：6 米跨度大棚可作 3 畦，深沟高畦，沟宽 30 厘米，沟深 20～25 厘米，畦长宜为 30 米左右。整平畦面后盖地膜。大棚春黄瓜在定植前 10 天左右扣膜，然后闷棚增温。

2. 栽种 定植前用打洞器（或移栽刀）挖定植穴，穴内浇适量水后栽苗，再用土壅根，并密封地膜定植口。每畦两行，株距 30 厘米，每亩定植 2 400 株左右。定植后搭小环棚保温。地膜上加盖秸秆类覆盖物，以利于低温时保温、降湿，高温时遮阳、降温。

（五）田间管理

1. 温光管理　缓苗期：白天 28～30℃，晚上不低于 18℃。缓苗后采用四段变温管理：8—14 时，25～30℃；14—17 时，25～20℃；17—24 时，15～20℃；24 时至日出，15～10℃。地温保持在 15～25℃。可采用三层乃至四层薄膜（地膜、小拱棚、双层顶膜）覆盖，夜间保温可采用小环棚上盖无纺布或草帘。采用透光性好的棚膜，保持膜面清洁，白天揭开保温覆盖物，尽量增加光照强度和时间。

2. 湿度管理　根据黄瓜不同生育阶段对湿度的要求和控制病害的需要，最佳空气相对湿度的调控指标是：缓苗期，80%～90%；开花结瓜期，70%～85%。生产上可采取地面覆盖、滴灌或暗灌、通风排湿、温度调控等措施。

3. 肥水管理　定植后及时浇水，3～5 天后浇缓苗水。根瓜坐住后，根据长势结合浇水追肥。可采用膜下滴灌或暗灌，使冬春季节土壤相对湿度保持在 60%～70%，并注意冬春季节不浇明水。根据黄瓜长相和生育期长短，按照平衡施肥要求施肥，适时追施氮肥和钾肥。采收期每 15 天左右浇肥水 1 次，肥量由轻到重。每亩施三元复合肥 7.5～15 千克。

4. 植株调整　搭架绑蔓：用细竹竿插架绑蔓或绷铁丝挂锦纶带吊蔓。摘心、打底叶：主蔓结瓜，侧枝留 1 瓜 1 叶摘心；病叶、老叶、畸形瓜要及时打掉。落蔓：主蔓满架时，如采取横纵铁丝挂锦纶带吊蔓形式，及时将下部老藤不断放下，以延长生长、采收期；如用细竹竿搭架，则应及时摘心。注意肥水管理，促回头瓜。

（六）病虫害防治

田间主要病虫害：霜霉病、白粉病、炭疽病、灰霉病、蚜虫等；苗期主要病虫害：猝倒病、立枯病、沤根等。

1. 病害防治　猝倒病和立枯病可用 75% 百菌清可湿性粉剂 600 倍液，或 56% 嘧菌酯·百菌清水剂 1 200 倍液，或 30% 噁霉灵水剂 800 倍液，或 72.2% 霜霉威水剂 600 倍液喷雾防治。霜霉病用 80% 代森锰锌可湿性粉剂 600～800 倍液喷雾防治。白粉病用 80% 代森锰锌可湿性粉剂 600～800 倍液喷雾防治。疫病用 72% 霜脲·锰锌可湿性粉剂 600～800 倍液喷雾防治。灰霉病用 50% 腐霉利可湿性粉剂 800～1 000 倍液喷雾防治。蔓枯病用 50% 多菌灵可湿性粉剂 800 倍液喷雾防治。

2. 虫害防治 蚜虫用 50% 灭蚜松乳油 2 500 倍液，或 20% 氰戊菊酯乳油 2 000 倍液，或 2.5% 溴氰菊酯乳油 2 000～3 000 倍液，或 2.5% 高效氯氟氰菊酯乳油 3 000～4 000 倍液喷雾防治。

（七）采 收

适时摘除根瓜，防止坠秧；及时分批采收，减轻植株负担，确保商品果品质，促进后期果实膨大；大棚春黄瓜前期适当带花采收，每条瓜重 100～150 克，中期每条瓜重 150～200 克，后期可适当留大。黄瓜要求做到瓜条粗细均匀，鲜嫩、色青，无虫蛀、无弯钩、无伤口。

三、陇东地区拱棚辣椒栽培技术

（一）品种选择

春提早塑料大棚和露地春茬栽培宜选抗病性强、丰产性好、耐寒、商品性好、风味适应市场需求的早熟、中早熟品种。优良品种有羊角形辣椒：甘科 4 号、甘科早春、甘科 16 号、陇椒 5 号、陇椒 6 号、陇椒 16 号、平椒 6 号、平椒 7 号；牛角形辣椒：津福牛角王、津福一号、绿亨椒王、平椒 8 号。

（二）育 苗

1. 育苗时间 辣椒露地栽培于 2 月上中旬育苗，5 月中旬定植；春大棚栽培于 12 月上旬育苗，翌年 3 月上中旬定植。适龄壮苗标准为：日历苗龄 90～100 天，株高 20～25 厘米，节间较粗，子叶、真叶大而肥厚，浓绿有光泽，12 片真叶以上，90%

秧苗显大蕾，根系发达。

2. 苗床消毒　辣椒育苗床必须选择在未种过茄果类、瓜类、马铃薯等作物的地块。苗床地必须是地势高燥、通风排水良好、周边无杂草、土壤有机质丰富的地块。

育苗床尽量提前 10～20 天清理前茬作物，翻挖晒垡后，施足腐熟的有机肥，然后每平方米苗床用福美双 10 克＋40% 多菌灵可湿性粉剂 10 克＋5% 硫酸锌颗粒剂 10 克，拌 10 千克细潮土，均匀撒于苗床表面，用钉耙来回浅划，最后每平方米苗床用 5% 辛硫磷颗粒剂 5 克，兑水后均匀洒在苗床表面，用钉耙翻 10～14 厘米深，可以有效杀灭苗床病菌及防治地下害虫危害幼苗。

3. 营养土配制　为了使辣椒幼苗生长在一个肥沃、疏松、无菌的环境中，在育苗时，一般要求尽量配制一定量的营养土。营养土的土、肥比例可按 5∶3 或 3∶2 进行配制，即 5 份或 3 份园土，3 份或 2 份充分腐熟的有机肥。选用园土时一般不要使用前茬为同种蔬菜地块的土壤，以前茬为豆类、葱蒜类蔬菜的土壤为好。为防止传染病害，在营养土配制后，还应进行消毒处理。常用的方法是用 50% 福美双或 65% 代森锌可湿性粉剂消毒，一般每立方米的营养土拌混合药剂 0.12～0.15 千克。这种营养土 2/3 作垫籽土，1/3 作盖籽土，一般垫籽土厚 1～2 厘米，盖籽土厚 0.5～1 厘米。

4. 种子处理

（1）晒种　选择晴天上午 9 时至下午 3 时，将种子薄薄地摊在芦席或簸箕上，在通风的地方晾晒 1 天。

（2）浸种催芽　温汤浸种：将晒好的种子装入尼龙种子袋中，放在 52～55℃ 的温水中，不断进行搅拌，浸泡 10～12 分钟后捞出，用凉水清洗后再用温水浸泡 8 小时。药液浸种：将温汤浸种后的种子，浸入 10% 磷酸三钠水溶液（或浸入 0.5% 高锰酸钾溶液），一定要让药液浸没种子，并经常搅动，15 分钟后取出并用清水冲洗数遍。

将浸种处理后的种子用拧干水的湿毛巾包裹后置于发芽箱中进行催芽，催芽温度以 28～30℃为宜。催芽 4～5 天，大多数种子发芽即可播种。催芽期间每天用温水淘洗种子 1 次。

5. 播种　播种前，整平苗床，将营养土均匀铺盖苗床 1～2 厘米厚，然后浇足底水。待水落下后，即可将浸种催芽好的辣椒种子均匀撒播在苗床上。将营养土均匀覆盖在种子上，厚度为 0.5～1 厘米。用地膜盖严苗床保湿、保温，以利于出苗。

6. 苗期管理

（1）出苗期　辣椒种子发芽的最适温度是 25～30℃。陇东地区早春育苗常常遭遇低温，因此，增温和保温防寒是辣椒出苗期最为关键的管理措施。在辣椒苗破土 70% 时，应在晴天上午 10 时揭掉苗床上的地膜，用营养土填平畦面裂口，再用清水喷洒畦面。出苗期一般需 10 天左右。

（2）破心期　破心期需要 1 周左右，此期的管理关键是由促转为适当的控，保证辣椒苗稳健生长。一是降低湿度，若床土过湿，则幼苗须根少，易引起倒伏或诱发病害，可采取通风、控制浇水等措施降低湿度；甚至可使苗床表面露白，这样既可抑制下胚轴的伸长，又可以促进根系向下深扎。二是及时疏苗，把弱苗、病苗和杂草除掉，以防幼苗拥挤和下胚轴伸长过快而形成高脚苗。

（3）营养生长期　此时期幼苗主要进行营养生长，尤其是根茎增加迅速。管理上以促为主，促控结合。一是水分管理，要保证床土表面呈半湿润状态，这就要求在床土表面还没有露白时必须马上浇清水，一般在正常晴天，每隔 2 天浇 1 次水，保证床土表面湿中有干、干湿交替、见干见湿，对预防苗期病害能起到较好的作用。二是适当追肥，如果养分不够，辣椒苗生长细弱，可用 0.3% 尿素或 0.1% 磷酸二氢钾进行叶面喷肥。

7. 分　苗

（1）分苗时期　一般在播后 40 天左右，3 叶 1 心期进行分苗。分苗前一天浇起苗水，并用 1 000 倍 20% 盐酸吗啉胍·乙酸铜可湿性粉剂或 0.5% 高锰酸钾药液喷洒，以防止病毒病菌随苗带入分苗床。分苗宜在晴天上午进行，可按株行距 8 厘米 × 8 厘米直接挖坑分苗；也可采用条沟分苗法，即先按行距 10 厘米开沟，浇小水，按穴距 5 ～ 6 厘米摆放椒苗，然后用锄头覆土封沟；也可用营养钵分苗。

（2）**分苗床管理**　如果有条件，分苗最好也在大棚中进行。分苗后的 3 ～ 5 天，于晴天上午 10 时至下午 4 时，在大棚上加盖草苫。一般经 4 ～ 5 天，新叶见长，缓苗结束。当气温高于 32℃时，要及时通风以散热排湿。在正常的晴朗天气，要见干见湿浇水，严防椒苗徒长，每次浇水量不宜过多，以防床土湿度过大而导致病害发生，阴雨天要控制浇水。如出现缺肥症状，可喷 2 ～ 3 次营养肥。定植前 7 ～ 10 天，要昼夜通风降温炼苗。

（三）定　植

1. 整地起垄　选择土壤肥沃、光照充足、灌排水方便的地块。每亩施腐熟农家肥 5 000 千克、磷酸二铵 30 千克、氯化钾 10 千克，起垄前集中施于垄中。定植前 7 ～ 10 天整地施肥，起垄覆膜。垄距 110 厘米，垄高 15 厘米，起微拱圆形垄。

2. 移栽　一般每亩栽植 3 500 ～ 4 000 穴。植株长势中等及较弱的品种每穴双株定植，长势强的大株型品种单株定植。定植宜于晴天下午 4 时以后至傍晚进行。定植后大水沟灌，浇足定植水。

（四）田间管理

1. 温湿度管理　定植后 3 天内昼夜密闭大棚，尽量提高温度，以高气温促升地温，以利缓苗。缓苗后开始通风，通过调节通风量调控温度，尽量将棚内温度控制在最佳水平。白天棚温保持在 25 ～ 30℃，夜间棚温保持在 15℃以上。6 月中旬，露地平均气温高于 22℃后即可揭去棚膜。

2. 肥水管理　定植 5 天后浇缓苗水，连续中耕 2 次进行蹲苗，此后至门椒膨大前不再浇水。门椒膨大后开始追肥浇水，追肥每次每亩追施尿素 8～10 千克，采用追肥枪距植株茎基 10 厘米处深施，每次每穴定量追施尿素 2～3 克，追肥后浇水。盛果期 7～10 天浇水 1 次，15 天追肥 1 次。根外追肥可叶面喷施 3% 磷酸二氢钾溶液，一般 7～10 天 1 次，连喷 3 次。棚膜揭去后的肥水管理同露地栽培。

3. 植株调整　门椒以下叶腋中萌发的侧枝要及时抹除，子叶和叶子要保留完好。盛夏以后，若植物分枝过旺，田间郁闭，可对内侧老化枝条修剪更新，改善通透条件。盛果期要注意防倒伏，对倒伏植株要及时搭架固定。

（五）病虫害防治

辣椒病害有软腐病、病毒病和日灼病等，虫害有桃蚜和烟青虫等。

1. 病害防治　软腐病、疮痂病用 20% 噻菌铜悬浮剂 600～800 倍液或 47% 春雷·王铜可湿性粉剂 800 倍液喷雾，7～10 天 1 次，连喷 3 次；生长中后期用 10% 氯氰菊酯乳油 1 500 倍液喷施防治蛀果害虫（烟青虫），可有效地减轻软腐病危害。病毒病用 1.5% 病毒灵乳剂 1 000 倍液防治。疫病用 72.2% 霜霉威水剂 600～800 倍液喷雾防治。日灼病是陇东地区辣椒夏季生产中常见的生理性病害，应及时搭架扶倒，适当加大定植密度。生长前期加强肥水管理，促进植株发育，高温季节要保持一定的田间湿度，不可过低。

2. 虫害防治　桃蚜是陇东地区辣椒生产中的主要虫害，可用 50% 抗蚜威可湿性粉剂 2 000 倍液或 10% 氯氰菊酯乳油 2 000 倍液交替喷雾，效果较好。烟青虫用 15% 高效氯氟氰菊酯乳剂 1 000～2 000 倍液喷雾防治。

（六）采　收

青椒宜在果实颜色转深、光泽发亮时及时采收。采摘红椒，转红即可，不可过熟。采摘宜在早晚进行，要一手抓住果枝，一手抓住果柄，侧向横折，不可一手采摘以免挫伤果枝。

四、陇中高寒旱作区紫叶莴笋全膜双垄三沟栽培技术

（一）品种选择

选用适宜本地区栽培的晚熟、商品性好、耐抽薹、抗病性强的紫叶莴笋品种。近几年紫叶莴笋栽培品种为红竹、红竹 2 号、永荣 1 号、永安红笋等。

（二）整地起垄

1. 整地施肥　选择地势平坦、肥力中等的耕地，前茬未种植过莴笋，前茬以小麦、豆类、十字花科类为宜。作物收获后及时清理茎叶、残留地膜等杂物，深耕灭茬，熟化土壤及接纳降水。早春二月土壤解冻 10～15 厘米后及时浅耕 15 厘米左右，结合浅耕一次性施足肥料，施充分腐熟的优质有机肥 5 000～5 500千克 / 亩、尿素 25～30 千克 / 亩、过磷酸钙 48～50 千克 / 亩、硫酸钾 23～25 千克 / 亩。按照 40% 辛硫磷乳油 0.5 千克加细土30 千克拌匀撒施，以预防地下害虫。

2. 起垄覆膜　全膜双垄三沟栽培技术，浅耕后即及时起垄覆膜。起垄前先用齿距为 40 厘米的划行器划行，再用步犁沿划线翻耕，土壤随之向两边形成弓形垄，垄高 15 厘米。两弓形垄中间为播种沟，沟深约 10 厘米，每个播种沟对应 2 个集雨垄面，垄沟、垄面宽窄均匀，垄脊高低一致，沟内穴播。起垄后用幅宽120 厘米的地膜全地面覆盖，每幅膜刚好覆盖两垄三沟。膜与膜间不留空隙，两幅膜相接于垄面的中间，用下一垄沟或垄面的表土压实，覆膜时少量撒土沉落于垄沟，从而将地膜与垄面、垄沟贴紧，每隔 2～3 米横压土腰带，以防止大风揭膜和拦截垄沟内的径流。地膜用量为 5～6 千克 / 亩，覆膜后及时在垄沟内每隔30～50 厘米打渗水孔，孔径 5～8 毫米，以利于降水渗入。现基本采用机械或人力牵引的专业器具一次性起垄覆膜。

（三）播　种

1. 直播　当地温稳定在15℃时即可播种，甘肃中部高寒旱作区一般在5月下旬至6月上旬，小苗出土时已通过晚霜期，有利于其生长发育。垄沟内打穴，直径1～2厘米，深3～5厘米，穴距20～25厘米，将穴内土壤挖松软，每穴下籽3～5粒，然后用湿润细土覆盖1～2厘米厚，播种量为15～20克/亩。如土壤墒情不足，需在穴内浇水，待水下渗后再播种。播种后5～8天就会出苗，当幼苗3～4片叶时及时间苗，去掉病、弱、杂株，每穴选留1株，结合间苗发现缺苗时移苗补栽。

2. 育苗　春季在保护设施中于4月下旬至5月下旬播种育苗。育苗土可自己配制，按照土壤、腐殖质、腐熟肥以4∶4∶2的体积比配制营养土，或者直接购买育苗基质。育苗土消毒一般采用高温消毒，也可用50%多菌灵可湿性粉剂按照用药量8～10克、育苗土15～30千克的比例拌匀，然后渗水、覆盖、地膜、保墒增温，24小时后装育苗盘播种。

播种后每天喷雾保持地表湿润，出苗后控制水和温度，适宜温度为白天15～20℃、夜间8～10℃，增加光照，防止幼苗徒长。定植前7天低温炼苗，培育壮苗。

（四）定　植

紫叶莴笋在5月下旬至6月上旬移栽，苗龄25～30天、5～6片叶时定植。垄沟挖穴，直径5～10厘米，穴深4～8厘米，穴距20～25厘米，每穴1株，种植5 000～5 500株/亩。

（五）田间管理

莲座叶形成前进行蹲苗，促进根系下扎和叶丛生长。莲座叶长成植株封垄、嫩茎开始肥大时结束蹲苗，及时浇水追肥。开始浇水以后茎部膨大速度加快，需水、需肥量增加，此时要加强肥水管理，保证水分均匀供给，地面稍干略发白时就要浇水，避免久旱以后大水漫灌，因为土壤忽干忽湿容易造成茎部开裂或过早抽薹。一般10天左右浇水1次，结合浇水追肥2～3次，每次每亩追施尿素 10 千克。

（六）病虫害防治

1. 病害防治　紫叶莴笋应提前预防霜霉病、菌核病和灰霉病的危害。定植后 15 天左右，用 70% 丙森锌可湿性粉剂 700 倍液喷雾，每 12～15 天喷施 1 次，预防霜霉病。发生霜霉病之后叶面喷施 58% 甲霜灵·锰锌可湿性粉剂 500 倍液或 40% 疫霉灵可湿性粉剂 700 倍液，交替轮换用药，每隔 7～10 天 1 次，连续喷 2～3 次可有效治疗霜霉病。

菌核病和灰霉病的防治方法相同，紫叶莴笋现蕾期用 50% 异菌脲或腐霉利可湿性粉剂 1 000 倍液叶面喷施预防。发病初期喷洒 50% 甲基硫菌灵悬浮剂 700 倍液，或 50% 异菌脲可湿性粉剂 1 000 倍液，或 40% 菌核净可湿性粉剂 500 倍液，隔 7～10 天 1 次，连续防治 3～4 次。

2. 虫害防治　蚜虫可用 3% 啶虫脒乳油 1 500～2 000 倍液或 10% 吡虫啉可湿性粉剂 1 500 倍液喷雾防治。

（七）采　收

莴笋采收标准是心叶与外叶齐平，目前种植的紫叶莴笋品种采收标准以抽薹 10～15 厘米为采收适期。按照莴笋采收标准，过早采收紫叶莴笋肉质茎偏细，影响产量；过迟采收则易形成肉质茎空心，影响品质。

五、陇中地区拱棚沙田薄皮甜瓜栽培技术

（一）品种选择

选用耐旱、熟性早、含糖量高、适应性强等高产优质高抗的薄皮甜瓜良种，如绿皮绿肉品种甘甜 1 号、甘甜 3 号、甘甜羊角蜜、盛开花、金塔寺等，以及白皮白肉品种甘甜 2 号、甘甜 5 号、甘甜雪玉等。

（二）地块选择

地块宜选择地势高、平坦、沙粒大小中等、下层土质疏松、土层深厚肥沃、排灌良好的新覆沙田，不宜选择涝湿地、沙性大的地块，更不宜选择黏重和盐碱地块。前茬以豆科、禾本科等茬口为宜，忌种植瓜类、茄科和十字花科蔬菜的地块，严禁重茬。塑料大棚要提早建造，一般 2 月上旬建棚，采用竹木或镀锌钢管结构，2 月中旬扣好棚膜，闷棚 10～15 天，以提高地温。

（三）整地施肥

前茬作物收获后，清洁田园之后起沙，晒地 15 天以上，然后每亩施优质圈肥 5 000 千克、磷肥 40～50 千克。施肥后深翻耙平，然后覆沙，沙田铺设时期一般为冬季地冻后至翌年春。耕翻 0.3～0.4 米，施入底肥，灌足冬水，整平压实。所铺沙砾分两种，一种是鸡蛋大小卵石，另一种是粗沙，二者混合比例为 4∶6 或者 3∶7；厚度为 5～7 厘米，每亩用沙量为 65～80 立方米。

（四）培育壮苗

一般早熟栽培的甜瓜均采用育苗栽培的形式。育苗时间以定植前 25～30 天播种为宜。育苗床宜选择在背风向阳、地势平坦的农家庭院或棚室内。如果不采用育苗方式，也可以直接播种，但是要选在最低气温稳定在 2℃以上进行，兰州市一般在 3 月 20 日前后。

1. 种子处理 先晒种 2～3 天，然后放到 15～20℃的水中浸泡 1 小时，投洗干净后置于 45～50℃的水中烫种，并不断搅拌，直至水温降到 28℃左右停止搅拌，再浸种 6 小时左右。浸种后，将种子捞出洗净，置于 25～30℃条件下催芽，每隔 6 小时投洗 1 次。经 15～24 小时，当种子芽长到 2 毫米左右时即可播种。

2. 营养土配制 可用从未种过瓜类的肥沃田土 7 份与充分腐熟的农家肥 3 份；也可用草炭土 5 份、农家肥 4 份、锯末或陈稻壳 1 份，过筛后混匀。若土壤过于板结，可加入适量的草木灰。每立方米配制好的营养土加磷酸二铵 0.5～1 千克，或尿素 0.25 千克、过磷酸钙 1 千克、硫酸钾 0.5 千克。每立方米营养土再加多菌灵或甲基硫菌灵 600～800 倍液 50～100 克。将这些化肥和农药兑水闷土，上盖塑料布闷 2～3 天以杀菌杀虫，然后装入 8 厘米×8 厘米营养钵中，摆放到育苗床内，浇透水扣地膜升温，等待播种。

3. 播种 将已摆好的营养钵浇温水，覆盖 1/3 的五代合剂药土，用手指或木棍压一个 1 厘米深的小孔，每孔平放 2 粒芽长基本一致的种子，并使芽尖向下，覆盖余下的 2/3 的五代合剂药土，然后覆盖 1～1.5 厘米厚的营养土，上面再覆盖上地膜。保持温度在 30℃左右，出苗后温度白天 25～28℃，夜间 15～20℃。苗期不旱不浇水，定植前 7 天左右通风炼苗。幼苗长到 3～5 片真叶时要进行定心，以促进雌花分化，提高坐果率。定植前喷 1 次 40% 百菌清悬浮剂 800 倍液，预防早期病害的发生。

（五）定　植

当最低气温连续 5 天稳定在 4℃以上、5 厘米深地温稳定在 10℃以上时，即可选回暖前期的晴天上午定植。用打眼器破膜打眼，株距 35～40 厘米，除去营养钵，将苗坨放入坑中，营养土块表面与垄面基本持平，浇足定植埯水，然后用湿土将苗眼封严。

（六）田间管理

1. 肥水管理 定植后 3～5 天应浇 1 次缓苗埯水。甜瓜虽耐旱，但在开花坐果前不应控制水分，以促进茎蔓的生长，有利于雌花的形成。甜瓜的开花坐果期不宜浇大水，果实膨大期需水量较大，应结合浇水追 1 次肥，每公顷施复合肥 225 千克、尿素 75 千克、硫酸钾 150 千克。在果实成熟前 7～10 天停止浇水，而且在雨天应注意排水，以利果实糖分的积累。在开花前 1 周叶面喷施开花精，采收前 1 周叶面喷施甜果精。也可在开花后每隔 5～7 天叶面喷施甜瓜专用叶面肥或 0.3% 磷酸二氢钾溶液，共喷 3～4 次。

2. 整枝　在苗床，当幼苗长到3～5片叶时就进行摘心。定植后，当甜瓜伸蔓时选留2～3条健壮的子蔓，其余的子蔓全部摘除。选留2条子蔓的，以孙蔓结瓜为主，虽然甜瓜的产量高，但上市稍晚；选留3条子蔓的，以子蔓结瓜为主，所以甜瓜上市早，但产量低。子蔓定好后，当子蔓长到3～4片真叶时再掐尖，在每片叶腋中各长出1条孙蔓，在孙蔓3片叶后再掐尖。这样全株整枝完毕，每株秧会长出6～8个甜瓜。然后叶面喷施美国绿芬威3号1～2次，可使瓜亮、膨大快、不烂瓜，每公顷产量基本定在45～60吨。如果子蔓长到4～5片真叶时仍未见雌花，则应马上将子蔓留2片真叶掐尖，选留1条健壮孙蔓留瓜，瓜后长出的孙蔓全部去掉；若孙蔓长到4～5片真叶时仍未见雌花，也马上将孙蔓留2片真叶掐尖，然后再选留1条健壮的曾孙蔓留瓜，瓜后长出的曾孙蔓也全部去掉。

（七）病虫害防治

1. 病害防治　甜瓜的霜霉病可用72%霜脲·锰锌可湿性粉剂500～700倍液，喷叶背面1～2次即可。疫病应及时拔除病株，然后用72%霜脲·锰锌可湿性粉剂800倍液或25%甲霜灵可湿性粉剂1000倍液，同时加绿芬威3号30～50克兑水20千克，连喷2次。枯萎病可用60%琥·乙磷铝可湿性粉剂500倍液或50%甲霜铜可湿性粉剂600倍液防治。蔓枯病可用25%嘧菌酯悬浮剂900倍液或2.5%咯菌腈悬浮剂1000倍液喷雾防治，同时可防角斑病、炭疽病。病毒病，首先应消灭传毒的载体，如蚜虫、白粉虱、螨虫等，并在发病初期喷施20%盐酸吗啉胍·乙酸铜可湿性粉剂500倍液。

2. 虫害防治　蚜虫、白粉虱可用10%吡虫啉乳油3000～4000倍液，或30%啶虫脒乳油2000～3000倍液，或1.8%阿维菌素乳油3000～4000倍液喷雾防治。螨虫可用50%杀螨隆可湿性粉剂1000～2000倍液，或10%浏阳霉素乳油1000～2000倍液喷雾防治。

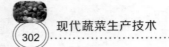

（八）采　收

甜瓜一般在花后 25～30 天，果皮开始显黄晕，果面较光滑，有香气溢出，用手摸压瓜蒂富有弹性，即为成熟，应及时采收上市。

六、陇中地区早春露地西芹栽培技术

（一）品种选择

选择高产、优质、耐低温、耐抽薹，适宜定西市种植且商品性状优良、抗病性强的品种，如极品嫩脆王、加州王、皇后、华盛顿等。

（二）整地施肥

选择疏松肥沃、保肥保水性能好、3 年内未种植伞形科作物的地块。前茬收获后深耕土地，灌足冬水。播种前先浇足底水，等水渗下后每亩施完全腐熟的农家肥 8 立方米、尿素 10 千克、磷酸二铵 20 千克、三元复合肥 20 千克。施肥后浅耕（20 厘米），反复耙糖，精细整地，镇压碾平。

（三）播　种

1. 种子处理　用布鞋底搓擦种子，将双悬果分开，除去刺毛，播种前将种子置于 2℃ 左右的冰箱中 1 周，然后取出放入温水（50℃）中浸种 24 小时，剔除破损、质量差、不发芽的种子，晾干后即可播种。

2. 播种时期及方法　3 月中下旬平畦覆膜播种。播种前划畦，畦宽 110 厘米，畦间距 20 厘米。播种时先用专用农具在地面上打小穴（直径 7 厘米，深 3 厘米），穴距 20 厘米，将种子播在穴内（6～10 粒/穴），播完后立即覆盖厚约 0.3 厘米的细沙，盖住种子即可。然后选用幅宽 120 厘米、厚 0.008 毫米黑色地膜覆盖。力求做到膜行直、膜面紧贴地表、膜两侧压实压严。

（四）田间管理

播种后约 20 天可出苗，当幼苗长到 1～2 片复叶、高约 3

厘米时，用小棍破穴孔，以防气温高时灼伤幼苗。此期的管理很重要，要随时了解天气情况。当幼苗长到6～7厘米时，进行间苗，每穴留1棵苗，间苗后要适当灌水。间苗时拔除穴中杂草。间苗后40天开始追肥，每隔10天追施1次，前期每亩追施复合肥（N：P_2O_5：K_2O＝19：5：21）25千克；当植株叶片由开展生长转向直立生长时，每亩追施尿素10千克、硫酸钾10千克。西芹生长过程中要经常浇水以保持土壤湿润。植株新老叶片更新后，可适当蹲苗，促进发根，为叶丛旺盛生长打好基础。叶丛旺盛生长期，视天气情况及时浇水，保持土壤湿润。

（五）病虫害防治

采取预防为主、综合防治的方针，做好西芹生长各阶段的病虫害田间调查和预防工作。西芹的主要病害有叶斑病、斑枯病、叶霉病和软腐病等，虫害主要有蚜虫、斑潜蝇等。

1. 病害防治　叶斑病发病初期用72%新植霉素可湿性粉剂3 000～4 000倍液，或77%氢氧化铜可湿性粉剂500倍液，或30%碱式硫酸铜悬浮剂400倍液喷雾，7～10天喷1次，连喷2～3次。斑枯病发病初期可用50%多菌灵可湿性粉剂或悬浮剂500倍液喷雾防治；危害较重时用70%代森锰锌可湿性粉剂400倍液，或75%百菌清可湿性粉剂800倍液，或64%噁霜·锰锌可湿性粉剂500倍液，或47%春雷·王铜可湿性粉剂500倍液，或生物农药3%多抗霉素1 000倍液喷洒，隔5～7天使用1次，连续防治2～3次。叶霉病可用50%多菌灵可湿性粉剂500倍液，或40%超微粒硫黄胶悬剂400倍液，或47%春雷·王铜可湿性粉剂800倍液交替喷雾防治，隔5～7天喷1次，连续防治2～3次。软腐病发生时喷洒20%乙酸铜500倍液＋绿叶先锋600倍液，或20%叶枯唑600倍液＋绿叶先锋600倍液防治，每隔5～7天喷1次，连喷2～3次。

生理病害有空心病、烧心病、茎裂病等。田间发现叶片颜色转浓、出现脱肥现象时，可用0.1%尿素液肥进行根外追肥，防治空心病。防治烧心病要避免高温干旱，适量施用氮、钾、镁肥等；田间若发生烧心症状，可用 0.5% 氟化钙或硝酸钙溶液进行叶面喷雾。若西芹出现茎开裂，可喷施 1～2 克 / 千克硼肥溶液（硼砂或硼酸）2～3 次，每隔 5～7 天喷 1 次。

2. 虫害防治　蚜虫用 70% 灭蚜松可湿性粉剂 2 500 倍液，或 0.6% 苦参碱水剂 300 倍液，或 1.5% 除虫菊素水乳剂 1 500～2 500 倍液，或 0.38% 苦参碱乳油 800～1 200 倍液，或 10% 吡虫啉可湿性粉剂 2 000 倍液叶面交替喷施防治，每隔 7～10 天喷 1 次，连喷 2～4 次。斑潜蝇一般在成虫发生高峰期 4～7 天或叶片受害率达 10%～20% 时开始药剂防治。防治效果较好的药剂有：50% 灭蝇胺可湿性粉剂 2 000～3 000 倍液、1.8% 阿维菌素乳油 3 000 倍液、1.8% 阿维·啶虫脒微乳剂 3 000～4 000 倍液，每隔 7 天喷 1 次，连喷 2～4 次。

（六）采　收

待心叶充分膨大充实后一次性从根茎部铲收，削去根部，去除外叶，扎捆上市。出口西芹一般留 35 厘米长的叶柄，其余梢部叶片用刀截除，包装后预冷装运。

第四章

宁夏蔬菜栽培

一、六盘山地区露地松花菜栽培技术

（一）品种选择

早熟品种有：新贵松花 65 和五山 65，生育期 60 天左右；中熟品种有：津松 75、津松 69 和新贵 70，生育期 70 天左右；晚熟品种有：至尊 90、秒收 90、福松 90 和云松 88，生育期 90 天左右。一般于 5 月中旬种植，苗龄控制在 35 天左右，保留 5～6 片真叶，于 7 月底或 8 月上旬采收。

（二）培育壮苗

六盘山地区气候冷凉，一般在 3 月下旬至 4 月上旬，利用温室或改良冷棚等保护地设施育苗。壮苗标准为：苗龄在 30～35 天，根系发达，须根多，叶大而厚，深绿色，高 10～15 厘米，节间紧密。

1. 苗床准备　可采用苗床、营养钵、营养块等方式育苗，有条件的地区建议采用穴盘育苗。若采用苗床育苗，应选择地势较高、土壤肥沃疏松、通风向阳、前茬未种过甘蓝类等十字花科作物的沙壤田块作苗床，进行深翻细耙。结合整地，施用腐熟有机肥作底肥。播种前浇足底水，同时用适量的高锰酸钾或用 50% 多菌灵可湿性粉剂 0.01 千克 / 米 ^{2} 进行土壤消毒，整平畦面，准备播种。

2. 适时播种 一般在晴天傍晚或阴天播种，应当稀播、匀播。在播种时先撒一层过筛细土，播种后薄盖细土，厚度约为 0.6 厘米，以种子不外露为宜，以利于培育壮苗。苗床覆盖遮阳网，以利于降温保湿和防暴雨冲淋。发芽期间要勤浇水，保持土壤湿润，以利出苗，苗龄一般在 30～35 天，灵活管理，保证出苗快、出苗齐。

3. 苗期管理 苗期肥水管理采用以促为主、适当控制的方法，施肥与浇水同时进行，并做好病虫害防治工作。苗床需盖遮阳网遮阴防雨，晴天上午 9 时至下午 4 时和下雨时盖遮阳网，其他时间应及时揭开，以免产生高脚苗和徒长苗。齐苗后要及时间苗、定苗，保留壮苗，疏去病苗、弱苗、过密或生长异常的幼苗，每穴只留 1 株苗。随着幼苗生长，逐渐揭去遮盖物，后期不再遮阴。一般幼苗 5～6 片真叶时为定植适宜期。

（三）整地施肥

松花菜对肥料的需求量很大，尤其是磷、钾肥以及硼、钼肥等微肥。选择土壤肥沃、土层深厚疏松、保水保肥力强、排灌方便的壤土或轻沙壤土田块。移栽前，施足基肥，每亩施腐熟有机肥 2 000～3 000 千克，也可以每亩施饼肥 200～250 千克、三元复合肥 20～25 千克。精耕细耙，使基肥均匀分布。翻耕均匀整平后根据地势、地力及管理水平决定畦宽，并起垄覆膜。一般畦宽 1.2～1.8 米，畦高 20～25 厘米，沟宽 30 厘米。

（四）合理移植

一般于 5 月上旬，幼苗 5～6 片叶，苗龄 30～35 天即可定植。定植前浇透苗，取苗时注意不要伤根，选在下午或阴天带土移栽。定植时用铲子在畦面上开口，挖出土壤，然后将幼苗放入其中，压紧种苗根部周围的土壤，并将苗孔周围地膜铺平压实，将开口处用细土在地膜上压紧、封严。栽苗不宜太深，双行栽植，行距 40～50 厘米，株距 50 厘米，因品种差异每亩栽植 2 400～3 000 株。定植后浇足定根水，以利于幼苗成活。

（五）田间管理

1. 施肥管理　松花菜营养生长阶段需氮肥量大，在花球形成和发育期需要增施磷、钾肥。因此，在施足基肥的基础上，定植后一般追肥 2～3 次。第一次在缓苗活棵后，每亩施尿素 8～10 千克，若基肥不足或幼苗弱小，可每 7 天追施 1 次；第二次在莲座后期进行，每亩穴施 45% 三元复合肥 20 千克＋尿素 25 千克，促进花球生长。第三次视植株长势而定，在花球膨大期对肥料的需求量较大，根据田间长势情况，随水追施氮、钾肥或开沟深施复合肥，每亩穴施 20 千克左右，能够促进花球膨大和生长，可以提高产量。松花菜缺素易出现异常生长现象：缺钾时花球易黑心；缺硼时，茎轴部易空心；缺钼时，植株矮化，叶片细长呈鞭状。因此，现蕾后，应适时喷施功能型叶面肥，以补充微肥，能够改善品质、提高商品性。

2. 水分管理　种植松花菜的土壤既不能过湿，又不能太干，要求经常保持土壤湿润、疏松，尤其在莲座期和花球形成期，植株需水量大，水分供应不足易影响植株生长。干旱时应灌跑马水，禁止大水漫灌；大雨后及时排水，防止田间长期积水导致沤根，影响生长。土壤相对湿度掌握在田间最大持水量的 70%～80%。

3. 中耕除草培土　松花菜通过中耕培土可促发不定根，形成强大根系，稳定根系生长，增强植株长势、抗倒伏能力和抗逆性。从定植到封垄前，一般中耕培土 2～3 次。中耕可以防止土壤板结和杂草滋生，高度以在叶柄基部下 2 厘米为宜。培土时将畦沟泥土培于定植穴和株间，可提高产量、改善品质。

4. 束叶护花　松花菜花球经阳光照射后会发黄。为使花球白净，提高商品价值，花球护理是松花菜生产中重要的环节之一。与一般花菜的花球护理不同，松花菜多采用束叶护花而不采用折叶盖花方法。当花球长至拳头大小时，将靠近花球的 4～5 张互生大叶就势拉拢互叠而不折断，再用 1～2 根 2～3 毫米粗、7～10 厘米长的小竹签、小草杆或小柴杆等作为固定连接物，穿刺互叠叶梢串编固定在主脉处。被串编固定的叶片呈灯笼状束起，罩住整个花球，使花球在后续生长过程免遭阳光直射，并留有足够的发育空间。遮阳护花越严越好，严密的束叶护花，能完全避免阳光照射到花球，即使在盛夏，仍可使整个花球都保持洁白鲜嫩，提高商品性。

（六）病虫草害防治

1. 病害防治　松花菜病害主要有黑腐病、软腐病、菌核病和霜霉病等。黑腐病和软腐病发病初期，可用20%噻菌酮悬浮剂1500倍液或95%敌磺钠可溶性粉剂600～800倍液，以灌根为主，喷雾和灌根交替使用，7～10天防治1次，连续防治2～3次。菌核病可用40%菌核净可湿性粉剂2000倍液或50%异菌脲可湿性粉剂1000倍液喷雾。霜霉病发病初期可用58%甲霜灵·锰锌可湿性粉剂500～600倍液，或40%三乙膦酸铝可湿性粉剂400倍液，或25%甲霜灵可湿性粉剂800倍液喷雾，7～10天防治1次，连续防治2～3次。

2. 虫害防治　危害松花菜的害虫主要有蚜虫、小菜蛾、斑潜蝇、菜青虫等。蚜虫可用10%吡虫啉可湿性粉剂1000倍液或50%抗蚜威可湿性粉剂1500倍液进行喷雾防治。小菜蛾、斜纹夜蛾可用15%茚虫威乳油3500倍液防治。菜青虫可用2.5%溴氰菊酯乳油2500倍液或20%氰戊菊酯乳油2000～3000倍液进行喷雾防治。根据病虫情报，积极采用蛾类性诱剂、灯光等防虫方法，明确害虫取食特性，有针对性地用药，尽量减少用药量，严格遵守农药安全间隔期。

3. 草害防治　松花菜移栽前每亩用330克/升二甲戊灵乳油45毫升喷雾，进行一次性封闭除草，同时在生长过程中积极开展中耕除草。中耕除草时避免伤叶、断根，发现病株及时销毁，减少传播途径。

（七）采 收

松花菜最佳采收期为花球充分长大、周正平滑、表面开始松散时，大约在 7 月下旬或 8 月上旬开始采收。采收前 7～10 天禁止使用农药和浇水，采收时避开高温时段，基部保留 2～3 片小叶，有利于保护花球，保证养分不流失。松花菜花球脆嫩多水，在贮藏和运输过程中易遭受机械损伤，应当在花球上套一个包装袋或网袋防止挤压受伤，装箱后及时送到冷库保鲜或上市交易。

二、宁夏菜心栽培技术

（一）品种选择

选用抗逆性强、优质、高产的品种。早熟品种适合高温季节栽培，如广东菜心 40、油绿 501 菜心、特级油绿甜菜心、佰顺 2 号等，播种适期为 6—8 月。春季 5 月、秋季 9 月选用中熟品种，如广东菜心 80 等。

（二）整地施肥

早春第一茬种植时，利用犁地机械翻地，将肥料与土壤充分混匀后旋耕起垄，畦高 15～20 厘米，宽 1.4～1.6 米，畦间距 20 厘米，畦长依地块大小而定（南北向）。下茬种植前，残留茎叶作为绿肥翻压到土壤中，机耕旋田、晒垡，起垄。整地时每亩施腐熟羊粪 3 000 千克、鸡粪 1 000 千克、胡麻油饼肥 100 千克。

（三）播　种

宁夏地区一年可种四茬。第一茬播种时间为 4 月上旬，第二茬播种时间为 6 月中旬，第三茬播种时间为 8 月上旬，第四茬播种时间为 9 月下旬。

1. 浸种催芽　种子播前用 50～60℃温水浸种，自然冷却 4 小时，然后用湿布包起，放在 25～30℃的温度下催芽，保持包布湿润，待种子破壳露芽时再播种。

2. 播种方式　每亩用种量为 200～400 克。将露白后的种子人工均匀条播或撒播到畦面上，覆 0.5 厘米厚的过筛细土，利用喷灌将畦面均匀喷湿。

3. 苗期管理 在第一片真叶展开时人工间苗、除草，防止幼苗徒长。苗期畦面保持湿润，3～4 片真叶时定苗，株行距 10 厘米×15 厘米，每亩保苗 3.5 万～4 万株。

（四）田间管理

1. 水分管理 第一茬种植时间为 4 月上旬至 5 月底，宁夏 5 月平均温度为 10～24 ℃，每隔 1 天喷 1 次水，每次 10～15 米³/亩，每次 10～15 分钟，保持田间土壤湿润（田间最大持水量的 80%～90%）。菜心现蕾并开始抽芯时，1 天喷 1 次水，每次 10～15 分钟。雨天不浇水，注意开沟排水。第二茬种植时间为 6 月上旬至 7 月下旬。第三茬种植时间为 8 月初至 9 月中旬，平均温度为 18～30℃，1 天喷 2 次水，上午 10 时喷 1 次，下午 4 时喷 1 次，每次 10～15 分钟，每次 8～12 米³/亩。第四茬种植时间为 9 月下旬至 11 月初，水分管理同第一茬。

2. 追肥 定好苗后开始追肥，每亩人工追施有机肥 250 千克、20% 腐熟液态粪肥 250 千克或腐熟液态饼肥 15 千克，每隔 7～10 天追施 1 次。所用肥料符合《GB/T 19630.1—2011 有机产品》的生产要求。

（五）病虫害防治

宁夏菜心主要病害有炭疽病、软腐病等，主要虫害有蚜虫、蓟马、菜青虫、小菜蛾等。

1. 病害防治 炭疽病、软腐病发生初期及时摘除病叶，用 3% 多抗霉素可湿性粉剂 100 倍液或 80% 乙蒜素乳油 2 000 倍液防治；收获期最易发生软腐病，可用 72% 新植霉素可湿性粉剂 4 000 倍液喷雾防治。

2. 虫害防治 蚜虫等虫害用 3% 除虫菊素乳油 1 000 倍液或 60 克/升乙基多杀菌素悬浮剂 2 000 倍液喷雾防治。小菜蛾和菜青虫在低龄幼虫盛发期用 0.5% 印楝素水剂 2.5～3 克/亩，或 50 000 国际单位/毫克苏云金杆菌可湿性粉剂 1 200 倍液，或 1% 苦皮藤素乳油 200 倍液防治。

（六）采收与包装

当花薹与外叶先端高度相同的花蕾将开而未开时为最佳采收期。采收应于晴天清晨进行，若气温高，菜薹容易开花，要提早采收；若气温低，菜薹生长较慢，可推迟 1～2 天采收。采收时切口要整齐，菜体保持完整，大小、长短均匀一致。

采收后立即进行清洁，包装材料应符合国家卫生要求和相关规定；包装容器（箱、袋）应清洁干净、牢固、透气、美观、无污染、无异味。运输时轻装、轻卸、严防机械损伤，运输工具应清洁、卫生。

三、压砂瓜栽培技术

（一）品种选择

选择受市场欢迎的抗病、抗旱、优质、丰产、耐贮运、商品性好、单株产量较高的西瓜品种，如中晚熟品种：金城 5 号、高抗冠龙、高抗 5 号、西农 8 号、西农 9 号等；早熟品种：郑抗 6 号、郑杂 9 号、黑美人、新金兰；无籽西瓜：郑抗无籽 2 号、鲁青一号等。

（二）栽培季节

4 月中旬至 5 月上旬播种，7 月下旬至 8 月上旬收获，生育期 90～100 天。2 月下旬至 3 月下旬开始育苗，嫁接西瓜育苗周期为 40～45 天。

（三）整地施肥

根据不同品种特性，合理地选地种植，可有效降低病虫害发生，提高经济效益。如黑美人、新金兰等早熟西瓜选择在新砂地种植，无籽西瓜选择在 5～6 年的压砂地种植。

砂田的铺设多在冬季土地冻结后至第二年解冻前进行，利用这时期农闲季节，同时地面冻结便于铺设操作。未进行秋施肥的田块，翌年 2 月至 3 月底前施入腐熟的农家肥。也可在播种带处按上述方法施入基肥，一般每亩施土粪 2 000～3 000 千克，或施土粪 1 500 千克＋磷酸二铵 40 千克。以后采用离苗 30 厘米打孔施入方法。

耙耱平整压实土层，待冻结再开始铺砂，防止铺上的砂砾与土壤混合。砂砾选择鸡蛋大小的卵石与颗粒较大的粗砂（绵砂），比例为 4∶6 或 3∶7，砂砾铺设厚度为 15 厘米左右，要均匀。一般砂田可使用 20 年以上。

（四）育 苗

1. 播期 根据气象条件和品种特性选择适宜的播期。宁夏中部地区压砂西瓜条覆膜直播种植一般在 4 月中旬至 5 月上旬；压砂地穴覆膜直播种植一般在 4 月 20 日之后，以地温稳定在 15℃以上播种为宜；压砂地露地育苗移栽可在 4 月下旬，移栽苗龄 35 天，瓜苗 3 叶 1 心时定植。

2. 种子处理 种子播种前进行温汤浸种或药剂浸种，再用清水浸种 6～8 小时。浸种和消毒可选用以下方法之一。温汤浸种：将西瓜种子放入 55℃的温水中不断搅拌，使水自然冷却。药剂浸种：种子在 50% 多菌灵可湿性粉剂 1 000 倍液中浸泡 30 分钟，捞出后用清水冲洗干净，可预防炭疽病。磷酸三钠水溶液浸种：种子在 10% 磷酸三钠水溶液中浸泡 20 分钟，捞出后用清水冲洗干净，可钝化病毒。高锰酸钾水溶液浸种：种子在高锰酸钾 200 倍液中浸泡 30 分钟，捞出后用清水冲洗干净，预防西瓜苗期枯萎病、根腐病、细菌斑枯病等病害。

3. 苗期管理 采用 72 孔穴盘播种。出苗前温度保持在 30℃；当种子开始顶土后，白天 22～25℃，夜间 15～17℃；当幼苗破心后，白天 27～30℃，夜间 20℃左右。

4. 嫁接育苗

（1）砧木选择 选用亲和力好、对西瓜枯萎病具免疫力的葫芦、南瓜、野生西瓜或瓠瓜砧木品种作砧木。可选用白籽南瓜类型的冠泰、早生西砧、强势 F1、强盛。目前压砂地主栽西瓜品种均可作为嫁接接穗品种。

（2）**育苗室**　采用日光温室或智能化连栋温室育苗。

（3）**嫁接苗质量要求**　嫁接的瓜苗健壮，嫁接部位愈合良好，有 3～4 片健康真叶，节间短，株高 15 厘米左右，叶色正常，根系发达，根色乳白，根坨成型，无病虫害，无机械损伤，接穗品种的纯度不低于 95%。

（五）种　植

1. 施肥　播种前，按栽培作物行距，在播种行中间处，用平头铁锨铲开砂层并放于两侧，露出土壤并将地表砂砾扫净，再把肥料均匀撒铺在施肥穴上，然后深翻土壤 30 厘米，将肥与土混匀，耙平压实后，将两侧的砂砾铺回原处即可。也可在播种带处按上述方法施入基肥。一般每亩施土粪 2 000～3 000 千克，或施土粪 1 500 千克＋磷酸二铵 40 千克。以后采用离苗 30 厘米打孔施入。

在压砂地选定之后，进行伏秋耕 3 次，深度为 22～33 厘米，并在最后一次耕地前，每亩施入优质农家肥 3 000 千克。未进行秋施肥的田块，翌年 2 月至 3 月底前施入腐熟的农家肥。条施，全田或每隔 1 米，使用 4 行或 7 行耖砂播肥机，每亩施入腐熟杀虫消毒的羊粪或鸡粪 1～2 立方米。穴坑施，播种前，在定植穴旁 30 厘米左右处土层，逐穴施入商品有机肥 0.4 千克和生物菌肥 0.1 千克。

2. 直接播种　选贮藏时间在 2 年以内、籽粒饱满的种子，需要催芽的采用温汤浸种催芽。培养大芽需 5～7 天，芽长 2～3 厘米，并有多条毛根，适宜砂田栽芽播种。

与前茬栽培行错开 0.8 米左右，先挖 15 厘米×15 厘米×15 厘米的砂坑露出土层，穴坑补水，后少填些土，并以补水坑为中心做成长 30 厘米的椭圆穴坑作集雨坑，坑深 20 厘米，在集雨坑中打孔。土壤墒情差时，每穴适当补水，水下渗后，每穴播入已催好的大芽 1 个或干籽 2～3 粒，覆盖过筛细湿土 1.5～2 厘米厚，再覆盖细砂粒 1.5 厘米左右。播种后覆盖地膜，畦面每隔 1 个穴坑用砂压膜，防止风害。

3. 露地移栽　首先将土壤表层的砂石刨去，然后在土壤表层挖一个 20 厘米×20 厘米×5 厘米的定植穴；定植前每穴补水 1.5～2.5 千克，将瓜苗从营养钵或穴盘中取出，放入挖好的穴坑内，覆土将苗固定好，在瓜苗四周再覆盖一层厚 1.5 厘米左右的粗砂砾。4 月下旬前定植采用膜下定植，整行定植结束后，使用条覆膜机进行整条覆膜。5 月初定植采用膜上定植。

4. 种植密度　中晚熟品种每亩播种 200～250 株，中熟品种 230～300 株，早熟品种 300～350 株。无籽西瓜以每亩播种 220～250 株为宜。

旱砂田采用一畦一行，用幅宽 70 厘米地膜覆盖，平畦宽 70 厘米。走道宽 90～100 厘米，每亩保苗 245～260 株（株行距 1.6 米×1.6 米）；走道宽 110 厘米，每亩保苗 247 株（株行距 1.5 米×1.8 米）；走道宽 110 厘米，每亩保苗 205 株（株行距 1.8 米×1.8 米）。

水砂田可采用一畦双行，用幅宽 140 厘米地膜覆盖，畦宽 120 厘米，宽行 130 厘米，窄行 80 厘米，走道宽 90 厘米，每亩保苗 420 株（株行距 1.5 米×1.05 米）。

（六）田间管理

1. 放苗补苗　膜下定植西瓜苗在缓苗结束后，植株长出新叶或直播出苗后，及时在地膜上破直径为 2 厘米左右洞透气。5 月下旬，瓜苗 4 叶 1 心至 5 叶 1 心时或伸蔓初期，将瓜苗放出地膜生长，并用砂石将瓜苗四周地膜封严。定时观察，如果死苗及时补种，一穴保一株。

2. 肥水管理　根据土壤墒情，伸蔓期每穴补水 1.5～2 千克，瓜膨大期每穴补水 2～3 千克。使用水肥一体机补水补肥，补 2 次；坐瓜水在第二雌花开花 4～6 天到果实褪毛时进行，按磷酸二铵：水 =0.5：30 或三元复合肥：水 =0.7：30 的比例配制液体直接浇灌，每穴浇灌 1.5～2 千克。果实膨大中期，按磷酸二铵：水 =0.6：30 或三元复合肥：水 =1：30 的比例配制液体，每穴浇灌 2～3 千克。

3. 压蔓整枝　定时调查，及时去除砧木生长点。嫁接西瓜可采用三蔓整枝或不整枝。伸蔓期整理枝条走向，并用石块压蔓防止大风翻秧。

4. 留瓜　主蔓上的第一雌花及根瓜要及早除去。选留主蔓第二、第三雌花留瓜，或根据品种说明留瓜。待幼瓜生长至鸡蛋大小、开始褪毛时，进行选留瓜。每株选留1个果型端正的瓜。

（七）病虫害防治

病害有枯萎病、细菌性斑点病、蔓枯病等，虫害有蚜虫等。

1. 病害防治　枯萎病用30%多·福可湿性粉剂500倍液，每株灌药200毫升，也可用70%敌磺钠可湿性粉剂和面粉按照1∶20的比例配成糊状，涂抹病株茎基部防治。蔓枯病用20%氟硅唑乳油2 000倍液涂抹病斑；也可以用75%百菌清可湿性粉剂600倍液，或70%代森锰锌可湿性粉剂500～600倍液，或64%噁霜·锰锌可湿性粉剂400～500倍液，或50%混杀硫悬浮剂500～600倍液，防治效果均好。细菌性斑点病可用0.1%氯化汞溶液浸种3～5分钟，或用次氯酸钙300倍液浸种30分钟，种子用清水洗净后捞出，催芽播种；发病初期，用60%三乙膦酸铝可湿性粉剂500倍液或50%甲霜铜可湿性粉剂400～600倍液等进行防治。

2. 虫害防治　蚜虫用2.5%鱼藤酮乳油600～800倍液，或50%抗蚜威可湿性粉剂2 000倍液防治。

（八）采收与包装

嫁接西瓜应在完全成熟期采收。外运西瓜可在八至九成熟采收。采收时用剪刀将果柄从基部剪断，每个果保留一段绿色果柄。

鲜果采收后，立即对产品进行抽检分级，清洁瓜面，按产品的品种、规格、等级、质量进行包装。包装上应有绿色食品标志。标志的设计使用应符合中国绿色食品发展中心的有关规定。

第五章

陕西蔬菜栽培

一、关中地区日光温室越冬茬番茄栽培技术

（一）品种选择

选择耐低温弱光、优质、高产、耐贮运、商品性好、抗多种病害、抗逆性好、连续结果能力强、叶量中等、适合市场需求的品种。大果类型可选用普罗旺斯、德贝利、园艺 504 等品种，樱桃番茄可选用粉贝贝、格格、粉佳、粉佳 2 号、粉圣、初恋（黄果）等品种。

（二）育　苗

1. 播前准备　使用大棚进行育苗，并配备防虫遮阳网，采用基质穴盘育苗方式，并对育苗穴盘及设施进行消毒处理，创造适合秧苗生长发育的环境条件。选用市场销售的育苗基质，国产或进口基质均可。

2. 种子处理　温汤浸种：把种子放入 55℃温水中，维持水温恒定，浸泡 15 分钟，可预防叶霉病、溃疡病、早疫病。磷酸三钠浸种：先用清水浸种 3～4 小时，再放入 10% 磷酸三钠溶液中浸泡 20 分钟，捞出洗净，可预防病毒病。氯溴异氰尿酸：先用清水浸种 3～4 小时，再放入 50% 氯溴异氰尿酸 0.05% 溶液中浸泡 20 分钟，捞出洗净，可杀死种子表面和内部的真菌、细菌和病毒。消毒后的种子浸泡 6～8 小时后捞出洗净，置于 25℃

环境下保温催芽。

3. 播种　关中地区一般于 9 月上中旬播种育苗。当 70% 以上催芽种子破嘴（露白）时即可播种，采用 50 孔穴盘进行育苗。播种前需要对育苗基质进行预处理，根据基质用量，加入适量的杀菌剂（每立方米基质加 75% 百菌清可湿性粉剂或 50% 多菌灵可湿性粉剂 50 克），拌匀后浇水，使基质相对湿度为最大持水量的 55%～65%，即手握后有水印且无滴水。将配好的基质装入穴盘中，使每个孔穴都装满基质，并用木板刮平。用竹棍或自制压穴板压穴至 0.8～1 厘米深。

夏秋育苗可以直接用消毒后种子播种，播后用覆盖料覆盖播种穴。每平方米苗床再用 50% 多菌灵可湿性粉剂 8 克，拌上细土后均匀薄撒于床面上，预防猝倒病；用杀虫剂拌上毒饵撒于苗床的四周，防止害虫危害种子及幼苗。床面覆盖遮阳网，70% 幼苗顶土时撤除床面覆盖物。

4. 苗期管理　夏秋育苗苗期温度高，主要靠遮阳和叶面喷水进行降温。育苗大棚外架设遮阳网，进行遮光降温。苗期以控水控肥为主。子叶展开至 2 叶 1 心，基质相对湿度为 65%～70%；3 叶 1 心至成苗，基质相对湿度为 60%～65%。在秧苗 3～4 叶时，可结合苗情追施提苗肥。禁止使用任何调节剂控制幼苗生长，这对后期开花、坐果有影响。

壮苗标准为：定植前 1 周炼苗，逐渐撤去遮阳网，适当控制水分，或者育苗中期挪动 1 次育苗盘。叶色浓绿，无病虫害，4 叶 1 心，株高 15 厘米左右，茎粗 0.4 厘米左右，苗龄 25～30 天。

（三）定　植

1. 棚室消毒　7—8 月利用日光温室休闲季节，进行棚内土壤太阳能消毒处理。闷棚前，加入以腐熟粪肥为主的生物菌剂，如酵母菌、乳酸菌、嗜热菌等。闷棚后，加入以防病为主的生物菌剂，如枯草芽孢杆菌、荧光假单胞菌、地衣芽孢杆菌、解淀粉芽孢杆菌、木霉菌、放线菌等。

2. 整地起垄 依据土壤养分测试结果，根据目标产量，确定基肥使用量。低肥力地块：充分腐熟的鸡粪＋牛粪＋秸秆（5：4：1）20立方米，或施用商品有机肥（含生物有机肥）1000千克，配方肥（N：P_2O_5：K_2O=15：10：20）100千克，生物菌肥150千克。中肥力地块：充分腐熟的鸡粪＋牛粪＋秸秆15立方米，或施用商品有机肥（含生物有机肥）600千克，配方肥（N：P_2O_5：K_2O=15：10：20）75千克，生物菌肥75千克。高肥力地块：充分腐熟的鸡粪＋牛粪＋秸秆10立方米，或施用商品有机肥（含生物有机肥）400千克，配方肥（N：P_2O_5：K_2O=15：10：20）50千克，生物菌肥50千克。闷棚前，一次性基施有机肥，深翻25～30厘米，与土壤混匀；闷棚后，整地起垄时沟施配方肥或化肥。

按照一沟一垄方式做成半高垄，南北向，垄宽60厘米，垄高20厘米，沟宽80厘米。

3. 移栽 定植前1天，用25%嘧菌酯悬浮剂20毫升＋62.5%精甲·咯菌腈悬浮剂20毫升＋25%噻虫嗪水分散粒剂10毫升＋50毫升益施帮，兑水稀释200～300倍，把苗盘浸入药液中3～5分钟，提出后苗盘适当控水。

采用宽行密植半高垄栽培方式，每亩定植大果番茄2300～2500株，樱桃番茄1900株。每垄定植2行，大番茄株行距38厘米×60厘米～40厘米×60厘米，樱桃番茄株行距50厘米×70厘米，缓苗后覆盖银灰色地膜。

（四）田间管理

1. 温度管理 缓苗期，昼温25～28℃，夜温17～20℃；缓苗后至坐果前，昼温22～26℃，夜温5～18℃；开花坐果期，昼温20～25℃，夜温13～15℃；结果期，昼温20～26℃，夜温10～15℃。

2. 光照管理 采用透光性好的10丝PO膜，保持膜面清洁，不论天气好坏，棉被早揭晚盖。

3. 湿度管理 缓苗期土壤相对湿度为70%～80%，开花结果期土壤相对湿度为60%～70%。可通过地膜覆盖、膜下滴灌或暗灌、通风排湿、温度调控以及操作行铺设秸秆覆盖等措施进行湿度调节。

4. 肥水管理 采用水肥一体化栽培管理技术，进行膜下滴灌或暗灌。以10月20日定植为例，第一水：定植后（10月20日），不追肥。第二水：缓苗期（10月25日），施菌肥（液体腐殖酸＋原菌粉）2～3千克。第三水：第一穗果拇指大小时（11月20日），施平衡肥（$N:P_2O_5:K_2O=20:20:20$）5千克＋黄腐酸3～4千克＋微量元素肥料。第四至第八水：盛果期前4次（12月15日至翌年2月15日），前两次施平衡肥（$N:P_2O_5:K_2O=20:20:20$）＋微量元素肥料；第三次不追肥，只浇水；第四次施水溶肥（$N:P_2O_5:K_2O=15:10:37$）5千克；第五次施平衡肥（$N:P_2O_5:K_2O=20:20:20$）6～8千克。第九至第十四水，盛果期后3次（翌年2月25日至4月15日），1次清水1次追肥间隔进行，第一次施水溶肥（$N:P_2O_5:K_2O=15:10:37$）5千克；第二次施平衡肥（$N:P_2O_5:K_2O=20:20:20$）5千克。浇水次数和时间不是一成不变的，应根据当年气候条件以及番茄生长情况进行灵活调整。

5. 植株调整 大果番茄采用单干整枝，樱桃番茄采用双干整枝。大果番茄留6穗果后摘心，樱桃番茄每干留5穗果后摘心。当最上层目标果穗开花时，留2片叶摘心，保留其上的侧枝。第一穗果达到绿熟期后，及时摘除枯黄、有病斑的叶子和老叶。樱桃番茄摘除过长的穗梢，确保商品率；大果番茄应适当疏果。第一穗预留5个果，疏果后留果3个，第二穗留4个，再往上每穗留果4～5个。切忌第一、第二穗留果过多。可使用防落素、番茄灵、花蕾宝等植物生长调节剂处理花穗。在灰霉病多发地区，应在溶液中加入腐霉利等药剂防病。建议采用熊蜂授粉。

6. 保温降湿 进入11月中旬，外界夜温低于16℃，应在操作行（人行道）铺放粉碎秸秆，放入前根据数量添加有机物料腐熟剂，然后覆盖薄膜。

（五）病虫害防治

番茄主要病害有病毒病、灰霉病、晚疫病、叶霉病、早疫病、立枯病、猝倒病、溃疡病，主要虫害有蚜虫、白粉虱、烟粉虱、蓟马、斑潜蝇、茶黄螨、棉铃虫。

1. 病害防治 猝倒病可选用 64% 噁霜灵＋代森锌 500 倍液喷雾或用青枯立克 600 倍液灌根防治。立枯病用 72.2% 霜霉威水剂 500 倍液或 50% 乙蒜素乳油 2 000～3 000 倍液喷雾防治。灰霉病用 50% 腐霉利可湿性粉剂 800～1 000 倍液，或 40% 嘧霉·百菌清水剂 800～1 500 倍液，或 40% 嘧霉·胺悬浮剂 800～1 000 倍液，或 65% 甲硫·乙霉威可湿性粉剂 50～75 克 / 亩喷雾防治。早疫病用 70% 代森锰锌可湿性粉剂 500 倍液，或 75% 百菌清可湿性粉剂 600 倍液，或 50% 异菌脲可湿性粉剂 1 000～1 500 倍液，或 42.8% 氟菌·肟菌酯悬浮剂 600～1 000 倍液，或 25% 嘧菌酯悬浮剂 1 500 倍液喷雾防治。晚疫病用 40% 乙膦铝·锰锌可湿性粉剂 300 倍液，或 58% 甲霜灵·锰锌可湿性粉剂 500 倍液，或 72.2% 霜霉威水剂 800 倍液，或 25% 嘧菌酯悬浮剂 1 500 倍液喷雾防治。叶霉病用 42.8% 氟菌·肟菌酯悬浮剂 500～750 倍液，或 25% 嘧菌酯悬浮剂 1 500 倍液，或 10% 多抗霉素可湿性粉剂 100～140 克 / 亩，或 40% 氟硅唑乳油 8 000～10 000 倍液喷雾防治。溃疡病用 77% 氢氧化铜可湿性粉剂 800 倍液，或 47% 春雷·王铜可湿性粉剂 750 倍液，或 2% 春雷霉素水剂 500 倍液，或 20% 噻菌铜悬浮剂 700 倍液喷雾＋灌根防治。病毒病用 50% 氯溴异氰尿酸可溶性粉剂 800～1 000 倍液或 20% 盐酸吗啉胍·乙酸铜 500 倍液喷雾防治。

2. 虫害防治 蚜虫用 2.5% 溴氰菊酯乳油 2 000～3 000 倍液，或 10% 吡虫啉可湿性粉剂 2 000～3 000 倍液，或 35% 氯虫苯甲酰胺水分散粒剂 3 750 倍液喷雾防治。白粉虱用 2.5% 联苯菊酯乳油 3 000 倍液或 22% 吡虫·噻嗪酮可湿性粉剂 375 倍液喷雾防治。烟粉虱用 10% 吡虫啉可湿性粉剂 2 000～3 000 倍液或 40% 氯虫·噻虫嗪 3 000 倍液喷雾防治。斑潜蝇用 1.8% 阿维菌素乳油 4 000 倍液，或 25% 噻虫嗪水分散粒剂 4 000 倍液，或 98% 灭蝇胺水分散粒剂 1 500 倍液喷雾防治。

（六）采　收

分批及时采收，减轻植株负担。

二、关中地区小型西瓜早春大棚栽培技术

（一）品种选择

小型西瓜根据其果实的特征特性分为花皮黄瓤型、花皮红瓤型、黄皮黄瓤型、黄皮红瓤型、黑皮红瓤型等，可根据其市场特点选择不同类型品种；早春大棚栽培小型西瓜，还应注重选择早熟、优质、丰产性好、较抗病、耐低温弱光、果形美观、易坐瓜、适宜密植及吊蔓栽培的品种，如金丽春、红玉、黑小福、贝乐 6 号、翠兰等，一般单瓜重 1.5～3 千克。

（二）培育壮苗

小型西瓜育苗阶段是其植株生长发育的基础时期，因此培育壮苗是其早熟、优质、高产、稳产的关键。壮苗标准一般是：苗龄 30～35 天，幼苗 3 叶 1 心，生长较一致，生长稳健，茎叶粗壮，下胚轴短粗，子叶平展、肥大，真叶舒展，叶色浓绿，叶柄短，根系发育良好，不散土团、不伤根。

1. 种子处理　浸种前晒种 2～3 天，剔除畸形籽、病籽、秕籽。将晒过的种子用 50～60℃温水烫种并不断搅拌，水温降至 30℃左右时停止搅拌，浸泡 12 小时；浸种后捞起用清水洗净，用 50% 多菌灵 400～600 倍液浸泡 30 分钟；用清水洗净，再用湿纱布包种放入恒温箱（28～32℃）催芽，催芽期间每隔 12 小时用温水淘洗 1 次，去除种子表面黏液。小型西瓜种子一般在

36～38 小时萌动，80% 的种子胚根长 1～2 毫米即可播种。

2. 播种方法 关中地区早春茬大棚小型西瓜栽培在 1 月下旬至 2 月上旬于温室开始播种育苗，选用 50 孔穴盘，使用蔬菜专用型育苗基质，选晴天播种，播种前将苗床浇透水，每穴放 1 粒种子，盖营养土 1～1.5 厘米厚，置于苗床中，苗床覆地膜保温，上搭小棚增温；或采用营养钵育苗。

3. 苗期管理 苗期主要是温度和水分管理。温度方面采取分段变温管理，苗床温度应掌握先高后低、昼高夜低这一变化规律，可采用地热线温床育苗（70～100 瓦 / 米 ^{2}）达到控制效果。出苗前不必揭膜通风，使苗床温度白天 28～32℃、夜晚 20～25℃；出苗后适当降温，白天 22～25℃，夜晚 15～18℃，抑制下胚轴伸长，以防高脚苗；出苗 70% 后揭除地膜，约需 3～4天。水分管理掌握宁干勿湿的原则，出苗前一般不浇水，出苗后适当补水，浇水应选晴天，并以近中午 11 时前后为好，用棚内温水喷洒，每次要浇透。苗期适时喷洒 75% 百菌清可湿性粉剂 800 倍液 +70% 甲基硫菌灵可湿性粉剂 800 倍液，预防猝倒病；另外可用 10% 吡虫啉可湿性粉剂 500 倍液防治蚜虫。移植前 5～7 天通风、降温炼苗，提高瓜苗适应性，利于定植。

（三）定 植

1. 整地做畦 冬前深翻土地，施足底肥，可每亩施熟腐的优质鸡粪或农家肥 4～5 立方米、过磷酸钙 30～45 千克，并配以 5% 辛硫磷颗粒剂 1～1.5 千克混土撒施，以防地下害虫。整地作畦时，每亩施三元复合肥 30～40 千克。栽培畦以畦宽 80厘米，高 15～20 厘米，间距 70 厘米为宜。定植前 20 天扣好大棚膜，提高土温。

2. 适时定植 关中地区于 2 月中下旬至 3 月中旬前后定植。定植时土温应稳定在 15℃以上，气温在 12℃以上，可内加小棚、夜间外盖草帘达到提温效果，并抢晴天定植。早春小型西瓜以吊蔓为主，定植前铺好地膜，在 80 厘米宽畦上种植 2 行，行距

65～70厘米，株距35～40厘米，定植密度在2 200株/亩左右。定植后浇透水，下午晒半天，夜间闭棚保温，以后要注意防寒。

（四）田间管理

1. 温度管理 定植后10天内为缓苗期，此期需较高的温度，应减少通风，以保温蹲苗，白天30℃左右，夜间15℃左右；缓苗后当温度超过35℃时，应加强通风，使白天保持在25℃左右；当植株开始伸蔓时可适当降低植株的生长温度，控制生长速度，白天控制在25～28℃，夜间在15℃以上；植株进入开花结果期时需要较高的温度，白天应控制在30～32℃，夜间在15～18℃，以利于花器发育，促进果实膨大。

2. 整枝引蔓 幼苗高20厘米左右时，用塑料撕裂膜或细尼龙绳等在苗基部用活结扎住，上部牵引固定在上方铁丝上；瓜蔓不断伸长时及时进行人工辅助理蔓、引蔓，促进攀缘向上生长。采用三蔓整枝，每株留1个主蔓和2个强壮的侧蔓，多余侧蔓用剪刀从分枝处剪去。

3. 人工辅助授粉及选留瓜 西瓜属于虫媒花，棚内必须进行人工辅助授粉，以提高坐果率。小型西瓜主蔓第一雌花一般结瓜个小、品质差，应及时摘除，选择主蔓第二、第三雌花进行人工辅助授粉，宜选择晴天上午7—10时、阴天上午9—11时雌花开放时进行。当幼瓜长至鸡蛋大小时及时摘除发育不良的果实，每株保留1个果形端正、发育良好的幼瓜，多选第二雌花坐果。

4. 吊瓜 当幼瓜直径10厘米以上时，采用专用塑料网袋吊瓜，网袋套瓜后用塑料撕裂膜牵引固定于上方铁丝上。果实进入膨大期后，在结瓜节位前9～11叶摘心，去除顶端优势，以减少植株营养消耗，集中供应幼果，且可减轻棚载负荷，减少棚内后期荫蔽，利于增加透光率。

5. 肥水管理 在西瓜团棵期追肥1次，每亩施尿素5～10千克、硫酸钾5～10千克。在西瓜膨大期进行第二次追肥，每亩穴施三元复合肥15～20千克，追肥后可浇1次大水，以后根据土壤干湿度适时灌水，并每 10 天喷施 1 次 0.2%～0.5% 磷酸二氢钾溶液。采收前 10 天停止灌水，以增加西瓜糖分。头茬瓜采摘后，在二茬瓜果实膨大期可进行 1 次追肥，每亩穴施三元复合肥 35～50 千克，追肥后浇 1 次大水，管理方法同前。

（五）病虫害防治

1. 病害防治　早春茬大棚西瓜重茬地采用嫁接育苗可有效减少病害发生。灰霉病可在发病初期喷洒 50% 腐霉利（速克灵）可湿性粉剂 1 000～1 500 倍液，隔 7 天喷 1 次，连防 3～4 次。病毒病可在发病前期或初期喷施 20% 盐酸吗啉胍·乙酸铜（病毒 A）可湿性粉剂 500 倍液或 1.5% 烷醇·硫酸铜（植病灵）乳剂 1 500倍液，隔 7 天喷 1 次，连喷 2～3 次。细菌性角斑病可在发病前喷施 78% 代森锰锌·波尔多液可湿性粉剂 600 倍液进行喷雾预防，发病初期可喷施 20% 噻菌铜悬浮剂 500 倍液或 77% 氢氧化铜可湿性粉剂 800 倍液，每隔 7 天喷 1 次，一般防治 2～3 次。

2. 虫害防治　当棚内零星植株上有蚜虫、红蜘蛛等发生时，及时采用生物杀虫剂挑治受害株。防治蚜虫选用 25% 噻嗪酮可湿性粉剂 2 000 倍液喷雾。防治红蜘蛛用 1.8% 阿维菌素乳油3 000～6 000 倍液或 0.5% 虫螨立克乳油 1 000 倍液喷雾。

（六）采　收

小型西瓜自雌花开放至果实成熟，比普通西瓜早 7～8 天，约需 25 天，若初期温度低，需 35～40 天（4 月），二茬（5 月）需 30 天，三茬以后需 22～25 天。小型西瓜一般皮薄易裂，应适时采收，采收过早会影响品质，过晚会影响商品性及其后的生长和结果。头茬瓜采摘后，继续加强肥水管理，能收获二、三茬瓜。

三、关中太白高山地区露地大白菜栽培技术

（一）品种选择

应选择生育期短、株型紧凑、抗抽薹、抗根肿病的优质大白

菜品种进行种植，如耐斯高、CR 金圣、秦春 2 号、CR 咏春、京春 CR3 等大白菜品种和福娃、玲珑黄等娃娃菜品种。

（二）地块选择

大白菜对土壤的适应性较强，但以肥沃、疏松、保水、保肥、透气的沙壤土、壤土及轻黏土为宜。宜选择排灌良好、前茬忌种十字花科蔬菜的地块。

（三）整地施肥

前茬作物收获后，及时清理田园杂草并深翻冻垡，深耕以大于 25 厘米为宜。整地要平整、土质细碎。大白菜以叶球为产品，需氮肥较多，因此足量且平衡施肥对大白菜增产增收至关重要。大白菜各生长期内对氮、磷、钾大量元素的吸收量不同，发芽期至莲座期的吸收量约占总吸收量的 10%，而结球期约吸收 90%。生长前期需氮较多，后期则需钾、磷较多。结合整地每亩一次性施入腐熟有机肥 2 000 千克或市售生物有机肥 200 千克、三元复合肥 30～40 千克，以底肥为主、追肥为辅，底肥要足。施肥后进行深耕细耙、整平筑高畦，垄间距 1 米，畦面宽 70 厘米，沟宽 30 厘米，沟深 15 厘米，2 行栽植；起垄和覆膜由小型起垄机一次性完成，覆盖地膜后即可栽苗。

（四）播　种

1. 播期　太白高山地区种植大白菜一般在 3 月中下旬至 6 月上中旬错期播种，6 月上中旬至 9 月中旬分批收获。

2. 育苗设施建造　太白高山地区生产大白菜大多采用漂浮育苗技术。漂浮育苗宜在塑料大棚中进行，可因地制宜地建造大棚，标准大棚规格为长 50 米、宽 8 米、高 2.5 米，棚内漂浮池规格为长 6 米、宽 1.3 米、深 30 厘米。一个标准大棚可以布局 24 个漂浮池。池子边缘用水泥砖砌成 12 厘米厚墙，也可用钢管焊成框架型。池底整平拍实，池内铺上 0.2 毫米厚的尼龙防水布并在池子外沿处固定，以防池内漏水。

3. 基质装盘　基质选市售无菌育苗基质，喷水并充分搅拌，湿度以 60%～65% 为宜，即手抓成团、落地散开。漂浮盘一般为白色泡沫盘，规格为长 60 厘米、宽 38.5 厘米、高 5 厘米，128 孔穴盘。装盘，轻轻压实，装盘后用平板刮平多余基质备用。

4. 营养液配制　营养液配制可选用叶菜栽培通用配方或者自己调配的配方，当地农户有使用 0.1% 浓度复合肥补充大量元素的。漂浮池内水深要保持在 12～15 厘米，加入营养液后要充分搅拌，pH 值控制在 5.8～6.5，电导率控制在 1.2～1.8 毫西门子 / 厘米。一般添加 1 次营养液最多可以培育 2～3 茬幼苗。

5. 点播　在穴盘孔穴中间打 0.5 厘米深的小孔。用播种器或人工进行播种，每孔播 1～2 粒种子，播种后用基质覆盖种子，并将漂浮盘叠放在一起，最顶层覆盖空盘和保湿的薄膜。催芽 2～3 天，待 60% 种子萌芽后放入加入营养液的漂浮池中培养。

6. 苗期管理

（1）温度管理　大白菜整个育苗期极易遭受倒春寒、降温和大风等极端天气的影响，应做好苗期温度管理，白天温度控制在 18～25℃，高于 28℃时需通风降温或遮阳降温。当气温低于 10℃时，需加温、保温。

（2）间苗补苗　待大白菜幼苗子叶充分展平后，开始进行间苗、补苗，保证每穴有 1 株健壮幼苗。

（五）移　栽

漂浮育苗由于营养和环境条件好，秧苗生长快，为防止幼苗徒长造成苗弱、湿度过大引起病害，一般每 3～5 天搅动营养液 1 次，增加营养液中含氧量。每间隔 5～7 天将育苗盘捞起控水 1 天，然后再放入漂浮池中继续生长。在幼苗具 5～6 片真叶（苗龄 25～30 天）时进行移栽，移栽前 3～5 天需将育苗盘从育苗池中捞起断水、断营养进行适应性锻炼。

（六）田间管理

太白高山地区的温润小气候特点，非常适宜大白菜生长，人工灌溉较少，补水主要来源于自然降雨。一般天旱无雨时在幼苗移栽当天必须浇透定根水，此后视土壤墒情和下雨情况适时补水。莲座期每亩追施尿素 10 千克，用施肥神器进行单株穴施或者撒施于垄沟内，通过中耕翻于土中。结球期至膨大期每亩追施磷酸二氢钾 10 千克。及时清理田间杂草以减少病虫害的发生。

（七）病虫害防治

大白菜病害主要有根肿病、霜霉病和软腐病等，虫害主要有菜青虫、小菜蛾、斜纹夜蛾、黄曲条跳甲等。

1. 病害防治　大白菜根肿病应采取轮作倒茬、选用抗病品种、漂浮无菌育苗技术、调酸补钙改善土壤酸性环境、增施有机肥、加强田间管理及生物防治等综合防治策略。药剂处理可采用 10% 氰霜唑悬浮剂 2 000 倍溶液进行蘸根 8～10 分钟后定植，或在定植后幼苗长到 4～5 片叶时进行灌根处理，每株用药 200 毫升。土壤处理可采用在播种（定植）前喷施 50% 氟啶胺悬浮剂 300 毫升或 100 亿孢子／克枯草芽孢杆菌可湿性粉剂 1 500 克，对土壤表面进行喷淋，随喷淋随用旋耕机将喷淋过的土壤上下混匀，使药剂与土壤充分接触。土粒愈细，药土混合愈均匀，防治效果愈好。大白菜软腐病在发病初期用 72% 新植霉素可湿性粉剂 4 000 倍液喷雾防治，每 10 天左右喷 1 次，连续防治 2～3 次。大白菜霜霉病可用 64% 噁霜·锰锌可湿性粉剂 600 倍液或 72% 霜脲·锰锌可湿性粉剂 600～800 倍液喷雾防治，每隔 7 天喷 1 次，要交替用药，共喷 2～3 次，采收前 10 天停止用药。

2. 虫害防治　地上虫害防治要采用低毒化学药剂结合杀虫灯、黄色粘虫板、性诱剂等物理生物新技术新方法多种途径进行。蚜虫可采用 10% 吡虫啉可湿性粉剂 2 000～3 000 倍液，或用 50% 抗蚜威可湿性粉剂 1 500～2 000 倍液防治，每隔 7 天喷施 1 次，连续 2～3 次。小菜蛾、菜青虫、斜纹夜蛾等害虫每亩施用 1.8% 阿维菌素乳油 30 毫升，或 10% 溴氰虫酰胺悬浮剂 2 000 倍液，或 2.5% 溴氰菊酯乳油 1 000～1 500 倍液，或 1.3% 苦参碱水剂 1 000～1 500 倍液。

（八）采 收

采收时间依据播种期、成熟情况和市场行情而定，太白县大白菜一般于6月上中旬至9月中旬，在叶球八成熟时即可采收上市。采收完，及时清理田间残叶，以减少土壤中的病原菌。

四、陕北地区日光温室草莓宽垄栽培技术

（一）品种选择

选择优质、抗病、丰产品种，同时考虑草莓品种休眠的差异，选择花芽分化早、植株休眠浅、打破休眠容易、开花至结果期短、耐低温的品种。品种主要有红颜、章姬、甜查利等。

（二）整地起垄

1. 整地施肥　定植前40天，清除棚内植株残体，深翻土壤，每亩施腐熟有机肥5000千克，加施微生物菌肥80千克、过磷酸钙50～100千克，底肥均匀撒施后旋耕2遍，耕深30厘米左右，使土壤和肥料充分混合。

2. 起垄　采用南北向高垄栽培。宽垄栽培的垄面宽90厘米，垄底宽100厘米，垄高30～40厘米，垄间沟宽40～50厘米，垄距140～150厘米，每垄定植4行，每亩定植8800～9500株。比常规每亩定植6600～7400株多栽2100～2200株。

（三）播种定植

播种育苗，将种子提前10小时左右进行浸泡，等种子膨胀后撒播在土壤上，并在上面覆盖过筛的细土，厚度为0.2厘米左右，然后覆盖塑料薄膜，播后10天左右即可出苗。在幼苗长出3～5个叶片时，即可进行移栽定植。

采取三角形交错定植法，按株距20厘米、小行距20厘米或30厘米、植株距垄边10厘米定植，1穴1株，按级分棚、分段定植；大苗定植在温室南边，小苗定植在温室北边。栽植深度以深不埋心、浅不露根为宜。定植后适当遮阳。

（四）田间管理

1. 缓苗期管理　定植初期外界气温较高，应采取遮阳、通风措施，尽量降低温室内温度。白天温度控制在25～30℃，最好不超过30℃；夜间保持在15～18℃，促进缓苗。定植后要立即浇定植水，一定要浇透，一周内要保持垄面湿润。缓苗成活后适当控水控温，灌水做到见干见湿、湿而不涝。白天温度25～28℃，夜间温度12～15℃。

2. 扣棚盖膜　草莓日光温室宽垄促成栽培的覆盖棚膜时间是在外界夜间气温降到8～10℃时。扣棚过早，温室内温度高，植株徒长，不利于草莓的花芽分化；过晚则植株进入休眠，不能正常生长结果，从而影响产量。扣棚盖膜一般在10月上中旬进行；如遇秋季降雨较多，要提前覆膜，防止因雨水冲刷造成栽培垄行塌陷。

3. 覆盖地膜　扣棚盖膜一周后进行地膜覆盖。一般使用黑色地膜，覆盖在垄面及滴灌带上面，并盖住垄体两侧，这样既能有效保温、保墒、抑制杂草生长，又可降低大棚内空气湿度，减少病害发生。覆盖地膜后要立即破膜提苗，在晴天温度较高时进行，不要在阴雨天或早晨进行，以防提苗时折断叶柄。

4. 铺设农用无纺布　铺设无纺布在覆盖地膜后进行，铺设在宽垄中央两行秧苗之间。无纺布宽25～30厘米，长度与垄面一致，使草莓花序抽生在无纺布上，利用无纺布透气、防水特点，防止草莓果实因与地膜直接接触造成局部湿度过高而腐烂，促使果实着色自然，品质上佳，商品性好，可有效提高经济效益。

5. 温度管理　现蕾前适当进行高温、高湿管理，白天温度27～30℃，夜间温度12～18℃，确保不低于8℃。草莓植株现蕾后停止高温、高湿管理，白天温度25～28℃，夜间温度8～12℃，夜温不能高于13℃。开花期对温度的要求较严格，白天温度22～25℃，夜间温度8～10℃。果实膨大期和成熟期，白天温度20～25℃，夜间温度5～10℃。

6. 肥水管理　温室草莓结果期长，为防止脱叶早衰，要重施基肥，中后期加强叶面施肥，以满足其营养要求。在施肥上要掌握减施氮肥，增施磷、钾肥。追肥浇水宜采取少量多次的原则。追肥与灌水需结合进行，采用膜下滴灌及追施液体肥料，并注意肥料中氮、磷、钾的合理搭配，每次追施的液体肥料浓度以0.2%～0.4%为宜。

7. 光照管理　长日照对于维持草莓植株的生长势非常重要。生产上应尽量早揭晚盖保温材料，以延长光照时间，并保持棚膜清洁，以增强光照强度，提高光合效率。

8. 植株管理

（1）摘除病叶、老叶　随着植株的生长发育，要及时摘除病、老、黄叶，以减少草莓植株养分消耗，改善植株间的通风透光环境，减少病害发生。

（2）摘除匍匐茎和腋芽　宽垄促成栽培的草莓植株生长较旺盛，及时摘除匍匐茎，及时掰掉多余的腋芽。方法是在顶花序抽生后，每个植株上选留1～2个生长健壮、方位好的新芽，其余匍匐茎和腋芽全部摘除。

（3）花序整理　草莓花序整理的要点是合理留果，生产上一般每个花序留果8～10个，结果后的花序要及时去掉，并选留新的花序。

（4）辅助授粉　虽然草莓属于自花授粉植物，但通过异花授粉可有效提高坐果率，提高产量和品质。因此，生产中需采用施放蜜蜂辅助授粉技术促进植株授粉。

（五）病虫害防治

日光温室草莓宽垄栽培主要病虫害与常规栽培相同，病害主要有炭疽病、白粉病、灰霉病等，虫害有红蜘蛛、白粉虱等。

1. 病害防治　叶斑病用70%百菌清可湿性粉剂500～700倍液喷洒防治。白粉病用70%甲基硫菌灵可湿性粉剂1 000倍液，或50%退菌特可湿性粉剂800倍液，或30%氟菌唑可湿性粉剂

5 000 倍液喷洒防治。灰霉病用 25% 多菌灵可湿性粉剂 300 倍液，或 80% 克菌丹水分散粒剂 800 倍液等喷雾防治。

2. 虫害防治　红蜘蛛用 6.5% 甲维盐水分散粒剂 800 倍液，或 0.5% 苦参碱乳油 500 倍液，或 1.3% 印楝素水剂 300 倍液进行防治。白粉虱用 25% 噻嗪酮可湿性粉剂 2 500 倍液或 40% 氰戊·杀螟松乳油 2 500 倍液喷雾防治。

（六）采收与贮运

鲜食草莓在果面着色 90%～95% 时采收。采收最好在上午 8 时至 9 时 30 分进行，采收的果实在 0～2℃ 条件下进行贮藏和运输，以延长保鲜期和防止腐烂变质。

五、陕北地区早春日光温室芝麻蜜甜瓜丰产栽培技术

（一）整地施肥

前茬收获后及时进行温室消毒，然后整地施肥，每亩施充分腐熟的有机肥 3 500～4 000 千克、磷酸二铵 50 千克、硫酸钾 50 千克、50% 多菌灵可湿性粉剂或 70% 甲基硫菌灵可湿性粉剂 1～2 千克、辛硫磷颗粒剂 1 千克，深翻耙平。按宽窄行起垄，宽行距 70 厘米，窄行距 50 厘米，窄行起垄，垄高 15～20 厘米，垄上铺滴灌管或开浇水沟，沟深 15 厘米，覆盖地膜。

（二）育　苗

1. 种子处理　用 50～60℃ 温水浸种，降至室温后浸 8～10 小时，然后再用 50% 多菌灵可湿性粉剂或 70% 甲基硫菌灵可湿性粉剂 400 倍液浸泡 2 小时，或用 0.1% 高锰酸钾溶液浸泡 30 分钟，捞出洗净种子，在 25～30℃ 条件下催芽，80% 种子露白时播种。

2. 基质和营养盘　选用西甜瓜专用基质和 50 孔规格的穴盘育苗。

3. 播种　12 月中下旬至 1 月上中旬育苗。选晴天上午播种，

每穴1粒有芽种子，盖基质2厘米厚，覆地膜，扣拱棚，白天温度35℃，夜间温度20℃。苗顶土时去掉地膜，苗齐后白天去拱棚膜，温度控制在25℃左右，夜间在15℃以上。幼苗3叶1心时定植。

（三）定　植

选晴天上午定植，每垄栽2行，按株距40厘米打孔、浇水、稳苗、覆土，孔内浇70%甲基硫菌灵可湿性粉剂800～1 000倍液，以预防枯萎病。每亩栽苗2 800株左右，定植后浇足定植水。

（四）田间管理

1. 温度管理　定植后闭棚保温，促进缓苗，白天温度保持在26～32℃，夜间不低于18℃，此期温室温度较低，要加强防寒保温。

2. 肥水管理　甜瓜是较耐旱而不耐湿的作物，追肥以腐熟农家有机液肥为主，浇水应按照前控、中促、后轻的原则。定植后根据苗情和土壤墒情决定是否浇1次缓苗水，浇水必须在早晨进行。坐瓜后浇1次膨瓜水。成熟期适当控水，有利于提高品质，浇水采用膜下暗灌，每次浇水后要及时通风排湿，预防病害发生。

3. 整枝留瓜　可采用双蔓整枝，主蔓3叶1心时摘心，选留2条健壮子蔓为结瓜蔓，清除其余子蔓，结瓜蔓选择第4至第7节上留2个孙蔓，一个孙蔓上留一个瓜，保证2个结果蔓的4个孙蔓留3～4个瓜，孙蔓见瓜摘心，瓜前不留叶。子蔓15片真叶时摘心，在第13至第15节留1个孙蔓，以促进第一层瓜膨大和成熟，及时去除子蔓上非留瓜部位的孙蔓。

（五）病虫害防治

芝麻蜜甜瓜主要病害有枯萎病、炭疽病、白粉病，主要虫害有斑潜蝇、白粉虱。病虫害防治要采取及时有效的预防措施，注意轮作倒茬，施足有机肥，增施磷、钾肥；合理浇水追肥，防止徒长和脱肥早衰；加强通风排湿，合理控制温湿度；及时整枝留瓜和采收。

1. 病害防治 药剂防治枯萎病可用 20% 甲基立枯磷乳油 1 000 倍液，或 40% 络氨铜·锌水剂 800 倍液，或 10% 混合氨基酸铜水剂 200 倍液交替喷雾防治。炭疽病可用 80% 福·福锌可湿性粉剂 800 倍液或 50% 代森铵水剂 800 倍液等喷雾防治。白粉病可用 2% 武夷菌素水剂 200～300 倍液或 2% 春雷霉素水剂 600 倍液喷雾防治。

2. 虫害防治 斑潜蝇用 50% 灭蝇胺可湿性粉剂 2 000～3 000 倍液，或 48% 毒死蜱乳油 1 500 倍液，或 1% 阿维菌素乳油 1 000 倍液喷杀。白粉虱用 25% 噻嗪酮可湿性粉剂 2 500 倍或 0.3% 印楝素乳油 100 倍液喷杀。

（六）采 收

芝麻蜜甜瓜皮薄、质脆，不耐贮运，温室栽培开花到成熟需 35 天左右。采收过早影响品质，必须适时采收。成熟的芝麻蜜甜瓜表皮灰绿色，香味浓，脐部变软，果柄基部变黄。

六、陕南山地露地菜豆栽培技术

（一）品种选择

春季露地栽培的菜豆，宜选用生长势强、结荚期长、优质丰产的中晚熟蔓生菜豆品种，如丰收 1 号、山东老来少、春丰 4 号、青岛架豆、黄县八寸等。

（二）整地施肥

菜豆对土壤适应性较广，但以土层深厚、有机质含量丰富、排灌条件良好、微酸性壤土或沙壤土为好。以海拔 600～1 000 米的朝阳地块为好，日夜温差大，有利于菜豆的生长，采摘期达 70 余天。在山地种植菜豆时，还要注意轮作，最好在 2～3 年内没有种植过其他豆类农作物。播种前应深翻土地、耙细泥土、深沟高畦，连沟畦宽：水田为 1.5 米，旱地为 1.4 米，畦面宽 1 米左右。基肥一般施石灰 50～75 千克，然后翻耕做畦，在畦中间开沟，每亩条施厩肥 1 500～2 000 千克、三元复合肥 50 千克、硼砂 1 千克，播种前每亩穴施钙镁磷肥 50 千克。

（三）播　种

选用粒大、饱满、无病虫的种子，播前用种子量 0.4% 的 50% 多菌灵拌种消毒。若土壤干燥，畦面先要浇足水后再播种，每畦种 2 行，行距 65～70 厘米，穴距 25～30 厘米，每穴播种子 3～4 粒，每亩用种 2～2.5 千克。同时，应播后备苗用于移苗补缺。播种后采取覆盖青草树木、浇水抗旱等方法，确保全苗、壮苗和健苗，为菜豆高产奠定基础。

（四）田间管理

1. 间苗补苗　播种后 7～10 天要进行查苗补苗，并做好间苗工作，一般每穴留健苗 2 株。

2. 中耕除草　播种后 10 天进行第一次除草。第二次除草在爬蔓之前，要中耕清沟土培于植株茎基部，以促进不定根的发生。中耕要浅，以不伤根系为度。

3. 促进壮苗　当幼苗长有 2 片叶时，喷天然芸苔素 900 倍液，以促进幼苗健壮生长。

4. 搭架铺草　在甩蔓前及时搭架，选用长 2.5 米小竹棒搭"人"字架。当蔓上架后，畦面铺草，以利降温保墒。

5. 肥水管理　根据菜豆的生理特性，要施足基肥，少施花肥，重施结荚肥。结荚肥一般施 2～3 次，每次每亩施复合肥 10～15 千克。根外追肥可结合病虫防治，在药液中加入 0.2% 磷酸二氢钾及每背包式药液中加入 10 克钼肥进行喷雾，提高坐荚率，以达高产的目的。

（五）病虫害防治

1. 病害防治　菜豆病害主要有锈病、炭疽病、细菌性疫病、根腐病。锈病可用 20% 三唑酮乳油 1 000 倍液或 50% 多菌灵可湿性粉剂 800 倍液喷雾。炭疽病可用 75% 百菌清可湿性粉剂 800 倍液喷雾。细菌性疫病可用 72% 新植霉素 3 000 倍液喷雾。根腐病可用 70% 敌磺钠可溶性粉剂 500 倍液或 77% 氢氧化铜可湿性粉剂 500 倍液灌根。

2. 虫害防治　菜豆虫害主要有豆野螟、蚜虫等。防治豆野螟，在初花期可选用 40% 辛硫磷乳油 25 克＋25 克 / 升溴氰菊酯乳油 6 毫升，兑水 15 千克后喷雾；结荚期可选用高效低毒低残留生物农药 8 000IU/ 毫克苏云金杆菌 50 克＋25 克 / 升溴氰菊酯乳油 6 毫升，兑水 15 千克，每亩用 45 ～ 60 千克药液进行防治。防治时应在上午 8 时前或傍晚打药，并掌握治花不治荚的原则。蚜虫防治可用 10% 吡虫啉可湿性粉剂 2 000 倍液喷雾。

（六）采　收

作为嫩荚食用的菜豆，一般花后 8 ～ 10 天就可采收。应坚持每天采收 1 次，既可保证豆荚的品质及商品性，又可减少植株养分消耗过多而引起落花、落荚，从而提高坐荚率、商品率。

七、陕南地区茭白栽培技术

（一）品种选择

应选用皮细滑光亮、茭肉白，商品性好，抗病性和适应性强的优质高产品种。适宜汉中等地区栽培的双季茭品种为合茭 2 号，单季茭品种有北京茭白、大白茭、中茭等。

（二）种株选择

每年必须严格筛选留种株，应选择符合品种特征特性、生长整齐、分蘖多、所有分蘖都能成茭、产量高、品质好、无病虫害的优良单株作种株，从匍匐茎上萌芽的游茭易形成雄茭，不能作种茭。留种时要严格淘汰雄茭、灰茭及混杂株和劣株。

（三）地块选择

选择向阳无遮阴、排灌方便、耕作层深厚、保水保肥力强、富含有机质的黏土或黏壤土地块。不宜选择沙性重、易漏水或阴湿地块。最好选择前茬为非禾本科作物的地块。

（四）整地施肥

一般在栽植前 10～15 天，每亩施入有机肥 2 000～3 000 千克作底肥，深翻 25～30 厘米，灌水 3～5 厘米深，耙平。要求做到田平、泥烂，修筑好田块四周田埂防止漏水。

（五）栽培季节及育苗方式

1. 双季茭　2 月中下旬，将留种株挖起，分成每墩有 3～4 杆的小墩，栽植于田间，株行距为 40 厘米×50 厘米；4 月下旬，将种墩挖起，切分成单株，株行距为 40 厘米×40 厘米，移栽于育苗田；7 月中旬起苗移栽；11 月初开始采收冬茭；翌年 4 月底开始采收夏茭。

2. 单季茭

（1）春季分墩育苗　2 月下旬，从留种田将种墩挖起，分成小墩，每小墩保留 5～6 个芽头，栽植于育苗田，株行距为 50 厘米×50 厘米。待茭白苗高 50～60 厘米时即可移栽大田。

（2）春季分芽育苗　2 月中下旬，将留种田茭墩连根挖起，去掉老根，1 根老薹管切分为 1 株，按株行距 40 厘米×40 厘米栽植于育苗田育苗，4 月下旬至 5 月上旬移栽，10 月可收获秋茭。

（3）秋冬季分芽育苗　10—11 月茭白采收结束后，挑选结茭多、产量高、商品性好的植株作种株，切分成单薹管，按株行距 30 厘米×40 厘米栽植于育苗田育苗，翌年 3 月移栽，翌年 9 月中旬可采收秋茭。

3. 苗期管理　栽苗后 10 天，每亩育苗田施入尿素 25 千克或碳酸氢铵 50 千克，促进幼苗生长。当苗高 10 厘米左右、有 7～8 个分蘖时，在分蘖中央压一块泥巴，使蘖芽向四周散开，以改善营养状况和株间通风透光情况。

（六）定　植

1. 定植方法　从育苗田中挖出的茭墩去掉老根，齐茭白眼剪去上部叶片，使苗高保持在 25～30 厘米，防止栽后倒伏。用利刀劈开茭墩分成单株，不能损伤分蘖芽和新根，每株上面必须保证有 3 个以上完整健壮的分蘖芽，否则必须淘汰掉。做到随起苗，随分株，随定植。栽苗深度以苗稳、不漂浮为宜，生长点必须露出水面4～5厘米。栽植过深不利于分蘖，过浅不利于成活。

2. 定植密度 茭白栽培密度过大，苗长势弱，易发生病虫害，遇大风天气易倒伏，且劳作不便；栽培密度过小，产量低。一般行距80～100厘米，株距60厘米。

（七）大田管理

1. 水位管理 水位管理遵循"浅—深—浅"的原则。分蘖前，保持田间水位3～5厘米，以利于提高地温，促进发根和分蘖。分蘖前期，水位增加6～7厘米；分蘖后期，应使田间水位保持在12～15厘米，以抑制无效分蘖，促进孕茭。进入孕茭期，水位保持在15～20厘米，可使茭肉白嫩，又利于提高茭白品质，但也要控制水位不能超过茭白眼，否则会使薹管伸长。孕茭后期，田间水位应降至3～5厘米，以利采收。收获结束后茭田应保持浅水层或湿润状态越冬，以防冻害。

夏季温度过高会影响茭白孕茭，可以采取加深水位降温，也可采取定期换水、日灌夜排等措施促进肉质茎生长，防止土壤缺氧造成烂根。早春茭白萌芽后，若遇到强降温天气要及时加深水位，以防冻害。同一品种可以通过调节水位来调整孕茭和上市时间。

2. 施肥 茭白喜肥，但因水位调节或夏季多雨等因素易造成肥料流失，且施肥过量还会使茭白孕茭期推迟。因此，茭白施肥应坚持适量多次原则。育苗移栽的茭白，在栽苗 10 天后每亩施碳酸氢铵 50 千克。第一次施肥后 15～20 天，根据苗情，每亩施三元复合肥 25～50 千克，苗壮可少施，苗弱可适量多施。当 10%～20% 的分蘖开始孕茭时追施孕茭肥，每亩施复合肥 50 千克。孕茭肥要适时施入，植株尚未孕茭时过早施入，易徒长且孕茭推迟，施入过晚则会影响产量。施肥时，先落浅水位，然后顺行撒施，第二天再提高水位以利吸收。追肥也不可离苗过近以免烧苗。双季茭留墩栽培田块，在出苗后每亩施尿素 25 千克，

15～20天后每亩施三元复合肥25千克，孕茭时每亩施尿素和三元复合肥各25千克。

3. 间苗、除草　茭白分蘖后期，对株丛拥挤、分蘖过多的茭墩可将细弱小的无效分蘖苗去除，并打掉黄叶，可增强植株通风透光，促进孕茭，减少病害的发生。同时拔除杂草，将杂草、黄叶及无效分蘖苗等踏入田中行间作为肥料。

（八）病虫害防治

汉中茭白病害主要是纹枯病，虫害主要是二化螟。

1. 病害防治　纹枯病属真菌性病害，高温高湿易发病，发病时在叶片上初生暗绿色水渍状病斑，扩大后呈云纹状，由下向上扩展，引起叶片枯黄。应采取健身栽培、综合防控的原则，加强田间肥水管理，增施磷、钾肥，避免偏施氮肥，及时除去无效分蘖的细小弱枝及黄叶，增强通风透光性。为了减少病害发生，提倡带药定植，即在定植前5～7天，在茭白育苗田喷施25%多菌灵可湿性粉剂400倍液1次。发病初期可选用50%多菌灵可湿性粉剂700～1 000倍液，或25%甲霜灵可湿性粉剂600倍液，或40%菌核利可湿性粉剂500倍液喷雾防治。注意孕茭前应停止使用杀菌剂，以免杀死黑粉菌影响孕茭。

2. 虫害防治　二化螟幼虫蛀食茭苗心叶和茭肉，造成枯心苗和虫蛀茭。冬季齐地面割除枯黄茎叶，集中烧毁，清洁田园，消灭越冬幼虫。夏季成虫产卵、孵化期或二化螟蚁螟孵化盛期，可用15%氟虫腈悬浮剂1 000～1 500液或90%敌百虫晶体1 000倍液喷雾防治。

（九）采　收

秋茭在假茎中部逐渐膨大和变扁，叶鞘被挤向两边，露出1～1.5厘米的洁白茭肉，即露白时既可采收。夏茭因采收期温度较高，成熟快，容易发青变老，一般在叶鞘中部茭肉膨大、叶鞘被挤向两边而没有露白时及时采收。采收时应齐薹管拧断，不要损伤邻近分蘖，夏季和生长快的品种每隔2～3天采收1次，秋季或生长慢的品种可 4～5 天采收 1 次。

（十）留　种

茭白种性受其本身和寄生的黑粉菌变异及环境条件影响，很不稳定。生产中若发现雄茭、灰茭和混杂变异的茭墩，应及时将整墩连同地下根系挖除。选择具有本品种特征、生长势中等、结茭整齐、成熟期一致、结茭部位较低、结茭较多、无病虫害的茭墩，插竹竿标记为种株。

第六章
内蒙古（西部地区）蔬菜栽培

一、蒙西地区长日照洋葱栽培技术

（一）品种选择

选用优质、抗病长日照洋葱品种进行种植，如红绣球、金美、长胜104、长胜105、黄蜂、红美、红丽等。这些品种具有植株生长势强、整齐一致、鳞茎大、形状好、色泽鲜艳、抗病性强、品质风味好、耐贮存运输等特点，适宜在长日照地区种植。

（二）地块选择

洋葱种植地块应选择地势高燥，排灌方便，地下水位较低，土层深厚疏松、富含有机质、不含盐碱的沙壤土。前茬为非葱蒜类蔬菜或大田作物，与葱蒜类蔬菜进行3年以上的轮作倒茬。

（三）整地施肥

种植地块每亩施入腐熟羊粪4 000～5 000千克，耕翻、耙磨、平整土地，定植前每亩撒施三元复合肥40～50千克、硫酸钾30千克作基肥。定植前7～10天每亩用芽前除草剂330克/升二甲戊灵乳油150毫升进行喷施，减少杂草生长。

（四）播　种

1. 播种期　一般采用春播育苗移栽露地的种植方式，播种期应根据当地气候条件和定植期确定。一般为2月上中旬至3月上中旬播种，4月中下旬至5月上中旬定植露地。

2. 做床撒播　温室、大中小棚均可进行洋葱育苗。应选择土壤肥沃、疏松、前茬未种过葱蒜类蔬菜的地块作苗床。播种前7～10天进行扣棚烤地，一般种植1亩洋葱需25～30平方米苗床。整地前在苗床上施入腐熟羊粪2 000千克/亩，将有机肥浅翻入土壤，整平土地，使苗床土壤疏松、平整。

播种前1～2天将苗床灌足底水，畦面微干后进行播种。采用撒播法将洋葱种子均匀地撒播在苗床上，然后用过筛细土覆盖种子，覆土厚度为1厘米左右，播后轻轻进行镇压，使种子与土壤密接；有条件的地区可将洋葱种子用编织机编织到编织带上，然后开沟将编织带埋住，播种完成后覆盖地膜保温保湿，促进发芽。

3. 苗期管理　一般播种后10天左右开始出苗，80%左右的苗开始顶土时及时揭去地膜。苗出齐后撒一层沙性细土可降低苗床湿度，减少苗期病害发生，保护洋葱幼苗根系，利于生长。苗期适宜温度为白天20～25℃、夜间10～15℃，高于25℃时要及时放风降温，防止徒长；及时清除杂草，防止草荒；整个苗期保持土壤见干见湿。当幼苗长出2片真叶后，随浇水追施尿素2.5～5千克/亩，促进幼苗生长。苗生长后期要加大通风量或揭去棚膜，并适当控水，防治幼苗徒长。

洋葱苗龄一般为55～60天。壮苗的标准为：具有3叶1心，假茎粗0.3～0.5厘米，株高18～20厘米。

（五）定　植

1. 铺设管道、覆膜、打孔　采用90厘米地膜覆盖时，每膜铺设2条滴灌带，覆膜后两边压实，防止大风将膜掀起。定植前按15厘米×15厘米打孔，每膜定植4行。

2. 移栽　移栽定植前2～3天，如果土壤墒情不好，可提前滴灌1次小水，待土壤稍干后再打孔。打孔深度为2厘米左右，打孔时注意不损伤滴灌带。大小苗分别定植，淘汰劣质苗。定植后将孔用细土压实，使根系与土壤密接。

（六）田间管理

1. 水分管理 定植完成后，及时滴水，土壤完全湿润后停止滴水，可提高苗的成活率；生长前期，土壤保持见干见湿；鳞茎膨大前，土壤要适当干旱，进行蹲苗，这样可促进鳞茎膨大；鳞茎膨大期，要保持土壤湿润，促进鳞茎膨大，获得高产；收获前 10 天，停止滴水，有利于洋葱鳞茎的贮藏和运输。全生育期根据气候和土壤情况确定滴水次数。

2. 施肥管理 生长前期适量追施尿素，促进植株生长旺盛，为鳞茎膨大打下基础。一般随滴水施入尿素 10 千克/亩，鳞茎膨大期以磷、钾肥为主，随水滴入硫酸铵 15 千克/亩、硫酸钾 10 千克/亩或复合肥 20 千克/亩。收获前 30 天停止施肥，否则易造成疯秧，延迟鳞茎收获。

（七）病虫害防治

1. 病害防治 洋葱病害主要有苗期猝倒病、洋葱黄矮病（病毒病）、霜霉病、紫斑病、细菌性软腐病等。猝倒病用 96% 噁霉灵可湿性粉剂 3 000～6 000 倍液喷洒，7～10 天 1 次。6—7 月高温干旱时易发生洋葱黄矮病，发病初期喷 20% 盐酸吗啉胍·乙酸铜可湿性粉剂 500 倍液，或 1.5% 烷醇·硫酸铜乳剂 1 000 倍液，或 NS-83 增抗剂 100 倍液加 7 号助剂进行防治。7—8 月高温多雨时洋葱易发生霜霉病，及时用 80% 代森锰锌可湿性粉剂 400～600 倍液＋72% 霜脲·锰锌可湿性粉剂 500 倍液＋70% 乙膦铝·锰锌可湿性粉剂 600 倍液进行防治。紫斑病用 80% 代森锰锌可湿性粉剂 400～600 倍液＋72% 霜脲·锰锌可湿性粉剂 500 倍液＋70% 乙膦铝·锰锌可湿性粉剂 600 倍液进行防治。细菌性软腐病用 14% 络氨铜水剂 350 倍液喷施。

2. 虫害防治 洋葱虫害主要有地蛆、斑潜蝇、蓟马等。定植缓苗后可随浇水滴入低毒农药辛硫磷，以杀灭地蛆。6—7 月温度较高、降雨较少，易发生蓟马、斑潜蝇等害虫，应及时喷施杀虫剂，如吡虫啉、斑潜皇、艾绿士等杀灭害虫，否则影响洋葱植株的营养生长，进而影响鳞茎膨大，造成减产。

（八）采　收

当 2/3 洋葱植株假茎开始倒伏时即进入收获期。如收获时植株仍直立，可采用机械法将植株压倒，人为促进植株进入成熟期。成熟后如果收获过晚，易造成外皮破裂。收获应选择晴天进行，先带叶将植株拔起，用后排茎叶盖住前排鳞茎，就地晾晒 2～3 天，然后留 2 厘米左右的茎，其余部分全部剪除。装袋后将鳞茎放于通风、阴凉、不漏雨的地方阴干 10 天左右，此期间要避免暴晒和雨淋，否则洋葱外皮易破裂。

二、蒙西地区设施越夏茬番茄栽培技术

（一）品种选择

选用早中熟、无限生长型红果或粉红果、果实近圆形或圆形偏扁、植株长势强、结节适中、坐果能力强、均匀整齐、耐热性好、果实硬度好、耐储运的高产优质番茄品种，如欧盾、瑞菲、思贝德、保罗塔、倍盈等。

（二）地块选择

番茄对土壤的适应力较强，但以排水良好、土层深厚、富含有机质的壤土或沙壤土最适宜番茄生长。番茄要求土壤通气良好，当土壤含氧量达 10% 左右时，植株生长发育良好。土壤含氧量低于 2% 时植株枯死。因此，低洼易涝地及黏土不利于番茄的生长。番茄要求土壤中性偏酸，pH 值以 6～7 为宜。番茄栽培在盐碱地上，生长缓慢、易矮化枯死，但过酸的土壤又易发生缺素症，特别是缺钙症，引发脐腐病。酸性土壤施用石灰的增产效果显著。

（三）育　苗

采用集约化穴盘育苗。在定植前 15 天开始进行清洁田园，整地施肥。每亩施经过充分发酵腐熟灭菌的粪肥 4 000～5 000 千克、过磷酸钙 80～100 千克，均匀撒于地面后，进行深翻 30 厘

米，使肥料与土搅拌均匀，把土块打碎、耙平。一般起沟连垄宽1.5 米的大垄，垄背宽 90 厘米，垄沟宽 60 厘米，垄高 15～20 厘米。起垄后覆盖地膜（可选用黑色地膜，防草），采用膜下滴灌。

（四）定　植

内蒙古越夏茬番茄，不同区域定植时期不同，一般在 4 月中旬至 6 月初定植。越夏茬番茄苗龄 30 天左右，秧苗长至第三片真叶平展时即可定植。定植时要选择晴天上午进行，定植前 1天，浇透底水，定植深度以埋没基质即可，覆土不要过厚，以超过苗坨 1～2 厘米为宜。定植密度为 2 000～2 500 株 / 亩。

（五）田间管理

1. 温度管理　定植后 3～4 天不通风，室内温度保持在25～30℃；缓苗后白天温度 20～25℃，夜间温度 15～18℃，白天通过放风调节温度；坐果期白天温度 25～28℃，夜间温度15～17℃；盛果期要加大通风量，当外界夜间温度不低于 15℃时，可以昼夜通风。

2. 肥水管理　在定植水充足的情况下，第一穗果坐住以前一般不浇水，促进根系发育，控制地上部生长。若因遇干热风天气，番茄苗表现旱时，可于晴日上午轻浇 1 遍水。果实核桃大小时开始浇水追肥，每亩追高钾复合肥 15 千克，随植株生长量增大，增大肥水量。浇水要见干见湿，隔水施肥。待底下 3 穗果采收完毕后，只浇水不追肥。

3. 植株调整　当株高 40～50 厘米时开始吊绳绑蔓，采取单干整枝法，留 6～7 果，在最上部果穗上留 2 片叶摘心。

4. 保花保果　震动授粉：番茄开花时为保证坐果率，需进行震动授粉。开花后（三开两裂时），可在上午 9—10 时，不见露水时，用木棒敲击吊秧钢丝，震动植株，进行授粉；也可使用番茄授粉器震动花序授粉，效果更好。

激素处理：番茄进入初花期，可采用 2, 4-D、丰产剂 2 号、坐果灵、保果宁 1 号等进行喷花或蘸花柄。为防止灰霉病发生，在蘸花药液内加入 0.15% 腐霉利或 0.15% 异菌脲。为避免重复涂药，药液中可掺加红色颜料以作标志。激素处理要在晴天上午 8—10 时进行，点花时不可对开放的单花进行点花，应同时处理 4～5 朵花，以免坐果后果实大小不均匀。如果种植区域内蜜蜂等昆虫较多，可以不用激素处理。

5. 疏花疏果 大果型品种每穗留 3～4 个果，中果型品种每穗留 4～5 个果，应选择发育良好、大小均匀的果实留果。及时摘除畸形花和畸形果、病果以及小花，坐果 7～10 天后要及时摘除残留在果实上的花瓣。

6. 遮阳 越夏茬番茄结果期，可采取盖遮阳网措施控制设施内的温度，使棚内气温白天不高于 30℃，夜间不高于 20℃。

（六）病虫害防治

番茄病害有侵染性病害如灰霉病、早疫病、晚疫病、叶霉病、溃疡病、病毒病，非侵染性病害如番茄畸形果、番茄筋腐果、番茄脐腐果、番茄裂果番茄空洞果等；主要虫害有白粉虱、斑潜蝇等。

1. 病害防治 番茄疫病分为早疫病和晚疫病，在加强栽培管理、选用抗病品种、及时通风散湿的基础上，防治的主要措施为药剂防治。一般从发病初期开始喷药，常用预防药剂有 80% 代森锰锌可湿性粉剂 600～800 倍液、53.8% 氢氧化铜干悬浮剂 800～1000 倍液等。常用治疗性药剂有 72.2% 霜霉威水剂 600～800 倍液、72% 霜脲·锰锌可湿性粉剂 600～800 倍液等。叶霉病一般不需要单独防治，只在防治早疫病、晚疫病时考虑兼治即可，但喷药时应以叶片背面为主。对叶霉病具有治疗作用的药剂有 50% 多菌灵可湿性粉剂 600～800 倍液、70% 甲基硫菌灵可湿性粉剂 800～1000 倍液等。灰霉病可用烟剂熏蒸，每亩使用 10% 腐霉利烟剂或 45% 百菌清烟剂 300～500 克熏烟，点燃后密闭棚室一夜；也可用 50% 乙烯菌核利、50% 腐霉利、50% 多霉灵、65% 甲霉灵可湿性粉剂 1000～1500 倍液，或 40% 嘧霉胺悬浮剂 1000～1200 倍液等喷施，一般从持续 2 天阴天时开始喷药，7 天左右 1 次，每期需要连喷 2～3 次。溃疡病防治，发现病株立刻拔除。药剂选用 50% 琥胶肥酸铜或 60% 琥铜·乙膦铝可湿性粉剂 500 倍液或 77% 氢氧化铜可湿性粉剂 600 倍液，每亩每次喷淋药液 50～60 千克，7～10 天喷洒 1 次，连续喷治 3～4 次。病毒病防治，及时拔除病株，发病初期可喷 20% 盐酸吗啉胍·琥铜可湿性粉剂 500～700 倍液、3.85% 三氮唑核苷·铜·锌水乳剂 500～600 倍液防治。

2. 虫害防治 温室白粉虱可采用黄色粘虫板诱杀；释放丽蚜小蜂；用有效药剂如 10% 吡虫啉可湿性粉剂 4000～5000 倍液，或 3% 啶虫脒乳油 3000～4000 倍液，或 2.5% 多杀霉素乳油 1000～1500 倍液等喷雾。斑潜蝇可用 1.8% 阿维菌素乳油 3000～4000 倍液，或 0.9% 阿维菌素乳油 1500～2000 倍液，或 48% 毒死蜱乳油 1000～1200 倍液等。喷药时若在药液中加入 0.1% 农药助剂如助杀等，可显著提高杀虫效果，减少用药次数。药剂喷施均为每 7～10 天喷 1 次，一般连喷 2～4 次即可。

（七）采 收

越夏茬番茄果实成熟期正处于高温、多雨的夏季，因气温高，与秋冬茬、越冬茬、冬春茬番茄相比，果实成熟速度较快，后熟期较短，货架寿命期较短。因此，应适时早采收，利于延长货架寿命期，便于远距离运输销售。另外，适时早采收能促进植株继续坐果，提高坐果率，加速未成熟果实的生长膨大，增加产量。

第六篇

西南地区
蔬菜栽培

第一章

四川蔬菜栽培

一、川东地区韩国萝卜高产栽培技术

（一）品种选择

主要选择商品性好、产量高、口感好的韩国萝卜品种，如春白玉、夏白玉、釜山春雪和进口新品种。进口品种商品一致性好，比较受市场欢迎，销售价格较国内杂交种高 10% 左右。

（二）地块选择

韩国萝卜入土深，对商品性要求高，应选择土层深厚、疏松的沙壤土或冲积土，有利于机械化操作，能显著降低生产成本，实现长周期供应。

（三）整地施肥

种植韩国萝卜的前茬可种植南瓜或者玉米。前茬作物收获后清洁田园，整地做到深翻 25 厘米以上，土壤要犁细耙平。南充市嘉陵江沿岸栽培的施肥措施主要是以底肥为主，生长期间一般不再施肥，每亩施优质腐熟有机肥 2 000～3 000 千克、硫酸钾型复合肥 80～120 千克。种植韩国萝卜多使用机械起垄，一般包沟垄宽 80～85 厘米，垄间沟深 25～28 厘米。

（四）播　种

1. 播种时间　韩国萝卜从 8 月底至翌年 2 月底均可播种，生长周期 85～100 天。韩国萝卜在 9 月中旬播种可以不覆盖地膜；

9月下旬之后播种覆盖地膜，能显著缩短生长周期，提高萝卜的产量、品质和商品一致性。地膜一般采用 0.07～0.09 毫米厚的透明地膜。

2. 播种方式　韩国萝卜通常施肥、播种和覆膜采用机械一次性完成，机播的株距为 16～18 厘米，每亩种植密度为 4 500～5 500 株。一般秋冬季节栽培可适当稀植，早秋或者春季栽培可适当密植。

（五）破膜掏苗

覆膜栽培的萝卜陆续出苗后，采用人工破膜的方式钩破地膜，将萝卜苗外露。

（六）田间管理

韩国萝卜定植后，基本不需要进行田间耕作管理，主要工作是定期巡视田间情况，及时排出田间积水，拔除畸形株、病死株。由于底肥一次性施入，生长期一般不再追肥；同时，江滩地块的地下水位较高，也不需要浇水。

（七）病虫害防治

韩国萝卜病虫害防治以预防为主、早发现早防治为辅。其病虫害主要有黑斑病、霜霉病和蛴螬、蚜虫、小菜蛾、菜青虫等。

1. 病害防治　黑斑病自发病初期开始喷洒 75% 百菌清可湿性粉剂 600 倍液，或 58% 甲霜灵·锰锌可湿性粉剂 400～500 倍液，或 40% 克菌丹可湿性粉剂 300～400 倍液，或 50% 异菌脲可湿性粉剂 1 500 倍液，每隔 10 天左右喷 1 次，连续防治 3～4 次。霜霉病多发于秋季和春季栽培的茬口，用 75% 百菌清可湿性粉剂 600 倍液，或 64% 噁霜·锰锌可湿性粉剂 500 倍液，或 72% 霜脲·锰锌可湿性粉剂 600～800 倍液，或 65% 代森锌可湿性粉剂 600～800 倍液等，用药时注意交替施用。

2. 虫害防治　蛴螬采用毒饵诱杀，在前茬作物收获后萝卜播种前，每亩用 25% 对硫磷或辛硫磷胶囊剂 150～200 克拌谷子等饵料 5 千克，或 50% 对硫磷、50% 辛硫磷乳油 50～100 克拌饵料3～4千克，置于平坦器皿中，放置在田间诱杀；亦可设置黑光灯诱杀成虫，减少蛴螬的发生数量；利用茶色食虫虻、金龟子、黑土蜂、白僵菌等进行生物防治。蚜虫可选用50%氟啶虫胺腈水分散粒剂10 000倍液或75%螺虫·吡蚜酮水分散粒剂4 000倍液等喷施，防治效果较好。小菜蛾、菜青虫用2%阿维素菌素乳油2 000倍液＋46%杀·苏可湿性粉剂1 000倍液混合液喷雾防治，也可以用菜青虫颗粒体病毒杀虫剂1 000倍液＋20%毒·辛乳油1 500倍液混合液喷雾防治。

（八）采 收

待萝卜肉质根充分膨大后，要及时收获，也可根据市场需求分期分批采收。目前韩国萝卜收获主要是人工收获，采收后利用清洗机或者高压清洗机清洗，按大小、长短分级包装，及时装车发货，避免囤积变质。

二、川东地区七星椒栽培技术

（一）育 苗

七星椒生长周期为11月至翌年8月，需每年11月至翌年2月进行越冬培育壮苗。

1. 苗床准备 辣椒苗床应深翻晒土、细碎土壤、施足底肥。按畦宽1～1.2米，沟深、宽25～30厘米的要求开墒，整理床苗。每种植1亩辣椒需要苗床8～10平方米，每平方米苗床需施腐熟细粪5千克、普钙1.5千克、草木灰0.2千克，拌匀后撒入墒面，并充分与苗床表土混合均匀。

为防治辣椒病害，苗床必须进行严格消毒。用25%甲霜灵可湿性粉剂与70%代森锰锌可湿性粉剂按9∶1的比例混合，每平方米苗床用药8～10克。

2. 种子处理 浸种前2～3天在室外暴晒6～8小时；将晒后准备播种的种子先放入30℃常温水中浸泡15分钟，促使种子上的病原菌萌动，可使病原菌易被烫死；再将种子放入55～60℃热水中，烫种15分钟；当水温降至30℃时，浸种12小时；捞出用清水冲洗后播种。

3. 苗期管理　四川地区冬季最低气温在0～3℃，霜冻天气将对辣椒造成严重危害。因此，需要拱棚育苗越冬。辣椒出苗前，苗床要维持较高的温度和湿度，温度25～30℃，土壤相对湿度70%～80%；幼苗出土后，降温的程度以不妨碍幼苗生长为宜，即白天床温可降至15～20℃，夜间5～10℃，直到露出真叶。当真叶露出后，应把床温提高到适宜幼苗生长的温度，白天20～25℃，夜间10～15℃。

4. 防止秧苗徒长　秧苗徒长其主要原因是光照不足、温度过高和湿度过大。防止秧苗徒长的措施是降低温度和湿度，如发现有徒长苗，应适当控制浇水，降低温度。苗期喷施0.1%磷酸二氢钾或0.002%壮苗素溶液进行壮苗。

5. 辣椒壮苗标准　苗茎粗壮、色深、有光泽，节间短；叶片大小适中，叶厚色深，叶片完整，无病虫害，不皱缩或卷曲；子叶完整无损，伸展自然，不卷曲；生长点大而饱满，心叶色泽鲜艳；根系发达，侧根较多，颜色自然，不变色；苗生长整齐，长势良好。

6. 苗期病害防治　猝倒病、立枯病多发生在育苗中后期，俗称死苗。防治措施：农业防治，注意合理通风，防止苗床或育苗盘高温高湿条件出现；苗期喷洒0.1%～0.2%磷酸二氢钾溶液，以增加抗性。农药防治，发病初期施用40%甲基硫菌灵悬浮剂500倍液；如果猝倒病、立枯病并发，可用72.2%霜霉威水剂和50%福美双可湿性粉剂的混合液喷淋，每隔7～10天喷1次，酌情防治2～3次。

（二）整地施肥

精细整地是七星椒高产的基础。结合土地深翻施用底肥，每亩施有机肥2 000～3 000千克、三元复合肥50千克。采取开厢栽植，厢宽 1～1.2 米，厢面做到两边略低、中间略高，厢沟深 30～40 厘米、宽 20 厘米，做到沟内不积水。

（三）移　栽

七星椒苗 10～12 片真叶时可起苗定植。移栽前 2 天在苗床内喷浇 1 次透水，起苗时带土起苗，并剔除病苗、弱苗。移栽行距 60 厘米，株距 50～60 厘米。每穴栽单株，栽植的深度以幼苗的原深度为准。栽后立即在幼苗周围地膜上覆盖松软泥土，定植后应浇透定根水。

（四）田间管理

1. 中耕培土　及时中耕培土，可促进七星椒根系生长发育，提高土壤温度，有利保墒。

2. 肥水管理　定植缓苗后 15 天，结合浇水每亩追施三元复合肥 15 千克；第二次门椒膨大时，穴间撬窝追施复合肥，每亩 15 千克；之后每隔 25～30 天追施 1 次，连续追肥 2～3 次。七星椒属需水较多且怕涝的作物，开花前田间不旱不浇水，遇旱及时浇水，水量易小；进入盛花期后保持土壤湿润，保证有充足的水分供应；进入果实成熟期后要控制水分。遇见大雨要及时排水防涝，做到雨后田间无积水。

（五）病虫害防治

七星椒主要病害有病毒病、疫病和青枯病等，主要虫害有蚜虫、红蜘蛛和烟青虫等。

1. 病害防治　病毒病喷 20% 盐酸吗啉胍·乙酸铜可湿性粉剂 600～800 倍液等药剂。疫病用 70% 代森锰锌可湿性粉剂 500 倍液或波尔多液（1：1：200）于 7—8 月灌水前或雨后隔天喷药防治。青枯病用 20% 噻菌茂可湿性粉剂 400 倍液灌根，隔 7 天 1 次，连续 2～3 次。

2. 虫害防治　蚜虫用 50% 抗蚜威可湿性粉剂 2 000 倍液喷杀。红蜘蛛用 15% 哒螨灵乳油 3 000～4 000 倍液或 20% 灭多威乳油 800～1 000 倍液喷雾防治。烟青虫用 1.8% 阿维菌素乳油

1 000 倍液或 40% 毒死蜱乳油 800 倍液兑水喷雾。

（六）采 收

七星椒色泽鲜红后，需及时采收，一般在上午 8—10 时采收。果实需阴干或烘干而不要晒干，可保证果实的鲜红色泽与香味。烘干后真空封装，可长期保存。

三、川南地区早春大棚番茄栽培技术

（一）品种选择

选择果实近圆形、果色粉红或红色、单果重 150～280 克、植株生长势旺、连续坐果能力强、硬度好、产量高、抗 TY 病毒和晚疫病等病害的品种，如粉果 2 号、海根 71、沃粉 517 等。

（二）播种育苗

1. 育苗 早春大棚番茄一般于 9 月播种育苗。播种前用 10% 磷酸三钠溶液浸种 20 分钟，然后将种子捞起用清水清洗干净，防治番茄病毒病。

采用直播穴盘基质育苗。育苗穴盘采用 50 孔或 72 孔育苗盘，育苗前将穴盘（重复使用的）消毒并清洗干净，将购买的商品育苗基质团块打碎，按照体积比 3∶1 加入珍珠岩，然后浇透水，充分拌匀后装入穴盘中待播。

2. 苗床管理 由于川南地区 9—10 月气温高，育苗过程中主要是控制温度和保障水分，苗床一般采用小拱棚外覆盖遮阳网的方式来降温。在待播的穴盘中每个穴孔中间用手指点一个深 1 厘米的孔，每个穴孔点播 1 粒种子，上覆盖基质，用手轻轻压平，然后用木片将多余基质刮去，再用洒水壶浇 1 次水，最后放入底部铺盖一层塑料膜或石棉瓦的苗床上（目的是防止穿根，接触土壤病害）。每天观察苗床上基质水分情况，出苗后基质表面见干见湿即可，后期根据苗的生长情况，结合浇水，在晴天喷 0.2% 尿素或磷酸二氢钾溶液，进行叶面追肥 1～2 次。

3. 壮苗要求 苗龄25～30天，健壮苗株高15厘米左右，节间短，叶片5～7片，叶色深绿，叶片肥厚，根系发达，植株无病虫害。

（三）定 植

1. 种植模式 早春大棚蔬菜采用水旱轮作模式。大棚立柱为水泥杆，拱顶为钢架，大棚肩高2米，顶高2.7米，跨度6～8米。前茬水稻在9月中下旬收获后及时清理田地，深翻炕土。在定植前1周进行顶膜覆盖，避免雨水过多造成土壤水分过多而无法进行土地整理，影响定植。

2. 整地施肥 每亩施堆制好的有机肥（腐熟的农家肥）4 000～4 500千克、过磷酸钙50千克、硫酸钾30千克。如果是商品有机肥，一般每亩施商品有机肥、生物菌肥、腐熟羊粪、油枯等100～200千克，配合复合肥40～50千克，微量元素肥5～10千克，土壤调节剂2～3千克，杀线虫的阿维菌素2～3千克，结合耕地施入土壤中。按1.1～1.2米包沟开厢，厢面上铺好滴灌带和地膜。

3. 移栽 在10月选择晴天定植。在定植前一天，秧苗用0.2%尿素或磷酸二氢钾溶液配合杀菌剂喷施1次。每厢采用双行单株定植，株距40～50厘米，行距55～60厘米。在定植前3天浇底水，定植时定点打孔，然后带坨定植，浇定根水。然后将地膜孔用细土封严。也可采用90厘米包沟开厢、25厘米株距、单行种植。

（四）大田管理

1. 水分管理 定植时浇足定根水以后，一般7～10天浇1次水，只要苗不萎蔫不用浇水，此时主要是促进根系生长。

2. 温度控制 10—11月棚内温度高，四周裙膜要卷起，注意通风降温。

3. 施肥管理 第一次追肥在定植后15～20天进行，滴灌复合肥5千克/亩，促进营养生长。以后10～15天追肥1次，三

元复合肥用量提高到 8 千克 / 亩。开花后复合肥用量提高到 15
千克 / 亩，配合施中微量元素肥 4 千克 / 亩，7～8 天追肥 1 次。
施肥时，先打开滴灌系统滴清水 10 分钟，再将可溶性三元复合
肥放入施肥罐中，加水充分溶解，通过文丘里式施肥器，随滴灌
系统施入作物根部，施肥后再用清水滴灌 10 分钟，避免滴灌带
堵塞。

4. 支架绑蔓　苗高 30 厘米左右，插架绑蔓。一般插"人"
字架，架高 1.8 米左右，插架绑架后，再将番茄植株绑到架上，
一般每 2 串花序绑 1 次蔓。

5. 整枝打杈　在绑蔓的同时进行整枝打杈。采取单干整枝，
留主蔓，其余侧芽全部抹掉。

6. 疏花疏果　第一台花序留 3～4 个周正果，以后每台花序
留 5～6 个果，6～8 台果后留 2～3 片叶打尖。此时注意在顶棚
上覆盖遮阳网，防止太阳光过强形成太阳果。

7. 保花保果　开花坐果期使用防落素、保果宁、丰产剂等
生长激素，稍加一些红色颜料，在上午 8—9 时用毛笔轻蘸一下
刚开放花的花柄。不能把药液滴在茎叶上，更不可喷雾，以防产
生药害。要严格控制浓度，浓度过高或重复蘸花会产生畸形果。

（五）病虫害防治

在番茄整个生育期中，较常见的病虫害有病毒病、晚疫病、
灰霉病、青枯病、溃疡病、棉铃虫、白粉虱、蚜虫等。

1. 病害防治　晚疫病、灰霉病等真菌性病害可用代森锰锌、
百菌清、甲霜灵·锰锌进行防治。细菌性病害可用春雷霉素等
进行防治。病毒病可用宁南霉素、嘧肽霉素、盐酸吗啉呱、烷
醇·硫酸铜、盐酸吗啉胍·乙酸铜等进行防治，每隔 7 天喷施 1
次，连续 2～3 次。防治生理性病害脐腐病，在果实膨大期不可
缺水，多施钙肥，发病初期可喷 0.1% 过磷酸钙或 0.1% 氯化钙
溶液，以缓解症状。

2. 虫害防治　虫害可采用 10% 吡虫啉可湿性粉剂 2 000～

3 000 倍液，或 10% 氯氰菊酯乳油 2 000～5 000 倍液，或 20% 氰戊菊酯乳油 2 000～3 000 倍液，或用 50% 抗蚜威可湿性粉剂 1 500～2 000 倍液防治，每隔 7 天喷施 1 次，连续 2～3 次。

（六）采　收

番茄果实成熟后及时采收。

第二章
重庆蔬菜栽培

一、渝东地区青菜头栽培技术

（一）品种选择

选用耐先期抽薹能力强、对生育前期高温干旱的气候条件适应性好、瘤茎膨大速度快、优质丰产、商品性好的茎瘤芥品种，可选择杂交种涪杂 2 号等品种。

（二）地块选择

地块宜选择土层深厚、质地疏松、保水保肥的中性或微酸性壤土。冷沙地等肥力低下、保水保肥性差的土壤不宜作为栽培地。土质过于黏重、湿度过大的土壤也不适于作为栽培地。

（三）整地施肥

前茬作物收获后，适时进行深翻整地。深耕以不浅于 25 厘米为宜，整地要求土地平整、土质细碎、土层上虚下实、无坷垃。

青菜头在生长过程中形成大量的茎叶和瘤茎，需要的营养物质较多。因此，足量且平衡施肥对早市青菜头增产增收至关重要。结合整地每亩一次性施入优质农家肥 1 500～2 000 千克，同时施入三元复合肥（总含量 25%）50 千克。底肥要足。

（四）播　种

1. 苗床准备　选择土层深厚、质地疏松、地势向阳、排灌方便、远离十字花科蔬菜地的地块作苗床。播种前苗床深翻炕土，每亩施入腐熟人畜粪水 1 500～2 000 千克、草木灰 40～50 千克、三元复合肥 15～20 千克作基肥。pH 值小于 6 的土壤，每亩施入生石灰 100～150 千克，与床土混匀，调节土壤酸碱度。开沟做厢，厢宽 1.3～1.5 米，沟宽 20～25 厘米，沟深 15～20 厘米。苗床四周开排水沟，避免厢面积水。

2. 适时播种 8 月 20—25 日播种，每亩苗床播种 350 克。播种后覆盖遮阳网，出苗后揭除。幼苗 2 片真叶期，用遮光率 95% 的遮阳网于中午覆盖 3～4 小时，覆盖至苗期结束。

3. 苗期管理

（1）间苗补苗 露地育苗，当幼苗出现第二片真叶时，第一次间苗，苗距 3～4 厘米；当幼苗出现第三片真叶时，第二次匀苗，苗距 6～7 厘米。基质穴盘育苗，幼苗 2 片真叶时，每穴留苗 1 株，缺窝补上。

（2）肥水管理 露地育苗，第二次匀苗后，第一次追肥，每亩用腐熟的稀薄人畜粪水 1 500～2 000 千克、尿素 4～5 千克；当幼苗出现第四片真叶时，第二次追肥，每亩用腐熟的人畜粪水 2 000～2 500 千克、尿素 5～6 千克。基质穴盘育苗，当补苗成活后及 4 片真叶期各施 1 次肥，用尿素 150～200 倍液喷施或淋施。此外，育苗中后期，若秧苗生长有徒长趋势，用 50% 矮壮素水剂 1 000 倍液喷雾。

（五）移　栽

幼苗 5 片真叶时，选择阴天或下小雨的天气或大雨后天晴时及时移栽。移栽密度为行株距各 33 厘米左右，每亩定植 5 500～6 000 株。

（六）田间管理

1. 施肥管理 农家肥和氮素化肥配合追肥。移栽后 1～3 天，每亩用腐熟人畜粪水 2 000～2 500 千克；移栽后 7～10 天，第一次追肥，每亩用腐熟人畜粪水 2 000～2 500 千克、尿素 7.5 千克；

移栽后 35～40 天，第二次追肥，每亩用腐熟人畜粪水 2 500～3 000 千克、尿素 20 千克。

2. 水分管理　移栽后及时浇水，促进成活，以后根据情况确定是否浇水。

3. 中耕除草　一般不进行中耕除草，但土壤过于板结，影响菜株生长时，可适当浅中耕。杂草生长影响菜株生长时，要适时除草。

4. 应用植物生长调节剂　移栽后 20～30 天，可用 50% 矮壮素水剂 1 000 倍液喷雾，每隔 10 天左右 1 次，抑制先期抽薹。

（七）病虫害防治

青菜头主要病害有霜霉病、根肿病和软腐病等，主要虫害有蚜虫、菜青虫。

1. 病害防治　霜霉病用 80% 代森锰锌可湿性粉剂 600～800 倍液或 70% 乙膦铝·锰锌可湿性粉剂 500 倍液轮换喷雾，7～10 天 1 次，连续防治 2～3 次。根肿病用 10% 氰霜唑悬浮剂 2 000～3 000 倍液浸种，然后用 500 克/升氟啶胺 1 000～1 500 毫升/亩灌根。软腐病用 77% 氢氧化铜可湿性粉剂 400～600 倍液，在发病初期开始用药，间隔 7～10 天 1 次，连续防治 2～3 次。

2. 虫害防治　蚜虫用 20% 氰戊菊酯乳油 800～1 000 倍液，或 10% 吡虫啉可湿性粉剂 800～1 000 倍液，或 50% 抗蚜威可湿性粉剂 1 000～1 500 倍液进行喷雾防治。菜青虫用 70% 吡虫啉水分散粒剂 1.9 克/亩，或 8 000IU/毫克苏云金杆菌乳油 100 克/亩，或 20% 氰戊菊酯乳油 40 毫升/亩，兑水 60 千克后进行喷雾防治。

（八）采　收

作为早市青菜头栽培，菜头达 150 克以上时，根据市场需要灵活掌握收获期，只要能达到最大经济效益即可。一般于 11 月下旬至 12 月上旬采收。

二、渝东地区胭脂萝卜栽培技术

（一）品种选择

胭脂萝卜加工目的不同，对原料的要求不同。作为色素提取原料，要求色素含量高，宜选用色素含量比常规品种高 20% 以上的优质型品种，如杂交品种胭脂红 1 号、胭脂红 3 号。作为泡菜或萝卜干加工原料，要求萝卜辣味轻、口感好、无糠心，宜选用心皮全红株率 90% 以上、无白心的丰产型良种，如胭脂红 2 号、胭脂红 5 号。

（二）地块选择

栽培胭脂萝卜的地块最好是阳光充足、排灌方便、疏松透气、地力中等以上的酸性或微酸性土壤。地势低洼、积水严重的土壤，丰产性差；干旱、灌溉不便的土壤，萝卜的食用性差。碱性、弱碱性土壤，色素含量明显减少，不适宜种植胭脂萝卜。

（三）整地施肥

整地前人工或化学药剂防除杂草，理好边沟、厢沟。整地前，每亩用过磷酸钙 30 千克、氯化钾 15 千克或三元复合肥 50 千克撒施入土作基肥。耕翻深度 20 厘米左右，整地要求土地平整、土质细碎、无瓦砾石块。翻耕整地后及时播种，否则易滋生杂草。

（四）播　种

1. 播种时期　涪陵沿江区域，以 8 月下旬至 9 月上旬播种为佳。反季节栽培，根据海拔高度调节播种期，海拔 1 000～1 400 米区域，6 月上中旬播种；海拔 700～800 米区域，7 月中下旬播种。适宜播种期内，早播有利于提高色素含量和萝卜产量。

2. 播种密度　窝距 0.35 米，行距 0.4 米，每亩播种 4 000 窝左右。可根据栽培目的、品种特性、肥力情况等适当调节种植密度。生长期短、叶型直立、地力较薄，可适当加大种植密度。

每窝播种 8～10 粒，种子自由散落分散于窝心内。播种后每亩用腐熟有机肥 250 千克或人畜粪水 500 千克盖种。

（五）田间管理

1. 匀苗定苗 3～4 片真叶时即可进行间苗，拔除受病虫危害及细弱的幼苗、畸形苗和混杂苗后，每窝留 3～4 株，株距 5 厘米左右；6～7 片真叶时，选留具有原品种特征的健壮苗 2 株，株距 10 厘米。早匀苗有利于幼苗生长成健苗、壮苗，适时定苗有利于苗齐、苗全。

2. 施肥管理 追肥 1～2 次。第一次在定苗后，每亩施尿素 10 千克，可淋施、撒施，肥料离根 10 厘米；第二次在定苗后 30 天左右，看苗施肥，每亩 2.5～5 千克，肥料离根 5 厘米以上。

（六）病虫害防治

涪陵胭脂萝卜的病害主要是病毒病，虫害主要有菜青虫、菜螟、小菜蛾等。

1. 病害防治 及时防治蚜虫控制传播途径，是预防病毒病的关键。蚜虫可采用 10% 吡虫啉可湿性粉剂 2 000～3 000 倍液；或 10% 氯氰菊酯乳油 2 000～5 000 倍液；或 20% 氰戊菊酯乳油 2 000～3 000 倍液；或 50% 抗蚜威可湿性粉剂 1 500～2 000 倍液喷施。出苗后子叶平展期每隔 7 天喷施 1 次，连续 2～3 次。

2. 虫害防治 用 3.2% 苏云金杆菌可湿性粉剂 1 000～2 000 倍液，在卵孵化盛期喷雾防治菜青虫、小菜蛾；用 1.5% 甲氨阿维菌素苯甲酸盐乳油 2 000 倍液喷施低龄幼虫，防治菜青虫、菜螟、小菜蛾；或用甲维盐乳油 2 500 倍液喷施低龄幼虫，防治菜青虫、小菜蛾。

（七）采 收

作泡菜、萝卜干原料，播种后 100 天即可采收；作色素加工原料，宜在播种后 120 天收获，还可割薹打顶推迟收获，延长采收期。

三、渝西地区早熟丝瓜栽培技术

（一）品种选择

在品种选择上，按照早熟、优质、高产、适应性强的要求，选用早熟、长势强、结果性好、抗病性和耐病性强的品种。皱皮丝瓜选择第一雌花生长于 5～7 叶，光皮肉丝瓜选择第一雌花生长于 4～6 叶；果实长度适中，30～35 厘米比较适合，如春帅、春美、皱外婆、长丰、早杂等品种，且适合在大棚内种植。

（二）地块选择

丝瓜的适应性很强，对土壤条件要求不严格，一般选择排水方便、富含有机质且具有良好排水性的地块。

（三）育 苗

1. 播种时间 大棚早熟品种栽培于 1 月中旬至 2 月上旬播种；小拱棚早熟品种栽培于 2 月中下旬播种，主要利用电热温床。大棚、小拱棚冷床育苗适宜于沿江河谷地区，播种期为 2 月下旬至 3 月上旬。

2. 种子处理 用 50～55℃的温热水进行浸种，高温打破种子休眠期，保持水温 50～55℃约 20 分钟，并不断搅拌使水温降至 30℃以下；洗净种子，在清水中浸泡 24 小时后即可捞出催芽。

3. 催芽 用纱布或麻袋布将种子包起来用于保湿，湿度保持在不再溢水；置入发芽箱或其他保温的热炕、电热毯等处，温度保持在 25～30℃。为使种子内外层的温度一致，每天应翻动并进行清洗 1 次。2 天左右后，当大部分种子的胚根突破种皮外露时，即可播种。

4. 营养土配制 较好育苗采用草炭土：珍珠岩：蛭石 ＝ 3：1：1；一般育苗采用废菌包：草炭：蛭石 ＝1：1：1 或肥沃园土：沙石 ＝4：1。

5. 播种 选择 50 孔育苗盘，每穴播 2～3 粒种子。播后浇透水，使种子与育苗基质充分接触，覆盖石谷子或松软育苗土约0.5厘米厚；用多菌灵再浇1次水，盖上地膜保温保湿。育苗温度控制在30℃左右，注意保持温度稳定，以利快速出苗。

6. 苗期管理 要保持苗床湿润，但湿度不宜过大；一般出苗前闭棚增温，白天温度28～30℃，夜间温度18～20℃。出苗后，每天要适当通风透气、排湿；培养土有明显发干时适当浇水；如遇寒潮天气，可在拱棚上加盖农膜；定植前7天可将昼夜温差降到10～15℃进行炼苗。

（四）定 植

1. 整地施肥 定植前7～10天，整地、深翻，每亩施腐熟人畜粪3 000千克、饼肥100千克、尿素20千克、过磷酸钙50千克、硫酸钾30千克。以深沟高厢栽培，打窝，1.33米开厢（包一面沟），将肥料与窝内土壤混匀并覆盖地膜。

2. 移植 一般经过25天左右，幼苗会长出3～4片真叶，即可定植。当丝瓜种植区温度在15℃以上时，丝瓜的生长速度较快。大棚早熟栽培于2月中下旬定植，地膜小拱棚早熟栽培于3月上旬定植。定植前2天浇透水，减少取苗移栽时根系损伤，提高移栽成活率，同时有利于栽后缩短缓苗时间，早结果早上市。

在种植密度上，露地春种丝瓜可以按照株行距种植；大棚早熟品种丝瓜的种植密度不宜过大，否则会影响产量和品质。早熟露地栽培，厢宽（包一面沟）1.33米，株距50厘米，单行双株栽培，每亩栽植2 000株左右；大棚早熟栽培，行距100～120厘米，株距80～100厘米，单行双株栽培，每亩栽植700株左右。

（五）田间管理

1. 整枝引蔓 当瓜蔓长30～50厘米时，开始搭架吊蔓，搭"人"字架，高约1.8米。搭架后及时引蔓，一般在晴天下午进行，以防折蔓。引蔓的同时将所有的侧蔓及时摘除，以确保主蔓生长粗壮。当主蔓7～8叶时开始留瓜，主蔓有2～3个幼瓜时摘心打顶，保留顶部侧芽，促进成瓜。当顶部侧芽成长为健壮的侧枝，侧枝上出现2～3个幼瓜时，继续摘心，保留顶芽，促进前期瓜迅速成型商品化，可以获得较高的前期产量。同时放蔓至合适高度以便于管理采摘。依此循环摘心打顶，及时摘除老叶和病叶、无用的卷须、畸形幼果及多余雄花，以利于通风透光，延长结果期。每株丝瓜保留至少12片功能叶为宜。

2. 肥水管理　第一次追肥缓苗后，每亩冲施腐熟稀人畜粪1 000千克或复合肥10千克；第二次追肥于开花初期或第一个瓜坐稳后进行，每亩施复合肥15千克；以后每采收3～4次，施肥1次，以水肥为主，每次每亩施复合肥25千克。如果条件允许，可以人畜粪肥与复合肥交替使用。

3. 人工授粉　春季气温低，昆虫活动少，早熟丝瓜前期雄花少，花粉量不足，自然授粉困难，需加强人工辅助授粉。一般于上午7—9时取当日开放的雄花进行人工授粉。

（六）病虫害防治

丝瓜病害主要有霜霉病、猝倒病、细菌性角斑病、白粉病等，虫害主要有蚜虫、地老虎、瓜绢螟和瓜实蝇等。

1. 病害防治　猝倒病防治，控制棚内湿度、通风通气，用58%甲霜灵·锰锌可湿性粉剂800倍液淋透或用72.2%霜霉威水剂600～800倍液喷雾。霜霉病用72.2%霜霉威水剂600～800倍液或69%烯酰·锰锌可湿性粉剂1 000倍液喷雾，一般每隔7～10天喷1次。细菌性角斑病用3%中生菌素可湿性粉剂500倍液喷雾。白粉病用15%三唑酮可湿性粉剂1 500倍液喷雾。

2. 虫害防治　蚜虫用20%啶虫脒乳油3 000倍液喷雾防治。地老虎用2.5%氯氰菊酯乳油2 000～3 000倍液灌根。瓜绢螟用2.5%氯氰菊酯乳油2 000～3 000倍液喷雾防治。瓜实蝇用黄色粘虫板诱杀，还可以用2.5%氯氰菊酯乳油2 000～3 000倍液喷雾防治。

（七）采　收

一般开花至成熟需 10～12 天，根瓜要早采收，盛果期每 2～3 天采收 1 次。采收时齐瓜根部用刀切下，摘中下部老叶把瓜包好并整齐地放于筐中，以免发生擦伤影响销售品质。

第三章
贵州蔬菜栽培

一、贵州白菜栽培技术

（一）品种选择

春夏茬：选用耐抽薹、冬性强的品种，如黔白 5 号、黔白 9 号、迟白 2 号等。夏秋茬：选用适宜贵州省内夏秋错季栽培的品种，如高抗王 -2、夏秋王、兴滇 2 号、鲁春白 1 号等品种。秋冬茬：选用适宜贵州省内秋冬栽培的秋研系列、晋菜系列等品种。

（二）播　种

1. 种子消毒　选用非转基因、非辐照、非化学包衣的种子。用 50～55℃水浸种 20～25 分钟，搅拌降温至 30℃，再浸泡 2～3 小时，捞出晾干后播种；也可用 0.1% 高锰酸钾溶液浸泡 10～15 分钟，用清水漂洗晾干后播种。

2. 播种育苗

（1）**直播**　直播前整地做畦。土壤耕深 20～25 厘米，经耙平耙细做畦，畦高 20～25 厘米。春夏茬、秋冬茬四行栽培，厢面宽 1.2～1.5 米；夏秋茬双行栽培，厢面宽 0.8～1 米。

行距 33～36 厘米，株距 33～36 厘米，每亩栽植 3 700～5 000 株。采用穴播方法，每穴播 3～5 粒种子，播种量为 100～150 克/亩，播后盖细土 1～2 厘米厚。

（2）**育苗** 穴盘育苗：选用 32～50 孔的塑料穴盘，每孔播 1 粒种子，播种量为 20～30 克 / 亩。育苗基质选用无污染的草炭土或使用未添加化学投入品的商品基质。

漂盘育苗：选用 160 孔的泡沫穴盘，每孔播 1 粒种子，播种量为 20～30 克 / 亩。育苗基质选用无污染的草炭土或使用未添加化学投入品的商品基质。然后将泡沫穴盘漂浮在育苗池中，按育苗池中的水量体积加入 0.1% 的蚯蚓液体肥或全营养有机水溶肥。

（三）定 植

1. 整地做畦 整地做畦方法同上。

基肥每亩施腐熟的畜禽粪肥 2 000～3 000 千克，或腐熟饼肥 300～400 千克（菜籽饼、花生饼均可），或生物有机肥 200～300 千克，再增施磷矿粉 40 千克和钾矿粉 20 千克或有机生物磷钾肥 20 千克，沟施或穴施。禁止使用化学肥料或经过化学方式处理过的肥料，优先选用有机养殖场的畜禽粪便或经过有机认证认可的商品肥。

2. 移栽 幼苗 4～5 片叶时移栽。春夏茬、秋冬茬厢面宽 1.2～1.5 米，栽植 4 行，株距 33～36 厘米，每穴 1 株，定植 4 500～6 000 株 / 亩；夏秋茬厢面宽 0.8～1 米，栽植 2 行，株距 33～36 厘米，每穴 1 株，定植 3 000～4 000 株 / 亩。

（四）田间管理

1. 肥水管理 团棵期结合浇水施高氮速效有机肥或沼液或全营养有机水溶肥，结球期追施高钾海藻水溶肥或硅钾功能性水溶肥等含钾有机肥料。团棵期、结球期前后各分 3 次施肥，滴灌，2.5 千克 / 亩；大水施肥，6～8 千克 / 亩。禁止使用化学肥料或经过化学方式处理过的肥料追肥。土壤干旱时及时浇水，下雨后土壤漫水时及时排水。直播大白菜苗龄 5～6 片真叶时应及时间苗补苗。

2. 中耕除草 人工除草或使用有机除草剂液状石蜡乳油或

除草型竹醋液，严禁使用化学除草剂。

（五）病虫害防治

大白菜栽培重点防治病毒病、软腐病和霜霉病、蚜虫、菜青虫、跳甲和小菜蛾。

1. 病害防治 病毒病：及时防治蚜虫可防止病毒病的传播，用 0.1% 高锰酸钾 + 木醋液 500～600 倍液防治。软腐病：发现田间病株及早拔除，用适量的石灰或 1 000 亿活芽孢 / 克枯草芽孢杆菌 800 倍液喷雾，对中心病株消毒；合理浇水，垄沟积水时注意排水。霜霉病：选择抗病品种，用 0.1% 高锰酸钾溶液对种子进行消毒；用 2 亿个 / 克木霉菌 200 倍液或 10% 多抗霉素可湿性粉剂 500 倍液防治。

2. 虫害防治 蚜虫：释放蚜虫天敌，如瓢虫、赤眼蜂等；挂黄色粘虫板或黄皿诱杀；用银灰色地膜驱避；喷洒 0.3% 苦参碱水剂防治。菜青虫：利用苏云金杆菌，或 0.3% 苦参碱水剂，或 5% 除虫菊素乳油 1 000～1 500 倍液防治。跳甲：加强田间检查，如发现有虫，用烟草粉 0.5 千克 + 草木灰 1.5 千克混匀后，于清晨撒于叶面，驱散跳甲；用 7.5% 鱼藤酮乳油 1 500 倍液喷雾防治。小菜蛾：使用频振式杀虫灯或太阳能杀虫灯诱杀；利用苏云金杆菌喷雾防治。

（六）采 收

可根据不同生产目的和需要，在叶球没有开裂之前适时采收。去除老叶、黄叶，剔除幼小和感病的植株，采收后按照商品化处理分级装箱。

二、黔北地区露地菜豆栽培技术

（一）品种选择

选用生长健壮、抗性强、丰产、品质优的品种，如白棒豆、合兴 1 号、红花青壳豆等。

（二）地块选择

菜豆根系虽较发达，但根部容易木栓化，侧根的再生能力较弱，所以最好选用土层深厚、疏松肥沃、通气性良好的沙壤土。如果是冬闲地，最好冬前进行深翻晒土、冻土，使土壤熟化，入春后耙地，这有利于改善土壤的理化性能和提高地温，减少病虫害发生。pH 值以 6.2～7 为好，酸性土壤应施石灰改良。前茬以十字花科以及葱蒜类蔬菜等茬口为宜，忌种植豆类蔬菜的地块。

（三）整地施肥

精细整地和深施基肥是菜豆壮苗和丰产的基础。菜豆根瘤菌不如豆类作物发达，需配施氮、磷、钾肥，一般每亩施腐熟有机肥 2 000～2 500 千克、过磷酸钙 30 千克、草木灰 100 千克，不宜施用过多氮素肥料。做成高 15 厘米、沟宽 30 厘米、畦面宽 70 厘米的高畦，盖上地膜。

（四）育　苗

2 月中下旬采用营养钵育苗。育苗前先配制营养土，即腐熟的有机肥 50%、菜园土 50%，每 500 千克粪土中加三元复合肥 4 千克、50% 多菌灵 150 克，掺拌均匀，用营养钵（8 厘米×8 厘米）装土，高 6 厘米。把营养钵排入育苗畦，灌水阴透，每钵放 3～4 粒种子，覆盖湿潮营养土，盖上地膜，保温出苗。

（五）栽　植

3 月中上旬选冷尾晴天上午栽植。剪破地膜，划"十"字形口，按小行距 40 厘米、大行距 60 厘米、穴距 25 厘米挖定植穴。穴内浇足水，每穴浇 50% 琥胶肥酸铜可湿性粉剂 400 倍液 50 毫升，然后将苗钵放入，苗钵上表面与畦面平，封好土，拉严地膜。

（六）田间管理

追肥应结合中耕除草进行。追肥应掌握花前少施、结荚盛期多施原则。一般追肥 3 次，第一次在苗期施腐熟人畜粪或沼液；第二、三次分别在结荚初期和盛期各施三元复合肥 15 千克／亩，或施 30% 粪水＋过磷酸钙 10 千克／亩。伏旱期，土壤干旱时，注意浇水抗旱。

菜豆开始抽蔓时，必须及时搭"人"字架引蔓，以利通风透光，促进开花、结荚。

（七）病虫害防治

病害主要有锈病、炭疽病，虫害主要有豆荚螟、蚜虫和斑潜蝇等，应采取农业综合防治，辅以化学防治。

1. 农业防治 农业综合防治方面，选用无病种子或进行种子消毒，播种前用 50℃温水浸种 15 分钟，与非豆科作物实行轮作。合理密植，合理施肥，增施磷、钾肥，搞好田园清洁，及时清除病叶、病荚或病株。

2. 化学防治 锈病可喷 20% 三唑酮可湿性粉剂 1 600 倍液或 50% 硫·酮悬浮剂 600 倍液。炭疽病可用 80% 福·福锌可湿性粉剂 800 倍液，或 75% 百菌清可湿性粉剂 600 倍液，或 70% 甲基硫菌灵可湿性粉剂 500 倍液喷雾。豆荚螟可选用 20% 氯虫苯甲酰胺悬浮剂或 20% 氰戊菊酯乳油 3 000～4 000 倍液，在花期对准花穗和落地花喷雾。蚜虫可用 10% 吡虫啉可湿性粉剂 3 000 倍液或 50% 灭蚜威乳油 1 200 倍液喷雾防治。斑潜蝇可选用 50% 灭蝇胺可湿性粉剂 3 000 倍液喷雾防治。

（八）采 收

菜豆陆续开花结荚，陆续采收。结荚前期和后期，每隔 3～4 天采收 1 次，盛荚期 2～3 天采收 1 次，采收期可达 60～80 天。

三、黔西地区辣椒栽培技术

（一）品种选择

应当着重选择以抗药性强、丰产性好、耐热耐寒性强、株型紧凑、挂果率高的优良品种。根据六盘水地区海拔、土壤、气候特点，推荐线椒品种：川辣 9 号、川辣 10 号、香辣王 I 型、香辣王 II 型、辛香 4 号；牛角椒品种：永利 109、春椒 9 号等；甜椒品种：甜杂一号、黄贵人、超级甜椒等。

（二）培育壮苗

1. 种子消毒　将辣椒种子用干净的常温水（自来水或井水）提前浸泡 8～12 小时，然后在 55～60℃的温水里浸泡 15～20 分钟，倒出部分温水使水面高于种子表面即可，慢慢加入自来水或井水使温度自然冷却至 35℃左右，再用 10% 磷酸三钠溶液浸种 25 分钟左右，之后用清水冲洗干净。

2. 苗床土消毒　育苗前 7～15 天，每平方米苗床用 30% 甲霜·噁霉灵粉剂 4 克拌细土，均匀撒施于苗床 15～20 厘米表土中。傍晚喷施 40% 辛硫磷颗粒剂 800 倍液后盖棚。

3. 营养土配制　配制营养土时可按 1 份园土、1 份充分腐熟的有机肥的比例。选用园土时一般不要使用同种蔬菜地的土壤，以种过豆类、葱蒜类蔬菜的土壤为好。配制好的营养土 2/3 作垫籽土，1/3 作盖籽土，一般垫籽 1～2 厘米，盖籽 0.5～1 厘米。

（三）播　种

采用小拱棚进行育苗，在苗床上铺 1～2 厘米厚营养土，播上消毒处理过的种子，然后盖 1～1.5 厘米厚营养土。应注意选冷尾暖头时播种，即播种后应保持 5～6 个连续晴天。苗床管理：初期做好保温防冻；中期合理调节温湿度，防止烧苗、闪苗和倒苗；后期加强幼苗锻炼，防止徒长。

（四）适当炼苗

1. 控制温湿度　播种至出苗期，温度以 28～30℃最适宜，湿度以土壤相对湿度 70%～80% 为宜。

2. 低温炼苗　出苗至 2 叶 1 心期，温度以 22℃左右为宜，湿度以土壤相对湿度 50%～60%（见干见湿）为好。当辣椒苗处于 1 叶 1 心至 2 叶 1 心期时，使辣椒苗处在 3～7℃环境下 3 天，每天 6～7 小时，能提高辣椒苗抵御倒春寒的能力。

3. 干旱炼苗　2 叶 1 心期至成苗期。当辣椒苗 2 叶 1 心至 3 叶 1 心时，让辣椒苗处在干旱状态至永久萎蔫的临界点（苗有萎蔫现象，第二天早上苗虽能成活但 80%～90% 的苗没有露水才浇水）。经过干旱锻炼的辣椒苗能形成庞大根系，可提高对干旱的抵御能力。

（五）苗期追肥

出齐苗后的 2～3 天用 0.3% 尿素与 0.1% 磷酸二氢钾混合液普施一遍，之后用清水浇一遍以避免烧苗。在完成干旱炼苗后随浇水一并施肥，也可推迟至移栽前 5～7 天才施，施肥方法及施肥量与第一次相同。

（六）定　植

1. 整地施肥　前茬作物收获后，要及时清除残枝枯叶和杂草，每亩施腐熟有机肥 2 000 千克以上、尿素 20～25 千克、过磷酸钙 50 千克、钾肥 25～30 千克、复合肥 50 千克。撒施后耕翻 25～30 厘米，然后整地起垄。

2. 移栽　移栽前一天先将苗床浇 1 次透水，有利于起苗和防止伤根。用 20% 盐酸吗啉胍·乙酸铜可湿性粉剂或高锰酸钾 1 000 倍液喷一遍，可避免病菌随苗带入大田。

选 8～10 片真叶，根系发达，无病的辣椒移栽。定植时按 1.2 米开厢，行距 50 厘米，穴距 40 厘米，每穴 1 株，起 50 厘米高垄，作业走道宽 40 厘米，每亩定植 3 000～3 400 株。辣椒忌重茬，栽植地块最好是 2～3 年内未种过茄果类蔬菜，前茬作物以葱蒜类蔬菜为好。

（七）田间管理

1. 适时浇水　定植时浇水不要太大，定植 3～5 天后浇 1 次缓苗水。前期棚内浇水要见干见湿，待地表发白后再浇水以利于根系下扎壮棵，防止徒长。门椒开花结果期间切勿浇水；门椒膨大时，结合追肥浇 1 次大水。后期浇水要根据天气和地面干湿度而定，防止疫病的蔓延。浇水应选择晴天早上进行，浇水后注意通风排湿。

2. 科学追肥　第一次追肥应在定植后 3～4 周进行（栽后

20～30天），每亩施尿素10千克、磷酸二铵5千克、硫酸钾5千克；第二次追肥是在定植后5～6周（门椒采收后，对椒定型时），每亩追尿素10千克、磷酸二铵5千克、硫酸钾10千克；第三次追肥时每亩施尿素5千克、磷酸二铵5～10千克、硫酸钾5～10千克。

3. 化控及整枝 当辣椒3～4叶时或初花期生长过旺徒长时，用多效唑、矮壮素或缩节胺等植物生长调节剂进行化控。为提高秋延后大棚辣椒的坐果率，可用浓度为0.0015%～0.002%的生长素（2,4-D或防落素）处理，上午10时以前抹花效果比较好。但在生长盛期要及时去掉下部侧枝。

4. 温湿度调节 辣椒盛果期最适宜的温度是15～26℃。立秋以后，气温变化较大，要做好防寒保温工作。当夜间棚内气温在15℃以上时，可以昼夜放风；当夜间棚内气温降至15℃以下时，夜间应把幅膜和棚门盖严，只能在白天气温高时进行放风，使棚温保持在20～25℃。当夜间最低气温降至5℃左右时，应立即加扣小拱棚，进行防寒保温；若来不及加扣小拱棚，可在辣椒棵上再覆一层塑料薄膜以免冻坏，但晴天中午时还应在背风处进行短期放风，排出棚内有害气体，补充氧气和二氧化碳，降低棚内湿度，减少病害发生。

（八）病虫害防治

辣椒病害主要有猝倒病、霜霉病，虫害主要有蚜虫、斑潜蝇、卷球鼠妇等。

1. 病害防治 在做好种子处理并进行苗床与育苗载体消毒，同时进行科学温、光、水、肥、气管理的情况下，辣椒苗一般不发生病害。但移栽到大田后，遇高温干旱极易发生病毒病，苗床期用NS–83增抗剂（10%混合脂肪酸水剂或水乳剂）100倍液喷雾2次，并在移栽前2～3天用60毫克/千克赤·吲乙·芸薹喷施一遍。霜霉病用喷72%霜脲·锰锌可湿性粉剂800倍液，或90%三乙膦酸铝可湿性粉剂500倍液喷雾防治。

2. 虫害防治 蚜虫用 10% 吡虫啉可湿性粉剂 1 000 倍液，或 50% 抗蚜威可湿性粉剂 1 000 倍液，或 10% 醚菊酯乳剂 1 000 倍液，或 10% 联苯菊酯乳油 3 000 倍液，交替使用，每隔 7～10 天 1 次，连续 2～3 次。斑潜蝇用 50% 灭蝇胺可湿性粉剂 2 000～3 000 倍液或 75% 灭蝇胺可湿性粉剂 5 000～8 000 倍液等喷雾防治，5～7 天防治 1 次，连续防治 2～3 次。若在天敌发生高峰期用药，宜选用 1% 阿维菌素乳油 1 500 倍液或 0.6% 阿维菌素乳油 1 000 倍液喷雾防治。卷球鼠妇可选用 20% 氰戊菊酯乳油 4 000 倍液，或 2.5% 溴氰菊酯乳油 3 000 倍液喷防。

（九）采　收

辣椒定植后，一般经过 50～60 天即可采收上市。如果当时价格合理，可以先采绿椒销售，后采红椒销售。辣椒贮藏也是提高菜农经济效益的有效措施，贮藏的辣椒主要以中、晚熟品种为主。备贮的果实要求肉厚、色深有光泽、无病斑、虫蛀、裂口等。贮藏辣椒可鲜椒贮藏，也可干椒贮藏，根据市场需要调节。

四、黔西地区生姜栽培技术

（一）品种选种

可选择水城小黄姜，该品种在当地种姜历史悠久。

（二）地块选择

选择地势高燥、无污染、灌排水条件好、土层深厚、土壤肥沃、土质疏松、有机质含量丰富的微酸性壤土或沙壤土，pH 值为 5～7 最适合。

（三）播　种

1. 瓣姜 姜块的大小与产量的高低呈正相关，用大块姜作种，养分充足、出苗齐、发棵快、产量高。但种姜过大，用种量也大，成本高。一般栽培的种姜每块重 30～50 克。为获得高产，应选择 50 克左右的姜块。瓣姜时，每块种姜一般只留 1 个芽，其余的芽均抹掉。

2. 晒种　将瓣好的种姜及时置于阳光下摊晒 1～2 天，使伤口干燥，姜皮变干、发白、起皱即可。晒姜可杀死表面病菌。

3. 催芽　用 1% 波尔多液浸种 20 分钟，然后将种姜捞出晾干后，用潮湿沙子将其层层堆码好后再用薄膜覆盖，厚度约为 30～40 厘米，温度保持在 20～30℃，8～10 天即可出芽。根据芽的大小、强弱分级播种。

4. 栽种　一般在 3—4 月播种，播种时将姜芽与行向垂直放于播种沟内，姜芽上齐下不齐且在一条直线上，保证苗齐苗壮，盖一层薄土后覆盖农家肥和复合肥，再盖 5～6 厘米厚的松土。小黄姜生长期长，产量高，需肥量大，每亩施农家肥 2 000 千克以上，并施入硫酸钾 20 千克或三元复合肥 30 千克作底肥，以充分满足姜对营养的需求。

（四）田间管理

1. 肥水管理　一般在姜种出芽前不浇水，以保证小黄姜出芽时的湿度、温度，当姜种 70% 出芽后再浇水。水城县近几年一般清明后 1 个月基本有雨水，足以保证其生理用水，但需要准备好抗旱的物资，以备不时之需；出芽时要注意保温，特别是在清明前种下的小黄姜，可采取覆膜的方式进行保温，以防倒春寒天气影响姜种出芽率；端午节前后，水城县多雨水，应疏通沟渠，提前做好排出积水准备。在小黄姜生长期，必须施足基肥，还需分期追施氮、磷、钾等肥料；同时要注意中耕除草，提高肥料的使用效果，避免杂草与小黄姜争肥。施肥按先淡后浓进行，生长前期由于植株弱小，需肥量较少，适宜少施；生长中后期植株进行生理生长且要结茎块，需肥量较多，应增加施肥量，同时可混合施用农家肥。

2. 中耕除草　小黄姜出苗期的肥水较为充足，杂草易滋生，出现草与姜苗争水、争肥、争光现象，导致姜种出苗参差不齐、生长不良，要注意及时中耕除草，防止姜苗因营养不良而早衰。

3. 培土 暗光和湿润土壤有利于小黄姜根茎生长，要防止块茎膨大后裸露地面。在除草和追肥时要培土，把沟背上的土培在小黄姜基部以覆盖块茎，同时变沟为垄利于排水，为根茎生长创造适宜条件。

4. 追肥 一般进行 2～3 次，姜苗 10～15 厘米时施促苗肥，撒施尿素 225 千克／公顷，结合浅耕锄草进行。待地上部长出 3 枝姜苗时，结合采收种姜施催子姜肥，施三元复合肥 300～450 千克／公顷。在植株旺盛生长期施壮姜肥，施三元复合肥 300～450 千克／公顷。追肥与浇水、培土结合进行，最后一次追肥时进行大培土。肥水管理是获得生姜高产的关键。

（五）病虫害防治

1. 病害防治 小黄姜易发生姜瘟病（俗称姜腐烂病）、姜炭疽病、叶枯病等病害，会导致小黄姜产量减少、品质下降。田间发现小黄姜患有姜瘟病（姜腐烂病）时，发病初期要及时拔除病株，病株周围用生石灰消毒；大规模发病时用 3% 中生菌素可湿性粉剂 600～800 倍液或 5% 硫酸铜溶液进行喷雾防治。小黄姜发生炭疽病、叶枯病时，发病初期要摘除病叶，严重时用 70% 百菌清可湿性粉剂 600～700 倍液进行叶面喷施防治。在小黄姜采收期尽量少施农药，采收前 30 天严禁施药。

2. 虫害防治 小黄姜的主要害虫有姜螟、蚜虫等，田间发现虫害时要及时用 1.8% 阿维菌素乳油 6 000 倍液防治，同时采用杀虫灯诱杀成虫。

（六）留 种

为保证小黄姜品种不退化、高产，应选择无病害、高产地块作为种田，种田要减少钾肥施用。姜种一般在霜降之前采收，预防受冻后的小黄姜腐烂，并选择天气晴朗、土壤干燥的时候采收，然后放在室内待散去表面水分后进行贮藏。

（七）采 收

待地上部出现 3 枝苗，2 个分蘖 20 厘米左右时即可采收种姜。顺着种植行向，靠近植株一边，刨开土层，摘除种姜，提早上市抢占市场，可提高其经济效益。采收时避免损伤子姜及孙姜，否则易造成腐烂或生长不良。采收种姜一般结合追肥进行。在11月以后霜降前进行全面采收。

（八）贮　藏

生姜可采用井窖和半地下等方式贮藏，在贮存期要谨防姜蛆危害，可选用1%吡丙醚可湿性粉剂1千克处理贮藏生姜1 000～1 500千克。将生姜随处撒放，生姜堆放高度一般不超过1.5米，保证储存环境干燥、透风，一般可储存2年左右。

第四章

云南蔬菜栽培

一、滇中地区露地番茄栽培技术

（一）品种选择

大番茄以抗 TY 病毒品种为主，粉果和红果均有种植，大粉果主栽品种为罗拉、杰西卡、荷粉 1 号、亮粉等，大红果主栽品种为 7845、4224、圣云、6995、红迪等；小番茄品种分为无限生长型和有限生长型（自封顶），以红果为主，粉果、黄果均有种植，目前主栽品种有无限生长型的冬红、改良冬红、1899、金喜、红嘉乐、久久红、粉优二号、黄元宝等，有限生长型的改良瑞琪、改良美红、台蔬 28、夏丽、红金圣等。

（二）茬口安排

海拔 1 300 米以下热区主要种植春番茄，通常 12 月至翌年 2 月移栽，翌年 3—5 月采收；海拔 1 300～1 900 米主要种植夏番茄，3—4 月移栽，6—8 月采收；1 900 米以上地区主要以秋番茄为主；海拔 1 200 米以下低热河谷区主要种植冬番茄，通常 9—10 月移栽，12 月至翌年 2 月采收。

（三）定　植

1. 整地施肥　结合整地进行施肥，以施基肥为主，每亩施优质有机肥 3 000～5 000 千克、尿素 5～10 千克、过磷酸钙 40～50 千克、硫酸钾 10～15 千克，或者高浓度三元复合肥

50～60千克以及适量有机生物菌肥。

2. 种苗处理 移栽前2个月订苗。结合茬口、节令、面积、品种、生育期、销路、市场预测等确定提苗日期及时订苗。移栽前一天拉种苗，放阴凉处，用40%甲醛溶液100倍液浸泡15～20分钟，然后在上面覆盖一层塑料薄膜，密闭7天后揭开，再用清水冲洗干净。

3. 定植方法 根据品种生长习性合理密植，通常1.2～1.4米开墒种两行，每墒双行滴灌带供肥水种植，按品种株距为35～50厘米，每亩定植2 000～3 000株；春、夏、冬季栽培采用地膜覆盖技术，选傍晚和阴天定植，边定植边滴水有利缓苗，定植成活后湿润管理便于成活。

（四）田间管理

1. 滴灌供水 番茄根系发达，吸水力较强，半耐旱，需水较多，但又忌积水。整个生长期要求干干湿湿，成活后干湿结合以干为主养根壮苗，进入开花结果期切忌过干过湿，一般在开花前土壤相对湿度在50%左右为宜，结果期在80%～85%为宜。开花坐果前，气温偏低，适当控水，随果实膨大，浇水量也相应增加，经常保土壤湿润。

2. 科学施肥 通常以水溶性滴灌肥为主，滴灌肥可自制或购买专用肥，保证不会与其他肥料相互反应而产生沉淀物，避免腐蚀破坏滴灌系统，影响供水供肥和吸收。每次滴灌都应增施肥料，特别是膨果期到采收期，每周结合滴灌合理追施配方肥，或视苗情和长势进行隔水加肥1次。

3. 搭架引绑 当株高约30厘米时即可进行搭架引绑。搭架方式可根据架材的多少而定，通常每株插1根支架，约20株增加1个四角塔架，每墒搭成"人"字架。"8"字形引绑打结，以免植株受伤。

4. 整枝打杈 肥水充足，番茄侧枝较多，生长茂密，应整枝打杈控制侧枝生长，使茎叶生长与果实生长发育保持平衡。第一台花序留主枝后再留 1 个壮侧枝，其余侧枝全部摘除。一般 6 台花序每台花序留 3～4 个果，第六台花序以上留 3～4 个叶片后摘心封顶。侧枝摘除一般在侧枝长至 7～8 厘米时的晴天中午进行，有利于伤口愈合。

5. 及时疏果　用剪刀把过多的果实及时摘除，并摘除角叶、老叶、病残叶。摘叶要摘老不摘嫩，摘黄不摘绿，摘内不摘外，摘弱不摘壮，摘病不摘健。

（五）病虫害防治

番茄主要病害有疫病、病毒病、白粉病等，虫害有红蜘蛛、白粉虱、蚜虫、斑潜蝇等。

1. 病害防治　早、晚疫病用 58% 甲霜灵·锰锌可湿性粉剂、75% 百菌清可湿性粉剂或 80% 代森锰锌可湿性粉剂 500 倍液，在发病初期喷雾 2～3 次，安全间隔期为 10 天。青枯病用 50% 甲霜铜可湿性粉剂、50% 氢氧化铜可湿性粉剂、5% 菌毒清水剂 300～500 倍液喷雾，安全间隔期为 10～15 天。病毒病用宁南霉素水剂 500 倍液或 5% 菌毒清水剂 300～500 倍液，间隔 5～7 天喷雾 1 次，连防 2～3 次，安全间隔期为 10 天。白粉病可用 20% 腈菌唑·福可湿性粉剂 500～1 000 倍液，或 40% 腈菌唑可湿性粉剂 800 倍液，或 70% 甲基硫菌灵可湿性粉剂 800～1 000 倍液，每隔 7～10 天喷 1 次，连续 2～3 次。

2. 虫害防治　红蜘蛛用 24% 螺螨酯悬浮剂 5 000 倍液，或 20% 哒螨灵悬浮剂 2 000 倍液，或 10% 浏阳霉素乳剂 1 500 倍液，交替使用 1～2 次。白粉虱和蚜虫用 70% 吡虫啉可湿性粉剂 1 000 倍液，或 20% 啶虫脒可溶性粉剂 2 000～2 500 倍液，或 25% 噻嗪酮可湿性粉剂 1 500 倍液，交替使用 1～2 次。斑潜蝇用 10% 灭蝇胺悬浮剂 1 500 倍液或 48% 毒死蜱可湿性粉剂 1 000 倍液喷防。

（六）采　收

果实表面 70% 转色时分批采收。

二、滇南地区魔芋栽培技术

（一）种芋选择

种芋选择芽窝浅、外表光滑、无病虫害、无损伤的地下块茎，重量为 100～150 克；叶面气生种球选择 20 克以上。品种有日本花魔芋、永善白魔芋、杏仁白魔芋等。

（二）地块选择

选择遮阴度为 40%～75% 的遮阳网或林下，交通方便、土层深厚、土壤肥沃、透气性好的沙壤土和壤土。

（三）种芋处理

播种前 15～20 天对种芋进行严格消毒处理。选择晴天摊晒种芋 2～3 天，然后用 50% 多菌灵可湿性粉剂 800 倍液浸种 20～30 分钟或喷雾消毒，取出置于通风处阴干即可播种。

（四）整地起垄

2—3 月，深翻松土 30 厘米晒垡，亩施生石灰粉 50 千克进行土壤消毒。结合整地起垄施底肥，每亩施用有机肥 100 千克、控释肥 40 千克。整细耙平，拣去石块、杂草根。1.2 米起垄，垄面宽 0.9 米，沟宽 0.3 米，垄高 0.3 米（培土后垄高）。

（五）播　种

3—4 月完成播种。根据种芋大小采用穴播或条点播。播种时种芋主芽朝上倾斜 45°，盖土厚度根据种芋大小而定，一般在 5～15 厘米（小种芋薄盖，大种芋厚盖）。

地下球茎重 100～150 克、叶面气生种球重 20～22 克。地下种芋单垄双行种植，株行距 50 厘米×60 厘米（垄面 1.2 米，距垄边 15 厘米，行距 60 厘米）；叶面气生种球单垄 3 行种植，株行距 40 厘米×30 厘米（垄面 1.2 米，距垄边 15 厘米，行距 30 厘米）。

（六）田间管理

1. 除草　魔芋种植后，用橡胶树落叶或秸秆等覆盖物进行物理防草。后期除草主要采用人工除草，不用锄头，只用手拔草，以防伤害根系，魔芋封行后不再除草。

2. 科学施肥　第一次追苗肥在魔芋出苗达 80% 左右时，每亩施尿素 10 千克；第二次追肥于 6 月底至 7 月初，每亩施硫酸钾 8～10 千克，结合进行浅培土；第三次于 7 月下旬至 8 月上旬追施块茎膨大肥，每亩用硫酸钾 10～15 千克，穴施盖土，并于 8—9 月进行叶面喷施 0.2% 磷酸二氢钾溶液 2～3 次。

3. 遮阴　魔芋喜阴湿环境，可在厢沟间套种玉米遮阴，既能防强光，又能充分利用土地增加收益。

（七）病虫害防治

魔芋主要病害有软腐病和白绢病，虫害有斜纹夜蛾、天蛾、蛴螬等。

1. 病害防治　整个生育期应注意软腐病和白绢病的预防，主要采用生物农药进行病害防控。软腐病可用低浓度波尔多液和木霉素进行预防；也可用 2% 宁南霉素水剂 300 倍液、20% 芋腐灵可湿性粉剂 600 倍液灌根防治。白绢病防治，若发现病株，立即拔除，带土挖出深埋或烧毁，并在窝内及周围撒石灰，踩紧土壤，防止雨水带走病菌扩大传染。发病初期喷洒 40% 多·硫悬浮剂 500 倍液，或 50% 异菌脲可湿性粉剂 1 000 倍液，或 15% 三唑酮可湿性粉剂 1 000 倍液喷雾防治；也可用 50% 甲基立枯磷可湿性粉剂 0.5 克 / 米^2 土表喷撒，或用 20% 甲基立枯磷乳油 900 倍液喷雾，均有较高防效。

2. 虫害防治　斜纹夜蛾用 21% 增效氰戊·马拉松乳油 7 000 倍液，或 2.5% 高效氯氟氰菊酯乳油、2.5% 联苯菊酯乳油、20% 甲氰菊酯乳油 3 000 倍液等喷杀，每 10 天喷 1 次，连喷 2～3 次。金龟子用 80% 敌百虫可湿性粉剂或 25% 甲萘威可湿性粉剂 1 000 倍液灌根，每株灌 200 克左右，杀死根际幼虫。喷 20% 氰戊菊酯乳油 4 000 倍液或 90% 敌百虫可溶性粉剂 1 000 倍液，在 7 月中下旬喷洒和灌根。天蛾可选用 20% 氰戊菊酯乳油 3 000 倍液喷雾防治。发现蛴螬啃食球茎时可用 50% 辛硫磷乳油 1 000 倍液灌根，杀死幼虫。

（八）采 收

魔芋采挖过早会降低产量，过晚则降低产量和质量，采挖最佳时间是在魔芋植株倒苗后 10 天左右。11 月底至 12 月初，魔芋倒苗后 10 天左右，选择晴天采挖，300 克以上作商品芋出售，300 克以下作种芋。采挖时注意要轻拿轻放，避免人为损伤。

（九）贮 藏

魔芋采挖后，商品芋及时出售，种芋就地晾晒 5～10 天，当晾晒风干失水 20% 时，种芋表皮木栓化，内部脆性降低，即可进行种芋贮藏，用透气好的箩筐集中收藏，放于干燥通风处。收藏时注意捡出腐烂发霉的球茎，避免交叉感染，待翌年种植。贮藏时要轻拿、轻放，不要损坏表皮，同时要保护顶芽。当年收获的种芋可用于翌年种植。

三、滇西南地区冬季马铃薯高产栽培技术

（一）品种选择

选择优质、高产、抗病性强的品种，如丽薯 6 号。

（二）地块选择

选择微酸性 pH 值为 5.3～7、地势较高、土质疏松肥沃、土层深厚、能排能灌的壤土或沙壤土地块。

（三）整地施肥

每亩施腐熟有机肥 2 000 千克、马铃薯专用肥（$N : P_2O_5 : K_2O = 15 : 10 : 20$）100 千克、颗粒型普钙（16%）100 千克，深翻 30 厘米。土壤相对湿度达到 50%～60% 时，采用旋耕机耙平 1～2 次，达到播种状态。

（四）种薯处理

种植前 20 天，将种薯平铺在具有散射光的棚室内，每 5 天

翻动1次，铺3～4层，切块大小均一（均在40～50克）。若有腐烂的块茎，则扔掉整薯。一般要求每个播种块至少有1个芽眼，两把切刀轮换使用，消毒液（1%漂白粉溶液）应每隔2小时更换一次；用150克70%甲基硫菌灵可湿性粉剂作拌种剂，处理200千克种薯。

（五）垄作播种

晚霜前20天播种为宜，土壤温度达6℃即可。采用大垄高墒密植栽培，垄距120厘米、株距25厘米，每亩种植4446株，行间距30厘米，播种深度一般为10～12厘米（从块茎上部到垄面上部），沟深30厘米，覆土前沟深20～25厘米，墒面宽80厘米。采用黑色地膜覆盖，地膜宽度为80～90厘米，地膜厚度为0.006毫米。

（六）田间管理

1. 中耕管理　当芽距离土壤表面2～3厘米时，用田园管理机在地膜上覆土厚2～3厘米。土壤相对湿度65%时中耕覆土，如果中耕前有大强度降雨，应推迟中耕覆土，覆土结束后人工填补覆土不完整的部分。

2. 肥料管理　采取种肥与追肥结合的方式。条施马铃薯控施专用肥100～150千克作种肥。苗高10厘米时追施尿素10千克＋硝酸钙镁10千克，现蕾期采用磷酸二氢钾及硝酸钙镁进行2次叶面追肥。如采用滴灌技术，水分管理期间追施10次肥料，其中前期4次平衡型肥（$N:P_2O_5:K_2O=17:17:17$），5千克/亩·次；而后追施4次高钾型肥（$N:P_2O_5:K_2O=15:5:25$），5千克/亩·次；其间再补施2次硝酸钙镁10千克/次。

3. 水分管理　马铃薯根系达60厘米，按土壤深度为30厘米左右来测定土壤湿度，以了解土壤深度的供水能力。田间可利用水分应在75%左右，尤其块茎形成和膨大期田间可利用水分必须保持在70%～80%。在收获前10～15天停水、停肥。

（七）病虫草害防治

当马铃薯苗高 10～15 厘米，进行第一次叶面喷雾。若采用人工喷雾形式，按照 15 千克 / 亩，并将喷头深入植株的下部向上喷雾，重点防治马铃薯早疫病、马铃薯晚疫病。主要药剂采用代森锰锌、霜脲·锰锌、烯酰吗啉、氟腚胺等。马铃薯早疫病采用苯醚甲环唑、嘧菌酯等药剂，用药时间间隔为 7～10 天，依据气象因素及病害发病程度确定用药次数，一般全生育期用药 5～6 次，同时采用药肥一体化技术。虫害重点防治地下害虫蛴螬、地老虎、蚜虫等。虫害药剂可以采用复配的高氯·毒死蜱乳油，效果较好。地下害虫还可用 6% 毒·辛颗粒剂 3.5 千克 / 亩于种植覆土前撒施。

苗期封闭除草用乙草胺 30 克 / 亩；苗后除草用 23.2% 砜·喹·嗪草酮可分散油悬浮剂 500 倍液。

（八）采 收

在收获前 1～2 天灭秧。选择晴朗或多云天气采收，严格分级。

第五章
西藏蔬菜栽培

一、藏中地区马铃薯栽培技术

（一）品种选择

要根据种植季节、生育期等方面综合考虑。对种薯要求：纯度高，不带病毒，贮藏不伤热，不长芽，薯形整齐一致。一般秋种要求苗期耐旱的早、中熟的品种；冬、春种则要求抗晚疫病较强的中、迟熟品种。选用结薯集中、商品率高、休眠期较长、耐贮藏、抗晚疫病、抗环腐病、口感好的脱毒良种，目前主要以青薯9号为主。

（二）地块选择

选择土质疏松、肥沃、排水通气良好的微酸性土壤，不宜选择涝湿地、沙性大的地块，更不宜选择黏重和盐碱地块。前茬以豆科、禾本科等茬口为宜，忌种植茄科和十字花科蔬菜的地块。

（三）整地施肥

种植马铃薯的土地要在冬前进行深犁细耙，精细碎垡，使土壤疏松，提高土壤的蓄水保肥能力。最好保证松土层（耕作层）达20～25厘米。然后起垄做畦，按110厘米包沟起畦，其中畦面宽85～90厘米，畦高20～25厘米，垄间沟宽20～25厘米，要求土块细碎，垄面、沟底平直。

一次性施足基肥，基肥以农家肥和马铃薯专用肥为主，每亩施用农家肥1 500～2 500千克、测土配方肥或马铃薯专用肥60～80千克。基肥在犁后耙前全田均匀撒施，或耙后起畦集中沟施。施足、施好基肥是高产的基础措施之一，既有利于促进薯苗早生快发，提高产量，又有利于提高肥料利用率。

（四）播　种

1. 种薯处理　切块有利于提早打破休眠，催芽可增产10%以上。种植马铃薯如遇低温、高温，易烂种缺苗或出苗不整齐，采用正确的切块和催芽方法是确保苗早、苗齐和苗全的关键。在栽前2天切薯块，切块过早易使切面感染病毒，堆放时间长易伤热腐烂；切块太晚切面没有愈合好，播种后易感病毒。

（1）**种薯精选及整薯催芽**　精选种薯，若时间充足则采用整薯催芽。将种薯摊晾于具有散射光的凉棚或室内地面，厚度以2～3层为宜。每隔3～5天对种薯进行翻堆、挑选，淘汰混杂薯、缺陷薯及病烂薯，保留纯净、无病、健壮种薯，直至催出1～2厘米长的壮芽即可切块播种。

（2）**种薯切块**　选择健康或已经催芽的种薯进行切块，每个切块最适宜重量为30～50克，每个切块须带1～2个芽眼。切块应呈三角形、楔状，而不能切成片状。当切到病烂薯后，切刀要用75%酒精或0.5%高锰酸钾溶液消毒后再用。种薯切块应在播种或切块催芽前1～2天进行。

2. 种薯药剂处理　150千克已切块种薯用杀真菌药剂150克＋杀晚疫病菌药剂150克＋滑石粉2.5千克。杀真菌药剂有甲基硫菌灵、多菌灵、咯菌腈、嘧菌酯，杀晚疫病药剂有霜脲·锰锌、精甲霜灵。

3. 播种时期、密度　地温稳定在6～8℃即可播种，一般在3月25—30日。播种密度依品种特性、生产目的及栽培田肥力状况而定。早熟、品种中等大小、肥田，宜密；中晚熟、品种大、瘦田，宜疏。播种密度一般以3 500～4 000株为宜，双行植垄内行距30厘米左右，株距25～30厘米，行距确定，株距可随播种密度适当调整。播种要求深（深犁、深种、深盖土）、直、匀，播种深度在 25 厘米左右，播种时种薯主芽部分朝向犁底层。

（五）田间管理

整个生育期要求土壤湿润均匀（持水量 60%～70%）并掌握前期薄水、结薯期多水、后期少水的原则。土壤过于干旱时，可采用沟灌，灌水高度约为畦高的 1/3，最多不超过 1/2，保留数小时；垄中间 8～10 厘米深处土壤湿润时及时排水，要严防积水造成烂薯，或暴干暴湿造成空心薯、畸形薯。出苗至发棵期一般至少灌水 1 次，发棵期至盛花期灌水 1 次。开花后期，植株基本上不再增长，这时只要土壤保持最大持水量的 60%，地上部光合作用产物能顺利运送到块茎即可。追肥宜在齐苗至发棵期进行。追肥施用量应以田间营养诊断为基础，结合土壤质地和施肥计划进行。一般出苗后株高 10～15 厘米进行追肥，前期追肥以氮肥为主、钾肥为辅，中期追施氮肥＋钾肥，后期追施钾肥。

（六）病虫草害防治

1. 病害防治 晚疫病发现中心病株立即拔除，并地面撒施石灰；发病初期选用 58% 甲霜灵·锰锌可湿性粉剂 600～800 倍液，或 64% 噁霜·锰锌可湿性粉剂 500 倍液，或 72.2% 霜霉威水剂 800 倍液，或 3% 多抗霉素可湿性粉剂 300 倍液喷雾防治。环腐病、黑胫病、青枯病、疮痂病等病用 25% 络氨铜水剂 500 倍液，或 77% 氢氧化铜可湿性微粒粉剂 400～500 倍液，或 50% 苯醚甲环唑可湿性粉剂 400 倍液，或 47% 春雷·王铜可湿性粉剂 700 倍液灌根，每株灌兑好的药液 0.3～0.5 升，隔 10 天 1 次，连续灌 2～3 次。

2. 虫害防治 蛴螬、蝼蛄、地老虎等地下害虫可喷施 50% 辛硫磷乳剂 1 000 倍液，或 90% 敌百虫晶体 1 000 倍液，或 2.5% 溴氰菊酯乳油 3 000 倍液，或 30% 乙酰甲胺磷乳油 500 倍液，或 20% 氰戊菊酯乳油 3 000 倍液防治。瓢虫、螨虫、蚜虫等地上害虫用 2.5% 溴氰菊酯乳油 3 000 倍液或 50% 辛硫磷乳剂 1 000 倍液等防治。

3. 草害防治　对马铃薯播种后封行前长出的杂草用 48% 氟乐灵乳油 100～125 毫升 / 亩水剂 200～250 倍液定向喷雾，也可与培土结合进行人工除草。对封行后长出的恶性杂草应进行人工除草。

（七）采收

马铃薯收获期应依据成熟度、农药使用情况、气候等因素确定。西藏种植的马铃薯收获期为 8 月中旬至 9 月初。收前控水：收获前使土壤相对湿度控制在 60%，保持土壤通气，防止田间积水，避免收获后烂薯，提高耐贮性。选择晴天或晴间多云天气收获。人工收获、人工挖掘，要尽量减少损伤。收获后既要避免烈日暴晒，又要晾干表皮水汽，使皮层老化。预贮场所要宽敞、阴凉，不要有直射光线（暗处），堆高不要超过 50 厘米，要通风，有换气条件，晾干。

二、藏中地区智能温室樱桃番茄栽培技术

（一）品种选择

从丰产性、抗逆性、适应性和经济形状等因素综合考虑，可以选择的品种有圣女、亚蔬王子等。

（二）整地育苗

结合翻地每亩施优质农家肥 15 千克、磷酸二铵 25 克；用多菌灵 3 克 / 米^2 进行土壤消毒，细耙后等待播种，播前浇足底水。番茄种子表面和内部若带有番茄早疫病、病毒病等病菌，会传染给幼苗和成株，从而导致病害发生。因此，在育苗前要进行种子浸泡及消毒处理。播种后盖地膜，苗床中部放几道竹竿，避免空气流通不好而影响出苗，地膜四周压严，当 70% 种子出苗时去掉地膜。

（三）定植

温室内 10 厘米地温稳定在 8～10℃，夜间气温不低于 4℃

时可以定植。定植前5～7天，结合翻地，清理前茬，将优质有机肥、尿素、磷酸二铵均匀撒于畦面，并且用多菌灵进行土壤消毒。

（四）定植后管理

1. 肥水管理　A液以硝酸钙、腐殖酸为主，B液以硝酸钾、硫酸铵、硫酸镁、硫酸钾为主。前期施肥量为硝酸钙9.8千克、腐殖酸3千克、硝酸钾3.9千克、硫酸铵0.5千克、硫酸镁1.9千克、硫酸钾3.9千克。中期施肥量为硝酸钙13.1千克、腐殖酸3千克、硝酸钾5.2千克、硫酸铵0.5千克、硫酸镁2.5千克、硫酸钾5.2千克。后期施肥量为硝酸钙16.4千克、腐殖酸3千克、硝酸钾6.4千克、硫酸铵0.5千克、硫酸镁3.2千克、硫酸钾7.8千克。

2. 枝蔓管理　每花序绑1道，绑蔓时注意把花序移到架杆外侧，捆扎松紧适度。早熟品种采用双干整枝，即除主干外，在第一穗花下留一侧枝，其余侧芽一律摘除。中晚熟品种采用单干整枝，把所有侧枝去掉，仅留主干，5穗果坐住后摘心打顶，果穗顶部留1～2片叶。侧枝长到5厘米时打掉，可减轻病毒病的发生，但不能见芽就打。

3. 保花保果　樱桃番茄在不良环境条件的影响下，容易落花落果，特别是在早春低温和早秋高温时更易发生，影响早熟和产量。保花保果的措施：一是培育壮苗、合理施肥，使植株长势健壮，抗逆性强，花芽发育好。二是使用植物生长调节剂，常用的有2,4-D和番茄灵。2,4-D适宜使用浓度为0.0015%～0.002%，使用时用毛笔将稀释好的2,4-D水溶液涂抹在盛开花的花柄上即可，为防止重复涂抹，可在稀释液中放少量颜料。番茄灵使用浓度一般为0.0025%～0.005%，浓度高低与气温呈反比关系，即高温时用低浓度，低温时用高浓度；当每序花有2～3朵花盛开时，用手持式小喷雾器对着花柄喷一下即可，3～4天进行1次，不要重复喷用，以免产生畸形果。亦可采用熊蜂授粉。

（五）病虫害防治

樱桃番茄主要病害有猝倒病、早疫病等，虫害有蚜虫、白粉虱等。

1. 病害防治　猝倒病用 72% 霜脲·锰锌可湿性粉剂 1 600 倍液或 50% 多菌灵磺酸盐可湿性粉剂 600 倍液，隔 7～10 天喷 1 次。晚疫病用 72.2% 霜霉威水剂 800 倍液，或 64% 噁霜·锰锌可湿性粉剂 500 倍液，或 40% 三乙膦酸铝可湿性粉剂 200 倍液，或 25% 甲霜灵可湿性粉剂 800 倍液喷雾防治。早疫病用 64% 噁霜·锰锌可湿性粉剂 400 倍液，或 75% 百菌清可湿性粉剂 600 倍液，或 50% 异菌脲可湿性粉剂 1 000～1 500 倍液，于发病前用药，每 7 天喷 1 次，连喷 3～4 次。

2. 虫害防治　温室白粉虱初期可用 10% 吡虫啉可湿性粉剂 3 000 倍液，或 2.5% 联苯菊酯乳油 2 000 倍液，或 20% 氰戊菊酯乳油 1 000 倍液，或 50% 抗蚜威可湿性粉剂 2 000 倍液，或 70% 灭蚜松可湿性粉剂 2 500 倍液，或 10% 氯氰菊酯乳油 2 000 倍液，每隔 7 天喷雾 1 次，连喷 3～4 次。

（六）采　收

樱桃番茄从开花至果实成熟需要的时间因品种、季节等不同而异。就地鲜销一般在果实 2/3 转红或完全红熟时采摘；远距离运输销售则应适当早采，一般在果实转白或果实 1/3 转红时采收。

第七篇

东北地区蔬菜栽培

第一章
黑龙江蔬菜栽培

一、松嫩平原马铃薯高产栽培技术

（一）品种选择

淀粉加工型品种如克新 12 号、克新 22 号、克新 27 号、东农 310 及福克 212 等；炸片品种如克新 16 号、大西洋等；炸条品种如夏普蒂、布尔斑克和克新 17 号等；鲜食品种如克新 1 号、克新 13 号、尤金、早大白、荷兰系列（鲁引 1 号、荷兰七号、803、806 荷兰十五号、希森 3 号、超荷等）等；全粉加工品种如大西洋和东农 310。

（二）地块选择

选择土层深厚、土质肥沃、团粒结构、排水保水性能好、有深松基础的偏酸性地块，盐碱地不适宜种植。以小麦、玉米、谷子、杂粮茬为好，其次是大豆、高粱、麻类、地瓜茬，忌用甜菜、向日葵、茄子、辣椒、番茄、白菜、甘蓝等与马铃薯有共同病害的地块。严禁选用在前茬施用过绿黄隆、豆黄隆、普施特等长残效药剂地块。

（三）深翻整地

根据马铃薯根系分布特点，一般整地深度在 35 厘米以上，要求田块平整、土质细碎、土层上虚下实、无坷垃。一般每亩施有机肥 1 200～1 500 千克、三元复合肥 25～30 千克。注意在施入底肥时配合施入硅钙镁锌锰钼等中微量元素和杀地下害虫的辛硫磷颗粒剂 2～3 千克/亩。

（四）播　种

1. 播前准备

（1）困种催芽　种薯于切块前 2～3 周出窖，在 10～13℃散射光条件下进行困种催芽。一般机械播种芽长 0.5 厘米，人工播种芽长 1 厘米。

（2）切块与消毒　种薯切块一般在播前 2～3 天进行，切块大小通常在 30～60 克。大薯块有利于高产，特别在春旱地区有利于出苗，增强抗旱能力。小薯块从薯顶纵切成两块；大薯块应先从脐部开始，按芽眼排列顺序螺旋状向顶部斜切，切成楔状，最后将顶部一切为二，注意保证每个薯块 1～2 个芽眼，切块重量不低于 25 克。及时剔除病薯、烂薯。切刀消毒可用 0.5% 的漂白粉溶液或 0.1%～0.2% 高锰酸钾溶液。切后要用药剂或生物菌剂处理种薯：传统的方法是用 58% 甲霜灵·锰锌（2.5%）＋50%多菌灵可湿性粉剂（或中生菌素等）（2.5%）＋ 滑石粉（95%）拌种；当前比较流行的方法是用生物菌剂（多马道黑、薯卫士或菌尔等）拌种，既保护了土壤中的有益菌，又达到了壮苗、促早熟、防病效果。

2. 适时播种

（1）播种时期　当地终霜前 20～30 天，或当气温稳定通过 7～10℃，或 15 厘米土层稳定通过 7℃即可播种。

（2）播种深度　一般为 8～12 厘米（薯块到垄顶距离），要根据土壤条件、墒情、播期等具体情况确定。沙土一般播深 15～18 厘米。

（3）种植密度　应依据品种、用途、土壤类型、肥水状况、耕作栽培水平等多种因素，一般每亩保苗 3 800～5 500 株。

（4）覆膜栽培　可用播种一体机完成开沟、施肥、喷药、播种、覆土、覆膜及铺设滴灌带等工作。膜宽可根据当地种植垄距大小合理选择，以黑色地膜或黑白膜为宜，覆盖垄面，覆膜要平要紧。

（五）田间管理

1. 杂草防治　首先要了解杂草类型，通过人工锄草、中耕措施、化学药剂使杂草得到有效控制。除草剂使用时注意气温（低温易产生药害）、施药时间（中午11时前或下午4时）、品种敏感性和风向等。

播后苗前除草：每亩用90%乙草胺乳油70～130毫升＋70%肟菌·咪鲜胺水乳剂27～33克，也可每亩用96%精异丙甲草胺乳油50～100毫升（沙土地）、100～120毫升（黏土地）＋70%肟菌·咪鲜胺水乳剂27～33克。

在干旱情况下，有条件最好在施药后喷一遍清水以提高除草剂效果。

苗后除草：苗前除草效果不好，在中耕前每亩需喷除草肟菌·咪鲜胺水乳剂16～21克＋高效氟吡甲禾灵乳油20～30毫升，或23.2%砜·喹·嗪草酮可分散油悬浮剂60～80毫升，48%玉嘧磺隆可湿性粉剂4克。当杂草较大时可用灭草松＋高效氟吡甲禾灵。用砜·喹·嗪草酮苗后除草，植株高度不超过10厘米，对嗪草酮敏感的大西洋、希森6号、麦肯、夏普蒂等品种慎用，注意剂量。

2. 中耕管理　中耕培土的主要作用是防止薯块变绿、防除杂草、提高品质。第一次培土应在苗高10～15厘米进行；第二次培土在苗高20～25厘米进行；第三次培土应在花期前结束。每次培土的厚度应控制在3～5厘米。覆膜马铃薯一般在顶芽距离地表2厘米时，利用动力中耕机闷耕，覆土厚5厘米。

3. 一体化水肥管理　水肥一体化施肥可大大提高肥料利用率，一般达90%以上。保持田间持水量在65%～80%。当田间持水量小于65%时，马铃薯植株长势不佳，需及时滴灌补水；当田间持水量达到80%时，需停止滴灌。播后滴出苗水1次，利于出齐苗、全苗。初花期后，根据土壤墒情每间隔5～10天滴水 1 次，8 月中旬停止滴水，滴水周期控制在 7～10 天，每次滴水时间为 2～4 小时（一般先滴 1 小时清水，然后再带肥滴灌，效果较好）。滴灌一般在早上或下午进行。最后 2～3 遍水，要控制土壤相对湿度在 65% 左右，防止田间湿度过大，病害发生重，同时不利于收获和薯皮老化。追肥主要以尿素（30 千克）、磷酸二胺（13 千克）或磷酸一胺（22 千克）、硫酸钾（55 千克）为主。氮、磷、钾所占比例：出苗至现蕾期为 16.2%、12.2%、13.4%；现蕾至盛花期为 54.5%、56.7%、52.6%；盛花期至成熟期为 28.3%、31.1%、34%。

（六）病虫害防治

马铃薯病害有病毒病、细菌性病害和真菌性病害。病毒病主要有马铃薯 X 病毒、马铃薯 Y 病毒、马铃薯 S 病毒、马铃薯 M 病毒、马铃薯卷叶病毒和马铃薯纺锤块茎类病毒；真菌性病害：早疫病、晚疫病、粉痂病、黑痣病等；细菌性病害主要以环腐病、黑胫病、疮痂病和青枯病等为主；虫害主要有蚜虫、二十八星瓢虫、地老虎、蛴螬、金针虫和蝼蛄等。

1. 病害防治

（1）病毒病　主要以选择脱毒种薯为主、药物防治为辅，控制病毒的传播媒介——蚜虫。化学药剂对病毒病的防治也有一定的防效，主要药物有病毒唑、8-氮鸟嘌呤等。

（2）真菌性病害　以早、晚疫病为主，主要在发病初期进行药物防治。发现早疫病感染，及时喷施代森锰锌、或肟菌·戊唑醇等，每 5～7 天左右喷 1 次，连喷 2～3 次，可有效控制病害；对于晚疫病要及时发现，在发病初期或前期采用保护性杀菌剂防治，如代森锰锌等，发病后期要采用不同类型的内吸性杀菌剂，如 58% 甲霜灵·锰锌可湿性粉剂 600 倍液、25% 甲霜灵可湿性粉剂 800 倍液、50% 烯酰吗啉可湿性粉剂 1 500 倍液、68.75% 氟菌·霜霉威悬浮剂 600 倍液等喷施防治，根据天气情况，每 3～10 天 1 次，直至收获前 1 周。对于土传病害要采用咯菌腈或嘧菌酯等药剂沟施或拌种，在生育中后期采用嘧菌酯、噻呋酰胺或甲基立枯磷（黑痣病）、氟啶胺（粉痂病）。

（3）细菌性病害 选择相应的抗病品种，同时采用春雷霉素、中生菌素等可湿性粉剂或生物菌剂拌种。马铃薯环腐病、黑胫病、疮痂病和青枯病等防治，注意种薯切块时切刀的消毒，发现病薯及时剔除，防止病害在种薯间传播。化学药剂防治主要使用春雷霉素等抗生素和铜制剂（噁霜·锰锌、喹啉铜等）喷施，每7天1次，连续2～3次。

2. 虫害防治 地上害虫主要以蚜虫和瓢虫为主，每亩用70%灭蚜松可湿性粉剂80～100克穴施于种薯周围，还可用敌百虫、吡虫啉、啶虫脒和烟碱类杀虫剂等药剂喷施防治。地下害虫主要采用辛硫磷颗粒剂沟施或者在生育后期采用辛硫磷乳油浸泡豆饼制成毒饵诱杀，还可用杀虫剂灌根防治。

（七）采 收

为降低收获造成的损伤，提高收获作业质量，一般在收获前1～2周采用机械或化学灭秧，以利于田间水分蒸发，促进块茎生理后熟，加快块茎表皮木栓化的形成。机械灭秧后，为防止晚疫病病菌等从机械伤口侵染地下块茎，要进行1次药物防治。化学杀秧一般采用敌草快200～250毫升/亩。收获前要做好收获机械的调试，选择晴好天气抢收。收获后的块茎要注意遮阴晾晒2～3小时，剔除伤薯、病烂薯和畸形薯等，按种薯（或商品薯）分级装袋出售或入库贮藏。

二、松嫩平原秋白菜栽培技术

（一）品种选择

秋白菜是黑龙江特产蔬菜，种植面积比较广泛。应选用抗热、耐强光、抗病毒病、霜霉病和软腐病的早熟大白菜品种，如新烟杂3号、北京新3号、鲁白7号、东北王等品种。

（二）地块选择

秋白菜应该选择光照条件好、土质疏松、土壤肥沃、排灌方便的地块，同时前茬没有种植过十字花科蔬菜，以种植过葱、蒜、瓜类和粮食作物的地块为最好。

（三）整地施肥

施肥整地要精细。结合整地，每亩施优质农家肥5000千克、磷酸二铵20千克或过磷酸钙50千克、硫酸钾25千克或三元复合肥30千克。整地完毕后做畦，垄宽30厘米，沟宽30厘米、高15厘米。

（四）适时播种

黑龙江秋白菜播种适期一般在7月20日—8月5日。播种过早，大白菜病虫害严重且耐贮性差；播种过晚，大白菜结球紧实度差，产量低，经济价值不高。因此，应该根据地域不同、无霜期长短、品种熟期等具体条件等确定播种时间。生育期80天左右的品种应在7月20—25日进行播种，生育期70～80天的早熟品种应在7月25日后进行播种，正好在国庆期间上市。采用穴播法，穴距30厘米，覆土厚1～1.5厘米，以免影响种子发芽，每穴播4～5粒种子。在幼苗长出第一片叶时要进行第一次间苗，在第五片叶时完成第二次间苗，在长出6～7片叶时进行最后一次间苗。间苗的原则：去小叶留大叶，去弱叶留强叶。

（五）田间管理

1. 肥水管理 大白菜是喜肥蔬菜作物，根系较深，要获得丰产底肥一定要施足。施肥的原则是重视底肥、适当追肥。大白菜生长前期是雨季，自然降水能满足生长需要，不需要大量浇水。结球期每亩追施人粪尿2000千克或尿素15千克，每隔7天浇1次水，始终保持土壤湿润，水分供应均匀。莲座期每亩施有机肥1000千克或尿素15千克，施肥后及时浇水，以后掌握见干见湿原则。采收前8天停止浇水，以免球体水分过大，引起腐烂。

2. 中耕除草　为促进白菜生根，要及时进行中耕除草，在整个生育期内应进行 3 次。第一次应在白菜出苗后 7 天左右，以铲除田间幼草为主，此时白菜苗也较为幼小脆弱，因此铲地不宜过深，一般保持在 3 厘米左右的深度。第二次在白菜幼苗定苗之后，主要目的是疏松田间的土壤，因此铲地深度应适当加深，以 9 厘米为宜。第三次是在白菜封垄前，主要目的是将垄台填平，以利于白菜叶片向外伸展，同时防止因垄台的限制而使白菜直立生长，因叶心积水而腐烂。

（六）病虫害防治

1. 病害防治　白菜病害防治应遵循预防为主、防控结合的原则。田间发现霜霉病，应及时喷药，可以使用 72% 甲霜灵·锰锌可湿性粉剂 1 500 倍液，或 75% 百菌清可湿性粉剂 600 倍液，或 68.75% 氟菌·霜霉威悬浮剂 2 000 倍液进行喷雾，每隔 5～7 天喷药 1 次，连续喷药 3 次即可。对于软腐病，在发病初期可选 38% 噁霜嘧铜菌酯水剂 800 倍液喷防，或用 70% 敌磺钠可湿性粉剂 1 000 倍液进行灌根；当田间出现软腐病植株时要及时清除，并进行有效的消毒处理，可采用生石灰隔离或 90% 新植霉素可溶性粉剂 6 000 倍液喷洒进行消毒处理。

2. 虫害防治　白菜易发生的虫害有跳甲、菜青虫、蚜虫等。可以选用 10% 吡虫啉可湿性粉剂 1 000 倍液或 3% 啶虫脒乳油 3 000 倍液喷雾防治蚜虫。选用 1% 阿维菌素乳油 3 000 倍液或 25% 灭幼脲 3 号悬浮剂 1 500 倍液喷雾防治菜青虫。选用 2.5% 溴氰菊酯乳油 2 000～3 000 倍液或 20% 氰戊菊酯乳油 2 000～3 000 倍液喷雾防治跳甲。

（七）采　收

秋白菜采收一般在 10 月上旬进行。当叶球长到紧凑瓷实、外叶片黄化、单株重 2 千克左右时，就可砍收。砍收时用砍刀或菜刀从白菜根基部砍下，去掉外边的老叶、病叶和黄叶，在叶球外部保留两三片叶片，预防机械损伤，以保护叶球。

三、松嫩平原洋葱栽培技术

（一）品种选择

以红皮洋葱和黄皮洋葱为主，红皮洋葱含水量稍高、辛辣味较强、较丰产、耐贮性差，优良品种有北京紫皮洋葱、西安红皮等；黄皮洋葱味甜而辛辣、品质佳、耐贮藏，优良品种有天津孛荠扁、熊岳圆葱等。

（二）地块选择

洋葱要求土质肥沃、疏松、保水力强的壤土，忌连作。洋葱能耐轻度盐碱，要求土壤 pH 值为 6～8，但幼苗期对盐碱反应比较敏感，容易黄叶死苗。要求与非葱蒜类地块实行 3 年以上轮作。

（三）播种育苗

2 月 1 日—3 月 5 日，采用温室苗床育苗，苗龄 ≥ 60 天，株高 ≥ 15 厘米，叶片 3 片以上。幼苗期每隔 10 天左右浇 1 次水，整个育苗期浇水 4 次左右。苗期中期拔草 2～3 次，幼苗期以氮肥为主，适量使用磷肥，以促进氮肥的吸收和提高产品品质。定植前应适当进行控水锻炼蹲苗。

（四）整地施肥

洋葱为喜肥作物，每亩施氮肥 12.5～14.3 千克、磷肥 10～11.3 千克、钾肥 12.5～15 千克。前茬作物收获后，即可施肥、冬耕、晒垡；也可春季施腐熟基肥 5 000 千克、过磷酸钙 50 千克、三元复合肥 25 千克，适当深耕，使肥土掺匀，耙平，做成 1.1～1.5 米宽的平畦。

（五）定　植

1. 定植时期　春季 10 厘米土温稳定在 5℃时即可定植，齐齐哈尔地区一般应在 4 月中旬至 5 月初定植。

2. 定植方法　洋葱定植时，先要选苗，剔去病、弱苗，对幼苗进行分级,按茎粗分 0.5～0.8 厘米和 0.8～1 厘米两级,分别定植。将茎粗 0.4 厘米以下和茎粗 1 厘米以上的苗除去,确保整体发育整齐均匀。定植密度以行距 15～17 厘米,株距 13～15 厘米,每亩栽 30 000 株左右为宜。大苗可以适当稀栽,采用地膜覆盖,对高产有利,可打孔栽植;秋育苗,定植深度以能埋住小鳞茎即可,春育苗定植深度以浇水不倒为宜,均尽量浅栽,利于日后鳞茎膨大。

(六)田间管理

早春定植时,轻浇水、勤中耕促进缓苗,防止幼苗徒长。一般是定植时轻浇定植水,5～6 天后浇 1 次缓苗水,并及时中耕除草,增温保墒。

缓苗后,植株进入叶片旺盛生长期。叶片生长期需要充足的水分,管理上要加大浇水量,并随水追施氮肥 1～2 次以促进地上部旺盛生长。如发现抽薹的植株要及时拔掉。

鳞茎膨大期是肥水供应的关键时期,此期以施钾肥为主。当小鳞茎直径达 3 厘米时,每亩随水追施复合肥 15～20 千克或腐熟有机肥 1 000 千克,2～3 天后灌 1 次清水;当葱头直径达 4～5 厘米时,每亩随水冲施腐熟饼肥 50 千克或硫酸钾 15～25 千克。两次施肥间隔 10～15 天,以后每 3～4 天灌 1 次水,保持土壤湿润。在葱头收获前 5～7 天停水,使洋葱组织充实,充分成熟,利于贮藏。

(七)病虫害防治

参见第五篇第三章"一、河西灌区黄皮洋葱栽培技术"相关内容。

(八)采 收

当植株基部第一、第二片叶枯黄、第三、第四片叶尚带绿色、假茎失水松软、地上部倒伏、鳞茎停止膨大、外层鳞片呈革质时,是洋葱的收获适期。一般于 9 月 10 日前收获完毕。收获时,选择晴天,将植株连根拔起,在田间晾晒 3～4 天。当叶片已经变软，将叶片编成辫子或扎成小把，每辫 25～30 头。编辫或扎捆后使鳞茎朝下、叶朝上单独摆平晾晒。当辫子由绿变黄、鳞茎外皮已干，鳞茎进入休眠期后，即可贮藏。

（九）质量指标

1. 感观指标 葱头为圆形，果型好，色泽铜黄，外观无损伤及病虫疤痕，2～3 层不脱皮。

2. 理化指标 直径 ≥ 4.5 厘米，球形指数 0.75～0.99。每 100 克洋葱含水分 ≤ 91 克、碳水化合物 5～8 克、粗纤维 0.5～0.8 克、可溶性固形物 ≥ 8%。

第二章

吉林蔬菜栽培

一、春播马铃薯栽培技术

（一）品种选择

选用优质种薯是马铃薯增产增效的重要基础条件。有条件的农户一定要选择脱毒马铃薯种薯，种薯不要自留或从市场上随意购买。最好选用无品种混杂、无畸形、不带主要病毒和类病毒、无环腐病和晚疫病等主要病虫害、贮藏良好、没有过分萌芽的种薯。选用正规繁种单位生产的脱毒种薯，并根据市场需求选用不同用途或不同熟期品种。当地早熟品种主要有早大白、荷兰7号、早50、中薯5号、荷兰15号等，收获后可复种二茬，如白菜、萝卜、大葱、糯玉米等。中晚熟品种可选择延薯4号、克新1号等。

（二）地块选择

选土壤疏松肥沃、土层深厚、排灌条件好的壤土和沙壤土，于中性或微酸性的平地或缓坡地上栽种（不要在碱性土质种植），切忌重茬。前茬以禾本科作物谷子、小麦、玉米、高粱等为最佳；上年如果用过咪唑乙烟酸、烟嘧磺隆、氟磺胺草醚、阿特拉津等除草剂的地块不宜栽种马铃薯；重茬5年以上的花生茬不宜种植马铃薯，会大量发生马铃薯根腐病引起死秧。白城地区中度盐碱以上的地块不适合种植，以 pH 值 6～7 为好。

（三）整地施肥

每公顷施腐熟农家肥 50 吨、高钾型三元复合肥 15～20 袋（50 千克/袋）、过磷酸钙（或硅钙肥）100 千克、硫酸锌 30 千克、生物菌肥适量。单含量肥配比：腐熟农家肥 50 吨、磷酸二铵 200～300 千克、尿素 50～100 千克、50% 硫酸钾 250～300 千克、过磷酸钙（或硅钙肥）100 千克、硫酸锌 30 千克、生物菌肥适量。有条件的可采取测土配方施肥或选用马铃薯专用肥。

（四）种薯处理

1. 切刀消毒　常用 75% 酒精或 0.5% 高锰酸钾溶液浸泡切刀 5～10 分钟进行消毒。要准备多把切刀，切到病薯要换用消毒刀。发现烂薯、病薯时及时淘汰，切刀切到烂薯病薯时要把切刀擦拭干净后再用酒精消毒。

2. 药剂拌种　为防止田间烂种，一定要采用药剂拌种。配方一：每亩种薯（100～150 千克）用 70% 甲基硫菌灵可湿性粉剂 30 克＋滑石粉 1.5 千克混拌均匀。配方二：1 000 千克种薯块用 50% 多菌灵可湿性粉剂 1 千克＋滑石粉 15 千克拌种处理后，晾干播种，注意种薯拌药后不可捂堆。

（五）播　种

1. 播种时间　在 4 月末至 5 月初播种，覆膜播种可提前至 4 月中旬。最适条件是土壤温度 12℃以上、田间最大持水量 70%～80%。播种株距 25～30 厘米，早熟品种密植，晚熟品种稀植。

2. 播种深度　需深耕 30 厘米，扩大松土层，可改垄上播种为垄沟播种，也可仍在原垄上深开沟播种，深开沟 20 厘米左右，镇压后种块与垄表面距离为 6～10 厘米。

（六）田间管理

1. 除草　播种前或出苗后要及时除草，人工除草或喷施除草剂，以免造成草荒影响产量。播后 5～10 天，每公顷施用精异丙甲草胺（金都尔）1.2 千克（或乙草胺 1500 毫升）＋国产嗪草酮 750 克，以封闭防除田间杂草；也可选用二甲戊灵等进行播后苗前土壤处理。苗后用 25% 砜嘧磺隆在杂草 2～3 叶期喷施，采用二次稀释方法配药。苗后单纯防治禾本科杂草可选用高效氟吡甲禾灵、精喹禾灵等进行茎叶喷雾。

2. 中耕培土　第一次中耕在马铃薯苗出齐后进行；第二次中耕在马铃薯发棵期进行，以杂草在 3 叶期时进行为宜；第三次中耕在马铃薯花蕾期时封垄前进行追肥和中耕培土，原则是培土后 1 周内封行，同时每亩追施尿素 5 千克＋硫酸钾 10 千克，施到根部。

3. 控秧　地上部生长过旺时实施薯秧化控措施，于马铃薯现蕾期施用 15% 多效唑可湿性粉剂 75 克 / 亩。

4. 叶面追肥　为增加产量，在生长期间应补喷叶面肥和膨大素，在现蕾期用液体红钾（或磷酸二氢钾）和尿素加膨大素适量兑水均匀喷施，每隔 7～10 天 1 次，连续 2～3 次。在苗后和花期前喷施 2 次含硼微肥，每亩施速乐硼 25 克，以促进开花坐果。

（七）病虫害防治

1. 病害防治　晚疫病在现蕾期开始，每隔 7～10 天交替使用霜脲·锰锌和噁霜·锰锌，或用代森锰锌、甲霜灵、甲霜灵·锰锌、烯酰吗啉等杀菌剂防治；如田间已发病，可选用氟菌·霜霉威、氰霜唑等药剂治疗。早疫病宜在病害发生初期结合喷施叶面肥加入代森锰锌进行防治，严重时用苯醚甲环唑、腈菌唑等进行治疗。疮痂病、环腐病必须抓好预防三关：一是严格挑除病薯，二是做好切刀消毒，三是进行种薯拌药处理。

2. 虫害防治　地下害虫每亩用辛硫磷颗粒剂 2～3 千克，和化肥一起混合施入。蚜虫、瓢虫发生初期及时使用氧化乐果、氯氰菊酯、灭多威等高效杀虫剂，喷雾于叶背面效果更佳。

（八）采　收

在收获前 1～2 周，如果植株没有自然枯死，可以用机械的方法将植株地上部分杀死，使块茎的表皮能够充分老化，这样可以抵御收获时的操作和其他病原物的侵害。对于植株已感病但已接近成熟的地块，应立即对地上植株进行灭秧处理，并携带出田外深埋或烧毁。机械或人工收获。

二、大棚早春菜豆栽培技术

（一）品种选择

选用耐低温、长势强、抗病性强、适应性强等高产优质的品种，如九月青、将军一点红、江东宽、白云峰、黄金勾等。

（二）地块选择及扣棚

宜选择地势高、平坦、土质疏松、土层深厚肥沃、排灌良好的沙壤土地，不宜选择涝湿地、沙性大的地块，更不宜选择黏重和盐碱地块。一般选用无滴农膜进行扣棚，新膜能提高棚内光照能力。扣膜时间为2月末至3月初。

（三）整地施肥

精细整地和施足基肥。进行深耕，以不浅于25厘米为宜，整地要求土地平整、土质细碎、土层上虚下实、无坷垃。基肥必须充分腐熟，免遭地蛆危害，保证全苗。每亩施基肥4 000～5 000千克，混合肥料，进行深翻。也可以以土杂肥或者家畜粪便为主，自行配置鸡粪，平均每亩施1 500千克左右。可以结合微生物菌剂进行土壤处理，这样可以减少土壤传染病虫害。大棚菜豆虽可以实现一年四季播种，但最好选择在每年的4月进行播种，可以达到高产高质的效果。

（四）播　种

吉林省一般在3月中下旬播种，播种时苗床土壤相对湿度要达到80%以上。棚室内温度要保持在12℃以上，白天气温20～25℃，夜间气温15～16℃，每公顷移栽田需种60～75千克。油豆角苗期须根少，应采用营养钵育苗，直径为8厘米或10厘米、高12厘米。每个营养钵播种3～4粒种子，覆土厚1.5厘米，然后扣小拱棚。

1. 苗期温度管理 播种后到出苗前，白天温度20～25℃，夜间温度15～16℃；出苗后10天真叶出现，真叶展开至定植前7～10天，要求提高温度，白天温度20～25℃，以利于花芽分化和根叶生长；定植前7～10天进行炼苗，白天温度15～20℃，夜间温度12～15℃。

2. 苗期水分管理 菜豆幼苗比较耐旱，出苗后根据幼苗长势和土壤水分情况，适时补水2～3次，既不要过干，也不要过湿。

（五）定　植

棚内土温稳定在10℃以上、夜间气温稳定在8℃时，即可定植。一般在4月上中旬进行。

1. 保温措施 定植时采用保温措施。内保温采用大棚里面扣小棚、小棚里面扣地膜、挂双层幕，必要时采用棚内点暖风炉。外保温主要采用在棚四周加盖草苫。

2. 定植方式与密度 蔓生菜豆先期可以菜豆和叶菜等套种，床埂及行间栽培一茬叶菜，菜豆开花前拔收叶菜，同时进行插架引蔓。按密度进行定植，开沟灌水，灌水以湿透营养钵为宜，覆严土。

（六）田间管理

1. 定植后至开花结荚前管理 菜豆在定植缓苗后，要进行1次中耕，使土壤疏松，有利于提高地温和促进根部生长。一般从定植后到开花前，每隔7～10天进行1次中耕。中耕要深，随中耕适当向根基部培土，以利发出侧根。温度管理：开花前，白天20～25℃，夜间15～20℃；进入开花期，白天20℃左右，夜间15℃以上，有利于正常开花结荚。在水分管理上，菜豆具有一定的耐旱能力，所以从定植到开花前一般不进行灌水施肥，防止茎叶徒长。蔓生菜豆要进行搭架，蔓茎抽出30厘米长时，应进行搭架，双行种植，可将2行并拢成"人"字架；单行种植，应搭架成立架或"人"字架。

2. 结荚期管理 蔓生菜豆抽蔓后开始追肥灌水，以促进秧荚迅速生长。结合灌水追施磷酸二铵 1 次，每公顷施 300～450 千克。7～10 天灌 1 次水，每次灌水量不宜过大。采用 0.01%～0.03% 钼酸铵进行叶喷，可促进早熟，并提高早期产量。

3. 通风管理 定植后 1 周内，一般不进行通风换气，使棚内保持高温，有利于缓苗。当中午温度超过 30℃时，应该进行短时间通风。从缓苗到开花期应保持在 25℃左右，以促进生长。开花结荚期要保持在 20℃，有利于授粉。空气相对湿度保持在 75%。终霜期后，昼夜放底风。

（七）病虫害防治

开花结荚期，可用 25% 三唑酮可湿性粉剂 2 000～3 000 倍液防治锈病；可用 75% 百菌清可湿性粉剂 600 倍液防治灰霉病、红斑病、炭疽病。结荚期，用 40% 氰戊菊酯乳油 2 000～3 000 倍液防治菜青虫、甘蓝夜蛾、蚜虫及蜘蛛。

（八）采 收

菜豆供食用的是嫩豆角，青豆角达到商品成熟时，要适时采收。一般定植 22～35 天开始采收，结荚盛期应每 1～2 天采收 1 次。采收过晚影响品质和产量，采收后要及时上市。没有及时上市的可在 3℃环境下保鲜。

三、露地西瓜栽培技术

（一）品种选择

吉林省西瓜品种主要以地雷、春雷、乌冠 6 号、爱花 2 号、郑杂 5 号、郑杂 9 号、京欣系列等为主。

（二）瓜田准备

1. 选地 栽培西瓜应选择土质较肥沃的沙壤土，最好是背风向阳、温暖、墒情好、地势平缓的地块，以利西瓜早熟丰产。西瓜忌连作，前茬作物以玉米、高粱、小麦、谷子等为最好；棉花、甘薯次之。而蔬菜特别是瓜类、茄果类与西瓜具有共同的病害，因此不宜作为西瓜前茬。

2. 整地施肥 瓜田在上年秋作收获后，立即深耕，使土壤充分风化、疏松并积蓄大量雨雪，提高保水透水能力，为西瓜根系发育制造良好条件。早春解冻后耕耙 1 次，整平土地。基肥应以有机肥为主，每公顷施腐熟猪圈粪或农家肥 30～60 吨。在西瓜全育期氮、磷、钾肥配施比例为 3.28：1：4.33，充分混合拌匀施用。

（三）育　苗

1. 播种时间 吉林省西瓜生产播种方式有露地直播和冷床育苗播种。露地直播的时间一般在 5 月中下旬，冷床育苗播种一般在 4 月中下旬。

2. 浸种催芽 播前 2～3 天采用温汤浸种的方法，在 55℃温水中浸泡种子 7～8 小时，然后放入 28～30℃的培养箱中催芽，待 80% 的种子发芽时进行播种。

3. 定植 当地终霜后，平均气温稳定在 15℃以上、膜下 5厘米地温稳定在 16℃以上时定植。定植宜选晴暖无大风天气，定植后能连续几天气温稳定时进行。定植时以苗龄 35～40 天、具有 2～4 片真叶的健壮苗为宜。多采用双蔓或三蔓整枝，行距 1.5～1.8 米，株距 0.4～0.5 米，每公顷种植 1.2 万～1.5 万株为宜。

吉林省多采用地膜覆盖栽培。定植时，按株距挖定植穴，灌足底水，待水渗下后将瓜苗放入栽培穴内，后用土将栽培穴填满，四周轻轻压实，注意勿挤压土坨，以防挤碎土坨伤根。用少量土封严膜口。缺苗时及时带土坨补苗，争取全苗。定植深度以瓜坨表面与瓜畦畦面相平为宜。定植时，要随起苗随运随栽，注意轻拿轻放，不要碰散土坨。

（四）田间管理

1. 整枝压蔓 整枝压蔓是调节西瓜植株生长和结果的矛盾，减少养分消耗，促使养分在果实与蔓叶中合理分流，更好地促进坐果及果实发育的重要措施。同时，整枝压蔓也是整个栽培管理的主要技术环节。

（1）**整枝** 西瓜整枝方式有单蔓整枝、双蔓整枝和三蔓整枝3种。吉林省露地栽培多以双蔓或三蔓整枝方式为主。双蔓式：每株除保留主蔓外，在主蔓基部3～8节处选留1条健壮侧蔓，其他侧蔓及侧蔓上的副侧蔓全部摘除。主、侧蔓相距30厘米左右，平行向前伸展。一般在主蔓上留瓜，若主蔓未能留住瓜，也可在侧蔓上选留。当瓜坐住、瓜蔓爬满畦面时，可适时摘心，以减少养分消耗，促进果实发育。但若植株长势过弱及需选留二茬瓜时可不摘心。三蔓式：除保留主蔓外，还在主蔓基部或主蔓第七或第八节附近各选留1条生长基本一致的侧蔓，其他侧蔓及副侧蔓全部去掉。三蔓整枝叶蔓旺盛，营养面积大，坐果、选瓜机会多。

（2）**压蔓** 压蔓可以固定植株，防止大风吹翻茎蔓，损伤秧蔓及幼瓜。压蔓分明压、暗压、压阴阳蔓3种方式。吉林省主要采用明压法。明压法又称明刀、压土坷垃法，即先轻轻把瓜蔓提起，用瓜铲将下面土壤打碎、整平，后将瓜蔓放下拉直，用事先备好的土块压于茎蔓节间，以后每隔20～30厘米压一土块。该法对植株生长影响较小，适于早熟、生长势较弱的品种，以及土质黏重、雨水较多、地下水位高的地区，而在风大、沙土地区不宜使用。

2. 肥水管理 一般基肥用腐熟的鸡粪、猪粪等农家肥，追肥则采用速效化肥。由于北方降水量少，植株长势容易得到控制，基肥施用比例较高，生长期以水调肥，追肥的次数和用量较少。瓜田追肥的原则是：轻施苗肥，先促后控巧施伸蔓肥，坐住幼瓜后重施膨瓜肥。可在生长后期根外追施0.3%尿素和0.2%磷酸二氢钾补充肥源；若兼收二茬瓜，在头茬瓜收获后，结合浇水，每公顷追施尿素75千克或硫酸铵150千克，以防止叶蔓早衰，促进二茬瓜膨大。

（五）病虫害防治

西瓜病虫害的防控应采取预防为主、综合防治的原则。西瓜栽培要注意避免连作，防治炭疽病、蔓枯病、枯萎病、白粉病、霜霉病等；主要虫害有蚜虫、红蜘蛛、蓟马等，可以悬挂诱虫板进行诱杀和药剂防治。病虫害管理以预防为主，及早发现、及早治疗。

1. 病害防治 枯萎病用25.9%络氨铜·锌水剂500倍液，或100毫克/升农抗120水剂400倍液，或0.3%硫酸铜溶液，或50%福美双可湿性粉剂500倍液+96%硫酸铜1 000倍液，或10%混合氨基酸铜水剂200～300倍液喷防。蔓枯病用75%百菌清可湿性粉剂600倍液，或80%代森锌可湿性粉剂800倍液，或70%代森锰锌可湿性粉剂500倍液，或50%甲基硫菌灵·硫黄悬浮剂500倍液，或50%硫黄·多菌灵胶悬剂500倍液，或36%甲基硫菌灵胶悬剂400倍液，每7～10天喷1次，连续防治2～3次。白粉病用25%三唑酮可湿性粉剂2 000倍液，或30%氟菌唑可湿性粉剂1 500倍液，或70%甲基硫菌灵可湿性粉剂1 000倍液，或50%硫黄胶悬剂300倍液，或20%抗霉菌素200倍液喷防。霜霉病用75%百菌清可湿性粉剂600倍液，或25%甲霜灵可湿性粉剂1 000倍液喷防。

2. 虫害防治 蚜虫用10%吡虫啉可湿性粉剂1 000倍液，或10%氟啶虫酰胺悬浮剂2 500倍液，或20%戊氰菊酯乳油1 500倍液喷杀。红蜘蛛用1.8%阿维菌素乳油1 000倍液或73%炔螨特乳油2 000倍液喷杀。蓟马用40%氟虫·乙多素水分散粒剂4 000倍液或5.7%甲维盐水分散粒剂500倍液喷杀。

（六）采 收

果实达到生理成熟时应及时采收。西瓜的品质与果实的成熟度有关。成熟适度的瓜味甜、瓤色好、瓤质柔软多汁、纤维少、风味佳，品质好。因此，提高西瓜品质，必须适时采收，如若远途运输，可提前几天，在西瓜七八成熟时采收；短途运销时，在西瓜八九成熟时采收；就地供应则宜在九成熟以上时采收。

四、籽用西葫芦栽培技术

（一）品种选择

选择优质、高产、抗病品种，如泽农瑞丰9号、金开元、金鱼白雪、银贝9号等。

（二）选地与整地

1. 选地　选择平地或岗地、有排灌条件、耕层深厚的轻沙壤土或壤土，pH值为5.5～6.8较适宜。但是籽用西葫芦对土壤要求不严格，在土壤贫瘠、轻度盐碱的地块也能获得收成。土层深厚肥沃、偏酸性或中性的壤土易获高产，忌涝洼地。上茬生产中不能施用过高残留或残效期较长的除草剂，如氟磺胺草醚、氯嘧磺隆、咪唑乙烟酸、莠去津、异恶草松、烟嘧磺隆等。前茬以麦类、玉米为宜，豆类次之，与瓜菜类作物轮作3年以上，忌连作。

2. 整地

（1）秋翻秋起垄　翻地深度为25～30厘米，或深松30～35厘米，耙地、起垄、镇压连续作业，起垄时夹施有机肥。秋打垄，促进土壤熟化。

（2）顶浆打垄　未进行秋翻起垄的地块，当土壤化冻15厘米时，在已灭茬的地块上进行打垄，并施入底肥，随打垄随镇压，注意保墒。要求土壤细碎、疏松、地面平整。按垄宽65～70厘米、垄高15～20厘米起垄，单行种植；最好是按垄宽120厘米、垄高20厘米起垄，采取大垄双行种植。各地可根据具体情况和机械化程度灵活掌握，播种前浇透水。

3. 施肥　每亩施充分腐熟的农家肥1 500～2 000千克，结合整地一次性施入。每亩施磷酸二铵10千克、硫酸钾7千克，也可施三元复合肥15千克。可依据当地土壤肥力状况酌情增减，底肥深施于种下 4～5 厘米处，以防烧种。

（三）种子处理

1. 发芽试验　播前 15 天，进行 1～2 次发芽试验。

2. 播前晒种　将种子摊在阳光下晒种 2～3 天，杀死种子表面细菌，提高种子活力。

3. 浸种催芽　播前用 50～55℃温水浸种 15 分钟，温水量是种子量的 5 倍左右；搅拌使种子受热均匀，然后自然冷却至常温（20～25℃），在常温下浸泡 6～8 小时，其间最好换 2～3 次水，温度低时可适当延长浸泡时间，直到泡透为止；捞出后用干净的纱布袋装好，放在 25～30℃条件下催芽，待种子露白时播种。在墒情好的地块或者坐水种的地块用这种方法可提早出苗，亦可干籽播种。

（四）播　种

1. 播期　适宜播期应根据历年的气候特点和当年的气象预报具体而定。因为籽用西葫芦是双子叶植物，易受晚霜冻害，一旦子叶受冻，就会造成减产甚至绝收，所以必须准确把握播期。当土壤耕层 5 厘米的地温稳定通过 8℃时即可播种。本地区一般在 5 月 5—15 日播种。各地区的适宜播期应根据当地气象条件确定，地膜覆盖可提前 5～7 天，要适时早播。连续阴雨或霜冻天气，可采取保护措施，提高播种质量或推迟播期。

2. 精细播种　机械播种，单粒播每亩需种量为 450～500 克；刨埯坐水点播，每埯 1～2 粒，覆土厚 2～3 厘米，并进行轻镇压保墒。保苗 2 200～2 400 株/亩，遵循肥地宜稀、薄地宜密的原则可适当调整密度。120 厘米的宽垄，实行双行拐子苗种植，垄上行距 40～45 厘米，沟间两行行距 75～80 厘米。

3. 地膜覆盖播种　可先播种后覆膜，这种播种方式待出苗时要随时查看，及时放苗，将放苗口封严压实；可先覆膜后破膜点播，覆土厚 2～3 厘米，轻轻镇压。如果有条件最好采用施肥铺膜播种联合作业机，这样省时省力，同时也免除了出苗后放苗的繁重工作。

（五）田间管理

1. 查苗、补苗　及时检查出苗情况，如发现缺苗，及时催芽补种或用备用苗补栽。当幼苗长出2片真叶时定苗，每穴留1株壮苗。

2. 铲趟　未覆盖地膜的地块在苗出齐后，铲前趟一犁，疏松土壤，提高地温。当苗长出1～2片真叶时铲第一遍，3～4片真叶时进行第二次铲趟，5～6片真叶时铲第三遍，趟第三遍时封起大垄。

3. 肥水管理　肥水管理要根据不同的生育阶段、土壤肥力和植株长势情况进行。苗期不旱不浇水，促进根的生长发育，促壮苗、防徒长。现蕾开花期遇旱浇水。开花坐果期如遇高温干旱天气，及时浇跑马水降低田间温度，促进坐瓜并提高植株抗性。第一雌花尽早打掉较好，从第二雌花以上开始留瓜，当全田80%植株坐稳1～2瓜，瓜重约250克，应及时追肥、灌水。随水施肥：每亩追施磷酸二铵或三元复合肥5～7千克、尿素7千克。以后视土壤墒情及天气情况灵活掌握浇水。浇水时切忌大水漫灌，忌灌受污染的水，以免引起死秧烂瓜及降低商品品质。在开花期喷含钙的叶面肥1次，在果实膨大期喷0.2%磷酸二氢钾溶液1～2次，8～10天喷1次。采收前15天停止灌水。

4. 人工辅助授粉　开花时每天早晨4时至上午10时摘取雄花，去除花冠后，轻轻将花粉涂抹在雌花柱头上，一般1朵雄花可授2～3朵雌花。在蜂源不足的情况下进行人工精细授粉或田间放养蜜蜂可显著提高产量。

（六）病虫害防治

籽用西葫芦主要病虫害有白粉病和病毒病，次要病虫害有灰霉病、霜霉病、蚜虫和白粉虱。

1. 病害防治　白粉病在发病初期用25%乙嘧酚悬浮剂800～1 000倍液，或用50%醚菌酯悬浮剂2 500～3 000倍液，或 2% 宁南霉素可溶性粉剂 1 000 倍液喷雾，药剂交替使用，7～10 天喷 1 次，连防 2～3 次。病毒病用 30% 盐酸吗啉胍可溶性粉剂 ＋50% 氯溴异氰尿酸可湿性粉剂 1 000～1 200 倍液或 2% 宁南霉素可溶性粉剂 1 000 倍液喷施，每隔 7～10 天喷 1 次，连防 2～3 次。灰霉病发病期可选用 50% 腐霉利可湿性粉剂 1 000 倍液或 50% 多菌灵可湿性粉剂 500 倍液，交替使用，每隔 7～10 天喷 1 次，连喷 2～3 次。霜霉病用 58% 甲霜灵·锰锌可湿性粉剂 500 倍液，或 72% 霜脲·锰锌可湿性粉剂 700～750 倍液，或用 68.75% 氟菌·霜霉威悬浮剂 600～800 倍液，每隔 7～10 天喷 1 次，交替喷 2～3 次。

2. 虫害防治 蚜虫和白粉虱使用频振式杀虫灯、黄色粘虫板诱杀；可用 20% 吡虫啉可湿性粉剂 1 500～3 000 倍液，或 1% 阿维菌素乳油 1 500～2 000 倍液喷雾，每隔 7～10 天喷 1 次，连防 2～3 次。

每次用药时，应停止放蜂。

（七）采　收

在开花授粉后 50 天左右、手指掐不进皮时采摘，这时瓜秧基本枯死。一般在 9 月上中旬收获。用专用西葫芦打籽机脱籽，脱籽以后晾晒，瓜籽表面软皮风干前不要翻动，否则易弄脏，导致外观变差而影响商品价格。注意防雨防冻，种子达到安全含水量 13% 以下，用清选机清选，分出等级，装袋待售。

第三章
辽宁蔬菜栽培

一、辽西地区日光温室冬春茬番茄套种菜豆栽培技术

（一）品种选择

选择耐低温、早熟、坐果率高、连续坐果能力强、产量高、大红色或粉红色、果实大小均匀、果皮厚、质地硬、耐贮运的无限生长型番茄品种，如合作906、霞粉等。

（二）培育壮苗

1. 育苗基质选择 良好的育苗基质应具有透气性强、排水性和缓冲性好、较高的盐基代换量、无虫卵、无草籽、无病原菌、质量轻、成本低的特点。目前用于穴盘育苗的基质材料，除了草炭、蛭石、珍珠岩、椰糠、芦苇渣、蘑菇渣外，腐叶土、锯末、玉米芯等均可作为基质材料。在生产过程中建议农户购买商品基质，不要自行配制。

2. 播种与催芽

（1）**播种期** 播种期为10月初至10月20日，以苗龄30天、达到3叶1心为宜。为确保形成良好的花芽，在育苗期间应采取保温为主、加温为辅的育苗方式。

（2）**种子处理** 穴盘育苗采用精量播种。为了提高播种质量，促使种子萌发整齐一致，应选用种子发芽势大于90%的种子。未包衣的种子应进行种子消毒处理（方法同常规育苗）。对

于发芽迟缓、活力较低的种子，可用赤霉素、硝酸钾、聚乙二醇等药剂进行种子活化处理或晒种 4 小时。每亩用种 2 000 粒左右。

由于穴盘育苗大部分为干籽直播，在冬、春季播种后，为了促进种子尽快萌发出苗，可在催芽室中进行催芽处理。如果没有催芽室，可将穴盘直接码放在育苗温室中，上面覆盖地膜，达到增加地温、保持基质湿度的作用，促成种子萌发。在 25～28℃条件下催芽 4 天。

（3）**装盘与播种** 穴盘育苗分为机械播种和手工播种两种方式。机械播种又分为全自动机械播种和半自动机械播种。全自动机械播种的作业程序包括装盘、压穴、播种覆盖和喷水。在播种之前先调试好机器，并且进行保养，使各个工序运转正常，1 穴 1 粒的准确率达到 95% 以上就可以收到较好的播种质量。手工播种和半自动机械播种的区别在于播种时一种是手工点籽，另一种是机械播种，其他工作都是手工完成。

手工作业程序如下：装盘：首先应准备好基质，预湿基质使相对湿度达 35%～45%，将配好的基质装在穴盘中，基质不能装得过满，装盘后各个格室应能清晰可见。压穴：将装好基质的穴盘垂直码放在一起，4～5 盘一摞，上面放一只空盘，空盘上放一块大小相仿的木板，两手平放在木板上均匀下压至要求深度。和常规育苗一样，播种深度根据不同作物来定，一般为 0.6～0.8 厘米。播种与覆盖：将种子点播在压好穴的盘中，或用半自动播种机播种，每穴 1 粒。播种后覆盖蛭石，浇 1 次透水。

3. 秧苗管理

（1）**肥水管理** 播种后，浇 1 次透水。出苗后到第一片真叶长出，要降低基质水分含量，水分过多易徒长。浇水要浇透，否则根不向下扎，根坨不易形成，起苗时易断根。起苗前喷施杀虫剂和杀菌剂，并将幼苗浇透水，使幼苗容易被拔出，还可使幼苗在长距离运输时不会因缺水而死苗。幼苗生长阶段应注意适时补充养分，根据秧苗生长发育状况喷施不同的营养。定植前1周适当控制水分，进行炼苗。

（2）**温度管理** 播后的催芽阶段是育苗期间温度最高的时期，在28℃以上；待60%以上种子拱土后，温度适当降低，但仍要维持较高水平，以保证出苗整齐；当幼苗2叶1心后适当降温，保持在幼苗生长适温25～28℃。

秧苗的生长需要一定的温差，白天和夜间应有8～10℃的温差。阴雨天白天气温低，夜间也应低些，保持2～3℃的温差。

（3）**光照管理** 光照管理包括光照强度和光照时数，二者对幼苗的生长发育和秧苗质量有着很大的影响。光照条件直接影响秧苗的素质，冬春季日照时间短，自然光照弱，阴天时温室内光照强度更弱，如果温度条件许可，争取早揭苫、晚盖苫，延长光照时间，还可在设施内张挂植物生长补光灯，以保证秧苗对光照的需要。

（4）**分苗、补苗** 穴盘中会出现空穴现象，为此对一次成苗的需在第一片真叶展开时，抓紧将缺苗补齐。

4. 适龄壮苗 形态特征为茎秆粗壮、节间短、叶色浓绿、叶片舒展而厚，根系发达洁白，发育平衡，无病虫害；生理特征表现为干物质含量高，同化功能旺盛，表皮组织中角质层发达，水分不易蒸发，对栽培环境的适应性强，具有较强的抗逆能力，耐旱、耐寒性好，果类菜苗的花芽分化早，花芽数量多，具有较好的素质，根系活力旺盛，定植后缓苗快，适时开花，果实丰硕产量高。

（三）定 植

1. 定植前准备

（1）**温室和土壤消毒** 在没有作物的温室，每100立方米的空间用硫黄粉100克、锯末350克分成若干小堆，点燃熏蒸消毒；用土壤消毒剂50克加水25千克均匀喷洒全棚地面、墙体和骨架进行消毒。

（2）**整地施肥**　每亩施入充分腐熟的农家肥 10～12 立方米、磷酸二铵 25 千克、过磷酸钙 12.5 千克、生物有机肥 50 千克，深翻 25～30 厘米。采取秸秆生物反应堆技术，按行距 0.9～1米，挖宽 40 厘米、深 20 厘米的丰产沟，然后每沟铺入成捆秸秆（每 100 米温室需 4～5 亩玉米生产田的秸秆），上撒菌种后，回填粪土于秸秆上，厚度达 20 厘米，搂平，做成底宽 60～70 厘米、畦面宽 40～50 厘米，在畦的中间铺设一条软管微喷，然后覆盖黑色地膜全膜覆盖，准备定植。

2. 定植方法　11 月定植。在畦面上按株距 35 厘米用打孔器打出深 10 厘米、直径 10 厘米的孔，随后将秧苗定植于孔中（栽拐子苗），用土封严定植孔，然后用软管微喷将土壤浇透，在浇水时通过施肥器可将多粘类芽孢杆菌生物肥一同施入。

（四）田间管理

1. 提高秧苗免疫力　缓苗后，为提高秧苗免疫力，叶面喷施叶面肥绿野神 600 倍液＋狮马兰 800～1 000 倍液，每 7～10天喷 1 次；结合使用枯草芽孢杆菌灌根 2～3 次，促进根系生长，防治茎基腐病的发生。

2. 温度管理　定植后 5～6 天内不进行通风，不超过 30℃不放风。当植株缓苗后开始生长时，采取四段变温管理法，上午 25～28℃，下午 22～24℃，上半夜 15～17℃，下半夜 12～15℃。最适地温为 20℃。寒冷季节覆盖纸被、棉被，加盖双层草帘保温，寒流到来时采用增温灯、火炉等临时加温。

3. 光照管理　经常保持棚膜光洁，建议使用 EVA 高保温日光膜、PO 膜。11 月至翌年 3 月上旬，在温室的后墙部位张挂反光幕，以增加光照强度。在保证室温不受影响的情况下，尽量早揭晚盖草帘。进入低温期，每 10 米设 1 个植物生长调节灯，每天放草帘后或揭帘后补充光照 3～4 小时，以满足作物生长需求。

4. 肥水管理　定植缓苗后，根据植株的长势和土壤墒情，考虑是否浇水，长势旺、墒情好，可不浇；长势不旺、土壤干旱、已出现坠秧现象，可轻浇 1 次缓苗水。在每穗果坐住并开始膨大时都追催果肥 1 次，在第一、第四、第六穗果膨大期间追施鱼蛋白肥 10 千克 / 亩·次，在第二、第三、第五穗果膨大期追施硝酸钾 15 千克 / 亩·次或魔尼卡大量元素水溶肥（N_2–P_2O_5–K_2O : 20–20–20）5 千克 / 亩·次。在第三穗果膨大期追施硝酸钙 5 千克 / 亩·次。追肥方式：将肥料用水溶解后利用施肥器通过软管随水冲施或随水灌入两侧的垄沟内。有沼气池的，在外界气温升高、温室进行大通风季节随水冲施沼液 500 千克 / 亩·次，在开花结果期，喷施复硝酸钠、磷酸二氢钾及糖类等叶面肥对增加植株的抗病力和产量有一定的作用。

5. 植株调整及沾花

（1）植株调整 无限生长型的品种都采用单干整枝。当杈长至 5～10 厘米时，将杈打掉。如果发现有缺株时，临近的株可以留双杈，这样比重新补株的效果好。

（2）保花保果 当花蕾开放时，可以先震动花絮，待花开到 3～5 朵时一起蘸花，这样果才齐，同时又对畸形和空洞果有一定的预防作用。蘸花一般在晴天时进行，不限上午和下午，温度在 20～25℃时较为适合。当温度在 30℃以上时尽量停止蘸花，否则易出现小叶现象。将开有 3～5 朵花的浸蘸一下 15～20 毫升 2,4 二氯苯氧乙酸（防落素）及时疏花疏果，以免造成果个小，一等果率下降，每穗选留 4 个果，长势旺的可选留 5 个。禁止使用 2,4-D。有条件的采用熊蜂授粉技术，每 100 米日光温室放 1 箱。

（3）打叶 早春栽培季节，为了提早成熟，在 1～2 穗果长到足够大时，将果以下的叶片全部打掉。打叶片时，一定不要留叶柄，要贴近茎秆掰掉。但在高温季节就不能打叶过狠，否则会造成裂果。打叶一般在晴天上午进行，阴雨天一般不打叶。伤口大的一般需涂药，可用代森锰锌、福美双等。

（4）施用二氧化碳气肥 在 12 月中旬至 3 月上旬补充二氧化碳气肥，可明显提高番茄产量和品质。

（五）病虫害防治

温室番茄栽培应及时防治炭疽病、锈病、灰霉病、蚜虫、白粉虱、美洲斑潜蝇等病虫害。

1. 病害防治　炭疽病用 50% 利得可湿性粉剂 500 倍液，或 36% 甲基硫菌灵悬浮剂 500 倍液，或 50% 多菌灵可湿性粉剂 600 倍液，或 80% 福·福锌可湿性粉剂 800 倍液喷雾防治。锈病用 25% 甲霜灵可湿性粉剂 800 倍液，或 50% 甲霜铜可湿性粉剂 600 倍液，或 58% 甲霜灵·锰锌可湿性粉剂 500 倍液喷雾防治。灰霉病用 50% 异菌脲可湿性粉剂 1 000 倍液，或 50% 嘧霉胺可湿性粉剂 800 倍液，或 50% 腐霉利可湿性粉剂 1 500 倍液喷雾防治。

2. 虫害防治　蚜虫、白粉虱、美洲斑潜蝇等虫害用 50% 灭蚜松乳油 2 500 倍液，或 20% 氰戊菊酯乳油 2 000 倍液，或 2.5% 溴氰菊酯乳油 2 000～3 000 倍液，或 2.5% 高效氯氟氰菊酯乳油 3 000～4 000 倍液，或 20% 多灭威乳油 2 000～2 500 倍液喷防。

（六）采　收

带萼片，红果采收。

（七）套种菜豆技术

1. 品种选择　选择大连 923 品种。该品种早熟，条直，颜色浅白，荚长 25～28 厘米，商品性高。

2. 适期播种　于 2 月上中旬进行播种。当番茄第一穗果充分膨大时，将其下部叶片全部打掉，在番茄和番茄的株间，靠近高畦边，扎破地膜，打出 3 厘米深的孔穴，每穴播种 3 粒菜豆种子，覆土。

3. 田间管理

（1）吊绳摘心　当菜豆长到 4 片叶时，将生长势弱的苗拔除，每穴保持 2～3 株，然后吊绳摘心。当菜豆植株长满架（高 1.6 米）时再摘心，以后经常打围尖，防止跑蔓，促进开花结荚。在番茄和菜豆共同生长期间，其温、光、水、肥、气的管理随同番茄。

（2）肥水管理　4 月中旬番茄采收结束后，进行追肥，以沼液为主。其方法是：在上年秋季，向沼气液中放入鸡粪 3 立方米、猪粪 3 立方米、水 2 立方米，使其充分发酵。在施用沼液前，用混浆泵将沼液从出料口抽出，再从进料口冲入，使沼液和沼渣充分搅拌均匀，然后将沼液抽入并放在沼气池上边距地面 50 厘米的大铁桶内，桶的一侧设一出液管，出液管与微喷灌的施肥器连通。当菜豆需浇水时，结合浇水采用膜下微喷的方式向田间追沼液，菜豆生长期间每隔 5～6 天追施沼液 1 次，每次施沼液 400 千克。沼液养分全，可明显提高菜豆的质量和产量。在此期间还追施 2 次硝酸钾，每次施入 4 千克。

4. 采收　菜豆于 4 月中旬开始采收，6 月中旬采收结束。

二、辽西地区温室越冬一大茬黄瓜高产栽培关键技术

（一）品种选择

在品种选择上，要选择耐低温弱光，雌花节位低、坐瓜率高，抗病、丰产、品质优良的品种。例如：津绿系列、豌美系列、津典系列、德瑞特的中荷系列等，其中科润的津优 35、津优 36 为主栽品种。

（二）整地施肥

定植前 20～30 天，应清除温室内地膜等废弃物，第一次全层深耕 25～30 厘米，按氮∶磷∶钾∶钙∶镁 ＝5∶2∶6∶9∶0.7 的比例施入有机肥 2 000 千克/亩，均匀撒施在温室土壤表层。全部撒施后进行第二次深耕，再连续旋耕 2 次。

（三）秸秆反应堆技术

在预备定植的黄瓜垄下开沟（单行定植 30～40 厘米，双行定植 40～50 厘米），按秸秆反应堆要求铺秸秆撒菌种，回填 30 厘米左右的土壤，其中有 10 厘米左右的沉降，定植土壤 20 厘米左右深即可。秸秆反应堆的应用增加了土壤中有机质的含量，改善了土壤的碳氮平衡，减轻了土壤的盐渍化，增加了土壤中有益

菌群，还可以释放大量的二氧化碳。因此使用秸秆反应堆技术是改良土壤、使黄瓜高产抗病的有效方法之一。

1. 做畦 越冬一大茬黄瓜栽培采用高畦栽培，畦高 15～20厘米。高畦地温高于平畦，有利于黄瓜根系生长。行距 1 米，单行定植，可在弱光期提高光利用率。大行距可增加通透性，减少病虫害的发生。

2. 育苗 黄瓜苗龄应控制在 26～30 天。苗龄在这个时间段内，砧木根系短而白，利于黄瓜定植后根系在土壤中生长。苗龄过长的黄瓜根系长而褐，不利于扎入土壤。营养钵的空间狭小，没有根系的生长空间，黄瓜长有 1～2 片真叶时又不需要吸收过多营养，因此育苗期间严禁使用生根剂。

（四）定 植

提前 7～10 天，按黄瓜苗定植的方向挖 20 厘米深的沟，视温室土壤干燥程度适当补水，补水后将水沟还原填平，待定植。经过 7～10 天的蒸发，地表土壤湿度稍低，10 厘米以下土壤湿度均匀一致，有利于黄瓜定植根系生长。种植户应在定植前修正畦面达到南北水平。在定植挑选瓜苗时，应剔除长势极强（这类苗有杂株的可能）和长势极弱（根系或嫁接愈合有问题）的瓜苗，并把长势正常的瓜苗按大、中、小分成 3 类以待定植。

开 8～10 厘米沟，随水定植或定植后及时浇水。定植时不用大量浇水，在保持地温、底墒足的情况下，缓苗很快。瓜苗定植宜浅不宜深，以土钵上沿高出地面 2～3 厘米为宜；要遵循温室前侧 1/3 地面用大苗，中间 1/3 地面用中苗，后侧 1/3 用小苗的原则定植；定植密度应根据黄瓜品种叶面积来决定。一般瓜苗的叶面积指数在 3～4。因此，越冬一大茬黄瓜定植密度在 4～6 株 / 米^{2}比较合理。现在大部分棚户定植密度过大，造成了产量及质量下降、病虫害发生严重的情况。定植时应留出占总苗量 1%～2%的瓜苗，在今后管理中备用。

（五）田间管理

1. 覆膜 越冬一大茬黄瓜的覆盖地膜时间为定植后 15～20 天。倘若在定植后立即覆盖地膜或定植前覆盖地膜，会造成白天土壤中水分蒸发遇地膜受阻，夜间温度降低水蒸气在地膜上结露，并在自身重力作用下滴入地表，每天一个循环。地膜的拦截作用，让地表土壤湿度增大，适合根系生长；土壤中下部相对干燥，不适合根系生长，这样促使黄瓜形成强大的地表根。

黄瓜开花标志着生殖生长开始，植株分配给营养生长与生殖生长的营养各占 50%，这时应及时覆盖地膜，保持土壤水分、维持地温。栽培方式是单行定植，将 1 米宽的地膜平均裁成两幅小膜，盖在单行的黄瓜秧两侧，这样 1 亩温室 2 个人操作 1～2 小时便可完成覆膜作业，大大地提高了工作效率。由于黄瓜根系需要呼吸、土壤气体需要交换，覆膜时要在两片膜中间留出 10～15 厘米的间距，为以后调节根系、加肥、灌药留出空间。

越冬一大茬黄瓜定植时间为 10 月中旬至 11 月上旬，最近几年部分棚户甚至提前到了 9 月中旬，此时外界温度高、光照时间长；温室覆盖材料均为新换的塑料膜，透光率较高，温室内热量充足，黄瓜苗叶面积指数较小，阳光直射地面，使地温升高；定植水充足，土壤湿度高。

2. 中耕 中耕不控水是越冬一大茬温室管理中又一关键技术。定植后不控肥水，要中耕 3～4 次。定植 2～3 天后开始第一次浅中耕（5 厘米左右），1 周内进行第二次中耕（10 厘米左右），时刻保持土壤水分充足（浇水必须浇透），浇水后继续中耕。多次中耕切断了地表 10 厘米的黄瓜根系，使得地下 10 厘米以上的土壤干燥，不利于黄瓜根系生长。这样可以有效减少黄瓜地表根系生长，促进土壤 10 厘米以下的黄瓜根系生长，为安全越冬做好准备。越冬一大茬黄瓜要想高产稳产必须拥有庞大稳定的根系，地表根的存在是根系不稳定的主要原因，提前覆盖地膜、控水与不进行中耕均是造成地表根生长的先决条件。

3. 植株调整 黄瓜植株整齐一致是越冬一大茬黄瓜丰产的关键，因此定植后应以调整黄瓜植株大小一致为目标。高产、稳产与壮苗有着密不可分的关系，秧苗营养生长过剩会导致生殖生长的减弱，结果量变少；反之，秧苗营养生长太弱则不能为生殖生长提供充足的养分，也会使植株产量降低。因此应将弱小的秧苗单独管理，采取喷施低浓度叶面肥、多见光、肥水浇灌根系等措施；对于生长过旺的植株应采取适量减少叶面积（掐去几片营养叶）或将植株新枝顶尖放于其他植株下方等措施，以保证植株整齐一致。为了保证植株前期营养生长健壮、后期高产，应将6～8节以下黄瓜全部疏掉，6～8节以上的作为商品瓜管理。

越冬一大茬黄瓜栽培由高温长日照的深秋（9月中下旬）到低温短日照的冬季，再到日照见长、气温回升的春天，历经深秋、冬季、春天3个季节，历时6～8个月，在自然条件上很不适合黄瓜生长的要求。相较于栽培其他茬口黄瓜，此茬口的黄瓜栽培技术难度高、病虫害多。但是，此茬口黄瓜经济效益好，已在凌源地区推广种植。

4. 肥水管理 每生产10 000千克黄瓜，植株需要吸收氮24千克、磷9千克、钾40千克、钙35千克、镁8千克和微量元素，需要矿物肥料约116千克、水9 880千克。肥料适量即可，水要不断添加，这样黄瓜才能高产。

现在菜农普遍忽略了黄瓜栽培中的温度、光照、水分、肥料、气体五要素的相互性，由于五要素的失衡导致新生病害。在黄瓜栽培中生理病害占50%以上，如果管理不当将造成生理病害转变为侵染病害的情况，如黄瓜的霜霉病是由植株的碳氮比失衡造成的。及时补充营养改善碳氮失衡情况，可以有效阻止霜霉病的侵染。

（六）病虫害防治

温室黄瓜常见病害有霜霉病、白粉病等，虫害主要是白粉虱。

1. 病害防治 霜霉病用25%嘧菌酯悬浮剂1 500倍液预防；

发现中心病株后及时喷洒 68% 精甲霜·锰锌水分散粒剂 500～600 倍液，或 50% 氟吗·乙铝可湿性粉剂 600 倍液，或 64% 噁霉·锰锌超微可湿性粉剂 600 倍液，或 52.5% 噁酮·霜脲氰水分散粒剂 1 500 倍液。白粉病用 15% 三唑铜可湿性粉剂 1 500～2 000 倍液，或 70% 甲基硫菌灵可湿性粉剂 800 倍液，或 75% 百菌清可湿性粉剂 400 倍液，每隔 7 天喷施 1 次。生产上霜霉病、白粉病混发时，可选用 33.5% 喹啉酮悬浮剂 800 倍液或 30% 壬菌铜微乳剂 400 倍液。

2. 虫害防治 白粉虱用 25% 吡蚜酮可湿性粉剂 2 000～3 000 倍液，或 50% 噻虫胺水分散粒剂 2 000～3 000 倍液，或 5% 噻嗪酮可湿性粉剂 1 000～2 000 倍液，或 10% 氯噻啉可湿性粉剂 2 000 倍液，或 10% 吡丙·吡虫啉悬浮剂 1 500 倍液喷雾防治。

（七）采 收

适时早采摘根瓜，防止坠秧，之后及时分次采收。

三、辽西地区露地青刀豆优质高产栽培技术

（一）品种选择

选择适应当地土壤和气候条件并且适合加工出口的青刀豆品种，应具有嫩荚圆直、粗纤维含量低、开花结荚期集中及抗病耐热性强等特点，如美国 5991 青刀豆及 81-6 青刀豆等。

（二）地块选择

应选择阳光充足、地势平缓、土层深厚肥沃、土质疏松通透、自然肥力高、排灌便利的地块。忌与豆类作物连作。

（三）整地施肥

在符合产地生产环境的地块上，每亩施用经过充分腐熟的沤制堆肥 2～3 立方米作为底肥，深耕 30 厘米，耕平耙细后做畦，畦幅宽 1～1.2 米，畦面宽 70 厘米，畦高 20～25 厘米，要求畦面土壤细碎平整、土质疏松。

（四）播　种

1. 用种量　矮生品种每亩用种量为 2～3 千克，蔓生品种每亩用种量为 1.5～2 千克。

2. 种子处理　播种前将种子置于阳光下暴晒 1～2 天，以杀死种子表面部分病原菌；之后用 55～60℃热水浸种，保持 10～15 分钟，其间不断搅拌；待水温降至 30℃时继续浸种 18～24 小时；捞出吸水膨胀的种子，用湿润纱布包好，置于 25～30℃恒温条件下催芽，待种子露白后即可播种，其间每天用无菌水将种子及纱布清洗 1～2 次。也可将温汤浸种后的种子不经催芽直接播种。

3. 播种　播种时要求当地地表 5～10 厘米深土温稳定在 12℃以上，土壤温度不宜过高。露地春播需覆膜，出苗后及时破膜露苗。播种密度因品种和栽培季节而异。一般株距在 30 厘米左右，行距分大小行，大行距一般为 60～70 厘米，小行距为 40 厘米左右，每穴播种 2～3 粒，种子覆土不宜过深，以 2～3 厘米为宜。

（五）田间管理

1. 温度管理　幼苗对温度变化敏感，生长适宜温度为 18～20℃，长期处于低于该临界温度的环境下会影响幼苗根系的正常生长。开花结荚期的适宜温度为 18～25℃。花期若遇 30℃以上高温时，可通过地面浇水或田间喷水等措施降温以促进结荚。控制温度多采用适期播种、合理密植、覆膜增温保墒等措施来实现。

2. 肥水管理　青刀豆整个生育期需要适宜的空气湿度和土壤湿度。苗期一般较耐旱，可酌情浇水 1～2 次，齐苗后可随水追 1 次氮肥，每亩施硫酸铵 10 千克，以促进植株生长和花芽分化。蔓生品种甩蔓时，应及时插架。开花结荚期应保证肥水供应，一般每 3～5 天浇水 1 次，保持土壤湿润，随浇水追肥 2～3 次，每次亩施人粪尿 1 000～2 000 千克或硫酸铵 20～30 千克。配合进行叶面追肥 2～3 次，每 5～7 天 1 次，每次叶面喷施 0.3%

尿素溶液，或 0.2% 磷酸二氢钾溶液，或 2% 过磷酸钙溶液，最好 3 种肥料交替运用。叶面追肥有减少落花落荚、增加后期荚重的作用。

3. 植株管理 采用搭"人"字架或直排支架的方式栽培。搭架时要交错向搭，最大限度地保持通风透光。中耕除草时要及时摘除病叶、老叶、黄叶，拔除病株等。

（六）病虫害防治

青刀豆病害有炭疽病、细菌性疫病和锈病等，虫害有蚜虫、豆荚螟等。

1. 病害防治 炭疽病可用 75% 百菌清可湿性粉剂 600～800 倍液防治。细菌性疫病用 90% 新植霉素可溶性粉剂 4 000 倍液防治。锈病可用 25% 三唑酮可湿性粉剂 2 000 倍液防治。

2. 虫害防治 豆荚螟、蚜虫用 5% 氟啶脲乳油 1 000～2 000 倍液或溴氰菊酯乳油 2 000～3 000 倍液防治，重点喷花、叶背面、茎的嫩芽部位。

（七）采 收

青刀豆一般在播种 45～55 天后开始收获，采收多持续 15～20 天。采收要及时，在荚长 12～15 厘米、果荚丰厚、种子未膨大前开始采收。采收果荚圆直饱满，嫩绿，以七八成熟为宜。采收过早，果荚细小，果荚内营养物质积累不充分，影响产品质量的同时也会严重影响产量。采收过晚，果荚纤维素含量增多而老化变硬，营养物质向果荚内种子转移使其膨大，品质下降。坚持每天采收，多以上午采收最佳，在采摘后应避免被太阳直射。采收前 7 天由当地检验检疫部门或质检部门进行抽样检验并备案处理。检验合格后才可进行后续的加工包装等。

第四章
内蒙古（东部地区）蔬菜栽培

一、蒙东地区日光温室黄瓜栽培技术

（一）品种选择

根据栽培茬口的主要温光环境特点选择适宜的品种，如早春栽培、越冬栽培和长季节栽培要选择耐低温、耐弱光、雌花节位低、节成性好、抗病性强、生长势强、品质好的品种；秋延后和秋冬茬栽培则要选择耐高温、抗病性强的品种，主要有津绿新丰、琬美73、刺黄瓜922、新8号、中荷15、中荷16等品种。

（二）整地施肥

前茬作物收获后，将残枝病叶清理干净，每亩施优质农家肥15立方米、磷酸二铵25千克、尿素15千克、硫酸钾10千克，将农家肥和化肥均匀撒在温室地表面，然后深翻30～40厘米，浇透水。

（三）栽培方式

黄瓜栽培主要有长季节、越冬茬、早春茬、春茬和秋冬茬5种茬口安排。黄瓜育苗方式根据茬口安排有嫁接苗、非嫁接苗和直播3种。赤峰地区黄瓜大面积种植主要集中在一年一季的越冬茬，其他茬口零星种植。越冬茬黄瓜普遍嫁接，以此提高黄瓜的抗病、抗寒能力。育苗时可用育苗基质和普通土壤两种，农户自己育苗一般使用普通土壤。

（四）定 植

1. 种子处理 浸种前选用饱满、色泽明亮、无虫的种子进行晒种，2天后进行浸种。先将种子放在55～60℃的水中，不停搅拌，20分钟后，将水温降至30℃，浸泡4～6小时后捞出沥干水分。再对种子进行消毒处理，用50%多菌灵可湿性粉剂500倍液浸1小时后催芽。催芽时用干净的尼龙网袋装好，再用湿毛巾包起来，放在28℃左右的环境中催芽，一般3～5天种子开始露白，待80%左右种子露白后开始点播。

南瓜浸种催芽法与黄瓜基本相同，南瓜浸种后需晾15～18小时，然后催芽。

2. 苗期管理 育苗以保温为主，出苗前白天温度保持在25～30℃，夜间温度不低于18℃，促进种子的快速发芽。幼苗生长期要保持苗床湿润，增强光照。定植前1周开始炼苗，适当通风，增加光照时间，白天温度控制在15～20℃，夜间温度保持在12～15℃，如遇降温或极端天气更要注意保温。

3. 嫁接 嫁接前一天先对瓜苗喷1次杀菌剂，嫁接时把两种苗用竹签从苗床中起出，放在苗盘内，起苗时要少伤根又要少带土。先用竹签剔除南瓜苗的生长点，左手拿苗，右手拿刀片，在子叶下约1厘米处自上而下呈35°～40°角斜切一刀，刀口应在与子叶垂直的方向上，深度为茎粗的一半，刀口长约0.5厘米。取黄瓜苗，从子叶下约1.5厘米处自下而上呈35°角斜切一刀，刀口应位于子叶下面，深度为茎粗的3/5，刀口长约0.5厘米。为防止接口错位，要将切好的黄瓜苗及南瓜苗的两切口嵌接在一起，用手提住接口，黄瓜苗的子叶要交叉在南瓜苗子叶之上，呈相互嵌入状，接口用专用塑料夹固定。

4. 嫁接后管理 黄瓜嫁接后3天内要严格控制温度。棚内空气相对湿度要保持在90%以上，白天温度控制在25～28℃，夜间温度在18～20℃。棚膜上应常有水珠，证明湿度合适。为了保证嫁接口的愈合，要限制光合作用，用草帘遮光。3天后，揭去草帘，检查嫁接情况。这时白天温度保持在 20～24℃，夜间温度在 12～15℃，湿度要适当降低，控制在 75% 左右，适当增加光照时间。1 周后，可以正常管理。当苗龄 30 天、幼苗长出 4 片真叶时定植。定植后浇水，并加入多菌灵和辛硫磷 600 倍液。

5. 定植方法 要求晴天上午进行定植。宽行距 80～100 厘米，窄行距 50～60 厘米，株距 20～25 厘米，每个温室（面积约为 1 亩）栽 3 000～3 500 株，栽植深度以嫁接口稍高于地面为宜。

（五）田间管理

1. 温度管理 黄瓜定植后至缓苗阶段管理的重点是提高地温、气温，促进黄瓜缓苗。尽量使地温达到 15℃ 以上，促进新根生长，缓苗期间温度不超 35℃ 不放风。缓苗后控制浇水，对大棚实行变温管理，即白天上午 25～30℃，午后 20～25℃，20℃ 时关闭通风口，15℃ 时覆盖草帘等遮盖。晴天草帘应早拉晚盖，使棚内多见光。连阴天突然转晴，应间隔拉开草帘，以防闪苗。若有大风或大幅度寒流降温，不要通风换气，要实施人工加温。

2. 肥水管理 浇水施肥应视苗情、天气及土壤状况灵活掌握。越冬茬黄瓜追肥应随水膜下冲施。当根瓜坐住时，进行第一次追肥浇水，每个温室（面积约为 1 亩）施尿素 5～7 千克或三元复合肥 15～20 千克；盛瓜期追施三元复合肥 15～20 千克；以后每隔 1 周浇水 1～2 次，每隔 1 次水冲施 1 次肥，即通常所说的一清一混肥水管理法。为延长采收期，可在结瓜盛期之后，叶面喷施 0.5%～1% 尿素溶液和 0.1%～0.2% 磷酸二氢钾溶液 2～3 次。

（六）病虫害防治

赤峰黄瓜生产中经常发生且危害较大的病害有黄瓜白粉病、霜霉病、根结线虫病、灰霉病、褐斑病等，虫害以白粉虱为主。

1. 病害防治 防治白粉病，可喷施 40% 硫黄·多菌灵悬浮剂 800 倍液，或 15% 三唑酮可湿性粉剂 1 000 倍液。防治灰霉病，可在定植前每亩用25%多菌灵可湿性粉剂5～6千克加细土100千克混匀后施入土中；植株发病时可喷施50%异菌脲可湿性粉剂1000倍液，或50%腐霉利可湿性粉剂1500倍液，或30%嘧霉·福美双悬浮剂700倍液；也可用腐霉利、嘧霉胺、腐霉利等烟剂防治。防治根结线虫病，可在黄瓜播种后或定植前，用1.5%菌线威可湿性粉剂5000倍液浇灌；生长期用3%阿维菌素乳油1000倍液或50%辛硫磷乳油1500倍液灌根，7～10天灌1次。

2. 虫害防治　防治白粉虱，可喷洒10%吡虫威乳油400～600倍液或25%噻嗪酮可湿性粉剂1500倍液等，先熏后喷效果更好；也可采用50%克蚜宁乳油1500倍液，或10%虫螨腈乳油2000倍液，或10%高效氯氟氰菊酯可湿性粉剂2000倍液等进行喷洒。

（七）采　收

及时采收根瓜，以防坠秧，以后根据植株长势和结瓜数量确定采收时期。植株生长旺盛，结果较少，应适当延迟采收，遇恶劣天气也要延迟采收。应于早晨采收，将采下的黄瓜整齐码放在纸箱内，遮光保湿保存。

二、蒙东地区日光温室茄子栽培技术

（一）品种选择

选择早熟、果实发育快、植株开张角度小、耐低温弱光和抗病性强的品种，如天津快圆茄、尼罗、园杂5号等。另外，还需要通过嫁接技术增强茄子的耐寒力和抗病性，实现高产和稳产。嫁接所需砧木常用根系发达、抗逆性强的野生茄，如托鲁巴姆、野茄二号、赤茄等。

（二）整地施肥

定植前每亩温室施优质腐熟有机肥5～10立方米、磷酸二胺 20～25 千克、硫酸钾 20～30 千克、多菌灵 4～5 千克。深翻耙平后，每 1.4～1.5 米做 1 个畦，按畦底宽 80～90 厘米、上宽 60～70 厘米、高 20 厘米起高垄，在高畦中间开出 1 条深 15厘米、宽 10 厘米的浇水沟，然后在高畦上覆膜。

栽植密度应根据品种生长期灵活掌握，一般每个温室（面积约为 1 亩）栽苗 2 000～2 500 株。

（三）育　苗

1. 营养土配制　最好使用育苗专用基质，可选用近几年没有种过茄科蔬菜的肥沃田园土与充分腐熟过筛圈粪按 2 : 1 比例混合均匀，每立方米土加磷酸二胺 0.5 千克、硫酸钾 0.25 千克、50% 多菌灵或 65% 代森锰锌 100 克，充分混合，配成营养土。

2. 种子处理

（1）接穗种子处理　先用清水浸泡种子 10～15 分钟，然后再将种子放入 55℃的温水中浸泡，并要不断地向一个方向搅拌；经 10～15 分钟后水温降到 25～30℃时停止搅拌，继续浸泡10～12 小时；用清水搓去种子上的黏液，用湿布包好种子，于28～30℃下催芽，每隔 4～6 小时翻动 1 次，每天温热水清洗 1次，4～6 天后 60% 的种子萌芽时即可播种。

（2）砧木种子处理　托鲁巴姆较接穗提前 25～35 天播种。托鲁巴姆休眠性较强，要用 100～200 毫克 / 升赤霉素溶液浸泡24 小时，然后在常温条件下浸种 24～36 小时。种仁无硬心时直接播于砧木苗床，覆盖薄土 1 厘米厚，覆地膜。

3. 嫁接　砧木苗长到 5～6 片真叶时嫁接，常用劈接法。先将砧木保留 1～2 片真叶，用刀片横切砧木茎，去掉上部，再由茎中间劈开，向下纵切 1～1.5 厘米，然后将接穗苗拔下，保留上部 2～3 片真叶，用刀片切掉下部，把上部切口处削成楔形，楔形的大小应与砧木切口相当，随即将接穗插入砧木中，对齐后用夹子固定。

4. 嫁接管理

（1）嫁接前管理

温度管理：出苗期间土温以 20～25℃为好，为节约能源土温至少要维持在 18～20℃。苗出齐后白天温度 20～22℃，夜间温度 13～18℃。第一片真叶展开到分苗前白天温度 25～28℃，夜间温度 15～20℃。第二片真叶展开后温度又恢复到子叶期的标准。分苗后缓苗期间温度应提高 2～3℃，促进新根发生。缓苗后白天温度 22～25℃，夜间温度 10～15℃，夜间温度随秧苗长大逐渐降低。定植前 5～7 天进行低温炼苗，白天温度 20～25℃、夜间温度 10～15℃较为适宜。

肥水管理：当约 50% 子叶出土时于上午揭除床面地膜。出齐苗后到子叶展平，如果缺水，要用喷雾器喷小水。当子叶展平后才能轻浇水。同时要把过分拥挤的小苗、弱苗和杂草拔除，苗距 8 厘米，并用细潮土弥缝保墒，以后每隔 7～8 天轻浇 1 次水，切忌浇大水，严防徒长。在第一片真叶展开时，随水冲施 1 次磷酸二氢钾，每平方米用量 100 克。嫁接前 7～8 天停止浇水。

（2）嫁接后管理　嫁接后 3～4 天内适当用遮阳网、草帘等遮光。白天气温 28～30℃，夜间气温 20～22℃，地温 15℃以上，空气相对湿度 95% 以上为最佳。此后，逐步去掉遮阴物，逐渐早晚见光，中午遮光。7～8 天后嫁接口愈合，转入正常管理，定植前进行秧苗锻炼。

（四）定　植

要求在晴天上午进行定植。选壮苗，按株距 30 厘米定植。根系埋土不宜过深，以与苗坨齐平为宜。定植后随沟浇水，水量不宜过大，以免地温下降，影响缓苗。

（五）田间管理

1. 温度管理　缓苗期要密封温室不通风，要求白天温度 30～35℃，夜间温度 16～20℃，棚内地温在正常情况下不低于 15℃。如温度过高、湿度过大，可在白天中午进行短时间通风。

从定植到缓苗大致需 1 周时间，缓苗后即进行中耕蹲苗，一般缓苗期中耕 2～3 次。

2. 肥水管理　当门茄核桃大小时，植株吸收达到高峰，结合浇水，每个温室（面积约为 1 亩）追施尿素 10 千克、磷酸二氢钾 2～3 千克，或追施三元复合肥 15 千克，一般追施 3～4 次。

3. 整枝摘叶　嫁接茄子生长势强，生长期长，可采用双干整枝，有利于后期群体受光。及时摘除老叶和劣果，以免浪费养分。

（六）病虫害防治

茄子最容易出现黄萎病，针对这种病害可以选择轮作倒茬的方法，也可选用 50% 琥胶肥酸铜可湿性粉剂 350 倍液灌根。最容易出现的虫害是红蜘蛛及蚜虫，可以在初期选择药剂来防治，红蜘蛛可选用 1.8% 阿维菌素乳油 2 500 倍液，蚜虫可选用 20% 啶虫脒可湿性粉剂 8 000～10 000 倍液。

（七）采　收

门茄坠秧，因此应及早采收，以促进植株生长和对茄的发育。越冬茬茄子采收时由于气候寒冷，为保持产品品质，包装和运输时要注意保温。